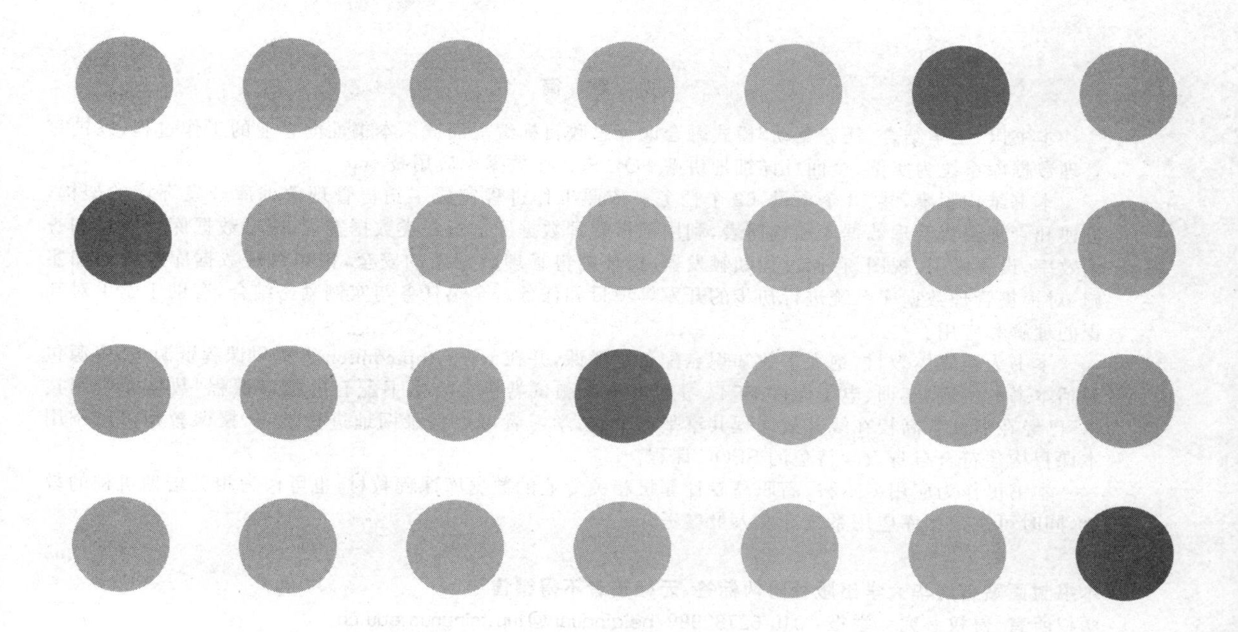

SQL Server 2019 数据库应用技术

钱冬云　吴刚　胡玮芳 ◎ 主编

清華大學出版社
北　京

内 容 简 介

本书以“工学结合、任务驱动”模式融合课程思政目标编写而成。本书面向企业的工作过程，以销售管理数据库系统为实例，全面且详细地讲解 SQL Server 数据库应用技术。

本书结构紧凑，共 13 个项目，62 个任务。依照工作过程完成了销售管理数据库开发环境的架构，创建和管理销售管理数据库和数据表，利用销售管理数据库进行各类数据查询，提升数据库的质量和查询效率，设置索引、视图、存储过程和触发器，保证销售管理数据库的安全，销售管理数据库的规划和实施，对销售管理数据库系统进行初步的开发等项目和任务。全书任务与实例紧密结合，有助于学生对知识的理解和应用。

本书为融媒体教材，绝大多数知识点配备了微课，并在 www.tup.com.cn 上提供课程资源包，资源包包括本书的实例、实训、电子课件 PPT、习题以及自测试卷等。与本书配套的数字课程“数据库应用技术”已经在浙江省高校在线开放课程共享平台上线，学习者可以登录网址进行学习，授课教师可以调用本课程构建符合自身教学特色的 SPOC 课程。

本书可作为应用型本科、高职高专计算机相关专业的数据库课程教材，也可作为相关培训机构的教材，同时可供数据库应用系统开发人员参考。

图书在版编目(CIP)数据

SQL Server 2019 数据库应用技术/钱冬云，吴刚，胡玮芳主编. —北京：清华大学出版社，2023.12
ISBN 978-7-302-65110-9

Ⅰ. ①S… Ⅱ. ①钱… ②吴… ③胡… Ⅲ. ①关系数据库系统 Ⅳ. ①TP311.132.3

中国国家版本馆 CIP 数据核字(2024)第 007746 号

责任编辑：孟毅新
封面设计：傅瑞学
责任校对：李 梅
责任印制：沈 露

出版发行：清华大学出版社
网 址：https://www.tup.com.cn，https://www.wqxuetang.com
地 址：北京清华大学学研大厦 A 座　　**邮 编**：100084
社 总 机：010-83470000　　**邮 购**：010-62786544
投稿与读者服务：010-62776969，c-service@tup.tsinghua.edu.cn
质量反馈：010-62772015，zhiliang@tup.tsinghua.edu.cn
课件下载：https://www.tup.com.cn，010-83470410
印 装 者：三河市龙大印装有限公司
经 销：全国新华书店
开 本：185mm×260mm　　**印 张**：24.5　　**字 数**：561 千字
版 次：2023 年 12 月第 1 版　　**印 次**：2023 年 12 月第1 次印刷
定 价：69.00 元

产品编号：095287-01

前言

党的二十大报告提出，坚持创新在我国现代化建设全局中的核心地位，加快实现高水平科技自立自强，加快建设科技强国，并对我国科技创新和计算机技术应用的全面发展提出了新的要求和目标。本书紧扣国家战略和党的二十大精神，全面贯彻党的教育方针，以就业为导向，以培养技术应用型人才为目标，落实立德树人的根本任务。

本书结合应用型本科和高职高专院校的教学特色，遵循项目导向下的岗、课、赛、证相结合原则，按照数据库管理、软件开发和数据分析等岗位的数据库技术应用技能需求，由一线教师和企业技术人员（浙江索思科技有限公司工程师）共同构建本书内容。本书以“实用”为基础，以“必需”为尺度，融合课程思政目标选取理论知识；采用项目导向、任务驱动式教学，通过完成各项任务，重点培养学生的应用能力和解决实际问题的能力。

本书内容

本书以实用为中心，以掌握数据库基本原理知识、数据库设计方法和提高数据库应用能力为目的；以数据库的开发为任务驱动，采用销售管理数据库为项目案例，融合思想政治教育，设置具体的工作任务。通过解决任务，提高分析问题、解决问题的能力。

本书结构紧凑，内容承上启下，共 13 个项目，内容包括认识销售管理数据库开发的环境，创建和管理销售管理数据库和数据表，利用销售管理数据库进行各类数据查询，设置索引、视图、存储过程和触发器，设置数据库安全性，数据库的日常维护，销售管理数据库的规划，对销售管理数据库进行初步的开发。本书利用任务驱动方式组织内容，有利于培养和提高高职学生技术应用能力，缩小在校学习与生产岗位需求之间的距离。

本书特点

（1）概念清楚，安排合理。本书既有对数据库的基本原理和方法的详细说明，又翔实地介绍了关系数据库管理系统，注重理论与实践相结合，使学习者既能掌握基本的数据库理论，又能提高数据库系统应用与技术开发的水平。

（2）微课视频，讲解详细。读者通过扫一扫书中的二维码即可在移动端观看每个知识点声文并茂的教学讲解视频。本书为大多数重要知识点和实例提供了视频操作讲解，以提升学习者的学习兴趣。

(3) 协作学习,提供帮助。本书为学习者在浙江省高校在线开放课程共享平台(https://www.zjooc.cn/)提供了在线课程"数据库应用技术",有专业教学团队视频讲解、在线答疑。定期的在线课堂为学习者提供了学习视频、练习、作业、单元测试、论坛、笔记和期末考试等,帮助学习者系统完整地学习课程,取得结课证书(浙江省内可学分互换)。

(4) 构建 SPOC 课程,特色授课。授课教师可以调用本课程构建符合自身教学特色的 SPOC 课程。

拓展资源

销售管理数据库系统初步开发(PHP)

销售管理数据库系统初步开发(Java)

习题答案

本书作者

本书由钱冬云(浙江工贸职业技术学院)、吴刚(温州职业技术学院)、胡玮芳(绍兴职业技术学院)主编,参与编写的还有徐欣欣、王丽亚、程书玲和陈锡锻等人。另外,钱熙、朱理捷、周鑫城、罗曼婷、陈俊诺、冯金涛、叶峻、徐俊捷、许浩滨、煜明和徐焱等人参与了视频的制作。由于计算机科学技术发展迅速,作者水平有限,书中难免有不足之处,恳请广大读者提出宝贵意见。

编　者

2023 年 10 月

目录

项目1

销售管理数据库开发的环境

技能目标

掌握安装SQL Server 2019所需的软件、硬件条件;能够安装SQL Server 2019;学会使用数据库开发的环境。

知识目标

SQL Server的发展;SQL Server 2019的服务组件和管理工具;SQL Server 2019的安装环境要求;SQL Server 2019的安装方法;SQL Server Management Studio工作界面中已注册的服务器、对象资源管理器和查询编辑器窗口的使用;创建查询编辑器窗口的方法;使用联机帮助文档。

思政目标

认真学习数据库应用技术,为中国梦而努力;培养学生认真务实的态度以及面对困难和问题时的积极态度。

任务1.1 认识SQL Server 2019

【任务描述】 SQL Server是Microsoft公司推出的关系型数据库管理系统,作为一款面向企业级应用的关系数据库产品,在各行业和各软件产品中得到广泛的应用。开发销售管理数据库系统采用的工具为目前功能较为完善的Microsoft SQL Server 2019,在使用SQL Server 2019之前,需要先认识SQL Server 2019及其服务器组件和管理工具。

1.1.1 SQL Server发展历史

1970年,美国IBM公司的E.F.Codd首先提出关系数据模型,然后提出了关系代数、关系演算、函数的依赖和关系的三范式,为关系数据库系统奠定了理论基础。接着各大数据库厂商都推出支持关系模型的数据库管理系统,标志着关系数据库系统时代的来临。微软公司自1993年以来,相继推出如表1-1所示的各版本的SQL Server数据库管理系统。

1. SQL Server 7.0之前的版本

微软公司与Sybase公司通过5年的合作共同研发数据库产品,推出SQL Server for

Windows NT 4.21 版本，标志着 Microsoft SQL Server 的真正诞生。SQL Server 7.0 之前的版本由于自身的不足，仅局限在小型企业和个人应用上。SQL Server 7.0 在数据存储和数据库引擎方面发生了根本性的变化，使得 SQL Server 走向了企业级应用的道路。

表 1-1　SQL Server 各版本发布的时间

时　间	版　　本	时　间	版　　本
1993 年	SQL Server for Windows NT 4.21	2005 年	SQL Server 2005
1994 年	SQL Server for Windows NT 4.21 a	2008 年	SQL Server 2008
1995 年	SQL Server 6.0	2012 年	SQL Server 2012
1996 年	SQL Server 6.5	2014 年	SQL Server 2019
1998 年	SQL Server 7.0	2016 年	SQL Server 2016
2000 年	SQL Server 2000	2017 年	SQL Server 2017
2003 年	SQL Server 2000 Enterprise 64 位版	2019 年	SQL Server 2019

2. SQL Server 2000

SQL Server 2000 继承了 SQL Server 7.0 的优点，具有更强大的数据处理能力和更简单易用的操作方式。

3. SQL Server 2005

SQL Server 2005 是一个全面的数据库平台，不仅是大规模联机事务处理(OLTP)、数据仓库和电子商务应用的数据库平台，也是用于数据集成、分析和报表解决方案的商业智能平台。

4. SQL Server 2008

SQL Server 2008 在 SQL Server 2005 的架构上做了进一步的更改，提供了关键任务企业数据平台、动态开发、关系数据和商业智能等功能，满足了数据爆炸和下一代数据驱动应用程序的需求。

5. SQL Server 2012

SQL Server 2012 在 SQL Server 2008 的基础上做了更大的改进，支持 SQL Server 2012 的操作系统包括 Windows 桌面和服务器操作系统。SQL Server 2012 在管理、安全，以及多维数据分析、报表分析等方面有进一步的提升。

6. SQL Server 2014

SQL Server 2014 在 SQL Server 2012 的基础上，为用户的关键任务应用程序提供突破性的性能、可用性和可管理性。主要包括内存数据库，利用 SSDE 对高使用频率数据进

行缓存处理,在线维护操作,AlwaysOn 可用性组支持多次级服务器和在 Windows Azure 中实现新的灾难恢复、备份和混合体系结构解决方案等。

7. SQL Server 2016

SQL Server 2016 在 SQL Server 2014 的基础上提供了更高的安全性和可扩展性,增加了全程加密技术和动态数据屏蔽,并支持内部数据库扩展到 Azure SQL,提供了历史表,保存了基表中数据的旧版本信息。从这个版本开始,SQL Server 可以支持 JSON 和 R 语言,且成为一个纯 64 位的软件,不再支持 32 位操作系统。

8. SQL Server 2017

SQL Server 2017 在 SQL Server 2016 的基础上跨出了重要的一步,它力求通过将 SQL Server 的强大功能引入 Linux、基于 Linux 的 Docker 容器和 Windows,使用户可以在 SQL Server 平台上选择开发语言、数据类型、本地开发或云端开发,以及操作系统开发。

9. SQL Server 2019

SQL Server 2019 在 SQL Server 2017 的基础上为所有数据工作负载带来了创新的安全性和合规性功能、业界领先的性能、任务关键型可用性和高级分析,可通过 PolyBase 进行数据虚拟化,还支持内置的大数据。在 SQL Server 2019 之前,用户将基于 Cloudera、Map R 等 Prem 平台在 Hadoop 中管理他们的大数据工作负载。现在,用户可以将所有现有的大数据工作负载转移到 SQL Server 2019。

1.1.2 SQL Server 2019 服务器组件

Microsoft SQL Server 2019 是一个提供了联机事务处理、数据仓库、电子商务应用的数据库、数据分析平台和解决方案。它主要由 7 个部分组成,也称为 7 个服务组件,分别为数据库引擎、分析服务、报表服务、集成服务、主数据服务、机器学习(数据库内)和机器学习服务(独立)。本书只讲解数据库引擎的相关技术。

1. 数据库引擎

数据库引擎(SQL Server database engine,SSDE)是 Microsoft SQL Server 2019 系统用于存储、处理和保护数据的核心服务。例如,创建数据库、创建表、执行各类数据查询和创建存储过程等都由数据库引擎来完成。在大多数情况下,使用 Microsoft SQL Server 2019 也就是在使用数据库引擎。数据库引擎是一个复杂的系统,本身包含了许多功能组件,例如 Service Broker、全文搜索等。销售管理数据库系统使用 SQL Server 2019 作为后台数据库,数据库引擎负责订单、产品、客户等数据的添加、删除、查询等操作。数据库引擎还提供了大量的支持以保持高可用性。

2. 分析服务

分析服务(analysis services)为商业智能提供联机分析处理和数据挖掘功能,使用户可以设计、创建和管理包含来自其他数据源数据的多维结构,并通过对多维结构的分析,使管理人员对业务数据有更全面的理解。另外,通过 SQL Server 2019 的分析服务,可以使管理人员完成对数据模型的挖掘分析,从而发现更多有价值的信息和知识。例如,销售管理数据库系统利用分析服务可以发现销售的信息和知识,从而为增加销售量、提高客户的服务水平提供有效的支持。

3. 报表服务

报表服务(reporting services)基于服务器的新型数据报表服务平台。用户可以创建表报表、矩阵报表、图形报表以及自由格式报表等各类报表,极大地方便了企业的管理工作,满足了管理人员对高效、规范管理的需求。例如,销售管理数据库系统可以利用报表服务非常方便地生成 Word、Excel、PDF 等报表。

4. 集成服务

集成服务(integration services)是用于生成企业级数据集成和数据转换解决方案的平台,用户可以使用它解决复杂的业务问题,具体表现为:复制或下载文件,发送电子邮件以响应事件,更新数据仓库,清除和挖掘数据以及管理 SQL Server 对象和数据。例如,数据库引擎是一个数据源,如何将数据源中的数据加载到分析服务中进行分析,便是集成服务所要解决的问题。集成服务包含一组丰富的内置任务和转换、用于构造包的工具以及用于运行和管理包的集成服务。可以使用集成服务图形工具来创建解决方案,而无须编写一行代码;也可以对各种集成服务对象模型进行编程,通过编程方式创建并编写自定义任务以及其他包对象的代码。

5. 主数据服务

主数据服务(master data services)是用于主数据管理的 SQL Server 解决方案。基于主数据服务生成的解决方案可帮助确保报表和分析均基于适当的信息。使用主数据服务为主数据创建中央存储库,并随着主数据随时间变化而维护一个可审核的安全对象记录。

6. 机器学习服务(数据库内)

机器学习服务(数据库内)支持使用企业数据源的分布式、可缩放的机器学习解决方案。在 SQL Server 2016 中,开始支持 R 语言。SQL Server 2019 (15.x)开始支持 R 语言和 Python 语言。

7. 机器学习服务器(独立)

机器学习服务器(独立)支持在多个平台上部署分布式、可缩放机器学习解决方案,并可使用多个企业数据源，包括 Linux 和 Hadoop。SQL Server 2019 (15.x)支持 R 语言和 Python 语言。

1.1.3　SQL Server 2019 管理工具

SQL Server 2019 的管理工具及其功能如表 1-2 所示。

表 1-2　SQL Server 2019 的管理工具及其功能

管理工具	说　明
SQL Server Management Studio	用于访问、配置、管理和开发 SQL Server 组件的集成环境，使各种技术水平的开发人员和管理员都能使用 SQL Server
SQL Server 配置管理器	为 SQL Server 服务、服务器协议、客户端协议和客户端别名提供基本配置管理
SQL Server 事件探查器	提供了一个图形用户界面，用于监视数据库引擎实例或 Analysis Services 实例
数据库引擎优化顾问	协助创建索引、索引视图和分区的最佳组合
数据质量客户端	提供了图形用户界面用于连接到 DQS 数据库并执行数据清理操作，并集中监视在数据清理操作过程中执行的各项活动
SQL Server Data Tools	提供 IDE 以便为以下商业智能组件生成解决方案：分析服务、报表服务和集成服务
连接组件	安装用于客户端和服务器之间通信的组件，以及用于 DB-Library、ODBC 和 OLE DB 的网络库

任务 1.2　安装 SQL Server 2019

【任务描述】 根据实际需求选择适合的版本，并按照要求，准备安装 SQL Server 2019。

1.2.1　SQL Server 2019 的版本

SQL Server 2019 提供了 5 个版本：企业版、标准版、网站版、开发版和免费版。各版本特性如表 1-3 所示，用户可根据自己的实际情况和需求选择适合的版本，其中免费版可以在微软网站上免费下载。

本书讲解的销售管理数据库系统可在免费版平台上实现。

表 1-3 各版本特性

版 本	特 性
企业版	提供了全面的高端数据中心功能，极为快捷，虚拟化不受限制，还具有端到端的商业智能，可为关键任务工作负荷提供较高服务级别，支持最终用户访问深层数据
标准版	提供了基本数据管理和商业智能数据库，使部门和小型组织能够顺利运行其应用程序并支持将常用开发工具用于内部部署和云部署，有助于以最少的 IT 资源获得高效的数据库管理
网站版	为从小规模至大规模 Web 资产提供可伸缩性、经济性和可管理性功能
开发版	支持开发人员基于 SQL Server 构建任意类型的应用程序。它包括企业版的所有功能，但有许可限制，只能用作开发和测试系统，而不能用作生产服务器。它是构建和测试应用程序的人员的理想之选
免费版	入门级的免费数据库，是学习和构建桌面及小型服务器数据驱动应用程序的理想选择。它是独立软件供应商、开发人员和热衷于构建客户端应用程序的人员的最佳选择

1.2.2 SQL Server 2019 的安装环境需求

为了保证平稳地进行安装，需要了解安装和运行 SQL Server 2019 的组件要求，如表 1-4 所示。

表 1-4 SQL Server 2019 的组件要求

组 件	要 求
操作系统	Windows 10 TH1 1507 或更高版本 Windows Server 2016 或更高版本
.NET 框架	最低版本操作系统包括最低版本 .NET 框架
Windows PowerShell	SQL Server 2019 不安装或启用 Windows PowerShell 2.0，但对于数据库引擎组件和 SQL Server Management Studio 而言，Windows PowerShell 2.0 是一个安装必备组件
网络软件	SQL Server 2019 支持的操作系统具有内置网络软件。独立安装的命名实例和默认实例支持以下网络协议：共享内存、命名管道、TCP/IP 和 VIA
虚拟化	在以下版本中以 Hyper-V 角色运行的虚拟机环境中支持 SQL Server 2019。 (1) Windows Server 2008（可能为英文页面）SP2 Standard、Enterprise 和 Datacenter 版本 (2) Windows Server 2008 R2 SP1 Standard、Enterprise 和 Datacenter 版本 (3) Windows Server 2012 Datacenter 和 Standard 版本
硬盘	磁盘空间要求将随所安装的 SQL Server 2019 组件不同而发生变化。最少 6GB 的可用硬盘空间
驱动器	从光盘进行安装时需要相应的 DVD 驱动器

续表

组　件	要　求
内存	最小值：Express 版本为 512MB；所有其他版本为 1GB 建议：Express 版本为 1GB；所有其他版本至少为 4GB，并且应该随着数据库大小的增加而增加，以确保最佳的性能
处理器类型	x64 处理器：AMD Opteron、AMD Athlon 64、支持 Intel EM64T 的 Intel Xeon、支持 EM64T 的 Intel Pentium Ⅳ
处理器速度	最小值：x64 处理器为 1.4GHz 建议：2.0GHz 或更快

1.2.3 SQL Server 2019 的安装过程

【例 1-1】 在 Windows 10 操作系统上，安装 SQL Server 2019 Express 版。

操作步骤如下。

(1) 双击 SQL Server 2019 的安装包 SQL2019-SSEI-Expr.exe，出现安装界面。在窗口的下方有三种安装类型可供选择。选择“自定义”选项，如图 1-1 所示。

图 1-1　SQL Server 2019 安装界面

(2) 出现“指定 SQL Server 媒体下载目标位置”界面，如图 1-2 所示。选择语言为“中文(简体)”。若需修改媒体目录，则单击“媒体位置”右侧的“浏览”按钮，改变媒体位置。单击“安装”按钮。

(3) 出现“SQL Server 安装中心”界面。在界面的左侧，选择“安装”选项，在界面右侧，出现有关安装的选项。由于是第一次安装，在右侧选择“全新 SQL Server 独立安装或向现有安装添加功能”选项，如图 1-3 所示。

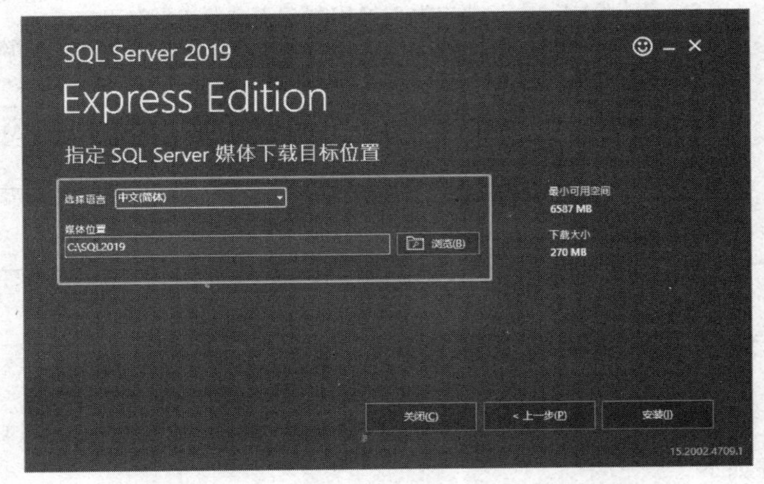

图 1-2　指定 SQL Server 媒体下载目标位置

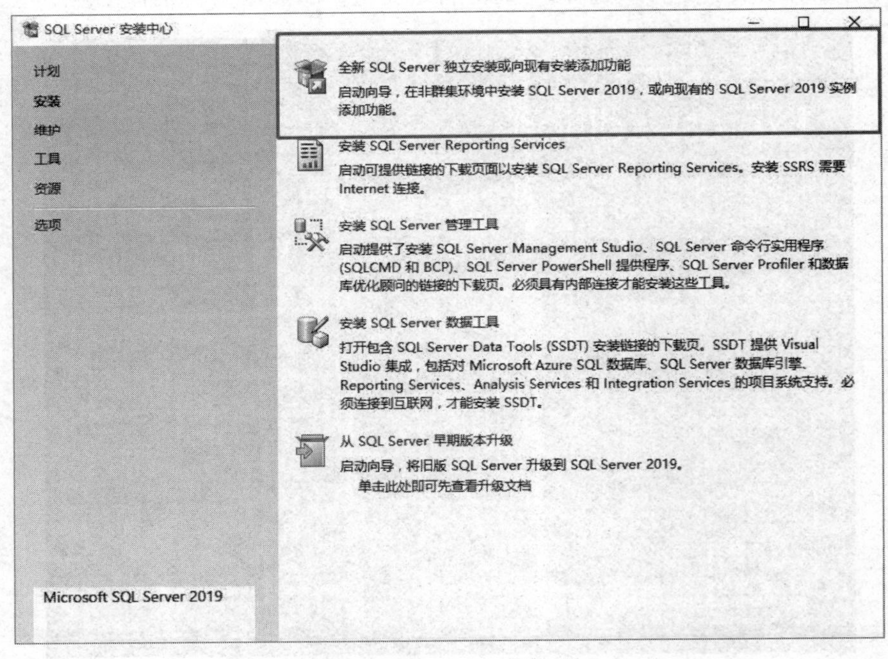

图 1-3　SQL Server 安装中心

(4) 出现“许可条款”界面，如图 1-4 所示，勾选“我接受许可条款” 复选框，单击“下一步”按钮。

(5) 出现“全局规则”界面，主要用于检查各项规则，如图 1-5 所示，显示安装 SQL Server 2019 支持所需的规则均已通过。单击“下一步”按钮。

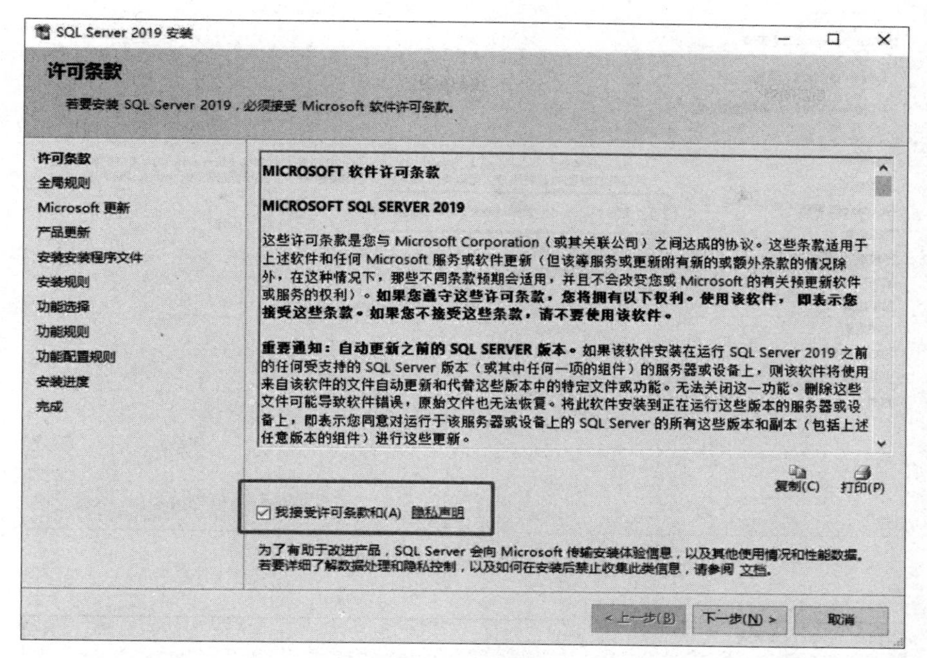

图 1-4　许可条款

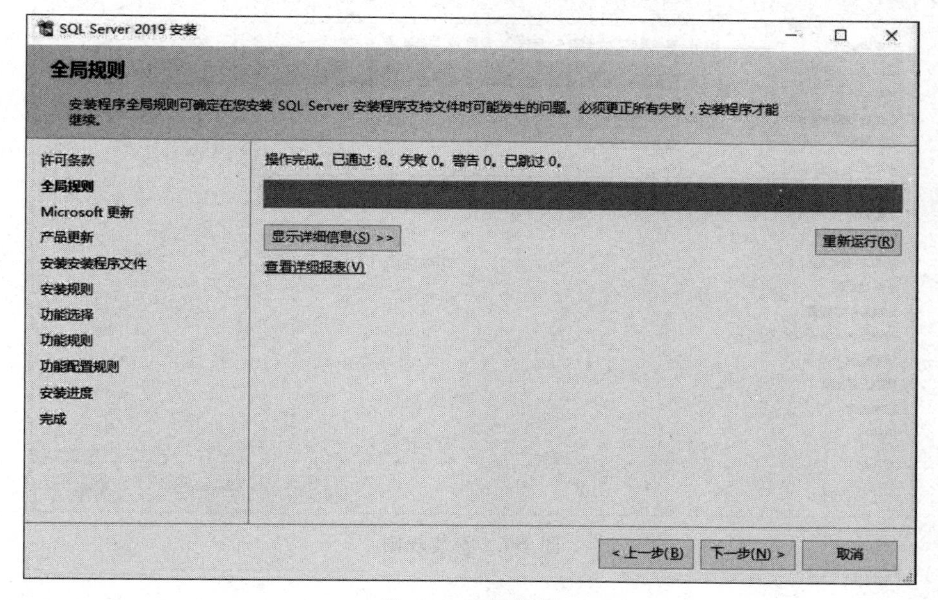

图 1-5　全局规则

（6）出现 Microsoft Update 界面，如图 1-6 所示。勾选“使用 Microsoft 更新检查更新(推荐)”复选框，单击“下一步”按钮。

（7）出现“安装规则”界面，系统检测当前环境是否符合 SQL Server 2019 的安装条件，如图 1-7 所示，此次操作完成，显示“已经通过：4。失败 0。警告 0。已跳过 0。”

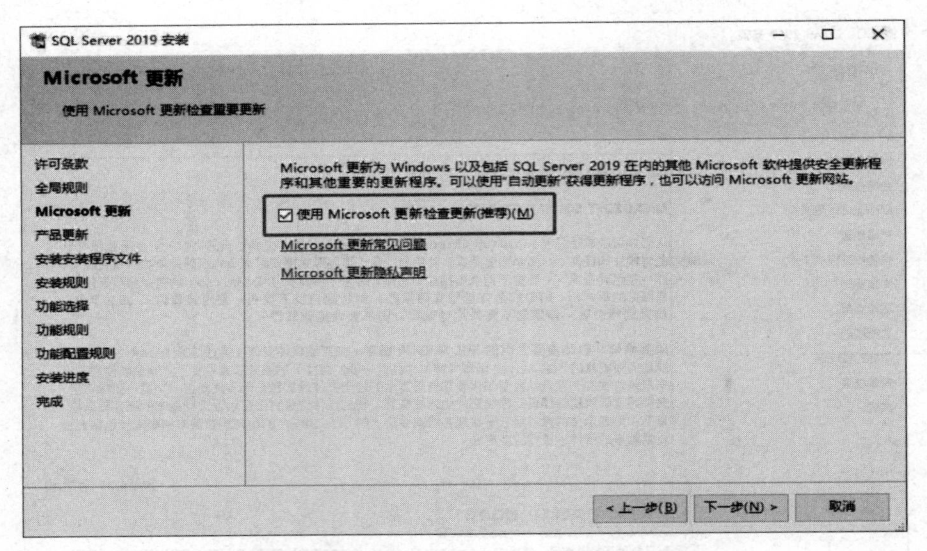

图 1-6　Microsoft 更新界面

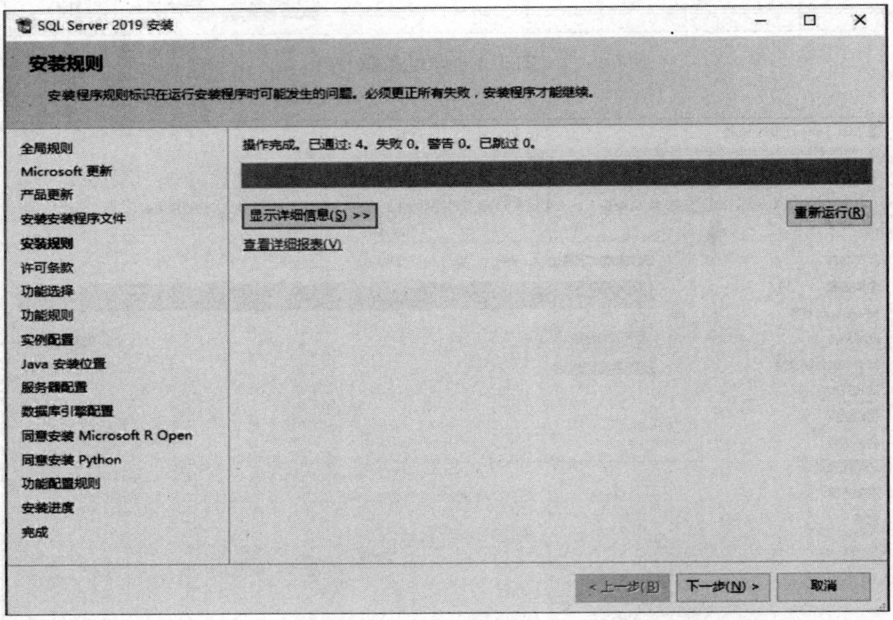

图 1-7　安装规则

(8) 如有失败，单击"显示详细信息"按钮，可以查看详细信息，如图 1-8 所示，查看安装规则中出错的信息。单击"下一步"按钮。

说明：如果有失败信息，则不能继续安装；如果是警告信息，则可继续安装，但 SQL Server 2019 的某些组件不可用。

(9) 出现"许可条款"界面，如图 1-9 所示。勾选"我接受许可条款" 复选框，单击"下一步"按钮。

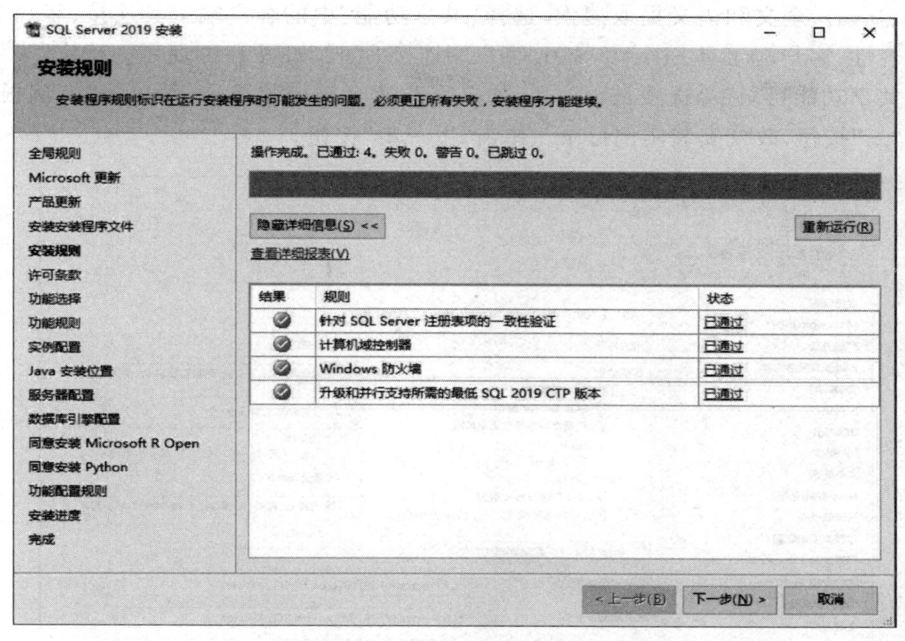

图 1-8　安装规则——详细报表

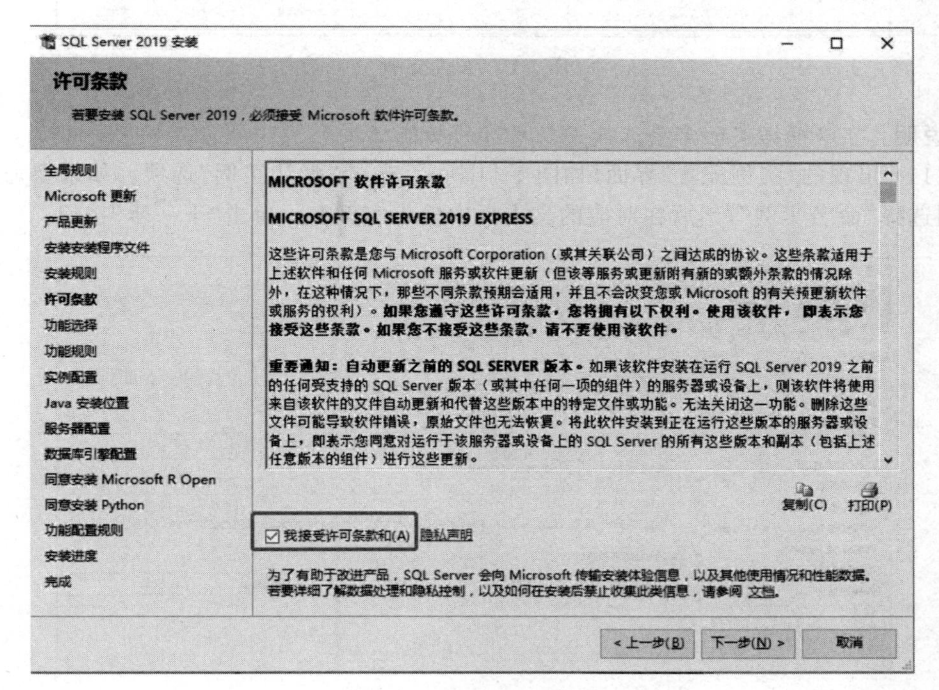

图 1-9　许可条款

（10）出现“功能选择”界面，选择要安装的 Express 的功能。这里采用默认选项，即选择“实例功能”中的数据库引擎服务、SQL Server 复制、机器学习服务和语言扩展（R、

Python、Java)、全文和语义提取搜索,选择“共享功能”中的客户端工具连接、客户端工具向后兼容性、客户端工具 SDK 和 SQL 客户端连接 SDK,如图 1-10 所示。确定“实例根目录”和“共享功能目录”等选项是否合适,如果需改变实例安装目录,则单击“实例根目录”右侧的“...”按钮,改变安装实例目录。单击“下一步”按钮。

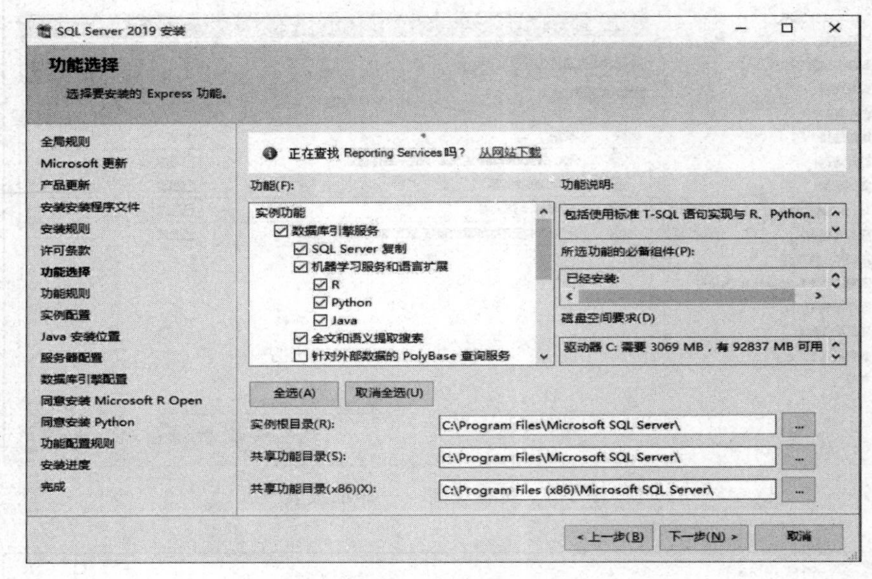

图 1-10　功能选择

说明:可以根据实际需要选择安装对应的功能模块。

(11) 出现的“实例配置”界面,如图 1-11 所示,选择“默认实例”选项。如果要命名实例,则选择“命名实例”,然后在对应的文本框中输入实例名。单击“下一步”按钮。

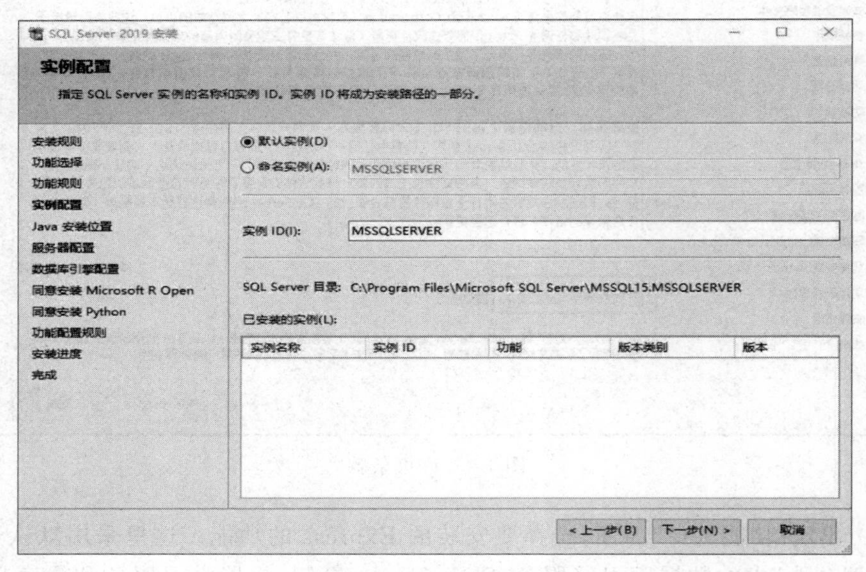

图 1-11　实例配置

说明：在计算机上只能安装一个默认实例。如果已经有默认实例，就不能选择“默认实例”，然后单击“命名实例”，在命名实例文档处输入实例命名。

(12) 出现“Java 安装位置”界面，如图 1-12 所示。选择“安装此安装所附的 Open JRE 11.0.3”，若计算机中已安装 Java，则选择“提供已在此计算机上安装的其他版本的位置”，并单击“浏览”按钮，输入对应的路径。

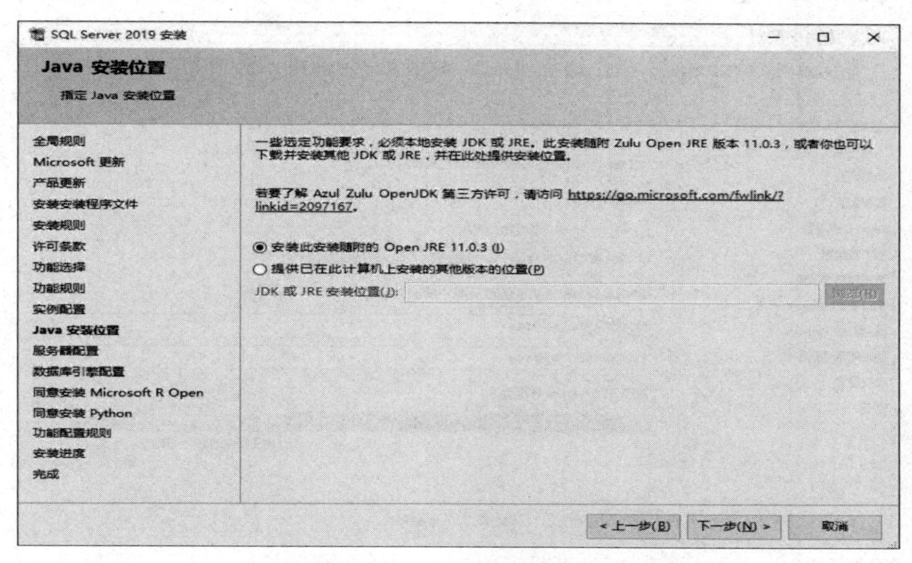

图 1-12 选择 Java 安装位置

(13) 出现“服务器配置”界面，如图 1-13 所示，在其中配置服务器的账户和排序规则，如按照默认设置，则单击“下一步”按钮。

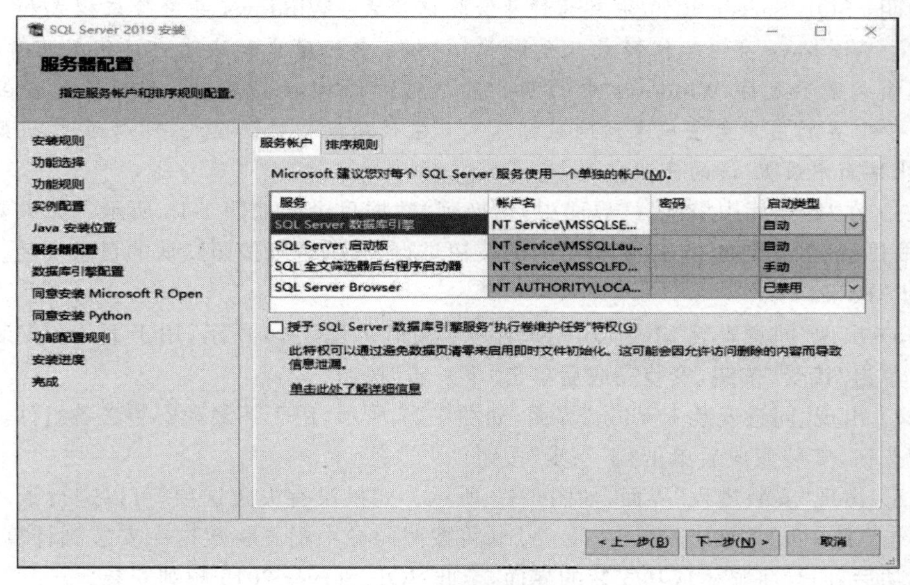

图 1-13 配置服务器

(14) 出现“数据库引擎配置”界面,如图 1-14 所示。设置“身份验证”选项,单击“混合模式(SQL Server 身份验证和 Windows 身份验证)”选项,然后为 sa 账户设置密码,在“输入密码”对应的文本框中输入密码,在“确认密码”对应的文本框中输入密码。单击“下一步”按钮。

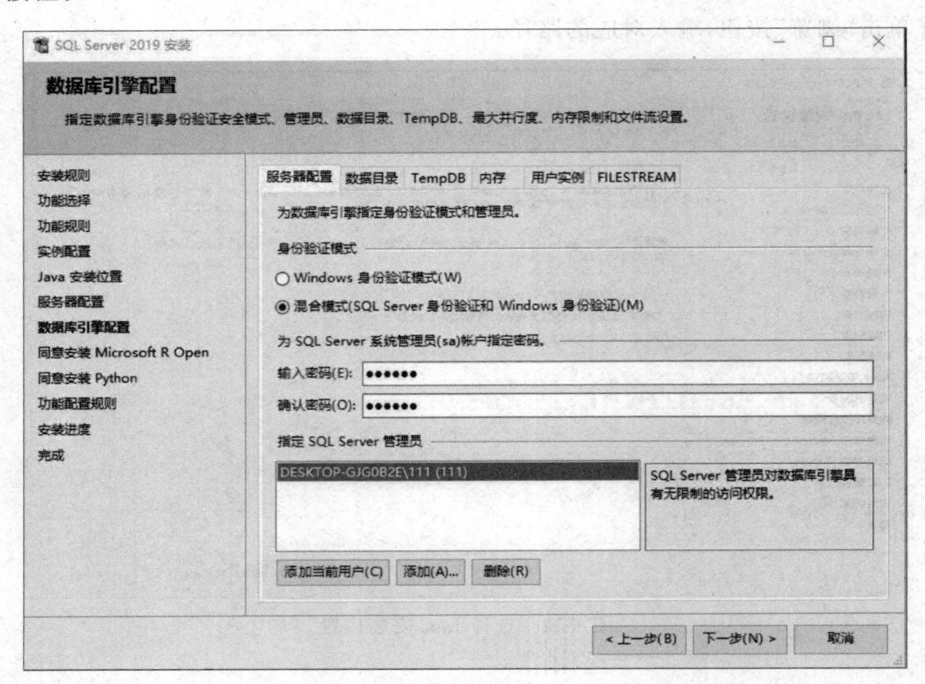

图 1-14　数据库引擎配置——服务器配置

说明:SQL Server 2019 中有两种身份验证模式:Windows 身份验证模式和混合验证模式。Windows 身份验证模式只允许 Windows 中的账户和域账户访问数据库;而混合验证模式除了允许 Windows 中的账户和域账户访问数据库外,还可以使用在 SQL Server 中配置的用户名密码来访问数据库。如果使用混合验证模式,可以通过 sa 账户登录,在此界面中设置 sa 的密码。

(15) 在“数据库引擎配置”界面中,切换到“数据目录”,如图 1-15 所示。如果要改变“数据根目录”等安装的目录,单击对应的按钮进行修改,否则按照默认的目录安装。单击“下一步”按钮。

(16) 出现“同意安装 Microsoft R Open”界面,如图 1-16 所示,用于下载和安装必备组件。单击“接受”按钮,安装完成后单击“下一步”按钮。

(17) 出现“同意安装 Python”界面,如图 1-17 所示,用于下载和安装必备组件。单击“接受”按钮,安装完成后单击“下一步”按钮。

(18) 出现“安装进程”界面,如图 1-18 所示。如果没有失败选项,可以进行下一步按钮。单击“下一步”按钮,SQL Server 2019 将按照向导中配置将数据库安装到计算机中,安装成功后,向导将显示成功安装的界面,至此 SQL Server 2019 顺利安装。

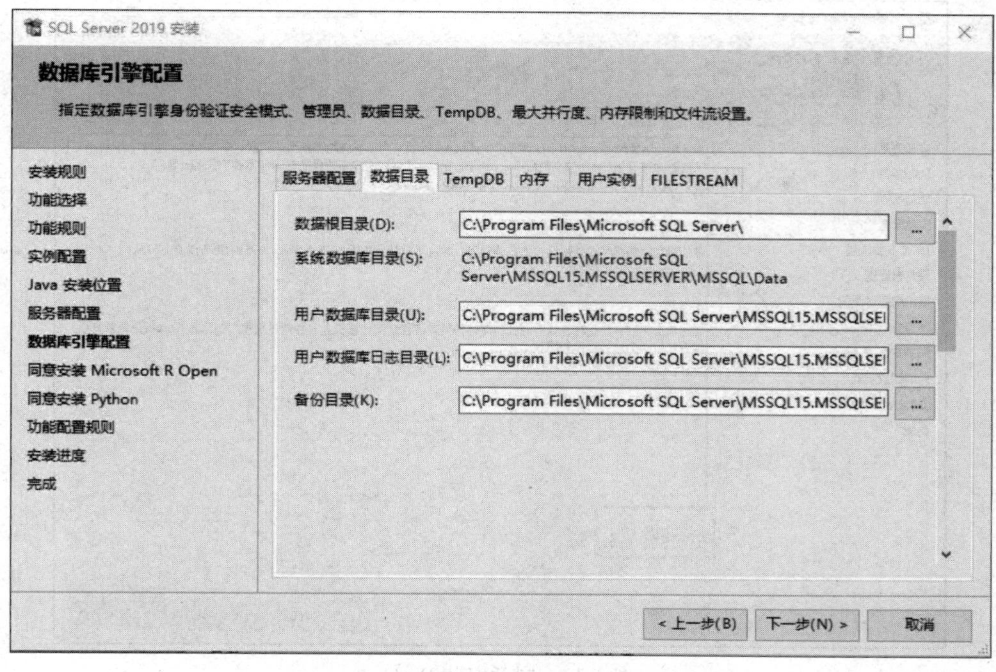

图 1-15 数据库引擎配置——数据目录

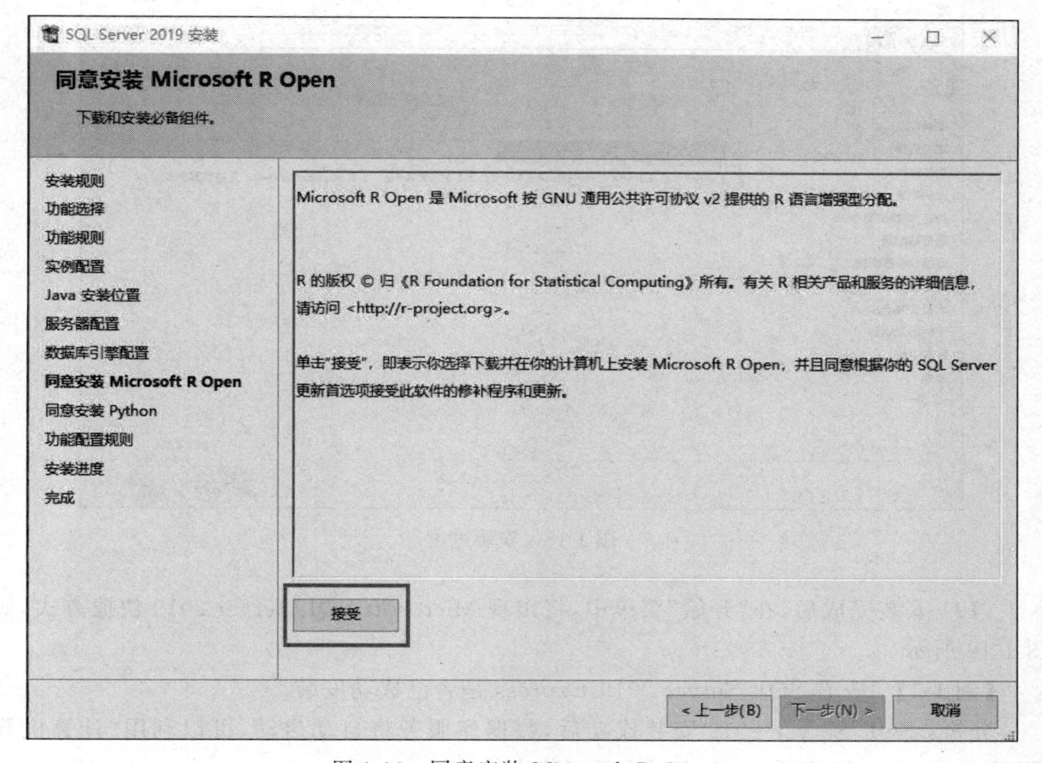

图 1-16 同意安装 Microsoft R Open

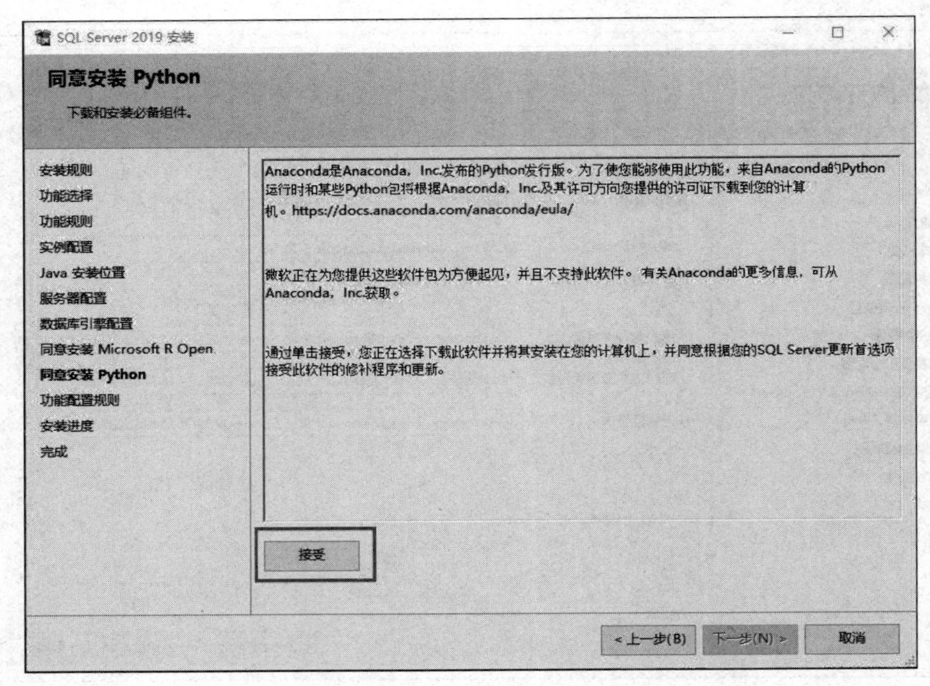

图 1-17　同意安装 Python

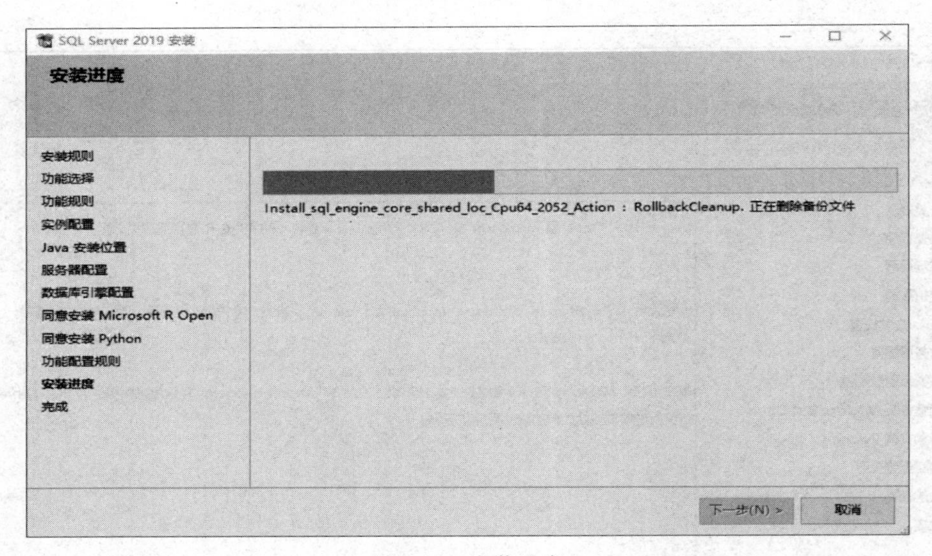

图 1-18　安装进度

(19) 安装完成后，在“开始”菜单中，将出现 Microsoft SQL Server 2019 快捷方式，如图 1-19 所示。

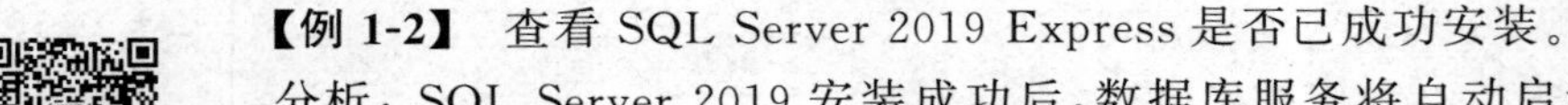

【例 1-2】 查看 SQL Server 2019 Express 是否已成功安装。

分析：SQL Server 2019 安装成功后，数据库服务将自动启动，可以利用“计算机管理”窗口或“任务管理器”窗口验证是否安装成功。

图 1-19　Microsoft SQL Server 2019 快捷方式

操作方法如下。

方法 1：打开“计算机管理”窗口，选择“服务和应用程序”选项，在窗口的右侧可以找到 SQL Server(MSSQLSERVER)选项，“状态”为“正在运行”，“启动类型”为“自动”，如图 1-20 所示。

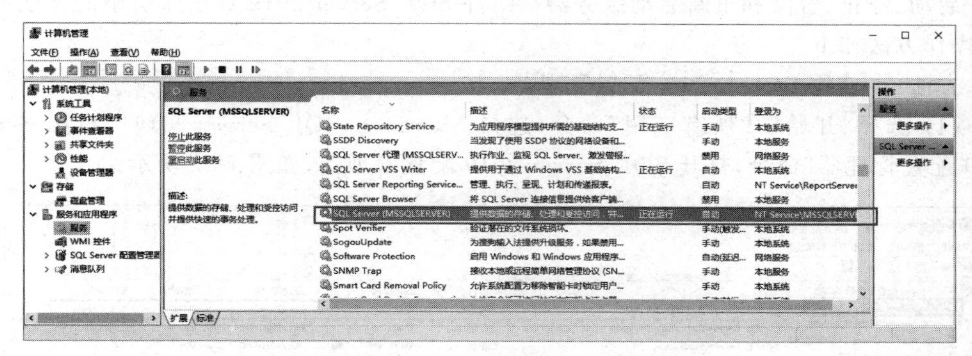

图 1-20　SQL Server 2014 服务

方法 2：打开“任务管理器”窗口，可以找到一个 SQL Server Windows NT-64 Bit 的进程，如图 1-21 所示。

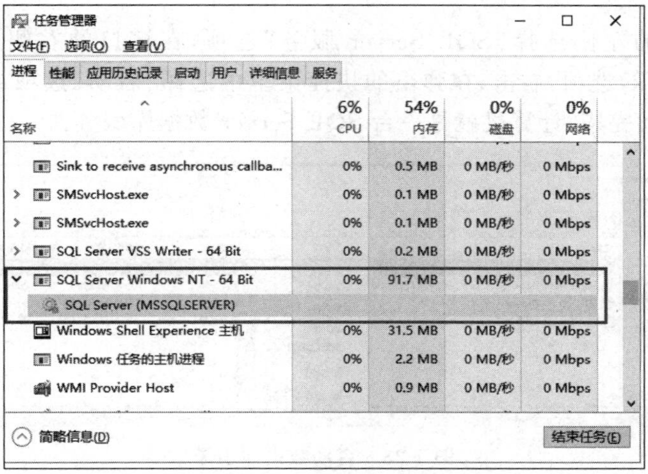

图 1-21　SQL Server Windows NT-64 Bit 的进程

任务 1.3 SQL Server 2019 数据库引擎

【任务描述】 在大多数情况下，使用 Microsoft SQL Server 2019 主要是使用数据库引擎。Microsoft SQL Server 2019 包含了数据库引擎、分析服务、报表服务、集成服务和解决方案等组件，其中数据库引擎为最常用的服务器端组件之一。数据库引擎用于存储、处理和保护数据的核心服务，例如创建数据库、创建表、执行各类数据查询、创建存储过程等都由数据库引擎来完成。

要启动 SQL Server 2019，必须先启动 SQL Server 2019 数据库引擎。启动数据库引擎可以利用计算机的管理方法，也可以利用 SQL Server 配置管理器。

【例 1-3】 启动、停止、暂停和重新启动服务器端组件 SQL Server 2019 数据库引擎。

启动、停止、暂停和重新启动服务器端组件 SQL Server 2019 数据库引擎的方法有多种，操作方法如下。

方法 1：使用 SQL Server 配置管理器。

(1) 选择"开始"|"所有应用"命令，选择 Microsoft SQL Server 2019|"SQL Server 2019 配置管理器"命令，打开 SQL Server 2019 配置管理器，如图 1-22 所示。

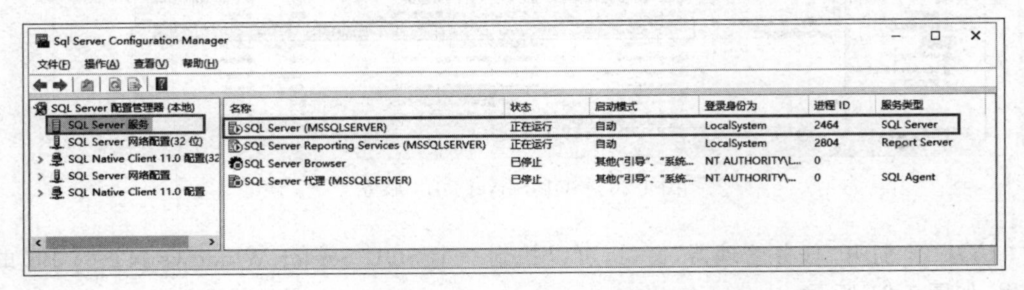

图 1-22 SQL Server 配置管理器

(2) 在窗口的左侧选择"SQL Server 服务"选项，在窗口的右侧选择 SQL Server (MSSQLSERVER)选项，右击，在弹出的快捷菜单中选择"启动"选项或者其他选项，如图 1-23 所示，启动完毕，计算机就是一台 SQL Server 数据库服务器。

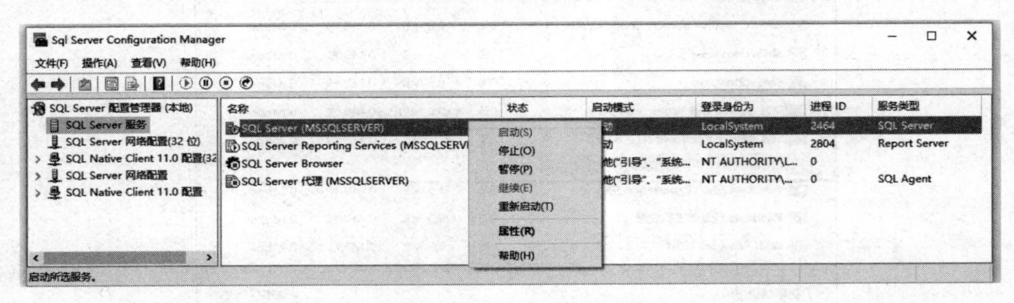

图 1-23 启动数据库引擎

方法 2：使用 Windows 服务管理器。

选择“开始”|“管理工具”|“计算机管理”命令，打开“计算机管理”窗口，如图 1-24 所示。在窗口的左侧选择“SQL Server 服务”选项，在窗口的右侧选择 SQL Server (MSSQLSERVER)选项，右击，在弹出的快捷菜单中选择“启动”选项或者其他选项，如图 1-24 所示，启动完毕，计算机就是一台 SQL Server 数据库服务器。

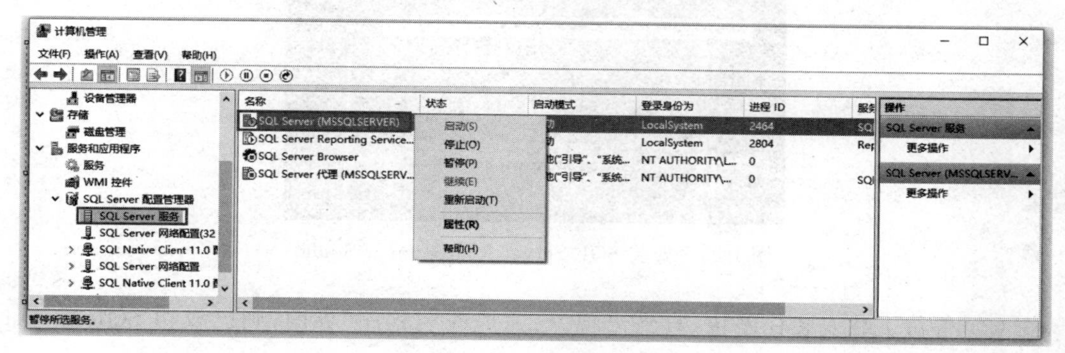

图 1-24 “计算机管理”窗口

任务 1.4 使用 SQL Server Management Studio

【任务描述】 SQL Server Management Studio(简称 SSMS)提供的一个可视化集成开发环境，用于访问、配置、控制、管理和开发 SQL Server 的所有组件。本任务安装并启动 SSMS，并实现销售管理数据库的转移。

在 SQL Server 2000 中有企业管理器、查询分析器和 OLAP 分析管理器等工具用来管理数据库。SQL Server 2005 以后的版本将所有功能整合在一个界面中，即 SQL Server Management Studio。它提供一个可视化图形集成环境，用于访问、配置、控制、管理和开发 SQL Server 的所有组件，用图形方式操作完成各项任务，还可以编写、分析、编辑和运行 Transact-SQL、MDX、DMX、XML/A 和 XML 等脚本。SQL Server 2019 继承了 SQL Server 2005 以来的操作风格，同样利用 SSMS 来操作和管理数据库(需要单独下载并安装)。

1.4.1 安装 SQL Server Management Studio

【例 1-4】 安装客户端组件 SQL Server Management Studio。

操作步骤如下。

(1) 双击 SQL Server Management Studio 的安装包 SSMS-Setup-CHS.exe，出现安装界面页面，如图 1-25 所示。确定位置，若需修改位置，则单击右侧的“更改”按钮修改位置。单击“安装”按钮。

图 1-25　安装 SQL Server Management Studio

（2）等待下载安装程序包，直到出现"已完成安装程序"界面，则已成功 SQL Server Management Studio，如图 1-26 所示。

图 1-26　已完成安装程序——SQL Server Management Studio

1.4.2　启动 SQL Server Management Studio

必须先启动服务端组件 SQL Server 2019 数据库引擎，然后再启动客户端组件 SQL Server Management Studio，顺序不能颠倒。因为数据库客户端组件启动时，要连接已经启动的数据库服务器端组件（如 SQL Server 2019 数据库引擎）。如果一台计算机既运行了服务器端组件，又运行客户端组件，那么这台计算机具有数据库服务器端和客户端的双重功能。

【例 1-5】 启动客户端组件 SQL Server Management Studio。

操作步骤如下。

（1）启动数据库引擎。

(2) 选择“开始”|“所有应用”|Microsoft SQL Server Tools 18|SQL Server Management Studio 命令,如图 1-27 所示。

(3) 出现“连接到服务器”对话框,如图 1-28 所示。选择要连接的服务器类型为“数据库引擎”;“服务器名称”为已经安装的数据库服务引擎,此处为 DESKTOP-GJG0B2E(不同的计算机名显示不同);“身份验证”选择“Windows 身份验证”。如果选择混合模式身份验证,用户需要输入用户名和密码。单击“连接”按钮。

图 1-27 SQL Server Management Studio 快捷方式

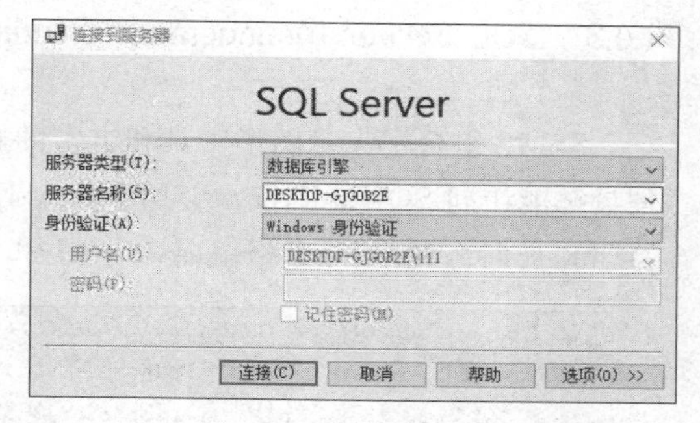

图 1-28 连接到服务器

说明:服务器类型可选择数据库引擎、分析服务、报表服务和集成服务等。其中,数据库引擎为 SQL Server 基本功能,一般用户只需要该功能。

服务器名称的格式为“计算机名/实例名”。由于安装时使用的是默认实例,所以此处使用计算机名作为服务器名,使用计算机的 IP 地址也可以。有时利用“.”表示本地计算机。

(4) 连接成功后,出现“对象资源管理器”窗格,如图 1-29 所示。

图 1-29 “对象资源管理器”窗格

图 1-29 中，DESKTOP-GJG0B2E（SQL Server 15.0.2080-DESKTOP-GJG0B2E \111）表示当前连接的 SQL Server 数据库引擎服务器。其中，DESKTOP-GJG0B2E 为服务器名称，即当前安装 SQL Server 2019 计算机的名称；SQL Server 15.0.2080 为 SQL Server 2019 数据库引擎版本。DESKTOP-GJG0B2E\111 为登录服务器的用户，即当前计算机(DESKTOP-GJG0B2E)的 Windows 用户名 111。

1.4.3 SQL Server Management Studio 的工作界面

SSMS 组合了大量图形工具和丰富的脚本编辑器，使各种技术水平的开发人员和管理员都能访问 SQL Server。SSMS 默认工作界面由“已注册的服务器”“对象资源管理器”和“查询编辑器”等窗格组成，如图 1-30 所示。

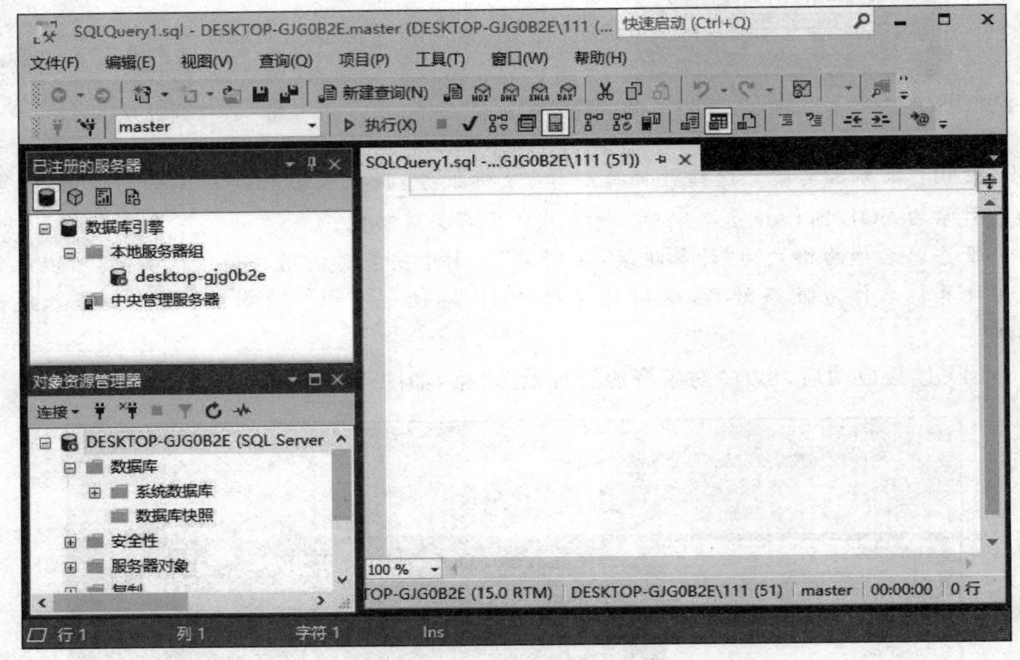

图 1-30 SSMS 界面

1. “已注册的服务器”窗格

选择“视图”|“已注册的服务器”命令，打开“已注册的服务器”窗格，显示当前已注册服务器数据库引擎的名称信息，如图 1-31 所示。图 1-31(a)中表示服务器已成功启动，用户可以访问该数据库服务器以及提供的各种服务；图 1-31(b)中表示该数据库引擎服务器处于暂停状态，连接的用户已经提交的任务继续执行，而新用户无法提交请求；图 1-31(c)中表示数据库引擎服务器已停止，用户无法访问数据库。

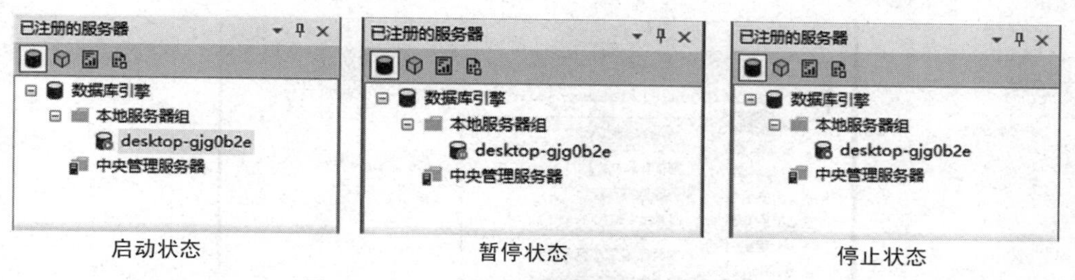

图 1-31 已注册的服务器的三种服务状态

【例 1-6】 停止 desktop-gigobze 数据库引擎服务器。

在"已注册的服务器"窗格中,选中"数据库引擎"|"本地服务器组"|desktop-gigobze 选项,右击,在弹出的快捷菜单中选择"服务控制"|"停止"命令,如图 1-32 所示。停止 desktop-gigobze 数据库引擎服务器,用户无法访问此数据库服务器。

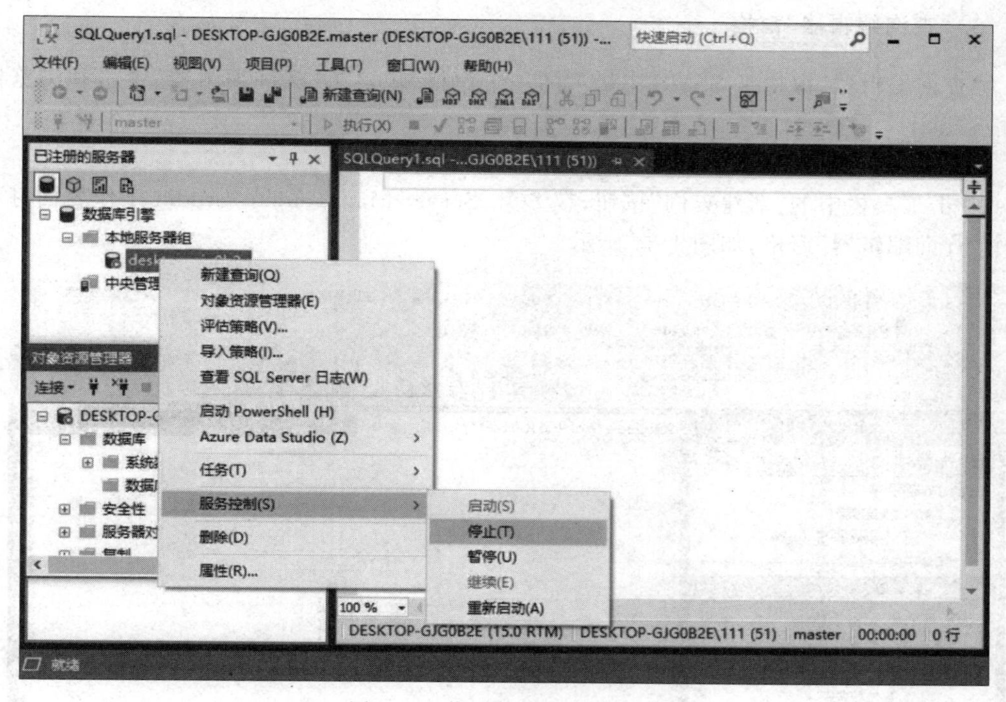

图 1-32 停止数据库引擎服务

2. "对象资源管理器"窗格

"对象资源管理器"窗格是服务器中所有对象的树状目录结构图,如图 1-33 所示。利用"对象资源管理器"窗格可以完成以下操作:注册、连接、启动、停止和监视服务器;配置服务器属性;创建数据库、数据表、视图、存储过程等数据库对象;生成 Transact-SQL 脚本;管理数据库对象权限;创建登录账户等。

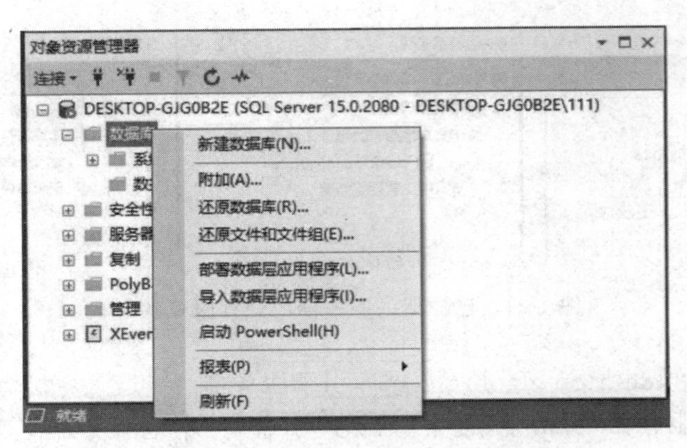

图 1-33 “对象资源管理器”窗格

3. “查询编辑器”窗格

“查询编辑器”窗格是 SSMS 中最大的一个窗格，包含了“查询编辑器”窗格和浏览器窗格。

【例 1-7】 打开“查询编辑器”窗格。

单击工具栏中的“新建查询”按钮，在 SQL Server Management Studio 工作界面打开一个“查询编辑器”窗格，如图 1-34 所示。

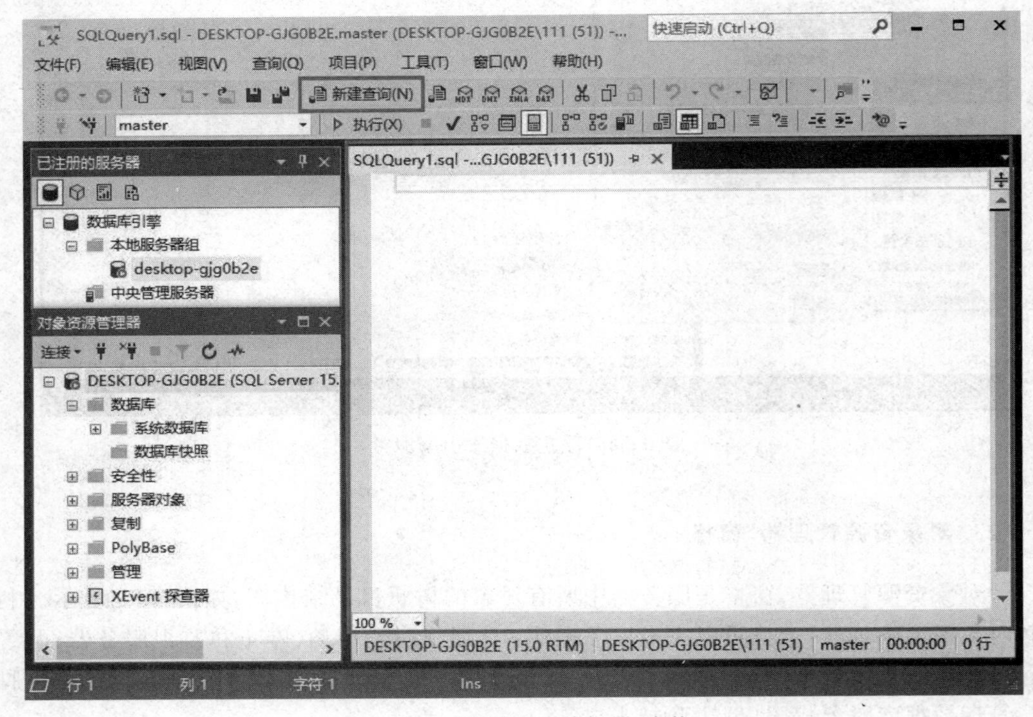

图 1-34 打开“查询编辑器”窗格

4. “模板浏览器”窗格

SSMS 提供了大量包含用户提供的值(如表名称)的参数的脚本模板。使用该参数，可以只输入一次名称，然后自动将该名称复制到脚本中所有必要的位置。可以编写自己的自定义模板，以支持频繁编写的脚本。“模板浏览器”窗格如图 1-35 所示。

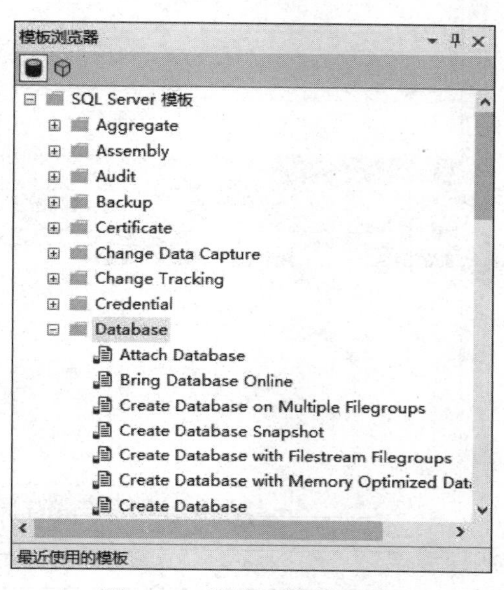

图 1-35 “模板浏览器”窗格

1.4.4 销售管理数据库 CompanySales 转移

在进行系统维护之前、发生硬件故障之后或者更换硬件时都需要对数据库进行转移，这就需要使用数据库的附加和分离操作了。

【例 1-8】 将销售管理数据库文件附加到数据库服务器 desktop-gigob2e(本书使用的计算机名)。

操作步骤如下。

(1) 启动 SSMS。

(2) 在“对象资源管理器”窗格中，右击“数据库”选项，弹出快捷菜单，选择“附加”选项，出现“附加数据库”窗口，如图 1-36 所示。

(3) 单击“添加”按钮，出现“定位数据库文件”对话框，如图 1-37 所示。从中选择要附加的数据库的数据文件 Sales_data.mdf，单击“确定”按钮，返回“附加数据库”窗口。

(4) 在“要附加的数据库”区域和“‘CompanySales’数据库详细信息”区域显示相关信息，如图 1-38 所示。

(5) 确认无误后，单击“确定”按钮，即可把所选的 CompanySales 数据库加到当前 SQL Server 实例上，结果如图 1-39 所示。

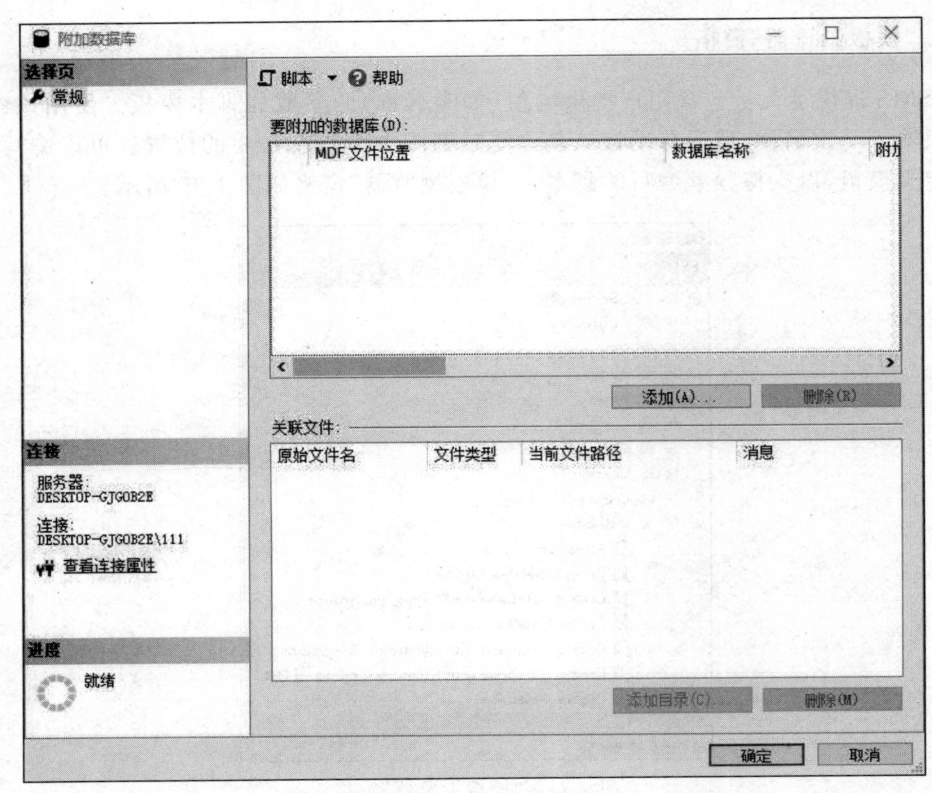

图 1-36 附加数据库

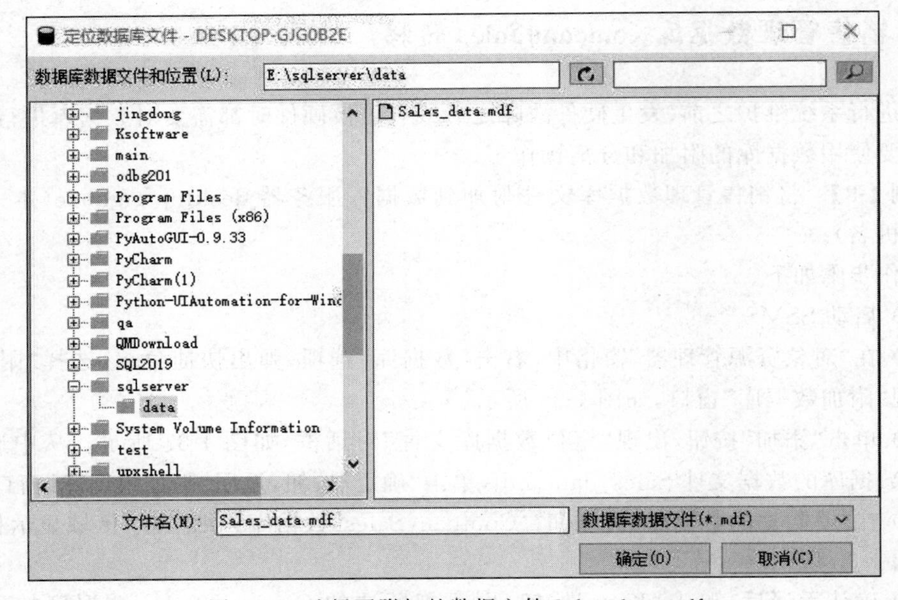

图 1-37 选择要附加的数据文件 Sales_data.mdf

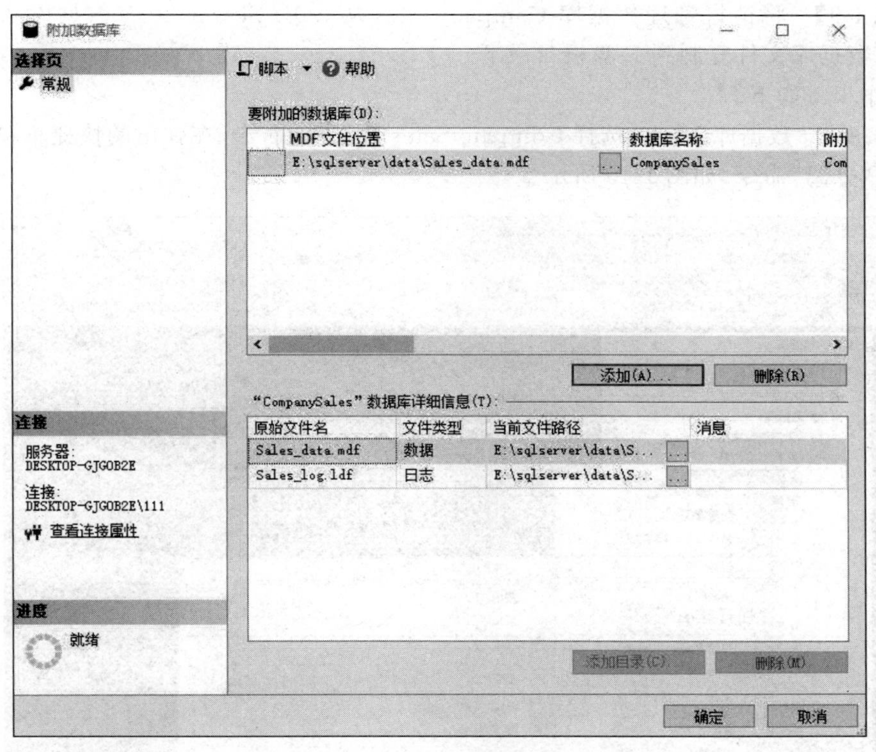

图 1-38　完成数据库文件的附加

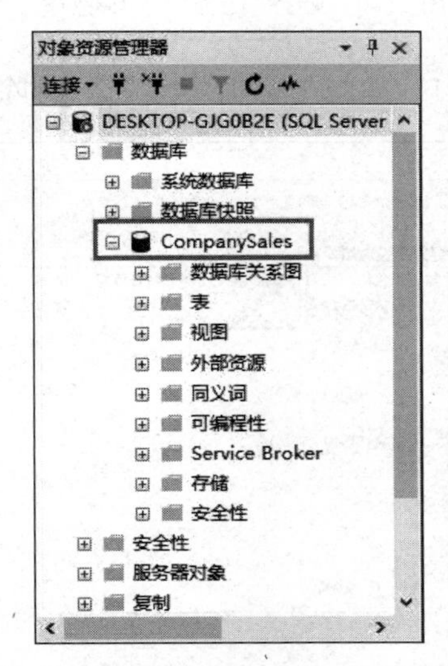

图 1-39　附加的 CompanySales 数据库

说明：如果附加数据失败，可能是当前用户对 Sales_data.mdf 和 Sales_log.ldf 文件的权限不够。右击 Sales_data.mdf 文件，打开文件属性对话框，选择“安全”选项卡，然后在 Authenticated Users 组中单击“编辑”按钮，选择“完全修改”权限即可。

【例 1-9】 将销售管理数据库 CompanySales 从 SQL Server 2019 数据库实例中分离,并将数据库文件复制到 E 盘根目录下。

操作步骤如下。

(1) 展开“数据库”节点,选择 CompanySales 数据库,右击,在弹出的快捷菜单中选择“任务”|“分离”命令,如图 1-40 所示。

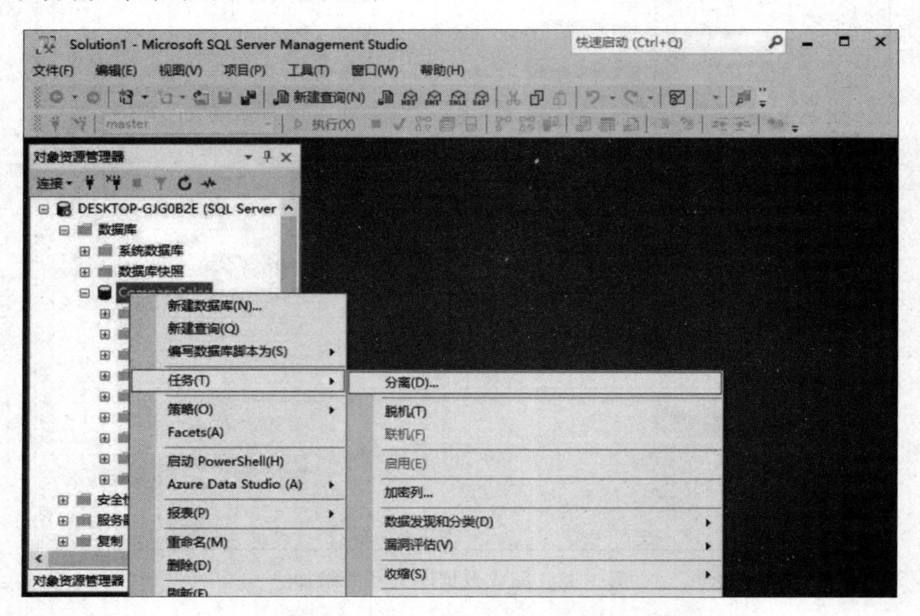

图 1-40 选择“任务”|“分离”命令

(2) 出现“分离数据库”窗口,如图 1-41 所示,勾选“删除连接”复选框。

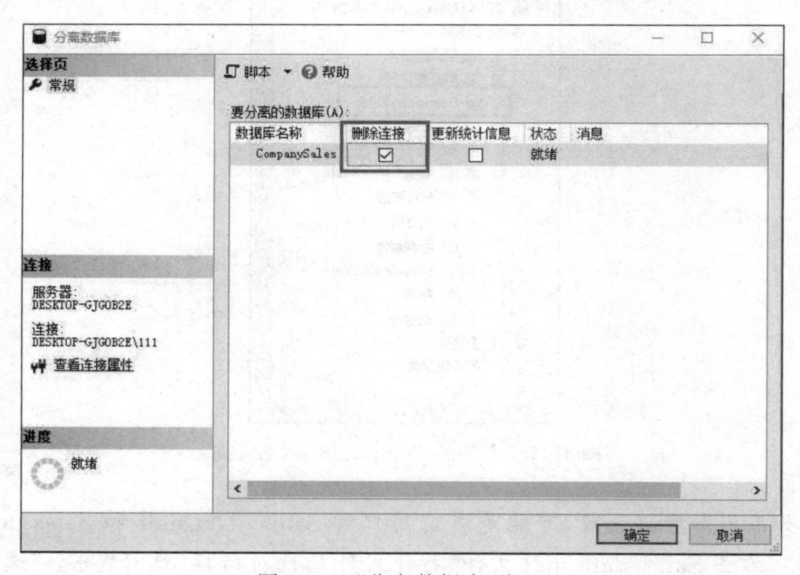

图 1-41 “分离数据库”窗口

（3）将如图 1-42 所示的数据文件复制到 E 盘根目录。

Sales_data	2021/7/21 17:19	SQL Server Data...	10,240 KB
Sales_log	2021/7/21 17:19	SQL Server Data...	26,624 KB

图 1-42　数据文件

任务 1.5　创建一个查询

【任务描述】　查询是操作数据库重要的步骤，在 SSMS 中创建查询是常用的功能，本任务在 SSMS 创建一个查询并执行。

查询编辑器主要可以创建和运行 Transact-SQL、XQuery 和 sqlcmd 脚本。

在数据库引擎查询编辑器运行脚本文件的步骤如下。

（1）打开查询编辑器。在查询编辑器中输入脚本，单击工具栏上的“分析”按钮 ✔，分析脚本语法。

（2）按 F5 键，或者单击工具栏上的“执行”按钮，执行脚本，也可以选择菜单栏上的“查询”|“执行”命令。如果选择了一部分代码，则仅执行该部分代码。如果没有选择任何代码，则执行查询编辑器中的全部代码。

【例 1-10】　创建一个查询 Customer 记录的语句。

操作步骤如下。

（1）在“对象资源管理器”窗格中，选中 CompanySales 数据库，右击，在快捷菜单中选择“新建查询”命令，如图 1-43 所示。

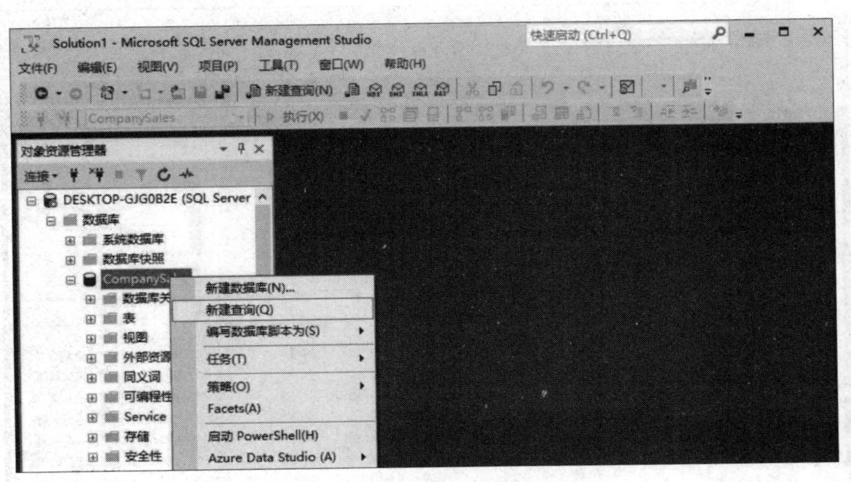

图 1-43　选择“新建查询”命令

（2）出现查询编辑器，如图 1-44 所示，输入如下的 Transaction-SQL 语句。

```
SELECT * FROM Customer
```

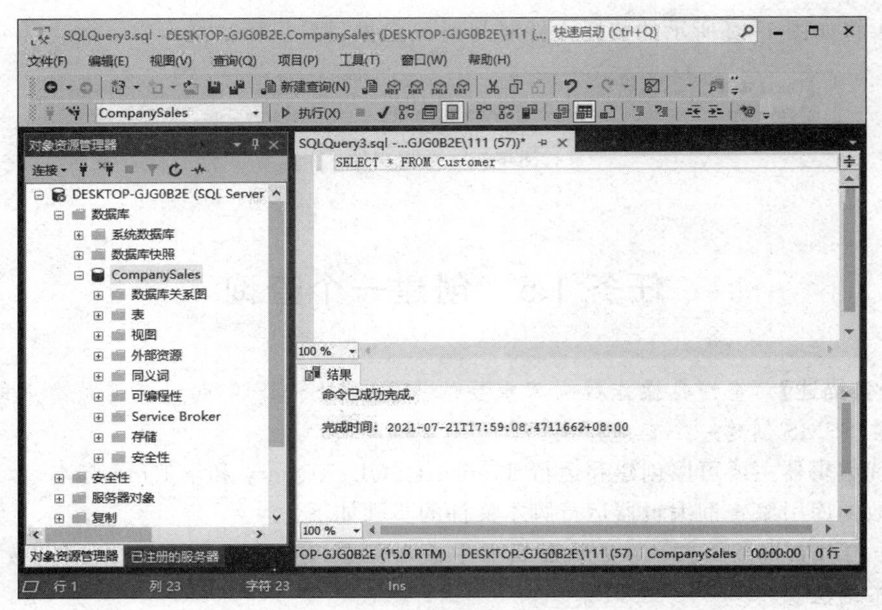

图 1-44　分析语法

（3）单击工具栏上的“分析”按钮✓，分析脚本语法，结果如图 1-44 所示。在窗口的右下方出现“结果”窗格，显示“命令已成功完成。”表示分析的结果为此语句的语法是正确的。

（4）按 F5 键，或者单击工具栏上的“执行”按钮，执行脚本。在“结果”窗格中显示 SQL 语句执行的结果，如图 1-45 所示。

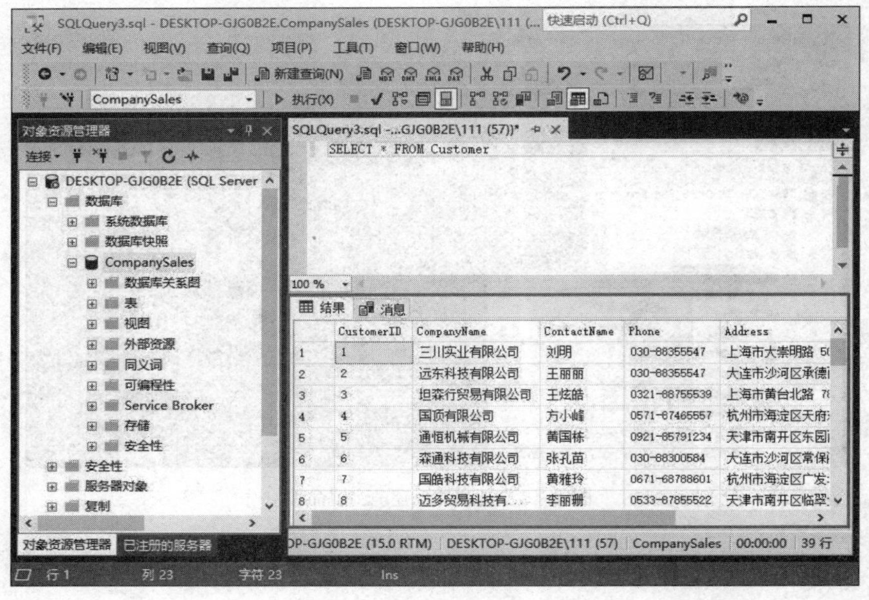

图 1-45　执行查询后的结果

(5) 保存脚本文件。将光标定位在查询编辑器中，然后选择“文件”|“保存SQLQuery3.sql”或“SQLQuery3.sql 另存为”命令，输入文件名，可以保存脚本文件。

说明：在 SQL Server 2019 中，不区分英文字母的大小写。

任务 1.6 使用联机帮助文档

【任务描述】 SQL Server 2019 提供了完整的文档和教程。本任务打开并查看联机帮助文档。

【例 1-11】 安装联机 SQL Server 2014 帮助文档。

操作步骤如下。

(1) 保持网络在连接状态。

(2) 选择“帮助”|“添加和删除帮助内容”命令，如图 1-46 所示。

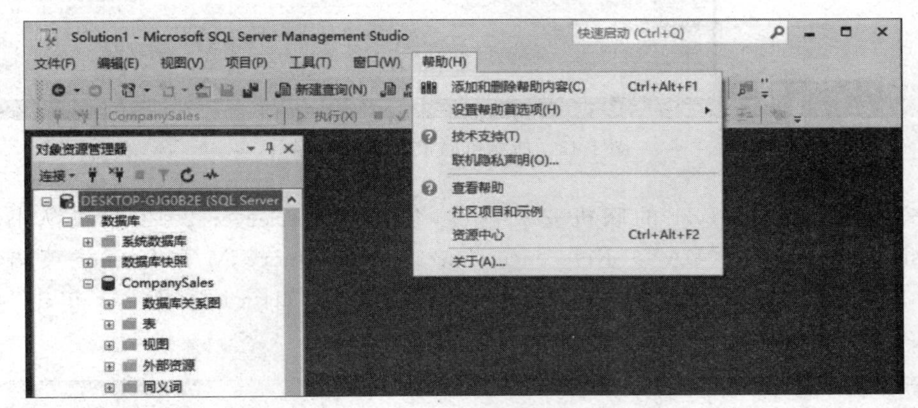

图 1-46 添加和删除帮助内容

(3) 出现 Microsoft Help 查看器 2.3 窗口，如图 1-47 所示，开始提取所有的联机安装内容。

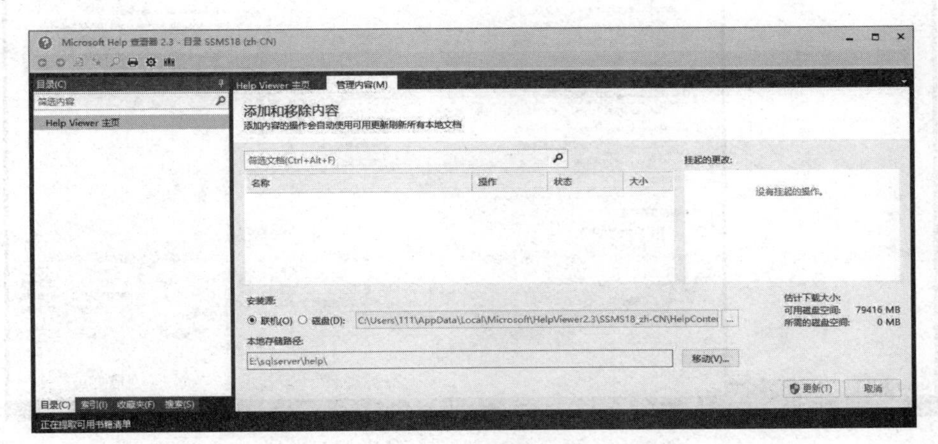

图 1-47 提取产品

(4) 提取产品完成,结果如图 1-48 所示,显示了所有的可安装产品。

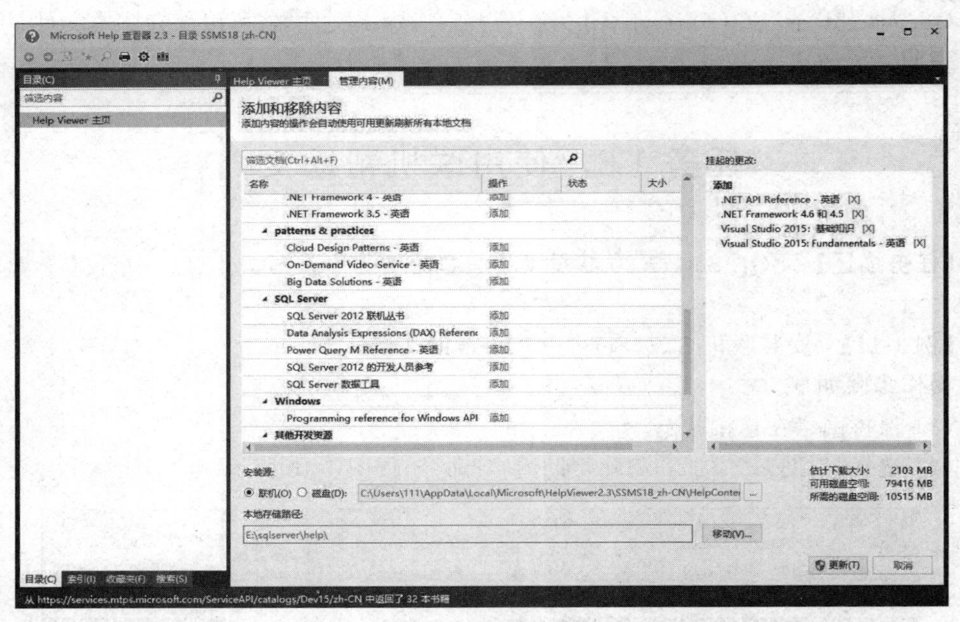

图 1-48 所有可联机安装的内容

(5) 选择 SQL Server 的联机安装内容,包括 SQL Server 2012 联机丛书、Data Analysis Expressions (DAX) Reference-英语、Power Query M Reference-英语、SQL Server 2012 的开发人员参考和 SQL Server 数据工具,如图 1-49 所示。单击"更新"按钮。

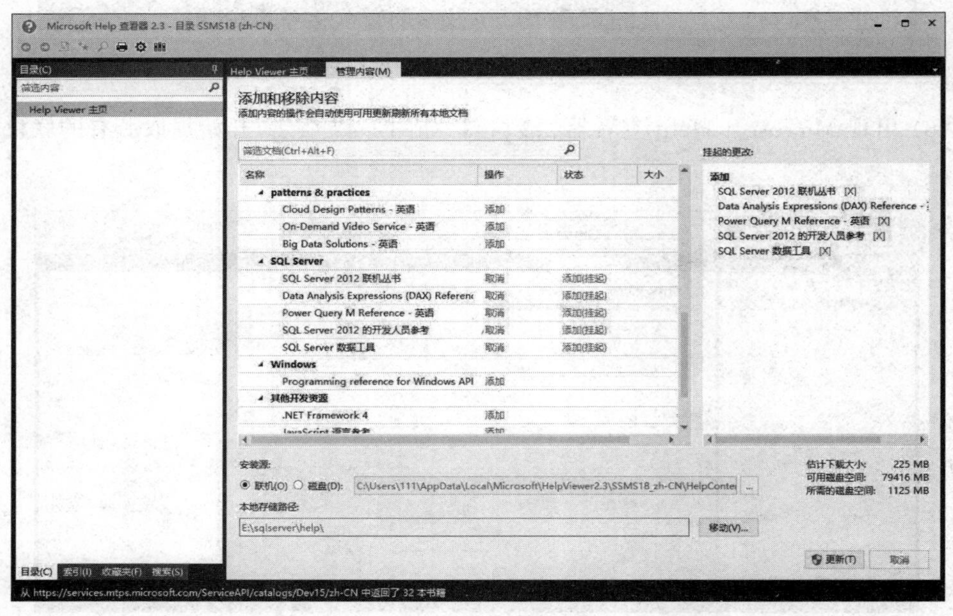

图 1-49 更新 SQL Server 联机帮助文档

【例 1-12】 打开帮助文档。

操作步骤如下。

选择“帮助”“查看帮助”命令，出现如图 1-50 所示的窗口。

图 1-50 帮助查看窗口

习 题

一、单选题

1. SQL Server 2019 的操作中心是(　　)。

   A. SQL Server Management Studio　　B. Enterprise Manager

   C. Visual Studio.NET 2019　　D. 查询编辑器

2. 注册至某服务器，表示该服务器(　　)。

   A. 已启动但未连接　　B. 已启动并且已连接

   C. 还未启动

3. 对于大型企业，应该采用(　　)版本的 SQL Server 2019。

   A. 企业　　B. 工作组　　C. 开发者　　D. 精简

二、思考题

1. 简述 SQL Server 2019 安装所需的软件和硬件环境。
2. 为何在使用 SQL Server Management Studio 之前要启动数据库引擎？

3. 如何在 SQL Server Management Studio 中附加一个数据库？
4. 如何创建一个查询，并保存脚本文件？

实　训

一、实训目的

1. 了解安装 SQL Server 2019 的硬件和软件的要求。
2. 掌握 SQL Server 2019 的安装方法。
3. 掌握对象资源管理器与查询编辑器的使用。
4. 了解数据库及其数据库对象。

二、实训内容

1. 在本地计算机上练习安装 SQL Server 2019 Express 版本。
2. 练习启动、暂停和关闭 SQL Server 2019 实例。
3. 附加销售管理数据库 CompanySales。
4. 在查询编辑器中，输入如下的语句，并逐语句执行，观察执行结果。

```
USE CompanySales
GO
SELECT * FROM Customer
GO
```

5. 分离销售管理数据库 CompanySales，并将数据库文件复制到 E 盘。

销售管理数据库的创建和管理

技能目标

能够根据需求创建销售管理数据库；掌握对销售管理数据库进行修改操作；能够根据实际需求，配置和管理销售管理数据库。

知识目标

各种系统数据库的作用；数据库文件存储结构；创建数据库的方法；修改和删除指定数据库的方法；迁移数据库的方法；数据库属性。

思政目标

引导学生努力提升自身技术水平，增强团队意识和协作能力；引导学生检查代码和性能是否符合技术标准和规范，培养学生规范化、标准化的职业素养和工匠精神。

任务2.1　认识数据库

【任务描述】　在创建数据库之前，须了解数据库的相关概念、数据描述、数据模型和相关型数据库等基本知识。

2.1.1　基本概念

1. 数据

描述事物的符号称为数据。数据有多种表现形式，可以是数字，也可以是文字、图形、图像、声音、语言等。在数据库中所指数据表示记录，例如，在销售管理数据库中，记录了员工的信息，包括员工号、姓名、性别、出生年月、入职时间、工资和工作部门等。

2. 信息

通俗地说，信息指对结果进行加工处理，并对人类社会实践和生产活动产生决策影响的数据。信息就是数据中所包含的意义。未经过加工的数据只是一种原始材料，它的价值在于记录了客观世界的事实。

3. 数据库

数据库是指长期存储在计算机内的、有组织的、可共享的数据集合。例如，一家公司的员工、销售产品和产品的订单等数据有序地组织并存放在计算机内，就构成一个数据库。本书主要介绍销售管理数据库。

4. 数据库管理系统

数据库管理系统(DBMS)是数据库系统的核心软件之一，是位于用户与操作系统之间的一层数据管理软件。它的主要功能包括以下几个方面：数据定义功能、数据操作功能、数据库的运行管理、数据库的建立和维护功能。

目前较为流行的数据库管理系统有 Microsoft 公司的 SQL Server 系列、甲骨文公司的 Oracle 系列和 IBM 公司的 DB2 等，本书介绍 SQL Server 2019 版。

5. 数据库系统

数据库系统(DBS)是有组织地、动态地存储大量关联数据、方便多用户访问的计算机硬件、软件和数据资源组成的系统。一般由计算机硬件、数据库、数据库管理系统以及开发工具和各种人员(如数据库管理员、用户和开发人员等)构成，如图 2-1 所示。

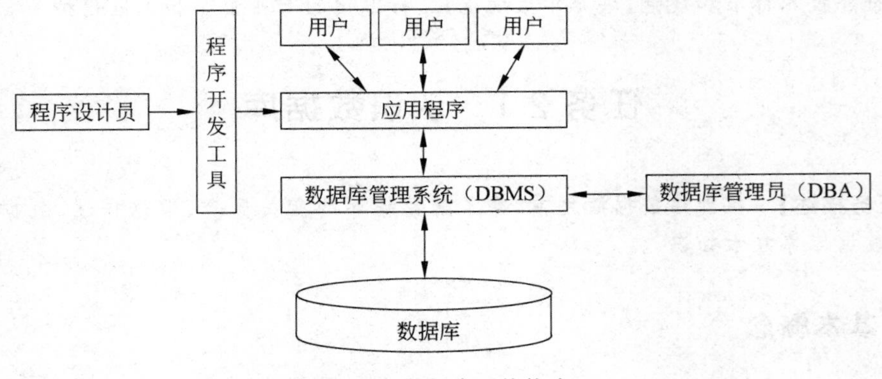

图 2-1　数据库系统构成

2.1.2　数据描述

如果要把现实世界的事物以数据的形式存储到计算机中，要经历现实世界、信息世界和机器世界三个阶段，具体的过程如图 2-2 所示。首先将现实世界中客观存在的事物和它们所具有的特征抽象为信息世界的实体和属性；然后抽象化到信息世界，利用实体—联系方法(E-R 方法)反映事物与机器世界之间的相互关系；最后将实体—联系方法表达的概念模型转化为机器世界的数据模型。

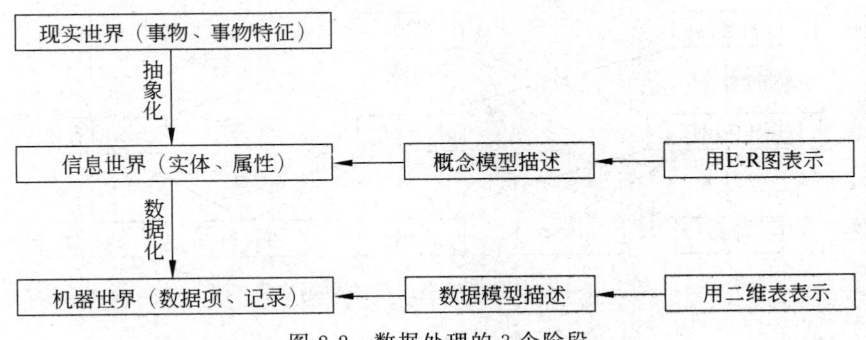

图 2-2　数据处理的 3 个阶段

2.1.3　数据模型

数据库管理系统主要根据数据模型对数据进行存储和管理。数据模型是数据库的基础和关键。目前数据库管理系统采用的数据模型有层次模型、网状模型和关系模型。

1. 层次模型

层次模型是最早出现在数据库设计中的数据模型。层次模型将数据组织成一对多(双亲与子女)的结构,如图 2-3 所示。用树状结构表示实体之间的联系,树的节点表示实体集,节点之间的连线表示两实体集之间的关系。采用关键字来访问其中每一层的每个部分。层次模型存取方便且速度快;结构清晰,容易理解;检索路线明确;数据修改和扩张容易实现。但是不能表示多对多的关系,结构不够灵活,数据冗余较大。

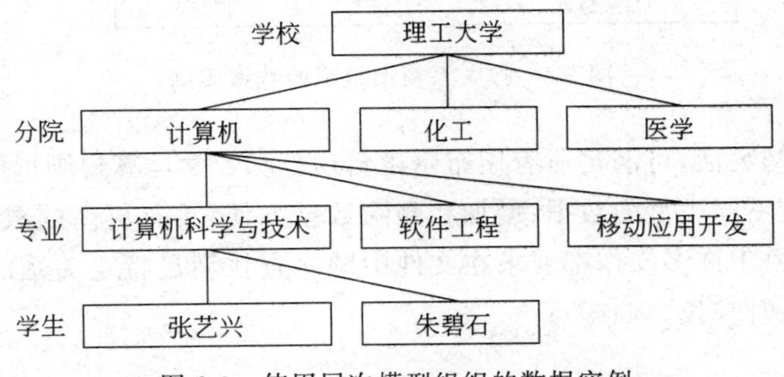

图 2-3　使用层次模型组织的数据实例

2. 网状模型

在网状模型中,记录之间可具有任意多的连接。一个子节点可有多个父节点,可有一个以上节点没有父节点,如图 2-4 所示。网状模型能明确方便表示数据间的复杂关系,具有多对多类型的数据组织方式。由于数据间的联系通过指针表示,指针数据的存在使得数据量大大增加,数据修改不方便。另外,网状模型指针的建立和维护成为系统相当大的额外负担。

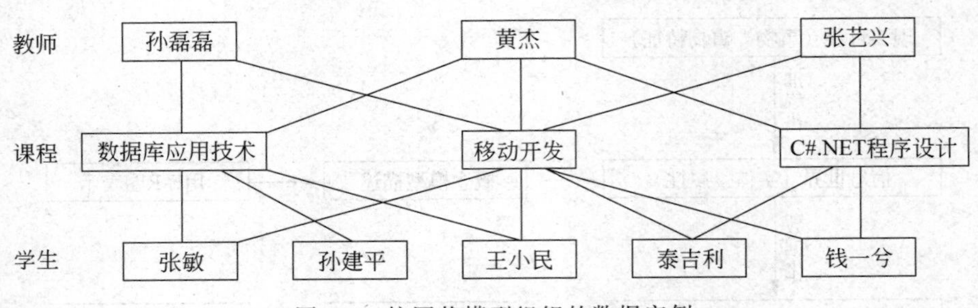

图 2-4　按网状模型组织的数据实例

3. 关系模型

关系模型是以记录或者二维数据表的形式组织数据，不分层也无指针，是建立空间数据和属性数据之间关系的一种非常有效的数据组织方法。关系模型中每一列对应实体的一个属性；每一行形成一个由多个属性组成的元组也称记录，与特定的实体相对应，如图 2-5 所示。

属性（字段）

员工号	姓名	性别	出生年月	薪水
1	章宏	男	1969/10/28	3100
2	李立三	男	1980/5/13	3460
3	王孔若	男	1974/12/17	3800
4	余杰	男	1973/7/11	3315
5	蔡慧敏	女	1957/8/12	3453

元组

图 2-5　按关系模型组织的数据实例

关系模型结构灵活，可满足所有用布尔逻辑运算和数学运算规则形成的查询要求；能搜索、组合和比较不同类型的数据；增加和删除数据方便；具有更高的数据独立性和更好的安全保密性。由于许多操作都要求在文件中顺序查找满足特定关系的数据，若数据库很大，查找过程耗时较长。

2.1.4　关系型数据库语言

SQL（structured query language，结构化查询语言）是一种数据库查询和程序设计语言，用于存取数据以及查询、更新和管理关系数据库系统。SQL 包括数据定义语言（DDL）、数据操纵语言（DML）和数据控制语言（DCL）。

（1）数据定义语言（DDL）用于执行数据库任务，对数据库以及数据库中各种对象进行创建、删除、修改操作，主要语句和功能如表 2-1 所示。

表 2-1 DDL 主要语句和功能

语 句	功 能
CREATE	创建数据库或数据库对象
ALTER	修改数据库或数据库对象
DROP	删除数据库或数据库对象

(2) 数据操纵语言(DML)主要用于数据表或者视图的检索、插入、修改和删除数据记录的操作,主要语句和功能如表 2-2 所示。

表 2-2 DML 主要语句和功能

语 句	功 能	语 句	功 能
SELECT	从表或者视图中检索数据	UPDATE	修改表或者视图中的数据
INSERT	将数据插入表或者视图	DELETE	删除表或者视图中的数据

(3) 数据控制语言(DCL)主要用于安全管理,确定哪些用户可以查看或者修改数据库中的数据,主要语句和功能如表 2-3 所示。

表 2-3 DCL 主要语句和功能

语 句	功 能
GRANT	授予权限
REVOKE	撤销权限
DENY	拒绝权限,并禁止从其他角色继承许可权限

任务 2.2 认识系统数据库

【任务描述】 SQL Server 2019 数据库分为两类:系统数据库和用户数据库。在安装了 SQL Server 2019 以后,系统会自动创建 4 个系统数据库,它们分别是 master、model、msdb 和 tempdb,如图 2-6 所示。用户数据库用于存储用户数据,比如 CompanySales 数据库用于存储销售管理的相关数据。

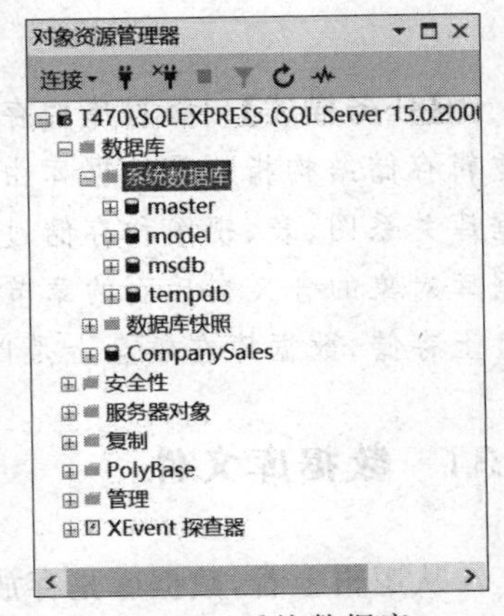

图 2-6 系统数据库

1. master 数据库

master 数据库是 SQL Server 系统最重要的数据库。master 数据库记录 SQL Server 系统的所有系统级信息。包括实例范围的元数据(例如登录账户)、端点、连接服务器和系统配置设置。此外,master 数据库还记录了所有其他数据库的存在、数据库文件的位置以及 SQL Server 的初始化信息。如果 master 数据库不可用,则 SQL Server

无法启动。

说明：master 数据库是数据库系统的默认数据库。用户使用 SSMS 登录后，新建的查询是针对 master 数据库的。用户可以在下拉列表中修改当前可用数据库。

2. model 数据库

用于 SQL Server 实例上创建的所有数据库的模板。对 model 数据库进行的修改(如数据库大小、排序规则、恢复模式和其他数据库选项)将应用于以后创建的所有数据库。

3. msdb 数据库

msdb 数据库是代理服务器数据库，主要用于数据库管理自动化，定时执行某些 SQL Server 2019 脚本，定时备份或者复制任务。它为报警、任务调度和记录操作员的操作提供存储空间。

4. tempdb 数据库

tempdb 数据库是记录了所有的临时表、临时数据和临时创建的存储过程等保存临时对象的一个工作空间。tempdb 数据库存放的所有数据信息都是临时的，SQL Server 服务器重新启动时，tempdb 数据库被重新建立。

5. 示例数据库

SQL Server 引入了 Adventure Works Cycles 公司的 Adventure Works 示例数据库可供学习。在默认情况下，SQL Server 2019 不安装示例数据库。若要安装 SQL Server 的示例数据库，可在 Microsoft SQL Server Samples and Community Projects 主页选择所需数据库。

任务 2.3 数据库存储结构

【任务描述】 数据库的存储结构分为逻辑存储结构和物理存储结构两种。数据库的逻辑存储结构指的是数据库由哪些性质的信息所组成。SQL Server 的数据库由诸如数据库关系图、表、视图和存储过程等各种不同的数据库对象所组成，如图 2-7 所示(各种数据库对象的含义在后面的章节介绍)。数据库的物理存储结构讨论数据库文件如何在磁盘上存储，数据库在磁盘上是以文件为单位存储的。

2.3.1 数据库文件

从逻辑上看，数据库是存放数据的容器；但是从操作系统的角度看，数据库由多个文件组成，至少由数据文件和事务日志文件两个文件组成。一个 SQL Server 2019 数据库主要使用以下三种类型文件存储信息。

图 2-7 数据库的组成

1. 主要数据文件

主要数据文件(行数据)包含数据库的启动信息,并指向数据库中的其他文件。主要数据文件的文件扩展名是.mdf。用户数据和对象可存储在此文件中,也可以存储在次要数据文件中。每个数据库必定有一个主要数据文件。

2. 次要数据文件

次要数据文件(行数据)是可选的,由用户定义并存储用户数据。次要数据文件的文件扩展名是.ndf。通过将每个文件放在不同的磁盘驱动器上,次要文件可用于将数据分散到多个磁盘上。另外,如果数据库文件大小超过了单个 Windows 文件的最大大小,可以使用次要数据文件,这样数据库就能继续增长。

说明: 采用主要、次要数据文件(行数据)来存储数据容量可以无限制地扩充而不受操作系统文件大小的限制。可以将数据文件保存在不同的硬盘上,提高了数据处理的效率。

3. 事务日志文件

用于记录所有事务以及每个事务对数据库所做的修改。当数据库损坏时,管理员可以使用事务日志恢复数据库。每一个数据库必须至少拥有一个事务日志文件,并允许拥有多个日志文件。事务日志文件的扩展名为.ldf。

2.3.2 数据文件组

SQL Server 为了方便数据库文件的分配和管理,将数据文件分成不同的文件组进行管理。数据文件组有以下两种类型。

1. 主要文件组

主要文件组(PRIMARY 文件组)包含主要数据文件和未放入其他文件组的所有次要文件。每个数据库有一个主要文件组。

2. 用户定义文件组

用户定义文件组用于将数据文件集合起来,以便于管理、数据分配和放置。

如果在数据库中创建对象时没有指定对象所属的文件组,对象将被分配给默认文件组。不管何时,只能将一个文件组指定为默认文件组。

PRIMARY 文件组是默认文件组,除非使用 ALTER DATABASE 语句进行了更改。但系统对象和表仍然分配给 PRIMARY 文件组,而不是新的默认文件组。

任务 2.4 销售管理数据库的创建

【任务描述】 使用管理工具 SSMS 和使用 CREATE DATABASE 语句。

2.4.1 使用 SSMS 创建数据库

【例 2-1】 为某公司创建一个名为 Sales 的数据库。

操作步骤如下。

(1) 在“对象资源管理器”窗格中右击“数据库”选项，在弹出的快捷菜单中选择“新建数据库”命令，出现“新建数据库”窗口，在“数据库名称”文本框中输入数据库名 Sales，如图 2-8 所示。

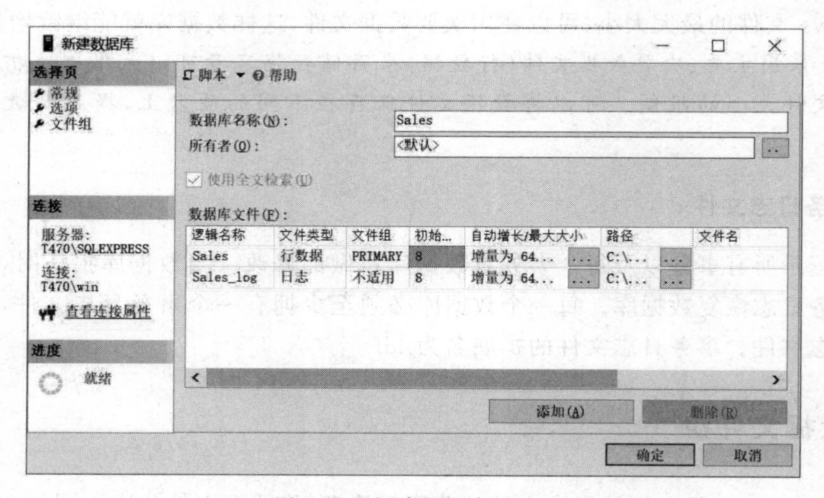

图 2-8 “新建数据库”窗口

窗口右侧“数据库文件”列表中各属性的含义如下。

① 逻辑名称：数据文件和日志文件的逻辑名。数据文件逻辑名默认为数据库名，日志文件逻辑名默认为数据库名后加_log。

② 文件类型：指出文件类型是数据文件(行数据)还是日志文件。

③ 文件组：用户所属的文件组。

④ 初始大小：以 MB 为单位，数据文件默认为 5MB，日志文件默认为 2MB。

⑤ 自动增长：表示文件的增长方式。单击属性后的“浏览”按钮[...]，出现“更改 Sales 的自动增长设置”对话框，如图 2-9 所示。用户可以根据自己的实际情况进行选择。

说明：在创建数据库时最好指定文件的最大允许增长的大小，这样做可以防止文件在添加时无限制增大，以至于用尽整个磁盘空间。

⑥ 路径：存放数据文件和日志文件的物理路径。

说明：数据库文件存放的默认路径为 C:\Program Files\Microsoft SQL Server\MSSQL15. MSSQLSERVER\MSSQL\DATA\，用户可以修改当前数据库文件的存放路径。

⑦ 文件名：显示数据文件和日志文件的物理名称。

在创建大型数据库时，尽量将数据文件和事务日志文件设置在不同路径下，以提高数据读取的效率。

（2）在“新建数据库”窗口中，单击“确定”按钮，完成创建 Sales 数据库。

（3）验证数据库。在“对象资源管理器”窗格中出现了 Sales 数据库，如图 2-10 所示。打开 C:\Program Files\Microsoft SQL Server\MSSQL15.MSSQLSERVER\MSSQL\DATA\文件夹，可以找到 Sales.mdf 和 Sales_log.ldf 两个文件，其他为系统生成的数据库文件，如图 2-11 所示。

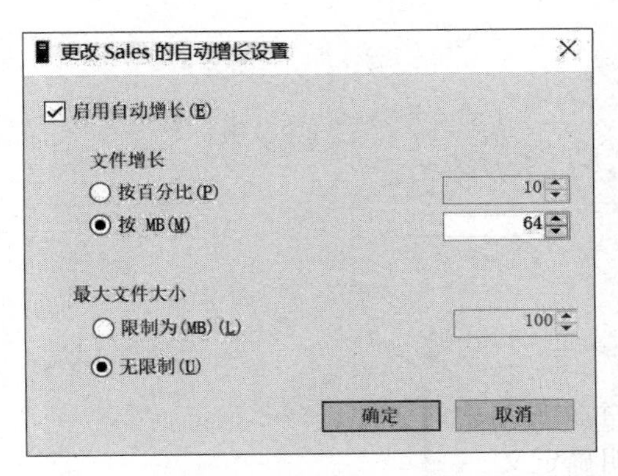

图 2-9 “更改 Sales 的自动增长设置”对话框

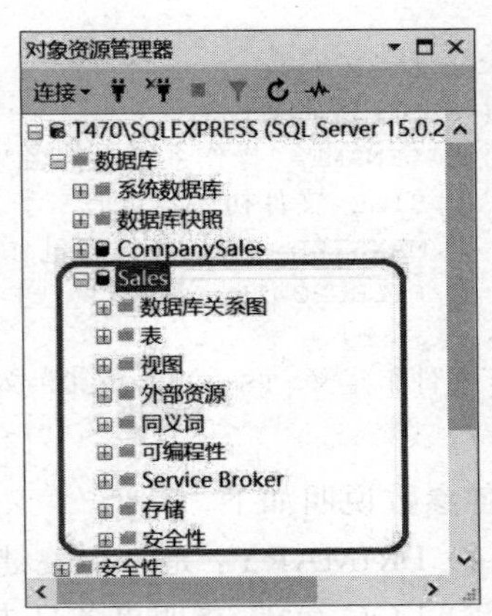

图 2-10 Sales 数据库

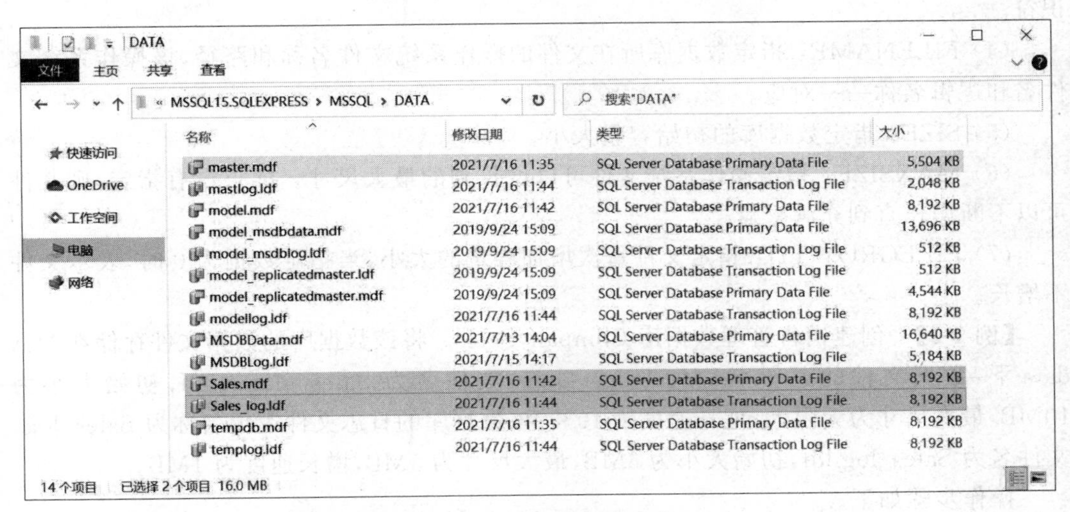

图 2-11 Sales 数据库文件

2.4.2 使用 CREATE DATABASE 语句

使用 CREATE DATABASE 创建数据库的语法格式如下。

```
CREATE DATABASE  <数据库名>
    [ON [PRIMARY]
    [<数据文件定义>[,...n]]
    [,<文件组定义>[,...n]]
    [LOG ON
    {<日志文件定义>[,...n]}]
]
```

其中：

```
<文件定义>::=
( NAME=逻辑文件名,
  FILENAME='操作系统文件名'
  [,SIZE=文件初始容量]
  [,MAXSIZE={文件最大容量|UNLIMITED }]
  [,FILEGROWTH=文件增长|%]
)[,...n]
<文件组定义>::=FILEGROUP 文件组名
               <文件定义>[,...n]
```

各参数说明如下。

(1) PRIMARY：是一个关键字，指定主文件组中的文件。

(2) LOG ON：指明事务日志文件的明确定义。

(3) NAME：在 SQL Server 系统中使用的名称，是数据库在 SQL Server 中的标识符。

(4) FILENAME：指定数据库所在文件的操作系统文件名称和路径，该操作系统文件名和逻辑名称一一对应。

(5) SIZE：指定数据库的初始容量大小。

(6) MAXSIZE：指定操作系统文件可以增长到的最大尺寸。如果没有指定，则文件可以不断增长直到充满磁盘。

(7) FILEGROWTH：指定文件每次增加容量的大小，当指定数据为 0 时，表示文件不增长。

【例 2-2】 创建销售管理数据库 CompanySales。将该数据库的数据文件存储在 D:\data 下，数据文件的逻辑名称为 Sales_data，文件名为 Sales_data.mdf，初始大小为 10MB，最大尺寸为无限大，增长速度为 10%；该数据库的日志文件逻辑名称为 Sales_log，文件名为 Sales_log.ldf，初始大小为 3MB，最大尺寸为 5MB，增长速度为 1MB。

操作步骤如下。

(1) 在 SSMS 中，单击工具栏上的“新建查询”按钮，或选择“文件”|“新建”|“数据库引擎查询”命令，打开一个新的“查询编辑器”窗格。

(2) 在“查询编辑器”窗格中输入以下语句。

```
CREATE DATABASE CompanySales
  ON                                          /* 数据文件参数 */
  (   NAME=Sales_data,                        /* 注意有逗号分隔 */
      FILENAME='d:\data\Sales_data.mdf',      /* 注意用半角状态下的引号,D:\data 文件
                                                 夹必须已经存在 */
      SIZE=10MB,
      MAXSIZE=UNLIMITED,
      FILEGROWTH=10%)                         /* 注意没有逗号,数据文件结束 */
  LOG ON                                      /* 日志文件参数 */
  (   NAME=Sales_log,                         /* 注意用逗号分隔 */
      FILENAME='d:\data\Sales_log.ldf',       /* 注意使用半角状态下的引号 */
      SIZE=3MB,
      MAXSIZE=5MB ,
      FILEGROWTH=1MB                          /* 注意没有逗号 */
  )
```

(3) 单击工具栏上的✔按钮,进行语法分析,保证上述语句语法的正确性。

(4) 按 F5 键或单击工具栏上的“执行”按钮,执行上述语句。

说明:如果选定部分脚本语句,则对指定语句执行检查和执行操作,否则执行所有语句;将光标定位在语句编辑区,选择的“文件”|“保存”或“另存为”命令,可以将编写的脚本以文件(.sql)形式保存。

(5) 在“结果”窗格中将显示相关消息,告诉用户数据库创建是否成功。

(6) 在“对象资源管理器”窗格中刷新数据库,查看已经创建的数据库。

说明:本书所有的章节均围绕销售管理数据库操作和维护展开阐述,销售管理数据库即为本例中创建的 CompanySales 数据库,由于数据库的名称不能相同,在本项目中使用其他的数据库作为实例解说。

【例 2-3】 创建销售管理数据库 Mysales。将该数据库的数据文件存储在 D:\data 下,主要数据文件为 Sales1,次要数据文件为 Sales2。

操作步骤同例 2-2,代码如下。

```
CREATE DATABASE Mysales
  ON PRIMARY
  (   NAME=Sales1,
      FILENAME='D:\data\Sale1_data.mdf',
      SIZE=100MB),                            /* 注意使用逗号分隔数据文件 */
  (   NAME=Sales2,
      FILENAME='D:\data\Sale2_data.ndf',
      SIZE=100MB)
```

执行语句,在 SSMS 中刷新数据库,然后打开 Mysales 数据库属性对话框,选择“文件”选项,查看 Mysales 数据库的文件信息,如图 2-12 所示。Mysales 数据库包含两个数据文件 Sales1 和 Sales2,符合要求达到目的。

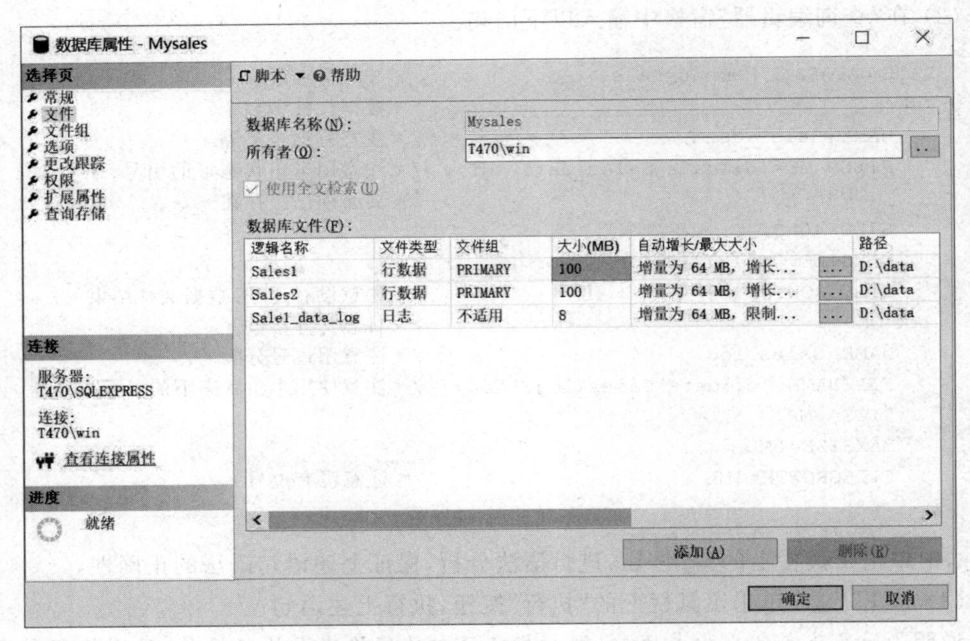

图 2-12 查看数据库的文件属性

2.4.3 使用模板

【例 2-4】 使用模板创建 newSales 数据库。

操作步骤如下。

(1) 从“模板浏览器”窗格中打开模板。选择“视图”|“模板资源管理器”|“SQL Server 模板”命令，展开 Database|Create Database 节点，如图 2-13 所示。

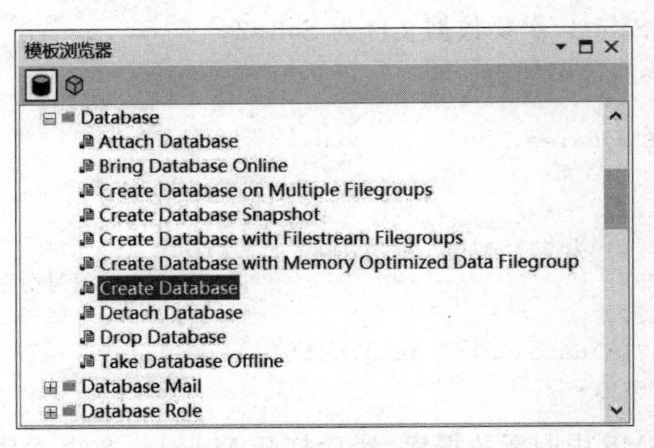

图 2-13 “模板浏览器”窗格

(2) 将 Create Database 从“模板浏览器”窗格拖放到“查询编辑器”窗格中，自动创建代码，如图 2-14 所示。

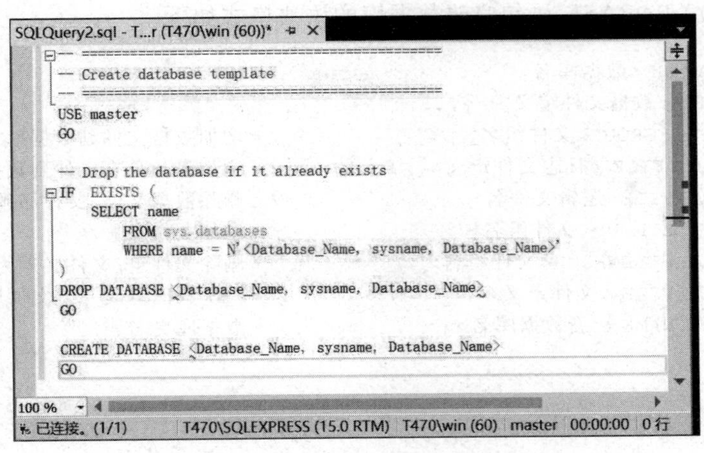

图 2-14　利用模板创建数据库

（3）替换模板参数。选择“查询”|“指定模板参数的值”命令或单击工具栏上的 按钮，打开“指定模板参数的值”对话框，如图 2-15 所示。在“值”列输入 newSales 作为数据库的名称。

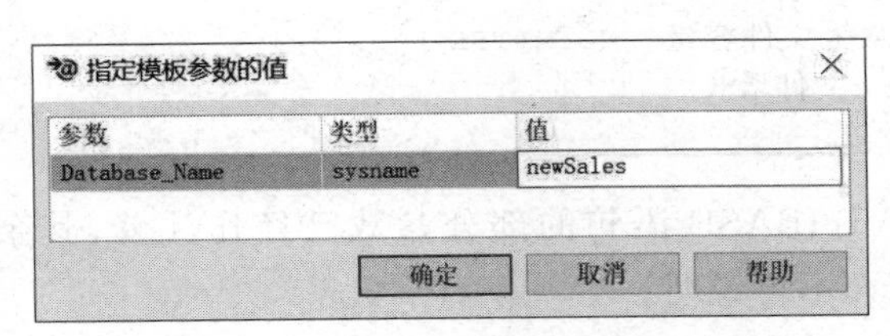

图 2-15　“指定模板参数的值”对话框

（4）单击“确定”按钮，关闭“指定模板参数的值”对话框，系统自动修改查询窗格中的脚本文档。

（5）单击工具栏上 按钮，进行语法分析，保证上述语句语法的正确性。

（6）按 F5 键或单击工具栏上“执行”按钮，执行上述语句。

（7）在“结果”窗格中将显示相关消息，告诉用户数据库创建是否成功。

（8）验证数据库。在“对象资源管理器”窗格中，刷新数据库，出现 newSales 数据库。

任务 2.5　销售管理数据库的管理和维护

【任务描述】　销售数据库创建以后，随着数据库容量的增加以及需求的变化，现有的数据库属性会不适应当前的需求，因而对现有的数据库进行修改。数据库的修改包括扩充数据库容量、压缩数据库和数据文件、更改数据库名称和删除数据库等。SQL Server 2019 提供两种操作方式：① 在 SSMS 中修改数据库的各种属性；② 使用 ALTER DATABASE 语句修改数据库。

ALTER DATABASE 语句修改数据库的语法格式如下。

```
ALTER DATABASE<数据库名>
{   ADD FILE <数据文件定义>   [,...n]
      [TO FILEGROUP<文件组名>]                    /*增加数据文件到数据库*/
    | ADD LOG FILE <日志文件定义>[,...n]          /*增加事务日志文件到数据库*/
    | REMOVE FILE<逻辑文件名>                     /*删除数据文件,文件必须为空*/
    | ADD FILEGROUP<文件组名>                     /*增加文件组*/
    | REMOVE FILEGROUP<文件组名>                  /*删除文件组,文件必须为空*/
    | MODIFY FILE <文件定义>                      /*一次只能更改一个文件属性*/
    | MODIFY NAME=<新数据库名>                    /*数据库更名*/
}
```

其中：

```
<文件定义>::=
(
    NAME=逻辑文件名
    [,NEWNAME=新逻辑文件名]
    [,FILENAME='操作系统文件名']
    [,SIZE=文件容量]
    [,MAXSIZE={最大文件容量|UNLIMITED }]
    [,FILEGROWTH=文件增长|%]]
)
```

由于 ALTER DATABASE 语句的部分参数已经作注释,其余的参数与 CREATE DATABASE 相同,因而不再说明。

2.5.1 修改数据文件和事务日志的容量

在数据库的使用过程中,随着数据量不断增长,就需要扩大数据库的大小。通常对数据库进行扩充可以使用 3 种方式：设置数据库文件为自动增长方式;修改数据文件或日志文件的大小;增加新的次要数据文件或日志文件。

1. 设置数据库文件的自动增长方式

【例 2-5】 将 CompanySales 数据库的数据文件 Sales_data 的文件增长方式改为按 15%。

分析：修改文件的增长方式,属于修改数据库的属性。可以使用 SSMS 修改 Sales_data 数据库的文件增量。

操作步骤如下。

(1) 在“对象资源管理器”窗格中,展开“数据库”节点。

(2) 右击 CompanySales 数据库,在弹出的快捷菜单中,选择“属性”命令,打开“数据库属性-CompanySales”窗口,在对话框左侧的“选择页”选项组中选择“文件”选项,在右侧显示 CompanySales 数据库的文件,如图 2-16 所示。

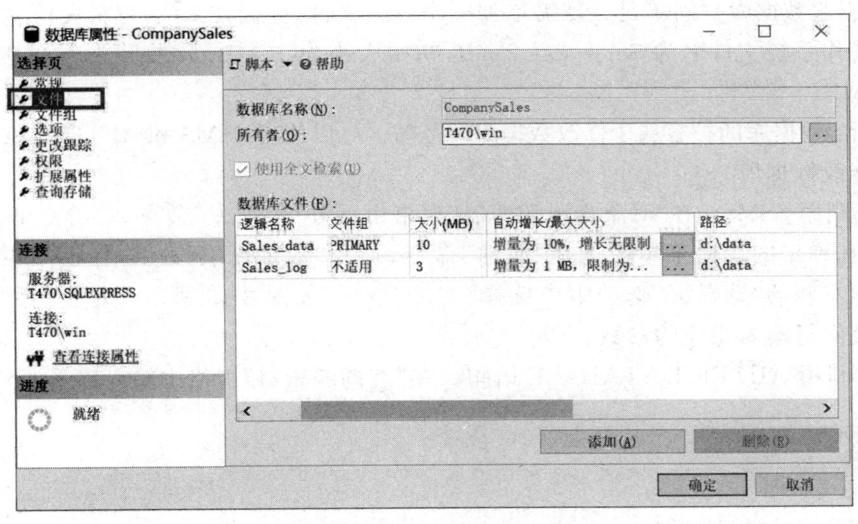

图 2-16 “数据库属性-CompanySales”窗口

(3) 在窗口右侧的“数据库文件”列表框中，单击数据库文件 Sales_data 单元格右侧的...按钮，打开“更改 Sales_data 的自动增长设置”对话框，将文件增长方式设置改为“按百分比 15%”，如图 2-17 所示，单击“确定”按钮，返回上层窗口。

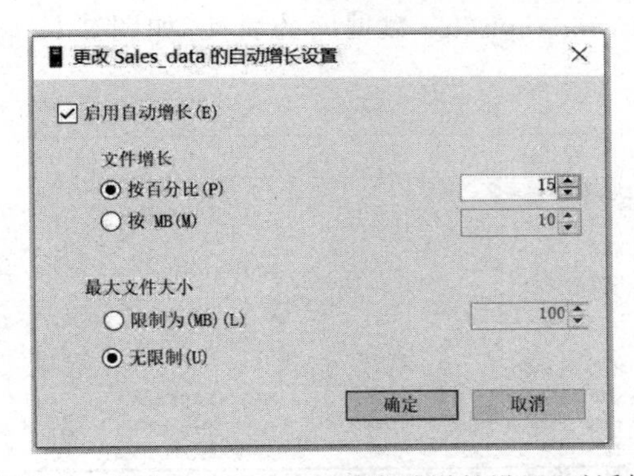

图 2-17 “更改 Sales_data 的自动增长设置”对话框

(4) 在“数据库属性-CompanySales”窗口中，单击“确定”按钮。

2. 增加数据文件和事务日志文件

语法格式如下。

```
ALTER DATABASE  <数据库名>
{ ADD FILE  <数据文件定义>[,...n]
  [TO FILEGROUP 文件组名]                /* 增加数据文件到数据库 */
| ADD LOG FILE <日志文件定义>[,...n]     /* 增加事务日志文件到数据库 */
```

【例 2-6】 销售管理数据库 CompanySales 经过一段时间的使用后，随着数据量的不断增大，引起数据库空间不足。现需增加一个数据文件，存储在 E:\，逻辑文件名为 Sales_Data2，操作系统文件名为 Sales_data2.ndf，初始大小为 10MB，最大尺寸为 2GB，增长速度为 10MB。

分析：数据库的扩容属于修改数据库的范畴。可以使用 SSMS 和 ALTER DATABASE 语句来修改数据库。

（1）利用 SSMS。在“对象资源管理器”窗格中展开“数据库”节点，右击 CompanySales 数据库，在弹出的快捷菜单中选择“属性”命令，打开“数据库属性-CompanySales”窗口，在对话框左侧的“选择页”选项组中选择“文件”选项，如图 2-16 所示。单击“添加”按钮，在数据文件行输入相应的参数。

（2）利用 ALTER DATABASE 语句。在“查询编辑器”窗格中输入以下语句。

```
ALTER DATABASE CompanySales
ADD FILE
(
  NAME=Sales_Data2,
  FILENAME='E:\data\Sales_data2.ndf',
  SIZE=10MB,
  MAXSIZE=2GB,
  FILEGROWTH=10MB
)
```

执行语句后，查看 CompanySales 数据库的属性，如图 2-18 所示，增加了一个数据库文件。

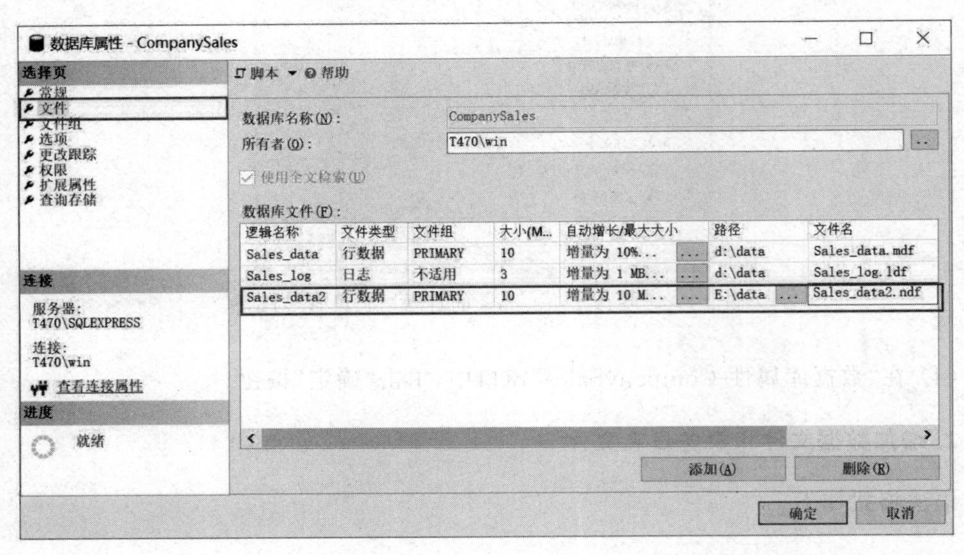

图 2-18　扩充 10MB 数据库文件

【例 2-7】　为销售管理数据库 CompanySales 增加一个事务日志文件，存储在 E:\data 文件夹中。

在“查询编辑器”窗格中执行如下的语句。

```
ALTER DATABASE CompanySales
ADD LOG FILE
(
  NAME=Sales_Log2,
  FILENAME='E:\data\Sales_Log2.ldf',
  SIZE=10MB
)
```

执行完毕,查看销售管理数据库 CompanySales 的属性,如图 2-19 所示。

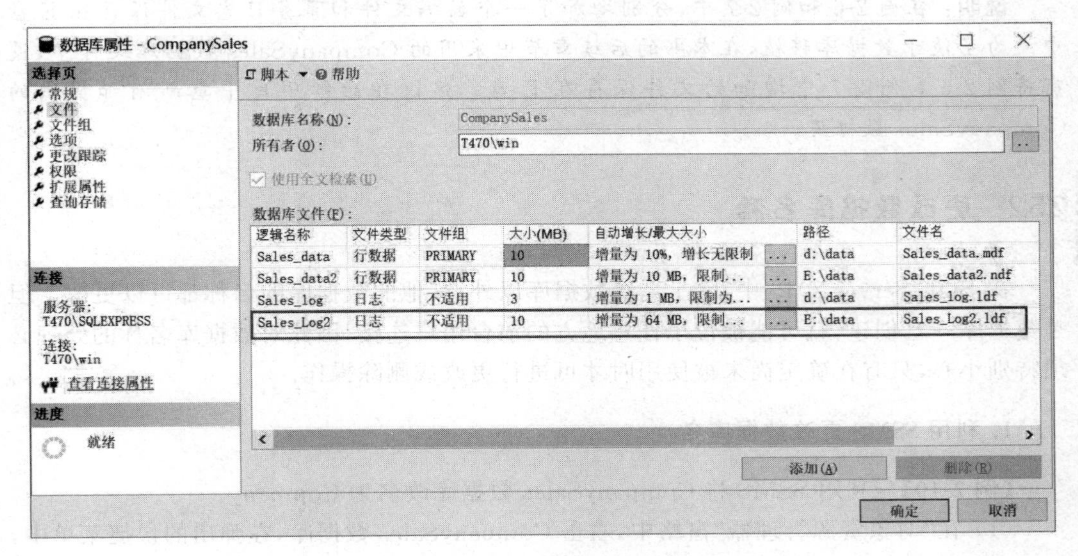

图 2-19 增加事务日志文件

3. 修改数据库中文件的属性

修改数据库中文件的语法格式如下。

```
ALTER DATABASE <数据库名>
MODIFY FILE <文件定义>
```

【例 2-8】 将销售管理数据库 CompanySales 的 Sales_data2 的初始大小改为 100MB。在"查询编辑器"窗格中执行如下的语句。

```
ALTER DATABASE CompanySales
MODIFY FILE
(  NAME=Sales_data2,
   SIZE=100MB
)
```

4. 删除数据库中的文件

删除数据库中的文件的语法格式如下。

```
ALTER DATABASE <数据库名>
REMOVE FILE <文件定义>
```

【例 2-9】 删除销售管理数据库 CompanySales 的 Sales_data2 数据文件。

在“查询编辑器”窗口中执行如下的语句。

```
ALTER DATABASE CompanySales
REMOVE FILE Sales_data2
```

说明：在例 2-6 和例 2-7 中，分别增加了一个数据文件和事务日志文件保存在 E 盘中。为了便于数据库移植，在本书的后续章节中采用的 CompanySales 数据库文件中，没有将例 2-6 和例 2-7 中增加的文件保存在 E 盘。建议在后续项目中重新附加提供的 CompanySales 数据库。

2.5.2 更改数据库名称

在 SQL Server 2019 中，除了系统数据库以外，其他的数据库的名称都可以更改。但是数据库一旦创建，就可能被位于任意地方的前台用户连接，因此对数据库名称的处理必须特别小心，只有在确定尚未被使用时才可进行更改或删除操作。

1. 利用 SSMS 更改数据库名

【例 2-10】 利用 SSMS 将 CompanySales 数据库改名为 Company。

(1) 在“对象资源管理器”窗格中，右击 CompanySales 数据库，在弹出的快捷菜单中，选择“重命名”命令。

(2) 输入新数据库名称 Company，按 Enter 键。

2. 使用系统存储过程 sp_renamedb

sp_renamedb 语句的语法格式如下。

```
sp_renamedb 原数据库名,新数据库名
```

【例 2-11】 将 Company 数据库名改为 CompanySales。

在“查询编辑器”窗格中执行以下语句。

```
sp_renamedb Company,CompanySales
```

说明：在修改数据库名称之前，应关闭所有与该数据库的连接，包括“查询编辑器”窗格，否则将无法更改数据库名称。

2.5.3 删除数据库

在 SQL Server 2019 中，除了系统数据库以外，其他的数据库都可以删除。当用户删除数据库时，将从当前服务器或实例上永久性地物理地删除该数据库。数据库一旦删除

就不能恢复,因为其相应的数据文件和数据都被物理删除了。

说明:用户只能根据自己的权限删除数据库,不能删除当前正在使用的数据库(例如用户正在读写)。

1. 利用SSMS删除数据库

【例2-12】 删除Sales数据库。

操作步骤如下。

(1) 在“对象资源管理器”窗格中,展开“数据库”节点,选择Sales数据库。

(2) 右击Sales数据库,在弹出的快捷菜单中选择“删除”命令。弹出“删除对象”窗口,如图2-20所示。在此窗口中,勾选“删除数据库备份和还原历史记录信息”复选框和“关闭现有连接”复选框,表示删除数据库的同时也删除该数据库的备份。

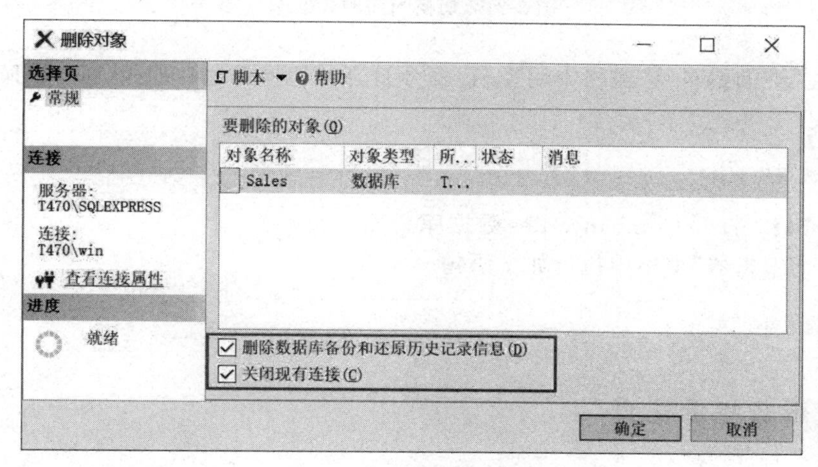

图2-20 “删除对象”窗口

(3) 单击“确定”按钮,删除Sales数据库。

2. 使用DROP DATABASE语句

使用DROP DATABASE语句删除数据库,其语法格式如下。

```
DROP DATABASE<数据库名>
```

【例2-13】 删除newSales数据库。

在“查询编辑器”窗格中执行如下语句。

```
DROP DATABASE newSales
```

2.5.4 切换数据库

用户在连接上SQL Server时,自动连接并打开默认数据库为master,用户利用工具栏中“可用数据库”下拉列表框，切换当前的数据库，如图 2-21 所示。

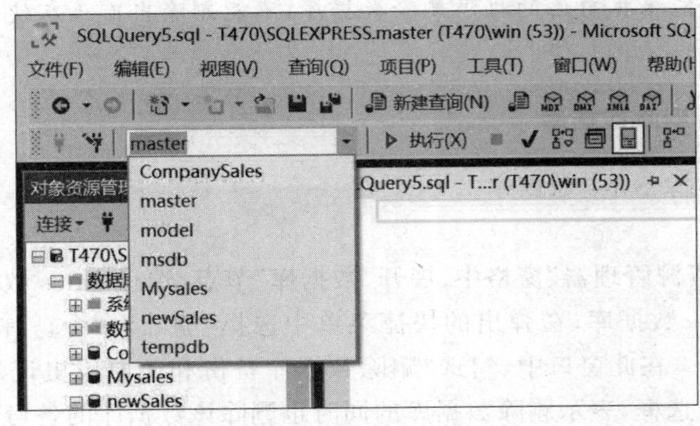

图 2-21 切换当前的数据库

也可在“查询编辑器”窗格中用 USE 命令打开并切换其他数据库。USE 命令的语法格式如下。

```
USE <数据库名>
```

【例 2-14】 打开 CompanySales 数据库。

在“查询编辑器”窗格中执行如下语句。

```
USE CompanySales
```

2.5.5 查看数据库信息

在“查询编辑器”窗格中，使用系统存储过程 sp_helpdb 可以查看当前服务器上数据库的信息。如果指定了数据库名，将返回指定数据库的信息。语法格式如下。

```
sp_helpdb [数据库名]
```

【例 2-15】 查看当前服务器上所有数据库的信息。

在“查询编辑器”窗格中执行如下语句。

```
sp_helpdb
```

结果如图 2-22 所示。

【例 2-16】 查看 CompanySales 数据库的信息。

在“查询编辑器”窗格中执行如下语句。

```
sp_helpdb CompanySales
```

结果如图 2-23 所示。

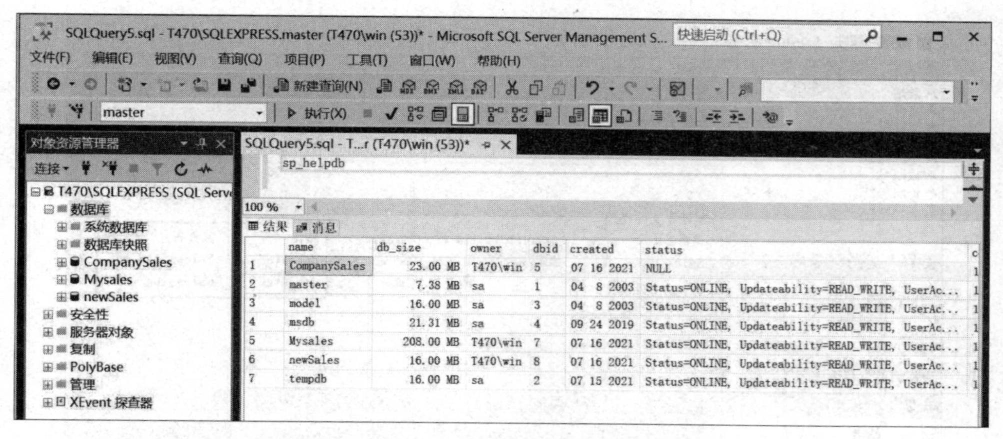

图 2-22 查看当前服务器上所有数据库的信息

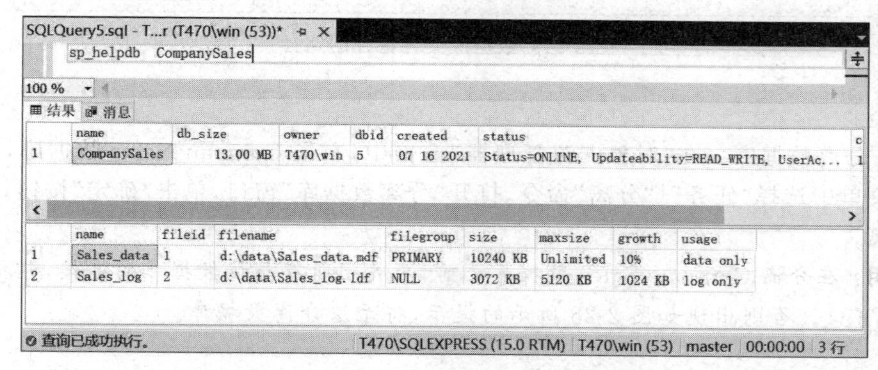

图 2-23 查看 CompanySales 数据库的信息

2.5.6 分离和附加数据库

在销售管理数据库 CompanySales 的设计过程中，经常需要将其从一台服务器移植到另一台服务器。利用数据库的分离和附加，可以保证移植前后数据库状态的完全一致。数据库分离就是将用户创建的数据库从 SQL Server 实例分离，但同时保持其数据文件和日志文件不变。之后，将分离出来的数据库的文件附加到同一或不同的 SQL Server 服务器上，构成完整的数据库。使用分离和附加操作，能方便地实现数据库的移动。

【例 2-17】 将销售管理数据库 CompanySales 从一台计算机移植到另一台计算机上。

操作步骤如下。

(1) 查看所有的数据文件和事务日志文件保存的路径。

展开"对象资源管理器"窗格的"数据库"节点，右击 CompanySales 数据库，在弹出的快捷菜单中选择"属性"命令，打开"数据库属性 - CompanySales"窗口，如图 2-24 所示，查看 CompanySales 数据库的数据库文件的属性，确定所有的数据文件和事务日志文件保

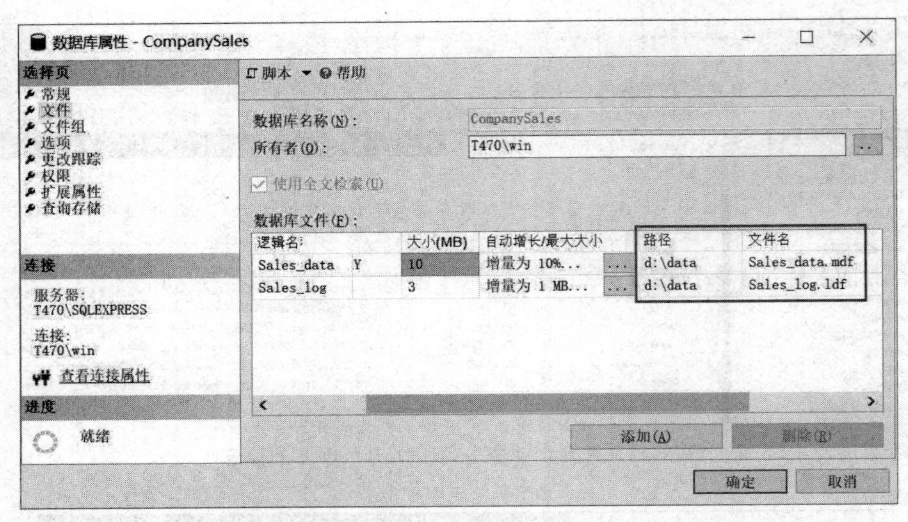

图 2-24　数据库文件保存的路径

存的路径。

(2) 分离数据库。在“对象资源管理器”窗格中，右击 CompanySales 数据库，在弹出的快捷菜单中选择“任务”|“分离”命令，打开“分离数据库”窗口，单击“确定”按钮，实现数据库分离。

说明：在分离 CompanySales 数据库之前，应关闭所有与该数据库的连接，包括“查询编辑器”窗口。否则出现如图 2-25 所示的提示，将无法分离数据库。

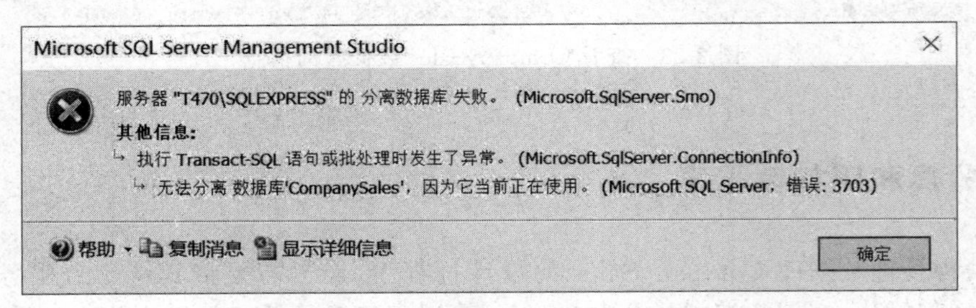

图 2-25　无法分离 CompanySales 提示

(3) 复制数据库文件。在 D:\data 路径下将所有的数据文件和事务日志文件(共 2 个文件)复制到目标计算机。

说明：在分离 CompanySales 数据库之前，无法直接复制数据库文件。出现如图 2-26 所示的提示。

(4) 在目标计算机上附加 CompanySales 数据库。在“对象资源管理器”窗格中，右击“数据库”选项，在弹出的快捷菜单中选择“附加”命令，出现“附加数据库”窗口，如图 2-27 所示。

单击“添加”按钮，出现“定位数据库文件-LISA-PC”窗口，如图 2-28 所示。从中选择要附加的数据库的主要数据文件 Sales_data.mdf，单击“确定”按钮，返回“附加数据库”窗口。

图 2-26　无法复制数据库文件提示

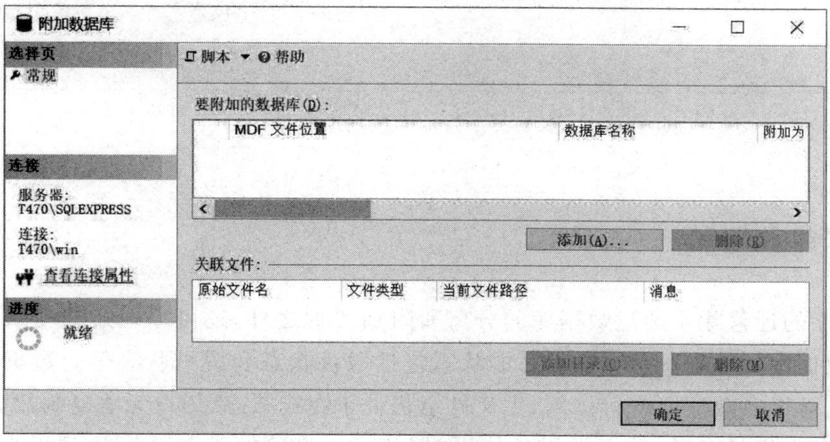

图 2-27　“附加数据库”窗口

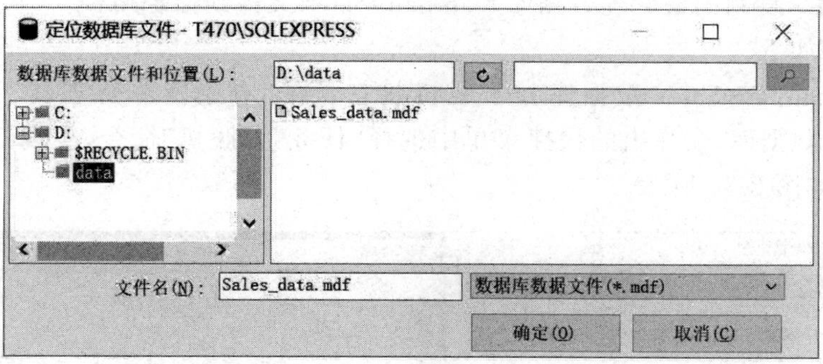

图 2-28　选择要附加的数据文件 Sales_data.mdf

在“要附加的数据库”区域和“‘CompanySales’数据库详细信息”区域显示相关信息。确定无误后，单击“确定”按钮，即可把所选数据库附加到当前 SQL Server 实例上，如图 2-29 所示。

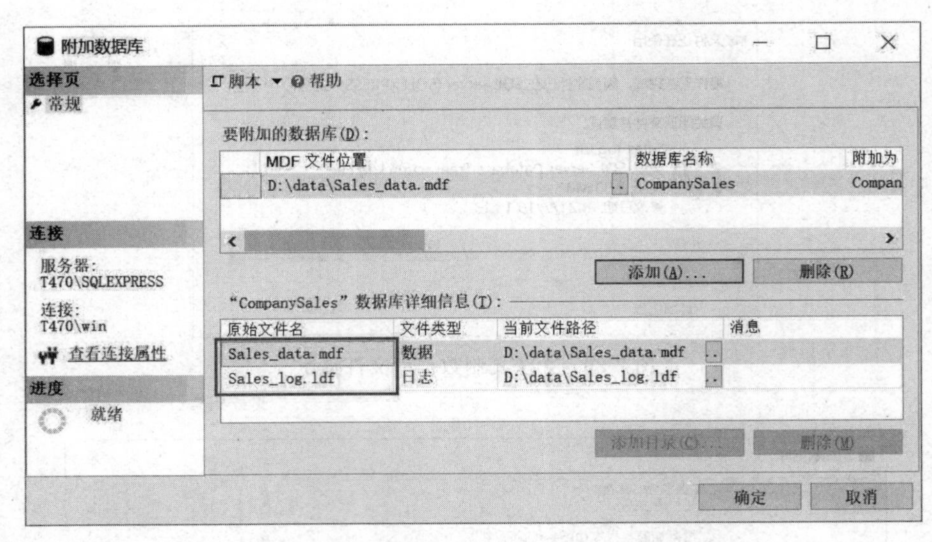

图 2-29　附加的数据库窗口

2.5.7　联机和脱机

数据库的迁移除了通过数据库的分离和附加实现之外，还可以通过改变数据库的状态，复制数据库文件来实现。数据库的状态包括联机状态和脱机状态等。数据库处于联机状态时，可以对数据库进行访问，主文件组仍处于在线状态，用户无法复制数据库文件。数据库处于脱机状态时，数据库无法使用，那就可以将数据库文件复制至新的磁盘。然后，在完成移动操作后，将数据库恢复到在线状态。

【例 2-18】　复制销售管理数据库 CompanySales 文件到指定路径。

操作步骤如下。

(1) 使 CompanySales 数据库处于脱机状态。在"对象资源管理器"窗格中，右击 CompanySales 数据库，在弹出的快捷菜单中选择"任务"|"脱机"命令，实现 CompanySales 数据库脱机，如图 2-30 所示。

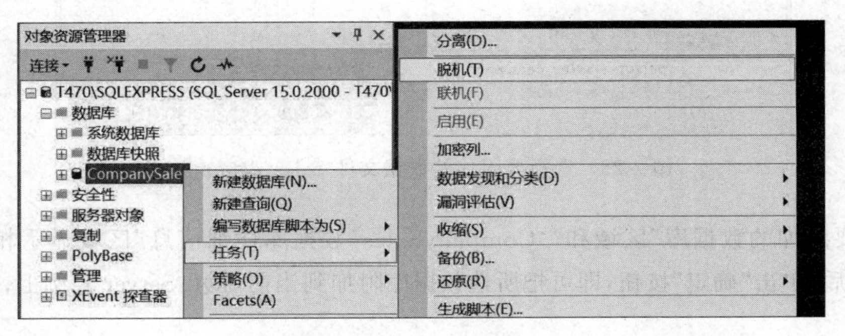

图 2-30　选择"任务"|"脱机"命令

(2) 复制 CompanySales 数据库文件到指定路径。

(3) 恢复 CompanySales 数据库联机状态。在"对象资源管理器"窗格中，右击 CompanySales 数据库，在弹出的快捷菜单中选择"任务"|"联机"命令，实现 CompanySales 数据库联机状态，如图 2-31 所示。

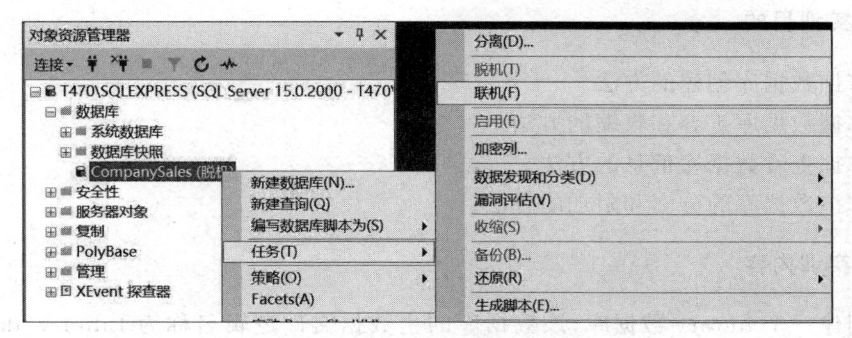

图 2-31 选择"任务"|"联机"命令

习　题

一、单选题

1. 一个数据库至少有(　　)个文件。

A. 2　　B. 3　　C. 4　　D. 5

2. 若要使用多个文件，为了便于管理，可使用(　　)。

A. 文件夹　　B. 文件组　　C. 复制数据库　　D. 数据库脱机

3. 在 SQL Server 中，用来显示数据库信息的系统存储过程是(　　)。

A. sp_dbhelp　　B. sp_db　　C. sp_help　　D. sp_helpdb

4. 在 SQL Server 中，关于数据库的说法正确的是(　　)。

A. 一个数据库可以不包含事务日志文件

B. 一个数据库可以只包含一个事务日志文件和一个数据库文件

C. 一个数据库可以包含多个数据库文件，但只能包含一个事务日志文件

D. 一个数据库可以包含多个事务日志文件，但只能包含一个数据库文件

二、思考题

1. 在 SQL Server 2019 安装成功后，有哪些系统数据库？其用途分别是什么？
2. 数据库文件有哪些类型？其作用分别是什么？
3. 数据库如何扩容？有几种方法？
4. SQL Server 2019 提供了哪两种创建数据库的方法？
5. 如何实现数据库的迁移？有哪几种方法？

实　训

一、实训目的

1. 掌握数据库创建的方法。
2. 掌握数据库扩容和收缩的方法。
3. 掌握查看数据库信息的方法。
4. 掌握数据库的分离和附加的方法。

二、实训内容

1. 创建一个 library 数据库，该数据库的主数据文件逻辑名称为 Library_data，物理文件名为 Library.mdf，初始大小为 20MB，最大尺寸为无限大，增长速度为 10%；数据库的日志文件逻辑名称为 Library_log，物理文件名为 Library.ldf，初始大小为 5MB，最大尺寸为 5MB，增长速度为 1MB。

2. 对 library 数据库进行扩容，添加一个 5MB 的数据文件和一个 5MB 的事务日志文件。

3. 对数据库 library 进行修改，将事务日志文件的大小增加到 15MB，将数据文件 library1 和 library2 分别增加到 15MB 和 30MB。同时增加两个文件组，分别包含一个数据文件，逻辑文件名为 library3 和 library4，物理文件名为 library2.ndf 和 library4.ndf，初始大小都为 15MB，最大尺寸为无限制，增长速度为 15%。增加一个 10MB 的事务日志文件，最大尺寸无限制，增长速度为 10%。

4. 利用 SSMS 将 library 数据库名改为 newlibrary。

5. 利用 sp_renamedb 将 newlibrary 数据库名改为 library。

6. 将 library 数据库文件复制到 D:\data。

销售管理数据库数据表的创建和管理

技能目标

能够创建数据表;能够使用约束来保证数据的完整性;能够创建和维护销售管理数据库中的数据表。

知识目标

SQL Server 2019 的数据类型;建立数据表的方法;查看、修改和删除数据表的方法;使用主键约束和唯一约束保证数据表的完整性,使用检查约束、默认值和规则保证列的完整性;使用主键和外键来保证数据表之间的完整性;添加、修改和删除表中数据的方法。

思政目标

培养学生追求精益求精的工匠精神;引导学生检查代码和性能是否符合技术标准和规范,培养学生规范化、标准化的职业素养。培养学生的团结协作能力,努力实现合作共赢,形成良好的人际关系。

任务 3.1　认识数据表

【任务描述】　数据库中的表是组织和管理数据的基本单位,数据库的数据保存在一个个表中,数据库的各种开发和管理都依赖于它。因此,表对于用户而言是非常重要的。本任务了解表的结构,列的属性和数据的完整性。

3.1.1　表的基本概念

表是由行和列组成的二维结构,表中的一行称为一条记录,表中的一列称为一个字段,表的结构如图 3-1 所示。

SQL Server 提供了以下 4 种类型的数据表。

(1) 持久基表:即平时使用的,用来持久保存数据的表,数据通常存储在持久基表中,如果用户不手动删除,持久基表和其中的数据将永久存在。

列

CustomerID	CompanyName	ContactName	Phone	address	EmailAddress
1	三川实业有限公司	刘明	030-88355547	上海市大崇明路 50 号	guy1@163.com
2	远东科技有限公司	王丽丽	030-88355547	大连市沙河区承德西路 80 号	kevin0@163.com
3	坦森行贸易有限公司	王炫皓	0321-88755539	上海市黄台北路 780 号	roberto0@163.com
4	国顶有限公司	方小峰	0571-87465557	杭州市海淀区天府东街 30 号	rob0@163.com
5	通恒机械有限公司	黄国栋	0921-85791234	天津市南开区东园西甲 30 号	robme@163.com
6	森通科技有限公司	张孔苗	030-88300584	大连市沙河区常保阁东 80 号	yund@163.com
7	国皓科技有限公司	黄雅玲	0671-68788601	杭州市海淀区广发北路 10 号	yalin@163.com
8	迈多贸易科技有限公司	李丽珊	0533-87855522	天津市南开区临翠大街 80 号	lishan@163.com
9	祥通科技有限公司	姚苗波	0678-85912445	大连市沙河区花园东街 90 号	miaopo@163.com

行

图 3-1 销售管理数据库的客户表

(2) 全局临时表：在 tempdb 数据库中创建的可被全局用户访问的临时表。全局临时表名以 # # 开头，创建后对任何用户都是可见的。当引用该表的所有用户都与 SQL Server 实例断开连接后，将删除全局临时表。

(3) 局部临时表：在 tempdb 数据库中创建的只对创建者可见的临时表。局部临时表名以 # 开头。当创建者与 SQL Server 实例断开连接后，将删除局部临时表。

(4) 表变量：在内存中创建的只对创建者可见的临时表，是 SQL Server 提供的一种数据类型。当创建者与 SQL Server 实例断开连接后，系统自动删除表变量。

3.1.2 列数据类型

在 SQL Server 2019 中，每个列、局部变量、表达式和参数都具有一个相关的数据类型。数据类型是一种列的属性，用于指定对象可保存的数据的类型，包括精确数值、近似数值、字符串、Unicode 字符串、货币数据、日期和时间、二进制字符串和其他数据类型等。

1. 精确数值型

表 3-1 列出了 SQL Server 2019 支持的精确数值数据类型。

表 3-1 精确数值数据类型

数据类型	说　明	存储空间
bit	整数数据，值为 1、0 或 null	1 字节(8 位)
tinyint	0～255 的整数	1 字节
smallint	−32 768～32 767 的整数	2 字节
int	−2 147 483 648～2 147 483 647 的整数	4 字节
bigint	-2^{63} (−1.8E19) ～$2^{63}-1$ (1.8E19)的整数	8 字节
decimal(p,s)	固定精度和小数的数字数据，取值范围为$-10^{38}+1$～$10^{38}-1$。p 变量指定精度，取值范围为 1～38。s 变量指定小数位数，取值范围为 0～p	最多 17 字节
numeric(p,s)	numeric 在功能上等价于 decimal	最多 17 字节

2. 近似数值型

近似数值数据类型有 float 和 real 两种，用于表示浮点数据，但是它们只能近似地表示数据，不能精确表示数据，如表 3-2 所示。float(*n*)中 *n* 的取值只有两种：24 和 53。SQL Server 对此只使用两个值。如果指定位于 1～24 之间，就使用 24。如果指定位于 25～53 之间，就使用 53。当指定 float()时(括号中为空)，默认为 53。

表 3-2　近似数值数据类型

数据类型	说　明	存储空间
float[(*n*)]	1.79E+308～－2.23E－308、0 及 2.23E－308～1.79E+308，*n* 表示存储尾数的位数	*n*≤24，4 字节
real()	－3.40E+38～－1.18E－38、0 及 1.18E－38～3.40E+38	*n*>24，8 字节

3. 货币型

表 3-3 列出了 SQL Server 2019 支持的货币数据类型。其中 money 和 smallmoney 数据类型精确到它们所代表的货币单位的 1‰。

表 3-3　货币数据类型

数据类型	范　围	存储空间
money	－922 337 203 685 477.5808～922 337 203 685 477.5807	8 字节
smallmoney	－214 748.3648～214 748.3647	4 字节

当表中使用货币数据类型的值时，必须在数据前面加上货币符号($)，若货币为负数，则需要在符号 $ 后面加上负号(－)。例如，$15 000.32，$88，$－2000.98 等都是正确的货币表示形式。

说明：money 的数据范围和 bigint 相同，不同的是 money 型只有 4 位小数。smallmoney 与 int 的关系也是如此。

4. 日期时间型

日期时间数据类型用于存储日期和时间，用户以字符串的形式输入日期时间类型数据，系统也以字符串形式输出日期时间数据。在表 3-4 中，列出 SQL Server 2019 支持的日期数据类型。

表 3-4　日期时间数据类型

数据类型	范　围	精确度	存储空间
date	0001-01-01～9999-12-31，默认值 1900-01-01，只存储日期，不存储时间	1 天	3 字节
datetime	1753 年 1 月 1 日～9999 年 12 月 31 日	3.33ms	8 字节
datetime2(*n*)	0001-01-01～9999-12-31，默认值 1900-01-01 00:00:00 *n* 表示秒的小数部分	100ns	6～8 字节

续表

数据类型	范围	精确度	存储空间
datetimeoffset	0001-01-01～9999-12-31,00:00:00 到 23:59:59.9999999,类型于 datetime2	100ns	8～10 字节
smalldatetime	1900 年 1 月 1 日到 2079 年 6 月 6 日	1min	4 字节
time(*n*)	00:00:00.0000000 到 23:59:59.9999999,默认格式 hh:mm:ss[.*nnnnnnn*],*n** 是 0 到 7 位数字,范围为 0～9999999,它表示秒的小数部分。只存储时间,不存储日期	用户指定小数位数	3～5 字节

(1) 日期部分常用的表现形式如下。

```
年 月 日      2001 Jan 20、2001 January 20
年 日 月      2001 20 Jan、2001 20 January
年月日        20010120、010120
月/日/年      01/20/01、1/20/01、1/20/2001、01/20/2001
月-日-年      01-20-01、1-20-01、1-20-2001、01-20-2001
```

(2) 时间部分常用的表现形式如下。

```
时:分         10:20、08:05
时:分:秒      10:20:12、08:05:18.2
时:分:秒:毫秒 10:20:12:200、08:05:18.2:200
```

5. 字符型

表 3-5 列出了 SQL Server 2019 支持的字符数据类型。

表 3-5 字符数据类型

数据类型	说明	存储空间
char[(*n*)]	固定长度的字符数据,长度为 *n* 个字节,*n* 的取值范围为 1～8000	*n* 字节
varchar[(*n*)]	可变长度的字符数据,长度为 *n* 个字节,*n* 的取值范围为 1～8000	每字符 1 字节＋2 字节额外开销
nchar[(*n*)]	固定长度的 Unicode 字符数据。*n* 值为 1～4000	2*n* 字节
nvarchar[(*n*)]	可变长度的 Unicode 字符数据。*n* 值为 1～4000	2×字符数＋2 字节额外开销
text	变长度字符数据,最多为 147 483 647 字节	每字符 1 字节＋2 字节额外开销
ntext	变长度的 Unicode 字符数据。最多为 1 073 741 823 字符	每字符 2 字节＋2 字节额外开销

说明:

(1) *n* 的默认值均为 1。

(2) 对于一个 char 类型列,不论用户输入的字符串有多长(不大于 *n*),长度均为 *n* 字节。当输入字符串的长度大于 *n* 时,SQL Server 自动截取 *n* 个长度的字符串;而变长字符型 varchar(*n*)的长度为输入的字符串的实际长度,而不一定是*n*。

(3) nvarchar 数据类型和 nchar 数据类型的工作方式与对等的 varchar 数据类型和 char 数据类型相同,但是增加存储空间和额外的开销,尽量避免使用 Unicode 列。

6. 二进制型

表 3-6 列出了 SQL Server 2019 支持的 varbinary、binary、varbinary(max)等二进制数据类型,用于存储二进制数据,如图形文件、Word 文档或 MP3 文件,值为十六进制的 0x0～0xf。

表 3-6 二进制字符串类型

数据类型	说 明	存储空间
binary[(*n*)]	长度为 *n* 字节的固定长度二进制数据,其中 *n* 是从 1～8000 的值	*n* 字节
varbinary[(*n*)]	可变长度二进制数据。*n* 可以取从 1～8000 的值	每字符 1 字节＋2 字节额外开销
varbinary [(max)]	最多为 $2^{31}-1$(2 147 483 647)字节的十六进制数字	每字符 1 字节＋2 字节额外开销

7. 空数据类型

空数据类型只有 NULL 一种。NULL 表示什么也没有,不同于空格。按 Ctrl＋0 组合键可在单元格中输入 NULL 值。

8. 其他数据类型

表 3-7 列出了 SQL Server 2014 支持的其他数据类型。

表 3-7 其他数据类型

数据类型	说 明	存储空间
uniqueidentifier	唯一标识数字存储为 16 字节的二进制值	16 字节
timestamp 或 rowversion	对于每个表来说是唯一的、自动存储的值。通常用于版本戳,该值在插入和每次更新时自动改变	8 字节
cursor	允许在存储过程中创建游标变量,游标允许一次一行地处理数据,这个数据类型不能用作表中的列数据类	不适用
sql_variant	可包含除 text、ntext、timage 和 timestamp 之外的其他任何数据类型	8016 字节
table	一种特殊的数据类型,用于存储结果集以进行后续处理	取决于表定义和存储的行数
xml	定义为 Unicode 形式	最多 2GB
hierarchyid	表示树层次结构中的位置	1～892 字节＋2 字节的额外开销

3.1.3 列的属性

在数据表设计时，实际为列的属性设计，例如名称、数据类型、数据长度和为空性等，列的所有属性构成表中列的定义。

1. 列的为空性

数据表中的列值可以设置为接受空值 NULL，也可以设置为拒绝空值 NOT NULL。如果表的某一列的为空性被指定为 NULL，就允许在插入数据时省略该列的值。反之，如果表的某一列的为空性被指定为 NOT NULL，就不允许在没有指定列默认值的情况下插入省略该列值的数据行。

	部门编号	部门名称	部门主管	备注
1	1	销售部	王丽丽	主管销售
2	2	采购部	李嘉明	主管公司的产品采购
3	3	人事部	蒋柯南	主管公司的人事关系
4	4	后勤部	张绵荷	主管公司的后勤工作
5	5	保安部	贺妮玉	主管公司的安全问题
6	6	会务部	NULL	主管公司的所有的展...

图 3-2　部门表

NULL 是一个特殊值，它不同于空字符或 0。实际上，空字符是一个有效的字符，0 是一个有效的数字。例如，在图 3-2 中，“会务部”部门主管列的值为 NULL，并不是部门主管的值为 0 或没有主管，而是“会务部”的部门主管未知或尚未确定。

2. IDENTITY 属性

IDENTITY 属性可以使表的列包含系统自动生成的数值，这种数值在表中可以唯一地标识表的每一行，即表中的每一行数据在指定为 IDENTITY 属性的列上的数值均不相同。IDENTITY 属性的表达格式如下。

```
IDENTITY [(s, i)]
```

其中，s(seed)表示起始值，i(increment)表示增量值，其默认值为 1。

只有整数数据类型的数据列可用于标识列。一个表只能有一个标识列，可以指定种子和增量，但不能更新列。

插入数据到含有 IDENTITY 列的表中时，初始值 s 在插入第一行数据时使用，以后就由 SQL Server 根据上一次使用的 IDENTITY 值加上增量 i 得到新的 IDENTITY 值。

3. 默认值

定义列的默认值是在插入数据时，如果不指定列值，则系统自动赋默认值。

3.1.4 数据完整性

数据完整性分为 4 类：实体完整性(Entity Integrity)、域完整性(Domain Integrity)、参照完整性(Referential Integrity)和用户定义的完整性(User-defined Integrity)，如图 3-3 所示。

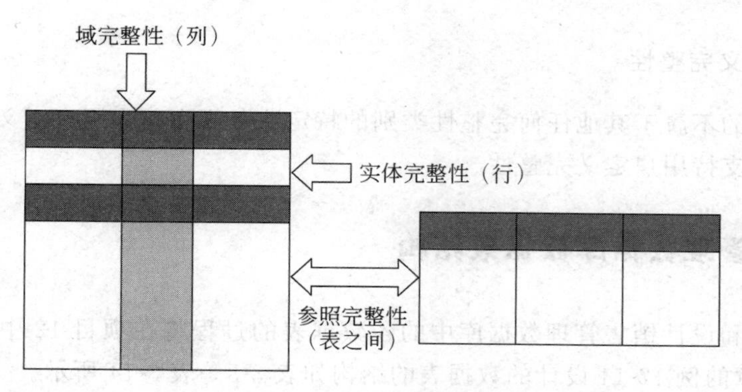

图 3-3　数据完整性

1. 实体完整性

实体完整性保证表中的每一行数据在表中都是唯一的。

2. 域完整性

域完整性是指数据库表中的列必须满足某种特定的数据类型或约束。其中，约束又包括强制域完整性限制类型、限制格式或限制可能值的范围。

3. 参照完整性

参照完整性是指在输入或删除记录时，包含主关键字的主表和包含外关键字的从表的数据应对应一致，保证了表之间数据的一致性，防止了数据丢失或无意义的数据在数据库中扩散。在 SQL Server 中强制引用完整性时，SQL Server 将防止用户执行下列操作。

（1）在主表中没有关联的记录时，将记录添加或更改到相关表中。

（2）更改主表中的值，这会导致相关表中生成孤立记录。

（3）从主表中删除记录，但仍存在与该记录匹配的相关记录。

例如，对于 CompanySales 数据库中的员工表 Employee 和部门表 Department，引用完整性基于 Employee 表中的外键（DepartmentID）与 Department 表中的主键（DepartmentID）之间的关系。如图 3-4 所示，此关系可以确保员工表 Employee 的部门编号引用部门表 Department 中存在的部门信息。

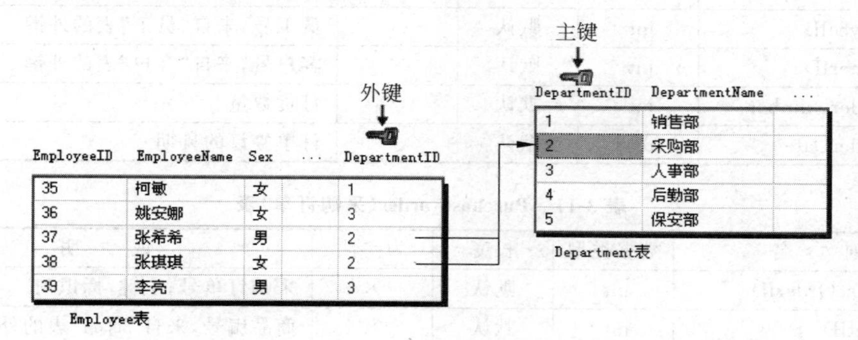

图 3-4　员工表 Employee 和部门表 Department 之间的关系

4. 用户定义完整性

用户定义的不属于其他任何完整性类别的特定业务规则称为用户定义完整性。所有完整性类别都支持用户定义完整性。

3.1.5 销售管理数据库数据表结构

由于规划和设计销售管理数据库中的各数据表的过程将在项目 12 中介绍，因此，在此按照第 12 章的例 12-14 设计的数据表的结构如表 3-8～表 3-14 所示。

表 3-8 Employee(员工)表

列 名	数据类型	长度	为空性	说 明
EmployeeID	int	默认	×	员工号，主键，标识列
EmployeeName	varchar	50	×	员工的姓名
Sex	char	2	×	员工性别默认值为“男”，取值为“男”或“女”
BirthDate	date	默认	√	出生年月
HireDate	date	默认	√	聘任日期，默认值为当前的系统时间
Salary	money	默认	√	工资
DepartmentID	int	默认	×	部门编号，来自“部门”表的外键

表 3-9 Department(部门)表

列 名	数据类型	长度	为空性	说 明
DepartmentID	int	默认	×	部门编号，主键，标识列
DepartmentName	varchar	30	×	部门名称
Manager	char	8	√	部门主管
Depart_Desdription	varchar	50	√	备注，有关部门的说明

表 3-10 Sell_Order(销售订单)表

列 名	数据类型	长度	为空性	说 明
SellOrderID	int	默认	×	销售订单号，主键，标识列
ProductID	int	默认	×	商品编号，来自“商品”表的外键
EmployeeID	int	默认	×	员工号，来自“员工”表的外键
CustomerID	int	默认	×	客户号，来自“客户”表的外键
SellOrderNumber	int	默认	√	订货数量
SellOrderDate	date	默认	√	订单签订的日期

表 3-11 Purchase_order(采购订单)表

列 名	数据类型	长度	为空性	说 明
PurchaseOrderID	int	默认	×	采购订单号，主键，标识列
ProductID	int	默认	×	商品编号，来自“商品”表的外键

续表

列　名	数据类型	长度	为空性	说　明
EmployeeID	int	默认	×	员工号,来自“员工”表的外键
ProviderID	int	默认	×	供应商号,来自“供应商”表外键
PurchaseOrderNumber	int	默认	√	采购数量
PurchaseOrderDate	date	默认	√	订单签订的日期

表 3-12　Product(商品)表

列　名	数据类型	长度	为空性	说　明
ProductID	int	默认	×	商品编号,主键,标识列
ProductName	varchar	50	×	商品名称
Price	decimal(18,2)	默认	√	单价>0
ProductStockNumber	int	默认	√	现有库存量,默认值为0,值为非负数
ProductSellNumber	int	默认	√	已经销售的商品量,默认值为0,值为非负数

表 3-13　Customer(客户)表

列　名	数据类型	长度	为空性	说　明
CustomerID	int	默认	×	客户编号,主键,标识列
CompanyName	varchar	50	×	公司名称
ContactName	char	8	×	联系人的姓名
Phone	varchar	20	√	联系电话
Address	varchar	100	√	客户的地址
EmailAddress	varchar	50	√	客户的 E-mail 地址

表 3-14　Provider(供应商)表

列　名	数据类型	长度	为空性	说　明
ProviderID	int	默认	×	供应商编号,主键,标识列
ProviderName	varchar	50	×	供应商名称
ContactName	char	8	×	联系人的姓名
ProviderPhone	varchar	15	√	供应商的联系电话
ProviderAddress	varchar	100	√	供应商的地址
ProviderEmail	varchar	20	√	供应商的 E-mail 地址

任务 3.2　创建销售管理数据表

【任务描述】 由于规划和设计销售管理数据库中的各数据表的过程将在项目 12 中介绍,因此,本任务按照项目 12 的例 12-16 设计的数据表的结构创建各数据表。

3.2.1 使用SSMS创建表

【例 3-1】 在销售管理数据库中的客户表如表 3-13 所示，利用 SSMS 创建客户表。

分析：使用 SSMS 创建数据表，即利用 SSMS 中的表设计器创建表的结构。表设计器是 SQL Server 2019 提供的可视化创建表的一个工具，主要部分是列管理。用户可以使用表设计器完成对表中所包含列的管理工作，包括创建列、删除列、修改数据类型、设置主键和索引等。

操作步骤如下。

(1) 在"对象资源管理器"窗格中，展开"数据库"|CompanySales|"表"节点。

(2) 右击"表"节点，从弹出的快捷菜单中选择"表"命令，出现表设计器，如图 3-5 所示。

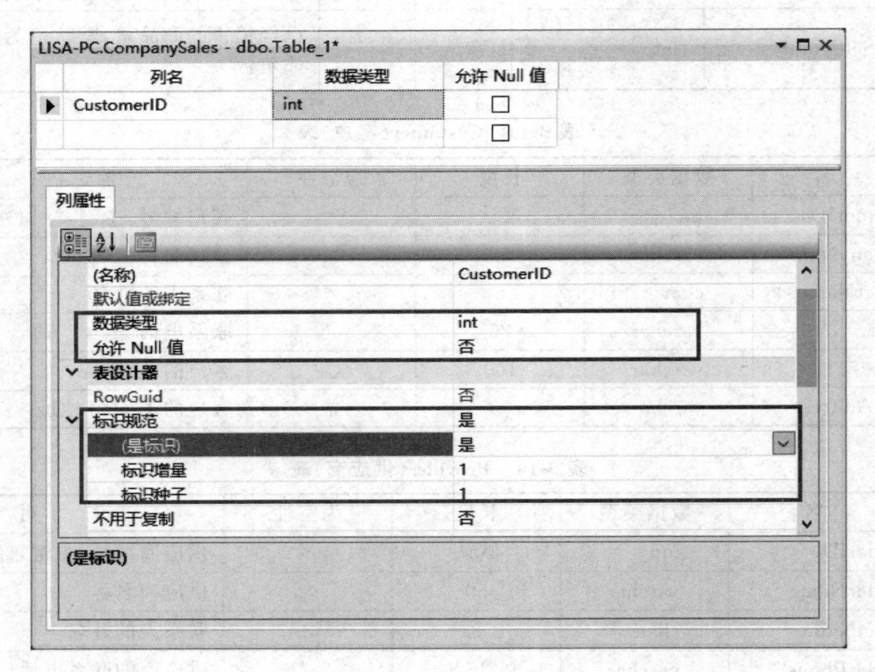

图 3-5 表设计器

(3) 在表设计器中，在"列名"单元格中输入列名 CustomerID，在同一行的"数据类型"单元格设置该列的数据类型为 int，并在"允许 Null 值"列选择是否允许该列为空值。如果允许，则勾选复选框；如果不允许，则取消勾选复选框。

(4) 设置列的属性。选中 CustomerID 行，在窗口的下半部分显示 CustomerID 列的属性。展开"标识规范"选项，在"(是标识)"下拉列表框中选择"是"选项，设置"标识增量"和"标识种子"选项为 1。

(5) 重复步骤(3)设置 CompanyName 列、ContactName 列、Phone 列、Address 列和 EmailAddress 列。

(6) 选择“文件”|“保存”命令或单击工具栏上的按钮,在出现的对话框中输入表的名称 Customer,新表的相关信息即会出现在“对象资源管理器”窗格中。表的结构如图 3-6 所示。

LISA-PC.CompanySales - dbo.Customer*

列名	数据类型	允许 Null 值
CustomerID	int	☐
CompanyName	varchar(50)	☐
ContactName	char(8)	☐
Phone	varchar(20)	☑
Address	varchar(100)	☑
EmailAddress	varchar(50)	☑

图 3-6　Customer 表结构

说明:在此没有讲解创建主关键字,将在后续例题中讲解创建带主关键字约束的表。

3.2.2 使用 CREATE TABLE 语句创建表

使用 CREATE TABLE 语句创建数据库的基本语法格式如下。

```
CREATE TABLE 表名
(  列名 1 数据类型和长度 1 列属性 1,
   列名 2 数据类型和长度 2 列属性 2,
   ...
   列名 n 数据类型和长度 n 列属性 n
)
列属性::= [IDENTITY(seed,increment)] [NULL|NOT NULL] [{列约束}]
```

各参数说明如下。

(1) [IDENTITY (seed, increment)]:指定为标识列,seed 为标识种子,increment 为递增量。

(2) [NULL|NOT NULL]:指定列的为空性,默认值为 NOT NULL。

【例 3-2】 在销售管理数据库中,利用 CREATE TABLE 语句,创建部门表和商品表的结构如表 3-9 和表 3-12 所示。

在查询编辑器中执行如下的 Transact-SQL 语句。

```
USE CompanySales
GO
--创建"部门"表
CREATE TABLE Department
(  DepartmentID int IDENTITY(1,1) NOT NULL,
   DepartmentName varchar (30) NOT NULL,
   Manager char(8) NULL,
   Depart_Description varchar (50) NULL          /*此为最后一行,没有逗号*/
```

```
)
GO
--创建"商品"表
CREATE TABLE Product
(  ProductID int IDENTITY(1,1) NOT NULL,
   ProductName varchar(50) NOT NULL,
   Price decimal(18, 2) NULL,
   ProductStockNumber int NULL,
   ProductSellNumber int NULL                    /* 此为最后一行,没有逗号 */
)
GO
```

说明：在此创建的部门表和商品表，没有创建主键约束，不符合数据库设计要求，在后续的内容中将重新创建带主键约束的数据表。

3.2.3 使用模板创建表

Microsoft SQL Server 2019 提供了多种模板。这些模板适用于解决方案、项目和各种类型的代码编辑器。模板可用于创建对象，如数据库、表、视图、索引、存储过程、触发器、统计信息和函数。

【例 3-3】 利用模板创建销售管理数据库的供应商表 Provider，表的结构如表 3-14 所示。

操作步骤如下。

(1) 选择"视图"|"模板资源管理器"命令，出现"模板浏览器"窗格。

(2) 选择"SQL Server 模板"|Table|Create Table 模板，如图 3-7 所示。

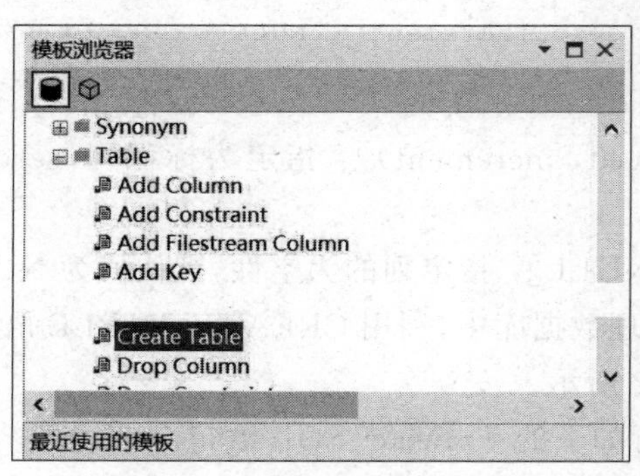

图 3-7 "模板浏览器"窗口

(3) 按住鼠标左键，将 Create Table 模板拖放到查询编辑器中，在查询编辑器中自动生成如图 3-8 所示的代码。

(4) 指定模板中的参数。选择"查询"|"指定模板参数的值"命令，出现"指定模板参数的值"对话框，设定各参数的值，如图 3-9 所示，单击"确定"按钮，将替换各参数的值。

(5) 单击工具栏的"执行"按钮，创建数据表。

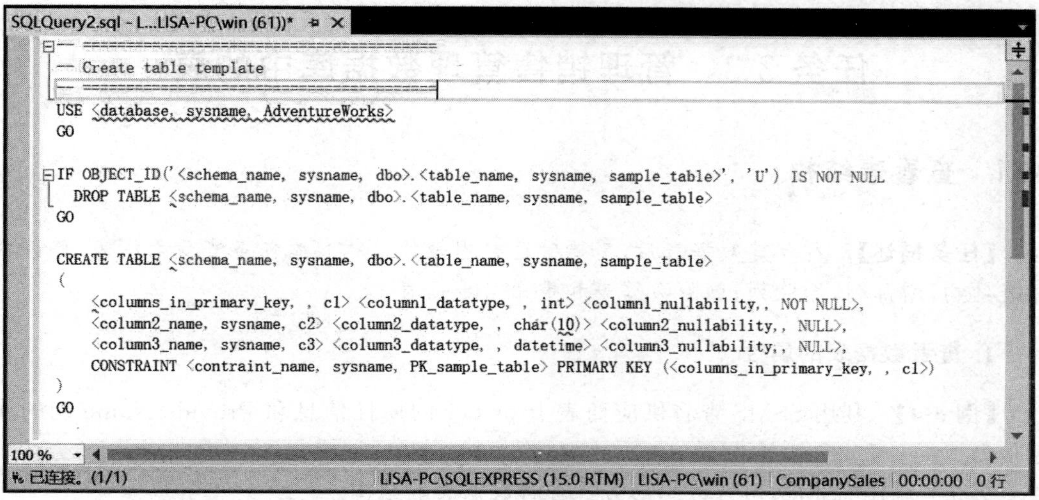
SQLQuery2.sql - L...LISA-PC\win (61))*
-- ===
-- Create table template
-- ===
USE <database, sysname, AdventureWorks>
GO
IF OBJECT_ID('<schema_name, sysname, dbo>.<table_name, sysname, sample_table>', 'U') IS NOT NULL
DROP TABLE <schema_name, sysname, dbo>.<table_name, sysname, sample_table>
GO
CREATE TABLE <schema_name, sysname, dbo>.<table_name, sysname, sample_table>
(
<columns_in_primary_key, , c1> <column1_datatype, , int> <column1_nullability,, NOT NULL>,
<column2_name, sysname, c2> <column2_datatype, , char(10)> <column2_nullability,, NULL>,
<column3_name, sysname, c3> <column3_datatype, , datetime> <column3_nullability,, NULL>,
CONSTRAINT <contraint_name, sysname, PK_sample_table> PRIMARY KEY (<columns_in_primary_key, , c1>)
)
GO
100 %
已连接。(1/1)
LISA-PC\SQLEXPRESS (15.0 RTM) LISA-PC\win (61) CompanySales 00:00:00 0 行

图 3-8 创建数据表模板

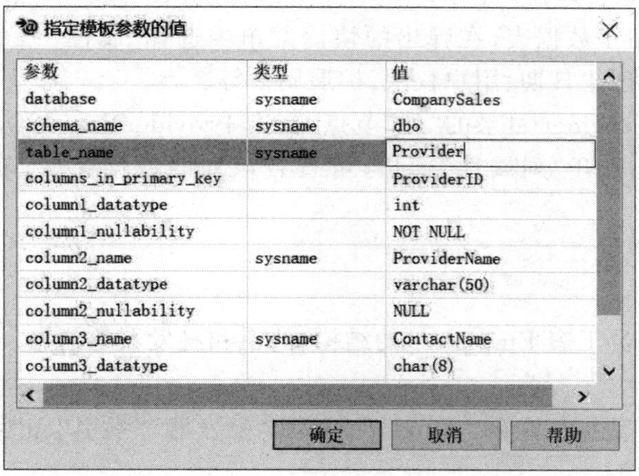
指定模板参数的值
参数 类型 值
database sysname CompanySales
schema_name sysname dbo
table_name sysname Provider
columns_in_primary_key ProviderID
column1_datatype int
column1_nullability NOT NULL
column2_name sysname ProviderName
column2_datatype varchar(50)
column2_nullability NULL
column3_name sysname ContactName
column3_datatype char(8)
确定
取消
帮助

图 3-9 “指定模板参数的值”对话框

说明：由于在此创建表不带有主键约束，为了销售管理数据库的完整性，建议删除数据表，在后续的例题中将重新创建。

3.2.4 创建临时表

当需要对相同的数据集执行多个操作时，临时表是十分有用的。通过将需要的数据集合到临时表中，可以避免 DBMS 多次重复地提取并组合数据。临时表消除了重复的操作，并提高了执行速度。

在表名称前添加“＃”或“＃＃”就成为局部临时表或者全局临时表，因此同样可以利用 CREATE TABLE 语句创建临时表。

任务 3.3 管理销售管理数据库中的表

3.3.1 查看表结构

【任务描述】 在创建数据表后，需要管理数据表的结构。本任务查看数据表，修改数据表结构，增加列，删除列；删除数据表和重命名数据表。

1. 查看数据表的属性

【例 3-4】 利用 SSMS 查看供应商表 Provider 的属性信息和 ProviderName 列的属性信息。

分析：利用 SSMS，可以以图形方式查看数据表的结构。

操作步骤如下。

(1) 在“对象资源管理器”窗格中，展开 CompanySales|“表”节点。

(2) 右击 Provider 数据表，在弹出的快捷菜单中选择“属性”命令，打开“表属性”窗口，可查看表的存储创建日期、用户权限、扩展属性等。

(3) 再次展开 Provider 目录的“列”节点，右击 ProviderName 列，在弹出的快捷菜单中选择“属性”命令，打开“列属性”窗口，可查看该列的数据类型、是否为主键、是否允许空。

2. 查看表结构

【例 3-5】 查看员工表 Employee 的结构、约束和触发器等信息。

操作步骤如下。

展开 Employee 数据表中的“列”“键”“约束”“触发器”“索引”和“统计信息”等对象节点，即可看到相关信息。

说明：利用教材给定的销售管理数据库文件附加后，即可看到销售管理数据库中 Employee 表和 Provider 表的信息。

3. 查看表中数据

【例 3-6】 查看员工表 Employee 中的记录。

在 SSMS 中，右击 Employee 表节点，在弹出的快捷菜单中选择“选择前 1000 行”命令，则会显示表中的数据。在该界面中可以查询、编辑表中的数据。

说明：表中的数据的添加、删除和修改等操作，在后续项目中介绍。

3.3.2 修改数据表结构

在创建数据表之后，随着数据库管理系统应用及用户需求的改变，有时还需要修改表的相关属性。例如，增加列、删除列、修改列的属性、修改主键或索引等。

1. 使用 SSMS 修改表结构

在表设计器中，用户可以修改列名、列的数据类型和允许空等属性，可以添加、删除列，也可以指定表的主关键字约束，右击表中的某列，可以选择其中某项编辑各种列属性。

(1) 增加列

在表设计器中，右击要添加列的位置，在弹出的快捷菜单中选择“插入列”命令，然后在增加的空列中输入列的相关属性。

(2) 删除列

在表设计器中，右击要删除的列，在弹出的快捷菜单中选择“删除列”命令。

说明：*在删除列之前，要确保基于该列的所有的索引和约束都已删除，否则无法删除。在 SQL Server 中，由于删除的列不能恢复，所以删除列要谨慎。*

【例 3-7】 查看部门表 Department，在部门名称 DepartmentName 列之后，增加一个部门人数列，数据类型为 int，允许为空。

操作步骤如下。

在 SSMS 中，展开 CompanySales|“表”节点，右击 Department 表节点，在弹出的快捷菜单中选择“设计”命令，则出现如图 3-10 所示的修改表结构工作界面。将光标定位到 Manager 列，右击，在弹出的快捷菜单中选择“插入列”命令，然后在列名中输入 PersonNum，数据类型选择 int。单击工具栏上的按钮，保存表结构的修改。

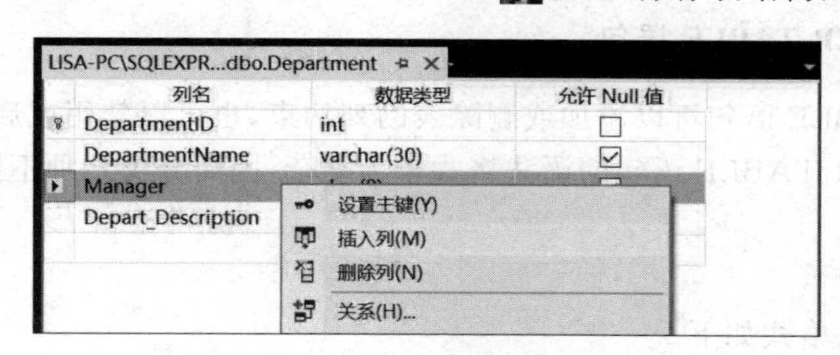

图 3-10 修改 Department 表的结构

(3) 修改列的属性

当表中存有记录时，一般不要轻易改变列的属性，尤其不要改变列的数据类型，以免产生错误。要改变列的属性时，要保证原数据类型必须能够转换为新数据类型；如果列中有“标识规范”，则修改后数据类型必须是有效的“标识规范”数据类型。

在修改列属性时，单击“保存”按钮，可能会弹出如图 3-11 所示的警告框，无法保存表的更改，就需要修改 SSMS 的选项，然后再进行表的更改。选择“工具”|“选项”命令，打开“选项”对话框，如图 3-12 所示。在对话框的左侧，选择“设计器”|“表设计器和数据库

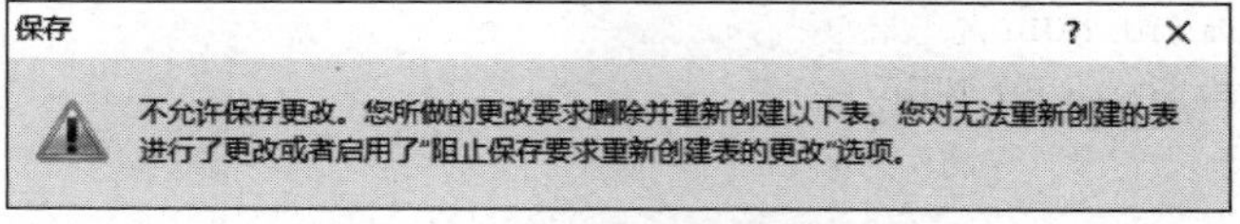

图 3-11 更改表结构的警告框

设计器"选项,在对应的右侧窗格中,取消勾选"阻止保存要求重新创建表的更改"复选框(SQL Server 2019 安装时,默认为选中状态)。

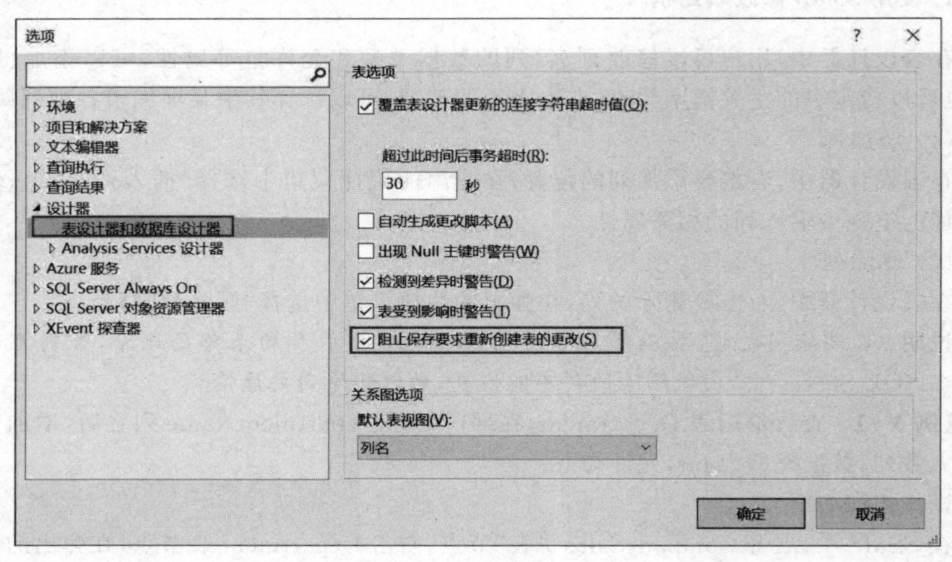

图 3-12 "选项"对话框

2. 使用 ALTER TABLE 语句

ALTER TABLE 语句可以添加或删除表的列约束,也可以禁用或启用已存在的约束或触发器,ALTER TABLE 语句的语法格式较为复杂,因而分为几种不同的修改类型,下面逐个进行介绍。

(1) 添加列

添加列的语法格式如下。

```
ALTER TABLE<表名>
    ADD  <列定义>  [,...n]
```

【例 3-8】 在部门表 Department 中,增加两列:部门人数列 PersonNum,数据类型为 int,允许为空;办公室列 Office,数据类型为 varchar(50),允许为空。

分析:在已有的表中增加列,使用 ADD 语句。

在查询编辑器中执行如下的 Transact-SQL 语句。

```
ALTER TABLE Department
ADD
    PersonNum int NULL,
    Office varchar(50) NULL
```

(2) 删除列

删除列的语法格式如下。

```
ALTER TABLE <表名>
DROP COLUMN <列名>[,...n]
```

在删除列之前，要确保基于该列所有的索引和约束都已删除，否则无法删除。

【例 3-9】 在部门表 Department 中，删除两列：部门人数列 PersonNum 和办公室列 Office。

分析：删除表中的列，使用 DROP COLUMN 语句。

在查询编辑器中执行如下的 Transact-SQL 语句。

```
ALTER TABLE Department
DROP COLUMN PersonNum,Office
```

(3) 修改列的定义

修改列的定义的语法格式如下。

```
ALTER TABLE <表名>
ALTER COLUMN <列名> <列属性>
```

【例 3-10】 在部门表 Department 中，将部门经理列 Manager 的数据类型改为 Varchar(20)。

在查询编辑器中执行如下的 Transact-SQL 语句。

```
ALTER TABLE Department
ALTER COLUMN Manager varchar(20)
```

说明：在修改列的定义时，如果修改后的长度小于原来定义的长度，或者数据类型的更改可能导致数据的更改，降低列的精度或减少小数位数可能导致数据截断。

(4) 修改列名

修改列名使用系统存储过程 sp_rename，它的语法格式如下。

```
sp_rename '表名.原列名', '新列名', 'COLUMN'
```

【例 3-11】 在部门表 Department 中，部门经理列 Manager 重命名为 ManagerName。

在查询编辑器中执行如下的 Transact-SQL 语句。

```
sp_rename 'Department.Manager','ManagerName','COLUMN'
```

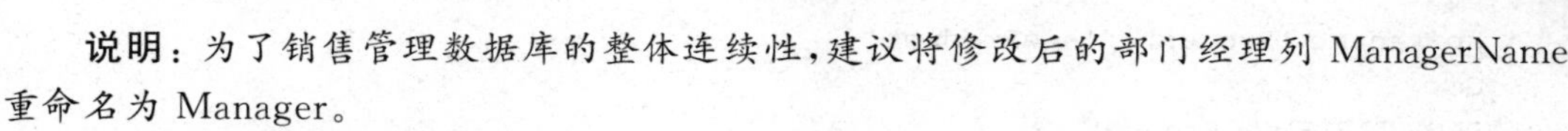

说明：为了销售管理数据库的整体连续性，建议将修改后的部门经理列 ManagerName 重命名为 Manager。

(5) 增加、删除表级约束

在数据表的结构中，约束也是重要的组成部分之一。有关列级和表级约束的增加和删除的内容，将在任务 3.4 中介绍。

3.3.3 删除数据表

1. 使用 SSMS

右击要删除的表，在弹出的快捷菜单中选择“删除”命令，在出现的“删除对象”窗口中单击“确定”按钮，完成删除任务。

2. 使用 DROP TABLE 语句

使用 DROP TABLE 的语法格式如下。

```
DROP TABLE  <表名>
```

【例 3-12】 删除部门表 Department。

在查询编辑器中执行如下的 Transact-SQL 语句。

```
USE CompanySales
GO
DROP TABLE Department
Go
```

3.3.4 重命名数据表

1. 使用 SSMS 重命名

使用 SSMS 修改表的名称，在指定的数据库中，展开表节点，右击指定表，在弹出的快捷菜单中选择“重命名”命令，输入新表名即可。

2. 使用系统存储过程 sp_rename 语句

使用系统存储过程 sp_rename 修改表名的语法格式如下。

```
sp_rename '原表名', '新表名'
```

【例 3-13】 将商品表 Product 重命名为 newProduct，然后删除 newProduct 表。

分析：将商品表重命名，使用 sp_rename 语句；删除表，使用 DROP TABLE 语句。

在查询编辑器中执行如下的 Transact-SQL 语句。

```
USE CompanySales
GO
sp_rename 'Product','newProduct'
Go
DROP TABLE newProduct
GO
```

任务 3.4 实现销售管理数据的完整性

【任务描述】 在销售管理数据表中创建约束，并保证数据的完整性，包括主键约束、外键约束、唯一约束、检查约束、默认值约束和规则。

数据完整性是指数据的精确性和可靠性，主要用于保证数据库中数据的质量。它是

为防止数据库中存在不符合语义规定的数据和因错误信息的输入/输出造成无效操作或报错而提出的。

例如,如果输入了员工编号值为123的员工,则该数据库不允许其他员工使用具有相同值的员工编号。比如员工性别列的值范围只能为“男”或“女”,而不能接受其他值;员工表有一个存储员工部门编号的列,则数据库应只允许接受有效的公司部门编号的值。

3.4.1 约束概述

1. 约束定义

约束(constraint)是 Microsoft SQL Server 提供的自动保持数据库完整性的一种方法。约束就是限制,定义约束就是定义可输入表或表的单个列中的数据的限制条件。

2. 约束分类

在 SQL Server 中有5种约束:主键约束(primary key constraint)、外键约束(foreign key constraint)、唯一约束(unique constraint)、检查约束(check constraint)和默认值约束(default constraint)。约束与完整性之间的关系如表3-15所示。

表3-15 约束与完整性之间的关系

完整性类型	约束类型	描　述	约束对象
列完整性	默认值约束	当使用 INSERT 语句插入数据时,若已定义默认值的列没有提供指定值,则将该默认值插入记录中	列
	检查约束	指定某一列可接受的值	
实体完整性	主键约束	每行记录的唯一标识符,确保用户不能输入重复值,并自动创建索引,提高性能,该列不允许使用空值	行
	唯一约束	在列集内强制执行值的唯一性,防止出现重复值,表中不允许有两行的同一列包含相同的非空值	
参考完整性	外键约束	定义一列或几列,其值于本表或其他表的主键与 UNIQUE 列相匹配	表与表之间

3. 约束名

为了便于管理约束,在创建约束时,须创建约束的名称,约束名称必须符合标识符的命名规则。编者建议,使用约束类型和其完成任务的从句组合作为约束名。例如,对客户表的主键,使用 PK_Customer。

4. 创建约束的语法格式

创建约束的语法格式如下。

```
CREATE TABLE <表名>
( <列定义>[{,<列定义> | <表约束>}])
```

各参数说明如下。

(1) ＜表名＞：合法标识符，最多可有 128 个字符，如 S、SC、C，不允许重名。

(2) ＜列定义＞：格式如下。

<列名> <数据类型> [{<列约束>}]

在 SQL Server 2019 中，对于基本表的约束分为列约束和表约束。

(1) 列约束是对某一个特定列的约束，包含在列定义中，直接跟在该列的其他定义之后，用空格分隔，不必指定列名。

(2) 表约束与列定义相互独立，不包括在列定义中，通常用于对多个列一起进行约束，用逗号分隔表级约束，定义表约束时必须指出要约束的那些列的名称。

3.4.2 主键约束

主键约束用于指定表的一列或几列的组合唯一标识表，即能在表中唯一地指定一行记录。这样的一列或列的组合称为表的主键(PK)。定义主键约束的列值不可为空、不可重复；每个表中只能有一个主键。

1. 使用 SSMS 创建主键约束

【例 3-14】 在销售管理数据库中，创建如表 3-13 所示的客户表。

分析：在例 3-1 中已经创建客户表，但是没有设置主键约束，已经在以上例题删除，在此，利用 SSMS 重新创建完整的"客户"表。

操作步骤如下。

(1) 启动 SSMS。

(2) 在"对象资源管理器"窗格中，展开"数据库"|CompanySales|"表"节点，右击"表"节点，从弹出的快捷菜单中选择"新建表"命令，出现表设计器。

(3) 在表设计器中，在"列名"单元格中输入列名 CustomerID，在同一行的"数据类型"单元格中设置该列的数据类型为 int，并在"允许 Null 值"列设置该列为不允许空值，在列属性中，设置标识列。

(4) 重复步骤(3)设置 CompanyName 列、ContactName 列、Phone 列、Address 列和 Email-Address 列。

(5) 将光标定位到 CustomerID 行。

(6) 单击 SSMS 工具栏上的按钮设置主键，CustomerID 行显示一个钥匙图标，如图 3-13 所示。

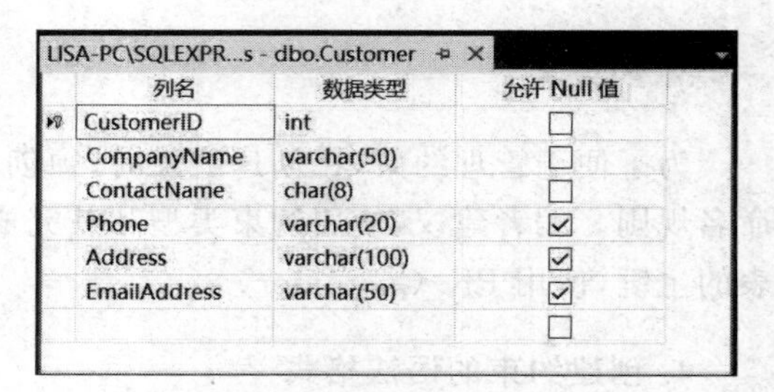

图 3-13 Customer 表结构

(7) 选择"文件"|"保存"命令或单击工具栏上的按钮，在出现的对话框中输入表的名称 Customer，新表的相关信息即会出现在"对象资源管理器"窗格中。

说明：如果要创建组合主键，在 SSMS 中，按住 Ctrl 键不放，然后单击选择相应的多个列，再单击工具栏上的按钮设置主键即可。比如，主键为"产品号"和"员工号"两个列组合，在表设计器中，按住 Ctrl 键不放，逐个单击选择"产品号"和"员工号"列，选中两个列，再设置主键即可。

2. 在创建表的同时创建主键约束

(1) 创建的主键为单个列可采用列级约束，它的语法格式如下。

```
CREATE TABLE<表名>
(  <列名><数据类型和长度><列属性> [CONSTRAINT 约束名]
   PRIMARY KEY [CLUSTERED | NONCLUSTERED])
```

(2) 多个列组合的主键约束，采用表级约束，它的语法格式如下。

```
CONSTRAINT <约束名>
PRIMARY KEY [CLUSTERED | NONCLUSTERED] (列名 1 [, ...列名 16])
```

其中，约束名在数据库中必须是唯一的；CLUSTERED | NONCLUSTERED 表示在创建主键时，自动创建的索引类别，CLUSTERED 为默认值；主关键字最多由 16 个列组成。

【例 3-15】 在销售管理数据库中，创建如表 3-9 所示的部门表。

分析：在例 3-2 创建的部门表中，没有创建表中的主键约束，在此重新创建部门表。由于部门表的主键定义在单个列上，所以可以采取在定义列的同时定义约束的方法。在 DepartmentID 列上，创建一个主键约束。由于主键约束包含了不允许为空性，所以将代码 DepartmentID int NOT NULL Primary KEY 改为 DepartmentID int Primary KEY。

在查询编辑器中执行如下的 Transact-SQL 语句。

```
CREATE TABLE Department
(  DepartmentID int IDENTITY(1,1) PRIMARY KEY,
   DepartmentName varchar (30) NOT NULL,
   Manager char(8) NULL,
   Depart_Description varchar (50) NULL
)
GO
```

说明：列约束包含在列定义中，直接跟在该列的其他定义之后，用空格分隔，不必指定约束名，系统自动给定约束名称。

【例 3-16】 在销售管理数据库中，创建如表 3-12 所示的商品表。

分析：在例 3-2 创建的商品表中没有创建表中的主键约束。在此重新创建商品表。在 CustomerID 列上，可以采用表级约束或列级约束，在此采用表级约束，即在所有的列定义后，再定义约束。创建一个名称为 PK_Product 的主键约束，代码为 CONSTRAINT PK_Product PRIMARY KEY CLUSTERED (ProductID)。

在查询编辑器中执行如下的 Transact-SQL 语句。

```
CREATE TABLE Product
```

```
(   ProductID int IDENTITY (1,1) NOT NULL,
    ProductName varchar(50) NOT NULL,
    Price decimal(18, 2) NULL,
    ProductStockNumber int NULL,
    ProductSellNumber int NULL,
    CONSTRAINT PK_Product PRIMARY KEY CLUSTERED (ProductID)
)
GO
```

说明：采用表约束时，必须指明约束名称，表约束与列定义相互独立。

【例 3-17】 在销售管理数据库中，创建一个以商品编号和商品名称组合主键的新商品表，然后删除此表。

分析：由于创建组合主键约束，所以只能采用表级约束，约束代码为 CONSTRAINT PK_P_Name PRIMARY KEY CLUSTERED (PID,PName)。

在查询编辑器中执行如下的 Transact-SQL 语句。

```
CREATE TABLE new_Product
(   PID int NOT NULL,
    PName varchar(50) NOT NULL,
    Price decimal(18, 2) NULL,
    PSNumber int NULL,
    PSNumber int NULL,
    CONSTRAINT PK_P_Name PRIMARY KEY CLUSTERED (PID, PName)
)
GO
DROP TABLE new_Product
GO
```

说明：

(1) 创建多个列组合的约束（比如组合主键）时，只能将其定义为表级约束，如 CONSTRAINT PK_P_Name PRIMARY KEY CLUSTERED (PID,PName)，而不可以将其定义为列级约束 PID int NOT NULL PRIMARY KEY,PName varchar(50) NOT NULL PRIMARY KEY。

(2) 定义时必须指出要约束的那些列的名称，与列定义用逗号分隔。

(3) 此表仅为举例说明组合主键的使用方法，不属于销售管理数据库中的数据表。

3. 在一张现有表上添加主键约束

(1) 使用 SSMS 添加约束

在 SSMS 中，右击要添加约束的表，在弹出的快捷菜单中选择“设计”命令，打开表设计器，添加约束即可。

(2) 利用 ALTER TABLE 语句

ALTER TABLE 语句不仅可以修改列的定义，而且可以添加和删除约束。它的语法格式如下。

```
ALTER TABLE <表名>
```

```
ADD CONSTRAINT 约束名 PRIMARY KEY (列名[,...n])
```

【例 3-18】 在例 3-3 中创建供应商表 Provider 的 ProviderID 上添加主键约束。

分析：在例 3-3 创建的供应商表中不带主键约束，在此添加约束，修改表定义，使用 ALTER TABLE 语句。

在查询编辑器中执行如下的 Transact-SQL 语句。

```
ALTER TABLE Provider
  ADD
    Constraint PK_Provider PRIMARY KEY(ProviderID)
```

4. 删除约束

删除 PRIMARY KEY 约束的语法格式如下。

```
ALTER TABLE <表名>
DROP CONSTRAINT 约束名 [,...n]
```

3.4.3 外键约束

两个表中如果有共同列，可以利用外键与主键将两个表关联起来。例如，部门表和员工表利用它们的共同列 DepartmentID 关联起来，在部门表中的 DepartmentID 列定义为主关键字，在员工表中定义 DepartmentID 列为外关键字，将部门表和员工表关联起来。当在定义主关键字约束的部门表中更新列值时，员工表中有与之相关联的外关键字约束的表中的外关键字列也将被相应地作相同的更新。当向含有外关键字的员工表插入数据时，如果部门表的列中没有与插入的外关键字列值相同的值，系统会拒绝插入数据。

1. 使用 SSMS 创建外键约束

【例 3-19】 在销售管理数据库中，创建员工表结构如表 3-16 所示。

表 3-16 Employee(员工)表

列　名	数据类型	长度	为空性	说　明
EmployeeID	int	默认	×	员工号，主键，标识列
EmployeeName	varchar	50	×	员工的姓名
Sex	char	2	×	员工性别默认值为“男”，取值为“男”或“女”
BirthDate	date	默认	√	出生年月
HireDate	date	默认	√	聘任日期，默认值为当前的系统时间
Salary	money	默认	√	工资
DepartmentID	int	默认	×	部门编号，来自“部门”表的外键

分析：在员工表的结构中，有主关键字 EmployeeID 列，有外关键字 DepartmentID 列，可以使用 SSMS 创建员工表。

操作步骤如下。

(1) 启动 SSMS,展开“对象资源管理器”窗格中的 CompanySales|“设计”节点。

(2) 在表设计器中,输入“列名”“数据类型”“允许空”“标识列”和“默认值”各项的内容;完成设置 EmployeeName 列、Sex 列、BirthDate 列、HireDate 列、Salary 列和 DepartmentID 列。

(3) 将光标定位到 EmployeeID 行,单击 SSMS 工具栏上的 按钮设置主键,EmployeeID 行显示一个钥匙图标。

(4) 将光标定位到 DepartmentID 行,单击工具栏上的 按钮,打开“外键关系”对话框,如图 3-14 所示。

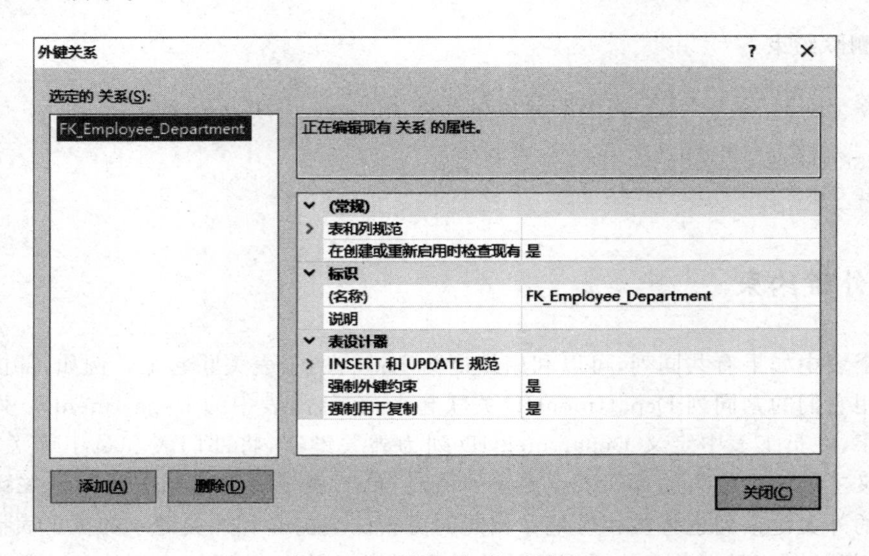

图 3-14 “外键关系”对话框

(5) 单击“表和列规范”文本框右侧的 按钮,打开“表和列”对话框,选择 Department 表作为主键表,其主键为 DepartmentID,选择 Employee 作为外键表,并将 DepartmentID 作为外键,如图 3-15 所示,单击“确定”按钮。

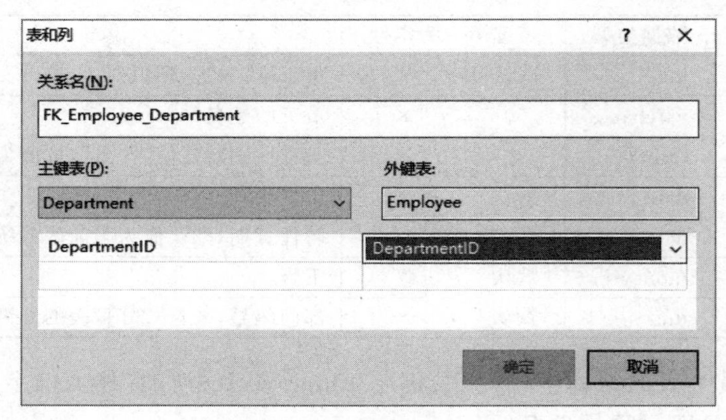

图 3-15 “表和列”对话框

设置外键约束后，Employee 表和 Department 表之间的关系如图 3-16 所示。Employee 表的 DepartmentID 列是外键，引用了 Department 表的主键 DepartmentID 列。Employee 表依赖 Department 表。

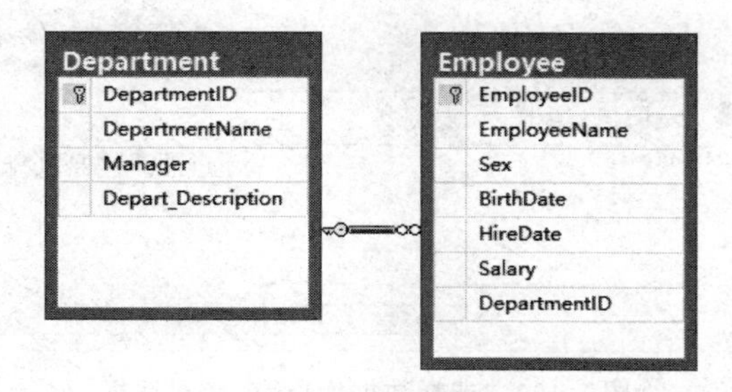

图 3-16 外键约束关系

说明：*在后续的例题中添加"性别"列和"聘用日期"列的默认值和 CHECK 约束。*

【例 3-20】 查看销售管理数据库各个表之间的关系。

分析：如果表已经创建完成，可以利用"对象资源管理器"窗格中的数据库关系图来查看表之间的关系。

操作步骤如下。

(1) 打开 SSMS，选择 CompnaySales|"数据库关系图"节点。

(2) 右击"数据库关系图"节点，如果弹出如图 3-17 所示的警示框，则需完成步骤(3)到步骤(5)的内容来设置数据库有效所有者，否则直接转到步骤(6)进行操作。

图 3-17 关系图警示框

(3) 打开 CompanySales 数据库的属性窗口，选择"文件"选项，如图 3-18 所示。

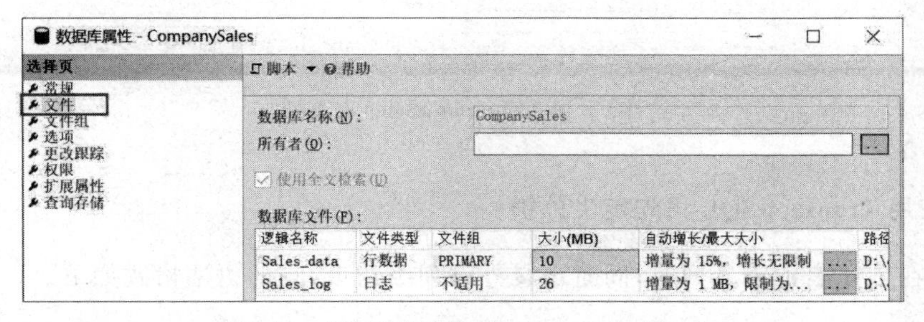

图 3-18 "数据库属性-CompanySales"窗口

(4) 单击"所有者"文本框右侧的按钮，打开"选择数据库所有者"对话框，如图 3-19 所示，单击对话框右侧的"浏览"按钮，找到当前的用户名 LISA-PC\win(本地计算机名称

LISA-PC,用户名为 win),设置为数据库所有者,返回到数据库的属性窗口。

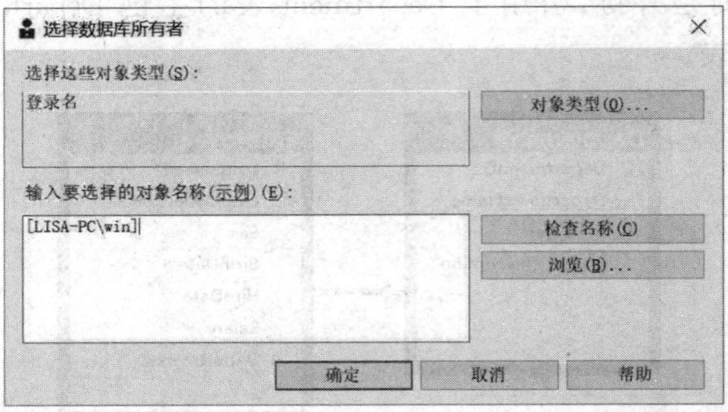

图 3-19 “选择数据库所有者”对话框

(5) 在属性窗口中单击“确定”按钮,完成设置。

(6) 刷新 CompanySales 数据库,在数据库关系图中,出现 Diagram_0 的关系图,双击,并展开各表之间的关系,如图 3-20 所示。

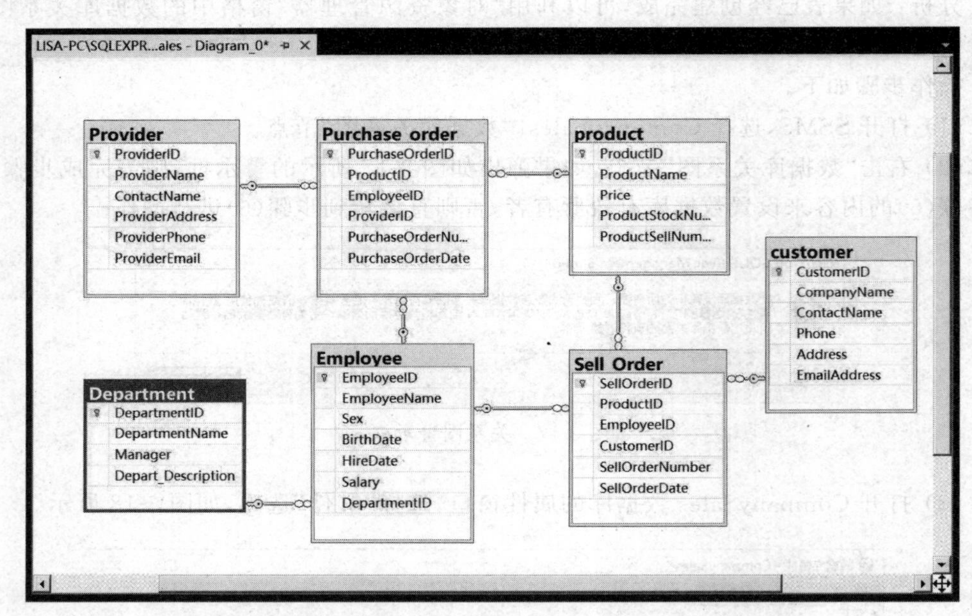

图 3-20 CompanySales 关系图

2. 使用 Transact-SQL 语句定义外键

(1) 在创建表中定义列时,同时定义外键列级约束,它的语法格式如下。

```
CREATE TABLE <表名>
(  列名 数据类型 列属性
   FOREIGN KEY REFERENCES ref_table (ref_column)
)
```

各参数说明如下。

① REFERENCES：参照。

② ref_table：主键表名，要建立关联的被参照表的名称。

③ ref_column：主键列名。

【例 3-21】 在销售管理数据库中，创建销售订单表结构，如表 3-17 所示。

表 3-17 Sell_Order(销售订单)表

列　名	数据类型	长度	为空性	说　明
SellOrderID	int	默认	×	销售订单号，主键，标识列
ProductID	int	默认	×	商品编号描述该订单订购的商品，参考“商品”表的外键
EmployeeID	int	默认	×	员工号，描述签订订单的员工，参考“员工”表的外键
CustomerID	int	默认	×	客户号，描述该签订订单的客户，参考“客户”表的外键
SellOrderNumber	int	默认	√	订货数量
SellOrderDate	date	默认	√	订单签订的日期

分析：销售订单表中，在 SellOrderID 列上有主键约束，代码为 SellOrderID int IDENTITY(1,1)NOT NULL PRIMARY KEY，有 3 个列上有外键约束。

在查询编辑器中执行如下的 Transact-SQL 语句。

```
USE CompanySales
GO
CREATE TABLESell_Order
(
  SellOrderID int IDENTITY(1,1) NOT NULL PRIMARY KEY,
  ProductID int NOT NULL FOREIGN KEY REFERENCES Product(ProductID),
  EmployeeID int NOT NULL FOREIGN KEY REFERENCES Employee(EmployeeID),
  CustomerID int NOT NULL FOREIGN KEY REFERENCES Customer(CustomerID),
  SellOrderNumber int NULL,
  SellOrderDate date NULL
)
```

(2) 在创建表中，定义与列定义无关的表级外键约束，它的语法格式如下。

```
CONSTRAINT 约束名
  FOREIGN KEY column_name1[, column_name2, ...column_name16]
  REFERENCES ref_table [ref_column1[,ref_column2, ... ref_column16]]
```

各参数说明如下。

① column_name：外键列名。

② REFERENCES：参照。

③ ref_table：主键表名，要建立关联的被参照表的名称。

④ ref_column：主键列名。

【例 3-22】 利用表级约束形式，创建例 3-21 中的销售订单表。

在查询编辑器中执行如下的 Transact-SQL 语句。

```
USE CompanySales
GO
CREATE TABLE dbo.Sell_Order
(
  SellOrderID int IDENTITY(1,1) PRIMARY KEY,
  ProductID int NOT NULL,
  EmployeeID int NOT NULL,
  CustomerID int NOT NULL,
  SellOrderNumber int NULL,
  SellOrderDate date NULL,
  CONSTRAINT FK_Sell_Order_customer FOREIGN KEY(CustomerID)
    REFERENCES dbo.customer (CustomerID),
  CONSTRAINT FK_Sell_Order_Employee FOREIGN KEY(EmployeeID)
    REFERENCES dbo.Employee (EmployeeID),
  CONSTRAINT FK_Sell_Order_Product FOREIGN KEY(ProductID)
    REFERENCES dbo.Product (ProductID)
)
GO
```

【例 3-23】 在销售管理数据库中，创建采购订单表，如表 3-18 所示。

表 3-18 Purchase_order（采购订单）表

列　　名	数据类型	长度	为空性	说　　明
PurchaseOrderID	int	默认	×	采购订单号，关键字，标识列
ProductID	int	默认	×	商品编号，来自“商品”关系的外部关键字，描述该订单采购的商品
EmployeeID	int	默认	×	员工号，来自“员工”关系的外部关键字，描述该订单由哪位员工签订
ProviderID	int	默认	×	供应商号，来自“供应商”关系的外部关键字，描述该订单与哪位供应商签订
PurchaseOrderNumber	int	默认	√	采购数量
PurchaseOrderDate	date	默认	√	订单签订的日期

在查询编辑器中执行如下的 Transact-SQL 语句。

```
USE CompanySales
GO
CREATE TABLE Purchase_order
  (
    PurchaseOrderID int IDENTITY(1,1) PRIMARY KEY,
    ProductID int NOT NULL,
    EmployeeID intNOT NULL,
    ProviderID int NOT NULL,
    PurchaseOrderNumber int NULL,
    PurchaseOrderDate smalldatetime NULL,
    CONSTRAINT PK_Porder PRIMARY KEY(PurchaseOrderID),
    CONSTRAINT FK_Porder_Em FOREIGN KEY(EmployeeID)
        REFERENCES Employee (EmployeeID),
    CONSTRAINT FK_Porder_pr FOREIGN KEY(ProductID)
```

```
        REFERENCES Product (ProductID),
    CONSTRAINT FK_Porder_Prv FOREIGN KEY(ProviderID)
        REFERENCES dbo.Provider (ProviderID)
)
GO
```

3.4.4 唯一约束

唯一约束指定在非主键的一个列或多个列的组合的值具有唯一性，以防止在列值中输入重复的值。也就是说，如果一个数据表已经设置了主键约束，但该表中还包含其他的非主键列，则该约束也必须具有唯一性。为避免该列中的值出现重复输入的情况，就必须为该列创建唯一约束（一个数据表不能包含两个或两个以上的主键约束）。

唯一约束与主键约束的区别如下。

(1) 唯一约束指定的列可以有 NULL 属性，但主键约束所在的列则不允许。

(2) 一个表中可以包含多个唯一约束，而主键约束则只能有一个。

创建表的同时创建唯一约束的语法如下。

语法格式 1：

```
CREATE TABLE 表名
(列名 数据类型 列属性 UNIQUE [,...n])
```

语法格式 2：

定义唯一约束的语法如下。

```
CONSTRAINT 约束名 UNIQUE [CLUSTERED |NONCLUSTERED]
(  column_name1[, column_name2,...column_name16])
```

【例 3-24】 为销售管理数据库中的"部门"表的"部门名称"列添加唯一约束，保证部门名称不重复。创建后使用 Transact-SQL 语句删除此约束。

在查询编辑器中执行如下的 Transact-SQL 语句。

```
USE CompanySales
GO
ALTER TABLE Department
ADD CONSTRAINT un_departName UNIQUE (DepartmentName)
GO
ALTER TABLE Department
DROP CONSTRAINT un_departName
GO
```

3.4.5 检查约束

检查约束（CHECK 约束）实际上是验证列输入内容的规则，表示一个列的输入内容必须满足 CHECK 约束的条件，若不满足，则数据无法正常输入。可以对每个列设置 CHECK 约束。

1. 使用 SSMS 添加约束

【例 3-25】 为销售管理数据库中的员工表中的“性别”列添加 CHECK 约束，保证“性别”列的输入值为“男”或“女”。

操作步骤如下。

(1) 启动 SSMS，在“对象资源管理器”窗格中，展开“数据库”|CompanySales|“表”节点。

(2) 右击 Employee 表节点，在弹出的快捷菜单中选择“设计”命令，出现表设计器。

(3) 将光标定位到 Sex 列。

(4) 右击，在出现的快捷菜单中，选择“CHECK 约束”选项，如图 3-21 所示。

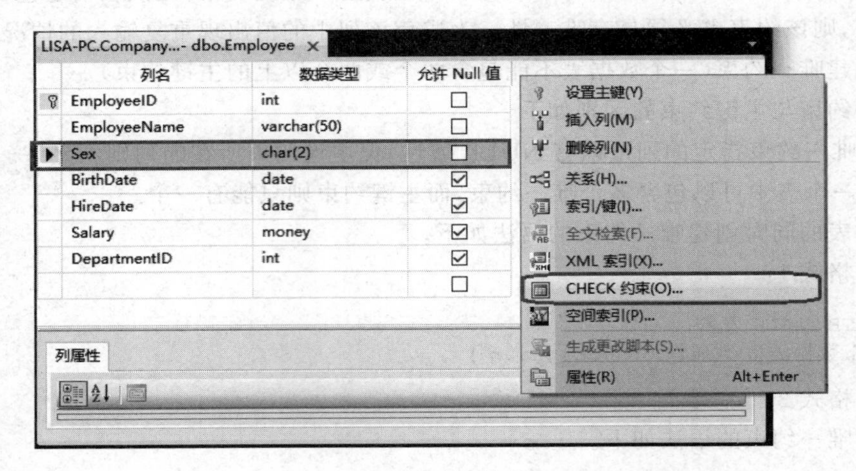

图 3-21 表设计器

(5) 出现“CHECK 约束”对话框，单击“添加”按钮，在对话框右侧的“表达式”栏中输入逻辑表达式([sex]='男' OR [sex]='女')。在“名称”栏中输入 CHECK 约束的名称 CK_Employee_Sex，如图 3-22 所示。

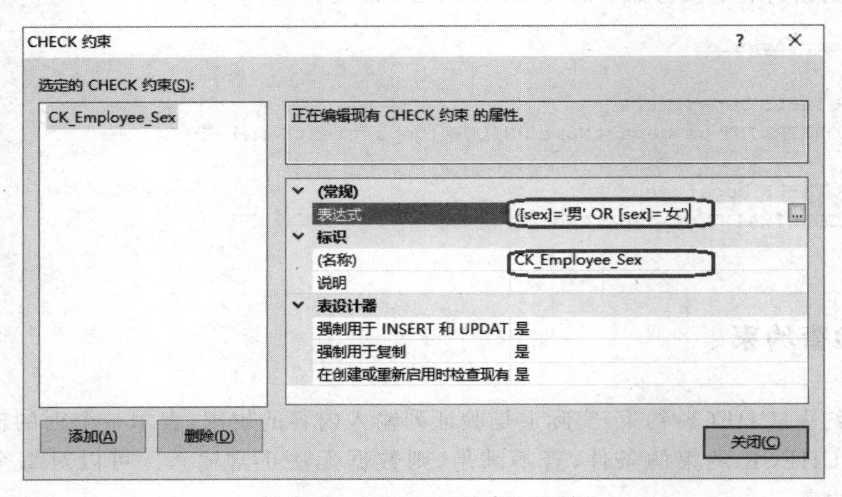

图 3-22 “CHECK 约束”对话框

(6) 单击“关闭”按钮,关闭“CHECK 约束”对话框。

(7) 单击工具栏上的按钮,保存设置。

2. 在创建表的同时检查约束

(1) 对单个列级创建检查约束,它的语法格式如下。

```
CREATE TABLE<表名>
(<列名> <数据类型和长度> <列属性> CHECK(逻辑表达式))
```

(2) 约束表中特定列,需采用表级约束,它的语法格式如下。

```
CONSTRAINT 约束名 CHECK(逻辑表达式) [,...n]
```

其中,CHECK 为检查;指定的逻辑表达式的返回值为 TRUE 或 FALSE。

【例 3-26】 在销售管理数据库中,创建商品表,表结构如表 3-19 所示。

表 3-19 Product(商品)表

列 名	数据类型	长度	为空性	说 明
ProductID	int	默认	×	商品编号,主键,标识列
ProductName	varchar	50	×	商品名称
Price	decimal(18,2)	默认	√	单价,大于 0
ProductStockNumber	int	默认	√	现有库存量,非负数
ProductSellNumber	int	默认	√	已销售的商品量,非负数

分析:在创建商品表时,保证数据的非负数,在表中创建 CHECK 约束。库存量的列名为 ProductStockNumber;已销售量的列名为 ProductSellNumber,则逻辑表达式为((price>0),(ProductStockNumber>=0),(ProductSellNumber>=0))。

在查询分析器中执行如下的 Transact-SQL 语句。

```
CREATE TABLE Product
(
    ProductID int IDENTITY(1,1) PRIMARY KEY,
    ProductName varchar(50) NOT NULL,
    Price int NULL CHECK(Price>0),
    ProductStockNumber int NULL CHECK(ProductStockNumber>=0),
    ProductSellNumber int NULL CHECK(ProductSellNumber>=0)
)
```

【例 3-27】 在销售管理数据库的客户表中,为了保证客户 E-mail 地址的正确性,客户 E-mail 地址符合 E-mail 地址格式,如在地址中有@字符。

分析:在客户表的 E-mail 地址列为 EmailAddress,地址中有@字符的逻辑表达式为 EmailAddress like '%@%'。

在查询分析器中执行如下的 Transact-SQL 语句。

```
ALTER TABLE Customer
  ADD CONSTRAINT CK_customer CHECK((EmailAddress like '%@%'))
```

3.4.6 默认值约束

默认值(DEFAULT)约束用于确保域完整性,它提供了一种为数据表中任何一列提供默认值的手段。默认值是指使用INSERT语句向数据表插入数据时,如果没有为某一列指定数据,DEFAULT约束提供随新记录一起存储到数据表中该列的默认值。例如,在员工表Employee的性别列定义了一个DEFAULT约束为"男",则每当添加新员工时,如果没有为其指定性别,则默认为"男"。

在使用DEFAULT约束时,用户需注意以下几点。

(1) DEFAULT约束只能应用于INSERT语句,且定义的值必须与该列的数据类型和精度一致。

(2) 每一列上只能有一个DEFAULT约束。如果有多个DEFAULT约束,系统将无法确定在该列上使用哪一个约束。

(3) DEFAULT约束不能定义在指定IDENTITY属性或数据类型为timestamp的列上,因为对于这些列,系统会自动提供数据,使用DEFAULT约束是没有意义的。

(4) DEFAULT约束的值允许使用一些系统函数提供的值。

1. 使用SSMS创建默认值

【例3-28】 在销售管理数据库中的员工表,为"性别"列设定默认值"男",聘任日期的默认值为当前的"系统时间"。

操作步骤如下。

(1) 启动SSMS,在"对象资源管理器"窗口中,展开"数据库"目录CompanySales子目录中的"表"节点。

(2) 右击Employee表节点,从弹出的快捷菜单中选择"设计"选项,出现表设计器。

(3) 将光标定位到Sex列,在窗口下方的"列属性"选项卡的"默认值或绑定"栏中输入"男",如图3-23所示。

(4) 将光标定位到HireDate列,在"列属性"选项卡的"默认值或绑定"栏中输入getdate()。

(5) 单击工具栏上的■按钮,保存设置。

2. 使用Transact-SQL语句创建默认值定义

(1) 创建列级默认值约束,它的语法格式如下。

```
CREATE  TABLE<表名>
(  <列名><数据类型和长度><列属性> DEFAULT constant_expression)
```

(2) 采用表级默认值约束,它的语法格式如下。

```
CONSTRAINT 约束名 DEFAULT constant_expression FOR 列名
```

其中,DEFAULT为默认值;constant_expression是用作列的默认值的常量、NULL

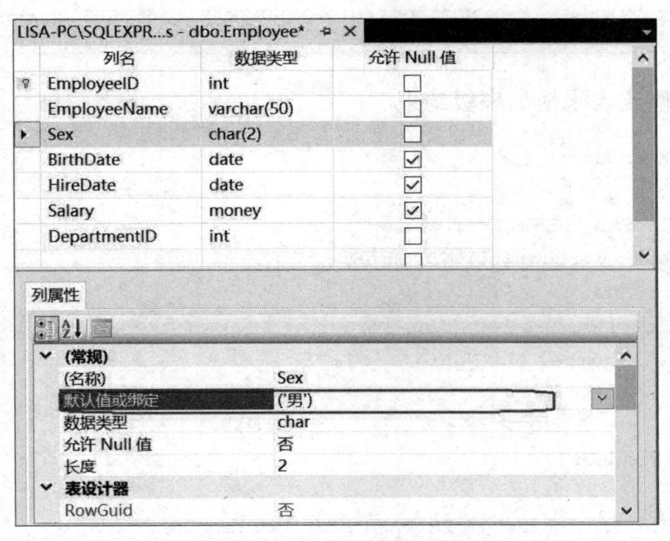

图 3-23 创建 DEFAULT 约束

或系统函数。

说明：如果在创建表定义时创建默认值约束，只能采用列级约束，不能采用表级约束的形式。这是默认值约束特殊的地方，其他形式的约束在创建表定义，采用表级约束和列级约束均可。

【例 3-29】 在销售管理数据库中，创建商品表，表结构如表 3-20 所示。

表 3-20 Product(商品)表

列 名	数据类型	长度	为空性	说 明
ProductID	int	默认	×	商品编号，主键，标识列
ProductName	varchar	50	×	商品名称
Price	decimal(18,2)	默认	√	单价>0
ProductStockNumber	int	默认	√	现有库存量，默认值为 0，值为非负数
ProductSellNumber	int	默认	√	商品已销售量，默认值为 0，值为非负数

分析：在创建的“商品”表中为库存量和已销售量设置默认值，需创建 DEFAULT 约束。

采用列级约束的 Transact-SQL 语句如下。

```
CREATE TABLE Product
(
    ProductID int IDENTITY(1,1) PRIMARY KEY,
    ProductName varchar(50) NOT NULL,
    Price int NULL CHECK(Price>0),
    ProductStockNumber int NULL DEFAULT 0 CHECK(ProductStockNumber>=0),
```

```
    ProductSellNumber int NULL DEFAULT 0 CHECK(ProductSellNumber>=0)
)
```

也可以通过修改表来增加表级约束。

```
CREATE TABLE Product
(
    ProductID int IDENTITY(1,1),
    ProductName varchar(50) NOT NULL,
    Price int NULL,
    ProductStockNumber int NULL,
    ProductSellNumber int NULL
)
GO
ALTER TABLE Product1
ADD
    CONSTRAINT PK_ProductID PRIMARY KEY (ProductID),
    CONSTRAINT CH_Price CHECK(Price>0),
    CONSTRAINT CH_ProductStockNumber CHECK (ProductStockNumber>=0),
    CONSTRAINT CH_ProductSellNumber CHECK (ProductSellNumber>=0),
    CONSTRAINT DF_ProductStockNumber DEFAULT 0 FOR ProductStockNumber,
    CONSTRAINT DF_ProductSellNumber DEFAULT 0 FOR ProductSellNumber
GO
```

【例 3-30】 在销售管理数据库中的员工表中,新员工如果不到特定部门工作,则到"销售部"工作。

分析:在"部门"表中,"销售部"的部门编号值为 1。新员工如果不到特定部门工作,则到"销售部"工作,也就是说,新员工数据输入时,部门编号 DepartmentID 列的默认值为 1。为员工表的部门编号 DepartmentID 列创建一个默认值约束。约束代码为 CONSTRAINT def_DepartID DEFAULT 1 FOR DepartmentID。

在查询编辑器中执行如下的 Transact-SQL 语句。

```
USE CompanySales
GO
ALTER TABLE Employee
ADD
CONSTRAINT def_DepartID DEFAULT 1 FOR DepartmentID
```

3.4.7 默认值和规则

1. 默认值对象

与默认值约束类似,使用默认值对象(DEFAULT)也可以实现当用户向数据表中插入数据行时,如果没有为某列输入值,则由 SQL Server 自动为该列赋予默认值。默认值对象与默认值约束不同的是,默认值是一种数据库对象。数据库中创建默认值对象后,可

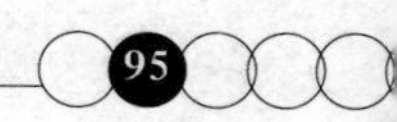

以被绑定到多个数据表的一个或多个列应用;默认值约束只能应用于约束一个表中的列。

当默认值绑定到列或用户定义数据类型时,如果插入数据时没有为被绑定的对象明确提供值,默认值便指定一个值,并将其插入对象所绑定的列中(在用户定义数据类型的情况下,插入所有列中)。

使用默认值对象的方法:使用 CREATE DEFAULT 语句创建默认对象,然后使用系统存储过程 sp_bindefault 将其绑定到列上。

(1) 创建默认值对象。创建默认值对象的语法格式如下。

```
CREATE DEFAULT default_name AS 表达式
```

其中,default_name 为默认值对象名称,表达式为默认值的常数表达式。

(2) 默认值绑定。系统存储过程 sp_bindefault 将默认值绑定到列或用户定义的数据类型,它的语法格式如下。

```
sp_bindefault '默认值对象名称', 'object_name'
```

其中,参数 object_name 为被绑定默认值的列名或用户定义数据类型。

【例 3-31】 在销售管理数据库中,创建一个默认值对象 DF_SYSDATE,值为系统的当前日期,并将其绑定到员工表 Employee 的雇用日期列 HireDate、销售订单表 Sell_Order 的销售日期列 SellOrderDate、采购订单表 Purchase_order 的采购日期列 PurchaseOrderDate。

分析:员工表 Employee 的雇用日期列 HireDate、销售订单表 Sell_Order 的销售日期列 SellOrderDate、采购订单表 Purchase_order 的采购日期列 PurchaseOrderDate 均为日期时间型数据,所以可以设定默认值必须为日期时间型数据。

为了实现以上的目的,可以通过使用默认值约束的形式,分别创建三个表的默认值约束;也可以通过使用一个默认值对象的形式,并将默认值绑定到三个不同表的不同列上。

使用系统函数 getdate()得到计算机的当前日期,代码为 CREATE DEFAULT DF_SYSDATE AS getdate()。

在查询编辑器中执行如下的 Transact-SQL 语句。

```
USE CompanySales
GO
--创建默认值对象
CREATE DEFAULT DF_SYSDATE
AS
    getdate()
GO
--绑定默认值对象
EXEC sp_bindefault 'DF_SYSDATE','Employee.hireDate'
EXEC sp_bindefault 'DF_SYSDATE','Sell_Order.SellOrderDate'
EXEC sp_bindefault 'DF_SYSDATE', 'Purchase_order. PurchaseOrderDate'
GO
```

说明:运行上述代码,必须先修改表定义,删除原来的默认值,否则无法绑定默认值对象。默认值的优先级高于默认值对象。

【例 3-32】 使用 SSMS 查看默认值对象 DF_SYSDATE 和 Employee 的雇用日期列 HireDate 的绑定情况。

(1) 启动 SSMS,在“对象资源管理器”窗格中,展开“数据库”|CompanySales 节点。

(2) 展开“可编程性”|“默认值”节点,可以查看 DF_SYSDATE 默认值节点。

(3) 展开“表”|dbo.Employee|“列”节点,右击 HireDate 列,在出现的快捷菜单中选择“属性”命令,如图 3-24 所示,在“默认值绑定”框中显示绑定到 DF_SYSDATE 默认值。

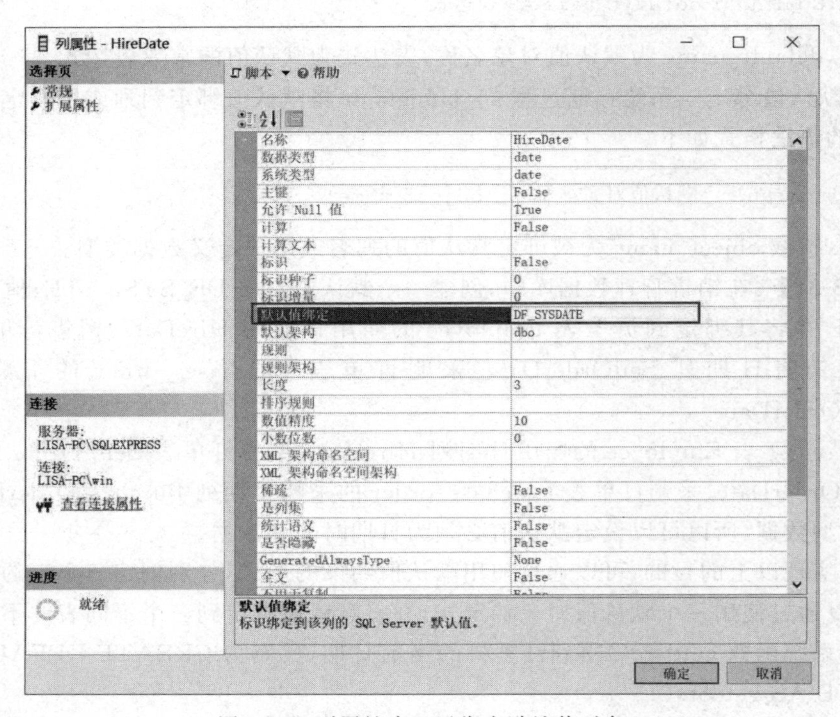

图 3-24 列属性中显示绑定默认值对象

【例 3-33】 删除默认值对象 DF_SYSDATE。

操作步骤如下。

(1) 启动 SSMS。

(2) 在“对象资源管理器”窗格中,展开“数据库”|CompanySales|“可编程性”|“默认值”|DF_SYSDATE 默认值节点。

(3) 右击,在出现的快捷菜单中选择“删除”命令,出现“删除对象”窗口,如图 3-25 所示。

(4) 单击“确定”按钮,出现如图 3-26 所示的对话框,出现删除错误提示。单击“消息”框,显示“无法删除默认值‘dbo. DF_SYSDATE’,因为它已绑定到一个或多个列”的提示。

说明:如果默认值对象已经绑定到数据对象,无法直接删除,必须先解除绑定然后再删除默认值对象。

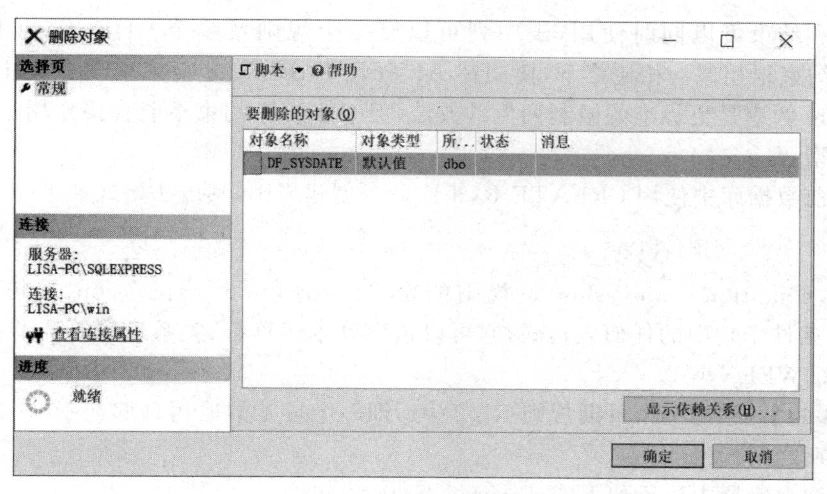

图 3-25　“删除对象”窗口

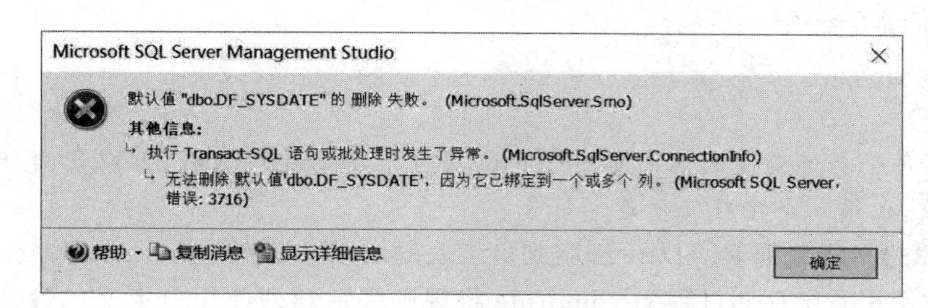

图 3-26　删除默认值对象错误提示

删除默认值对象的正确方法为：首先解除所有的绑定，然后删除默认值对象。

(1) 在查询编辑器中执行如下的语句解除绑定。

```
USE CompanySales
GO
EXEC sp_unbindefault 'employee.hireDate'
EXEC sp_unbindefault 'Sell_Order.SellOrderDate'
EXEC sp_unbindefault 'Purchase_order .PurchaseOrderDate'
GO
```

(2) 在查询编辑器中执行如下的语句删除默认值对象。

```
USE CompanySales
GO
DROP DEFAULT DF_SYSDATE
GO
```

2. 规则

规则(rule)是对存储在表中列或用户自定义数据类型的取值范围作出规定或限制。规则是一种数据库对象。规则与其作用的表或用户自定义数据类型是相互独立的。

规则和约束可以同时使用，表中列可以有一个规则及多个 CHECK 约束，规则与 CHECK 约束很相似。相比之下，使用在 ALTER TABLE 或 CREATE TABLE 命令中的 CHECK 约束是更标准的限制列值的方法，但 CHECK 约束不能直接作用于用户自定义数据类型。

在当前数据库中使用 CREATE RULE 命令创建规则，其语法格式如下。

```
CREATE RULE 规则名称 AS condition_expression
```

其中，condition_expression 是规则的定义。condition_expression 子句可以用于 WHERE 条件子句中的任何表达式，它可以包含算术运算符、关系运算符和谓词(如 IN、LIKE、BETWEEN 等)。

【例 3-34】 创建一个日期规则 RL_Date，即一个员工的雇用日期在 1980-1-1 和系统的当前日期之间。

在查询编辑器中执行如下的 Transact-SQL 语句。

```
USE CompanySales
GO
CREATE RULE RL_DATE AS @date>='1980-1-1' and @date<=getdate()
GO
```

说明：每个局部变量的前面都有一个@符号。在创建规则时，可以使用任何名称或符号表示值，但第一个字符必须是@符号。

【例 3-35】 将规则 RL_Date 绑定到员工表的雇用日期列上。

分析：使用系统存储过程 sp_bindrule 将规则绑定到列或用户定义的数据类型。它的语法格式如下。

```
sp_bindrule '规则名称', 'object_name'
```

其中，object_name 参数绑定了规则的表和列或用户定义的数据类型。

在查询编辑器中执行如下的 Transact-SQL 语句。

```
USE CompanySales
GO
exec sp_bindrule 'RL_DATE','employee.hireDate'
GO
```

【例 3-36】 删除 RL_Date 规则。

分析：删除规则同删除默认值对象类似。如果规则当前绑定到列或别名数据类型，则需先解除绑定才能删除该规则。使用 sp_unbindrule 解除绑定。

在查询编辑器中执行如下的 Transact-SQL 语句。

(1) 解除绑定。在查询编辑器中执行如下的 Transact-SQL 语句。

```
USE CompanySales
GO
EXEC sp_unbindrule 'employee.hireDate'
GO
```

执行结果如图 3-27 所示。

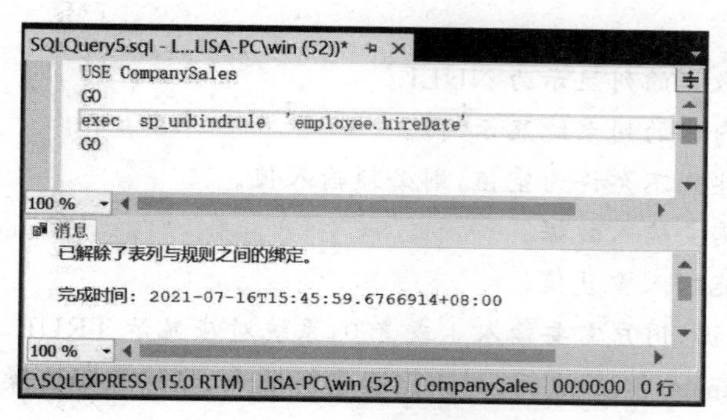

图 3-27　解除规则绑定

（2）删除规则。在查询编辑器中执行如下的 Transact-SQL 语句。

```
USE CompanySales
GO
DROP RULE RL_Date
GO
```

说明：规则被删除后，在以前受规则约束的列中输入的新数据将不受规则的约束。现有数据不受任何影响。

任务 3.5　操作销售管理数据表中的数据

【任务描述】　在 SQL Server 2019 中，创建表并确定其基本结构以后，就可以对表中的数据进行处理了。本任务添加、修改和删除销售管理数据表中的数据。数据操作有两种方法：①使用 SSMS 可视化工具；②使用 Transact-SQL 语句操作数据行。

【例 3-37】　在销售管理数据库中，向部门表 Department 插入一条记录。

操作步骤如下。

展开 CompanySales|“表”节点。右击 Department 节点，在弹出的快捷菜单中选择“编辑前 200 行”命令。如图 3-28 所示，将光标定位到当前表尾的下一行，输入相关信息。由于 DepartmentID 为标识列，所以不需要输入。

LISA-PC.CompanySales - dbo.Department

	DepartmentID	Department...	Manager	Depart Description
	1	销售部	王丽丽	主管销售
	2	采购部	李嘉明	主管公司的产品采购
	3	人事部	蒋柯南	主管公司的人事关系
	4	后勤部	张绵荷	主管公司的后勤工作
	NULL	安保部	金杰	主管公司的安保工作
*	NULL	NULL	NULL	NULL

5 /5　单元格已修改。

图 3-28　编辑 Department 表数据行

说明：

(1) 没有输入数据的列显示为 NULL。

(2) 已经输入内容的列系统显示“!”。

(3) 若表中某些列不允许为空值,则必须输入值。

(4) 标识列不需要输入数据。

(5) 主键列不能输入重复值。

(6) bit 类型数据,用户需要输入 1 或者 0,系统对应显示 TRUE 或 False。

下面利用 Transact-SQL 语句,对数据表进行插入、删除和修改操作。

3.5.1 插入记录

INSERT 语句提供添加数据的功能。INSERT 语句通常有两种形式：①插入一条记录；②插入子查询的结果,一次可以插入多条记录。

INSERT 语句语法格式如下。

```
INSERT [INTO] 表名 [(column_list)]
    VALUES ({DEFAULT |NULL |expression }[,...n])
```

各参数说明如下。

(1) INTO：用在 INSERT 关键字和目标表之间的可选关键字。

(2) column_list：指定要插入数据的列,列名之间用逗号隔开。

(3) DEFAULT：指定 SQL Server 使用为此列指定的默认值。

(4) expression：指定一个常数变量或表达式。

1. 通过指定所有列插入记录

【例 3-38】 在销售管理数据库中,向部门表 Department 添加一条记录。

操作步骤如下。

(1) 展开 CompanySales|“表”节点,右击 Department 表节点,在弹出的快捷菜单中,选择“编写表脚本为”|“INSERT 到”|“新查询编辑器窗口”命令,如图 3-29 所示。在窗口右侧的“查询编辑器”窗口中,提供使用 INSERT 语句插入记录代码的默认基本框架。

说明： 默认显示的代码可以分为两部分,前半部分(INSERT INTO 部分)显示的是要插入的列名,后半部分(VALUES 部分)是要插入的具体列值,它们与前面的列一一对应,如果该列为空值,可使用“,,”来表示,而不能删除。在 VALUES 代码部分还具体有该列的数据属性,提示用户输入合适的数据。

(2) 修改代码。打开“指定模板参数的值”对话框,输入值,如图 3-30 所示,单击“确定”按钮。单击工具栏的“执行”按钮,添加记录。

(3) 打开 Department 表,验证插入的结果,如图 3-31 所示。

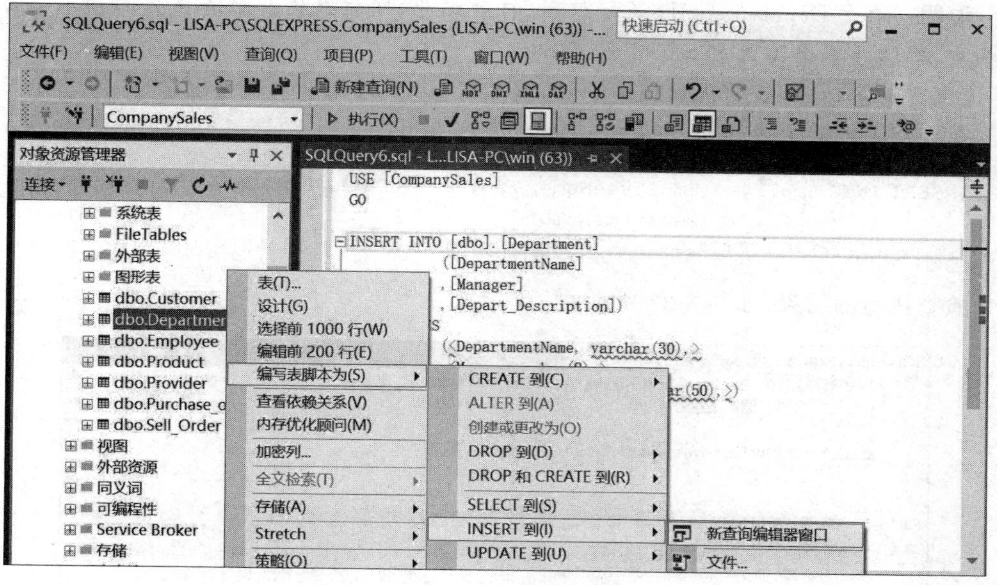

图 3-29 在 Department 表中添加一条记录

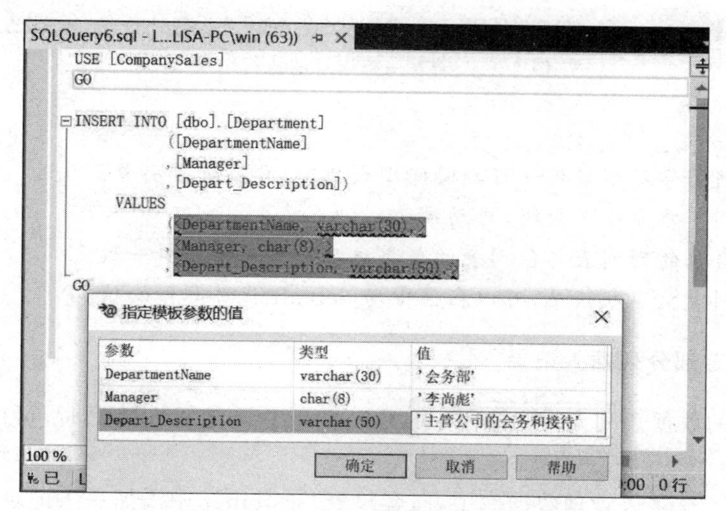

图 3-30 “指定模板参数的值”对话框

结果 消息

	DepartmentID	DepartmentName	Manager	Depart_Description
1	1	销售部	王丽丽	主管销售
2	2	采购部	李嘉明	主管公司的产品采购
3	3	人事部	蒋柯南	主管公司的人事关系
4	4	后勤部	张绵荷	主管公司的后勤工作
5	5	安保部	金杰	主管公司的安保工作
6	6	会务部	李尚彪	主管公司的会务和接待

EXPRESS (15.0 RTM) | LISA-PC\win (53) | CompanySales | 00:00:00 | 6 行

图 3-31 插入数据后的 Department 表

说明：由于 DepartmentID 是标识列，自动编号，即该数据是随着数据的插入而自动插入的，所以并不出现在 INSERT 语句中。

【例 3-39】 在销售管理数据库中，向员工表 Employee 插入一条记录。

在查询编辑器中执行如下的 Transact-SQL 语句。

```
INSERT INTO Employee(EmployeeName, Sex, BirthDate, HireDate, Salary,
                     DepartmentID)
    VALUES ('南存慧',default,'1980-2-1','2016-8-9',3400,1)
```

检查执行的结果，如图 3-32 所示。

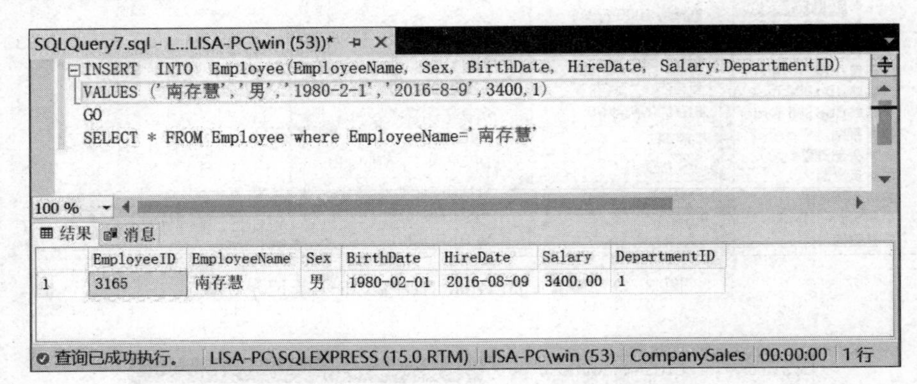

图 3-32 插入一条记录的执行结果

说明：

(1) 输入值为字符型数据和日期时间型数据时，要添加单引号。

(2) 标识列不需要输入数据，自动编号。

(3) 插入数据的列列表与值列表的数据类型和顺序要保持一致。

(4) 如果列定义了默认值，可以在值中以 default 代替具体的值。

2. 通过指定部分列插入记录

如果创建的数据表列允许为空，则利用 INSERT 语句插入数据时，可以不指定该数据列。

【例 3-40】 在销售管理数据库中，向客户表 Customer 中添加一条记录：公司名称为“奥康集团”，联系人为“项宜行”。

分析：要添加一条记录，可以使用 INSERT INTO 语句。由于客户表 Customer 有 6 个列，CustomerID 列为标识列，无须给出值，但仍需给出 3 个列的值，其余的 3 个列为 NULL 值。

在查询编辑器中执行如下的 Transact-SQL 语句。

```
INSERT Customer(CompanyName,ContactName,Phone,
                Address,EmailAddress)
    VALUES ('奥康集团','项宜行',NULL,NULL,NULL)
```

检查执行的结果,如图 3-33 所示。

SQLQuery7.sql - L...LISA-PC\win (53))*

```
INSERT Customer(CompanyName, ContactName, Phone,
Address, EmailAddress)
VALUES ('奥康集团','项宜行', NULL, NULL, NULL)
GO
SELECT * FROM  Customer where CompanyName='奥康集团'
```

	CustomerID	CompanyName	ContactName	Phone	Address	EmailAddress
1	39	奥康集团	项宜行	NULL	NULL	NULL

LISA-PC\SQLEXPRESS (15.0 RTM) | LISA-PC\win (53) | CompanySales | 00:00:00 | 1 行

图 3-33　插入 NULL 值的执行结果

【例 3-41】 在销售管理数据库中,添加一位新员工,姓名为"金小米"。在查询编辑器中执行如下的 Transact-SQL 语句。

```
INSERT Employee (EmployeeName)
   VALUES ('金小米')
GO
```

检查执行的结果,如图 3-34 所示。

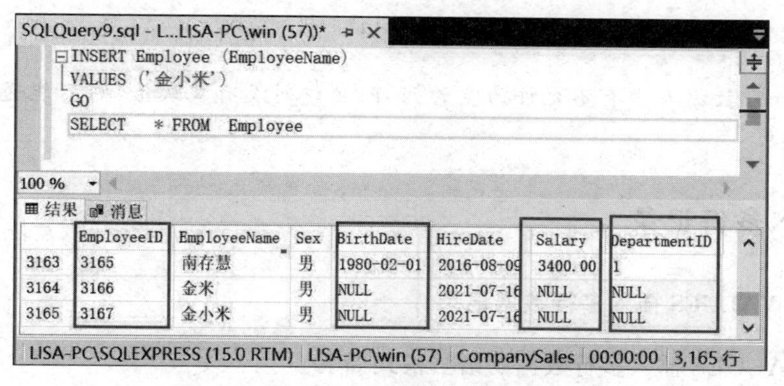

图 3-34　插入部分列和默认值的执行结果

由于 EmployeeID 为标识列,Sex 列和 HireDate 列设有默认值,所以在插入的记录中 EmployeeID 列、EmployeeName 列、Sex 列和 HireDate 列均有值。

说明:标识列经过任何插入操作后,该列的值都会自动编号。如果 EmployeeID 的值不是 3162,可以使用 DBCC CHECKIDENT('表名',RESEED,最后一个标识列值)对标识列值。比如,DBCC CHECKIDENT('Employee',RESEED,3161),将 Employee 表的最后的标识列值重置为 3161。

3. 通过默认值插入记录

在语句中 DEFAULT VAULUES 子句插入数据表的系统默认值(自动编号)和用户

自定义的列默认值。

【例 3-42】 在销售管理数据库中，利用默认值向部门表中添加一条记录。

在查询编辑器中执行如下的 Transact-SQL 语句。

```
INSERT Department
    DEFAULT VALUES
GO
```

检查执行的结果，如图 3-35 所示。

SQLQuery9.sql - L...LISA-PC\win (57))*

```
INSERT Department
DEFAULT VALUES
GO
SELECT  *  FROM  Department
```

100 %

结果 消息

	DepartmentID	DepartmentName	Manager	Depart_Description
1	1	销售部	王丽丽	主管销售
2	2	采购部	李嘉明	主管公司的产品采购
3	3	人事部	蒋柯南	主管公司的人事关系
4	4	后勤部	张绵荷	主管公司的后勤工作
5	5	安保部	金杰	主管公司的安保工作
6	6	会务部	李尚彪	主管公司的会务...
7	7	NULL	NULL	NULL

查 LISA-PC\SQLEXPRESS (15.0 RTM) LISA-PC\win (57) CompanySales 00:00:00 7 行

图 3-35　插入默认值的执行结果

说明：如果数据表中有不允许为空的列，而且该列没有默认值，则不能通过默认值插入记录。

3.5.2　插入多行记录

1. 利用 VALUES 插入多行数据记录

利用 VALUES 插入多行数据的语法格式如下。

```
INSERT [INTO] 表名 [(column_list)]
   VALUES(expression1),(expression2),...n
```

各参数说明如下。

(1) INTO：用在 INSERT 关键字和目标表之间的可选关键字。

(2) column_list：指定要插入数据的列，列名之间用逗号隔开。

(3) expression：指定常数变量或表达式。

【例 3-43】 在销售管理数据库中，向商品表 Product 中连续插入 3 条记录。

在查询编辑器中执行如下的 Transact-SQL 代码。

```
INSERT INTO Product (ProductName,Price,ProductStockNumber,
                     ProductSellNumber)
```

```
    VALUES
        ('手机',5800,200,0),
        ('无线鼠标',448,100,0),
        ('iPAD',5800,200,0)
GO
```

执行结果如图 3-36 所示。

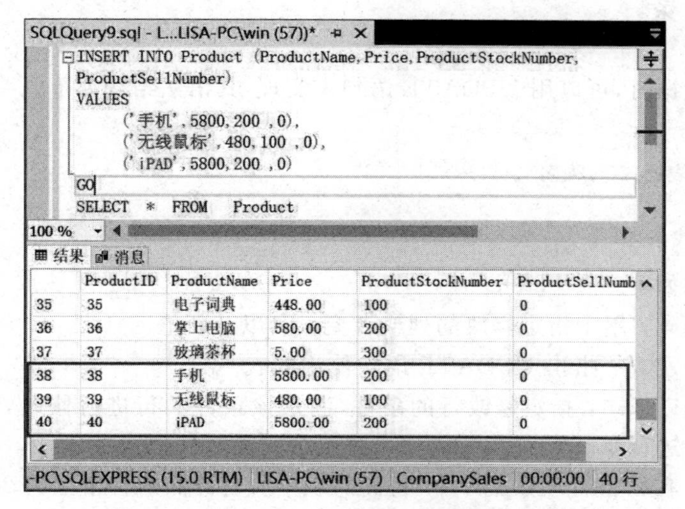

图 3-36　利用 VALUES 插入多行数据的结果

2. 利用 INSERT　SELECT 插入多行数据

INSERT 语句中使用 SELECT 子查询可以同时插入多行。INSERT 语句结合 SELECT 子查询可用于将一个或多个表或视图中的值添加到另一个表中。插入子查询的 INSERT 语句格式如下。

```
INSERT [INTO] 表名 [(column_list)]
[SELECT column_list FROM table_list WHERE search_condition]
```

【例 3-44】 在销售管理数据库中，对每日销售数据统计，并存储在统计表中。

分析：在销售管理数据库中没有统计，为了此处练习，创建一个统计表。代码为"CREATE TABLE day_total (销售日期 smalldatetime，销售数量 Int)"，然后将销售订单表的销售数据统计插入统计表中。

在查询编辑器中执行如下的 Transact-SQL 代码。

```
USE CompanySales
GO
CREATE TABLE day_total (销售日期 smalldatetime, 销售数量 Int)
GO
INSERT INTO day_total
SELECT SellOrderDate,Count(*)
FROM sell_order
```

```
GROUP BY SellOrderDate
GO
```

说明：此处创建一个统计表，仅为练习，删除 day_total 表。后续的项目中将详细介绍 SELECT 语句。

3.5.3 更新记录

在表更新数据时，可以用 UPDATE 语句来实现，其语法结构如下。

```
UPDATE 表名|视图名
SET 列名 1=表达式［,列名 2=表达式］
［FROM <表源>］
［WHERE <查找条件>］
```

各参数说明如下。

（1）SET 子句：用于指定修改的列或者变量名以及新值。

（2）FROM 子句：指出 UPDATE 语句使用的表。

（3）WHERE 子句：指定修改行的条件，满足该条件的行进行修改，若省略此子句，则对表中所有行进行修改。

【例 3-45】 在销售管理数据库中，将商品表中所有商品的价格上调 20%。

分析：要调整价格即为修改数据。使用 UPDATE 语句修改商品表的数据。

在查询编辑器中执行如下的 Transact-SQL 语句。

```
USE CompanySales
GO
UPDATE Product SET Price=Price * 1.2
GO
```

【例 3-46】 将商品表 Product 中所有库存量小于 10 的商品的库存量置为 0。

分析：要修改商品表的数据，可以使用 UPDATE 语句。

在查询编辑器中执行如下的 Transact-SQL 语句。

```
USE CompanySales
GO
UPDATE Product
SET ProductStockNumber=0
WHERE ProductStockNumber<=10
GO
```

3.5.4 删除记录

从表中删除数据时，可以用 DELETE 语句来实现，其语法格式如下。

```
DELETE［FROM］表名|视图名
```

```
[WHERE <查找条件>]
```

其中,查找条件指定删除行的条件。

【例 3-47】 删除商品表 Product 中所有库产量为 0 的商品。

在查询编辑器中执行如下的 Transact-SQL 语句。

```
USE CompanySales
GO
DELETE Product
WHERE ProductStockNumber=0
GO
```

习　　题

一、单选题

1. SQL 语言中,删除表中数据的命令是(　　)。
   A. DELETE　　B. DROP　　C. CLEAR　　D. REMOVE
2. SQL Server 2019 中表更新数据的命令是(　　)。
   A. USE　　B. SELECT　　C. UPDATE　　D. DROP
3. 以下关于外键和相应的主键之间的关系,正确的是(　　)。
   A. 外键并不一定要与相应的主键同名
   B. 外键一定要与相应的主键同名
   C. 外键一定要与相应的主键同名而且唯一
   D. 外键一定要与相应的主键同名,但并不一定唯一
4. 在 Transact-SQL 语言中,修改表结构时,应使用的命令是(　　)。
   A. UPDATE　　B. INSERT　　C. ALTER　　D. MODIFY
5. 限制输入列的值的范围,应使用(　　)约束。
   A. CHECK　　B. PRIMARY KEY
   C. FOREIGN KEY　　D. UNIQUE

二、思考题

1. 简述什么是数据的完整性。数据完整性有哪些分类?
2. 数据约束有哪几种?分别实现何种数据的完整性?
3. 默认值对象和默认值约束有何区别?
4. 规则是什么?规则的作用是什么?
5. 什么是 NULL 值?它与数值 0 有何区别?
6. 如何删除默认值对象?

实　训

一、实训目的

1. 掌握数据表的创建方法。
2. 掌握数据表的约束的使用。
3. 掌握数据表的数据操作。

二、实训内容

1. 创建数据库 Library。
2. 在 Library 数据库中，创建读者表 Readers，表结构如表 3-21 所示。

表 3-21　读者表(Readers)

列　名	数据类型	长度	允许空	说　明
BorrowerID	int	默认	×	借阅卡编号，主键，标识增量为 1，标识种子为 1
GradeID	int	默认	√	年级编号，默认值为 1
ReaderName	varchar	50	√	借阅者姓名
StudentNum	char	10	×	借阅者学号
Sex	char	2	√	借阅者性别，默认值为"男"，取值为"男"或"女"
TeleNum	char	20	√	借阅者电话
BorrowBookNum	int		√	已借书数目，默认值为 0

3. 在 Library 数据库中，创建图书表 Books，表结构如表 3-22 所示。

表 3-22　图书表(Books)

列　名	数据类型	长度	允许空	说　明
BookID	int	默认	×	书刊编号，主键，标识增量为 1，标识种子为 1
Title	varchar	50	√	书名
Author	varchar	100	√	作者
TypeID	varchar	50	√	该书所属的类型
kucunliang	int	默认	√	该书的库存量，默认值为 5 本

4. 在 Library 数据库中，创建图书借阅表 Borrow，表结构如表 3-23 所示。

表 3-23　图书借阅表(Borrow)

列　名	数据类型	长度	允许空	说　明
BookID	int	默认	×	借阅书刊编号，组合主键，外键
BorrowerID	int	默认	×	借该书的借阅卡 ID，组合主键，外键
Loan	char	4	√	状态，默认值为初借
BorrowerDate	date	默认	√	该书被借阅的时间，默认值为当前系统时间

5. 在图书表 Books 中增加书的价格和书的出版社信息列，结构如表 3-24 所示。

表 3-24 列的结构

列 名	数据类型	长度	允许空	说 明
Price	money	默认	√	书的价格
Publisher	varchar	50	√	书的出版社信息

6. 将 Readers 表的 ReaderName 列的所属数据类型改为 varchar(30)，并且加上 NOT NULL 约束。

7. 在图书表 Books 中，增加用于检查输入书的价格列的值必须大于 10 元的约束。

8. 在读者表中增加一个默认约束，年级编号默认值为 1。

9. 在读者表 Readers 中增加一个唯一约束，读者学号为唯一。

项目4

查询销售管理数据库的数据

技能目标

在销售管理系统数据库中,能根据指定的要求灵活、快速地查询相关信息。

知识目标

SELECT 语句语法格式;基本的查询技术;条件查询技术;多重条件查询技术;联接查询技术;嵌套查询。

思政目标

培养学生正确、规范的思维方式和分析方法;尝试从不同角度分析问题。培养学生利用多种思路解决问题的能力;引导学生检查代码和性能是否符合技术标准和规范,培养学生规范化、标准化的职业素养。

任务 4.1 认识 SELECT 语句

【任务描述】 使用数据库和数据表的主要目的是存储数据,以便在需要时进行检索、统计或组织输出。通过 Transact-SQL 语句可以从表或视图中迅速、方便地检索数据。在众多的 Transact-SQL 语句中,SELECT 语句使用频率最高。本任务认识 SELECT 语句,培养学生的学习能力。

4.1.1 SELECT 语法格式

查询使用的最基本方式是 SELECT 语句。SELECT 语句按照用户给定的条件从 SQL Server 数据库中取出数据,并将数据通过一个或多个结果集返回给用户。SELECT 语句的语法格式如下。

```
SELECT <输出列表>
[INTO <新表名>]
FROM 数据源列表
[WHERE <查询条件表达式>]
[GROUP BY <分组表达式> [HAVING <过滤条件>]]
[ORDER BY <排序表达式> [ASC | DESC]]
```

其中，查询子句顺序为 SELECT、INTO、FROM、WHERE、GROUP BY、HAVING 和 ORDER BY。SELECT 子句和 FROM 子句是必需的，其余的子句均可省略，而 HAVING 子句只能和 GROUP BY 子句搭配起来使用。

每个子句都有各自的用法和功能，具体功能如下。

(1) SELECT 子句：指定查询返回的列。

(2) INTO 子句：将检索结果存储到新表或视图中。

(3) FROM 子句：用于指定查询列所在的表和视图。

(4) WHERE 子句：指定用于限制返回的行的搜索条件。

(5) GROUP BY 子句：指定用来放置输出行的组。并且如果 SELECT 子句＜SELECT LIST＞中包含聚合函数，则计算每组的汇总值。

(6) HAVING 子句：指定组或聚合的搜索条件。HAVING 通常与 GROUP BY 子句一起使用。

(7) ORDER BY 子句：指定结果集的排序。

说明：

(1) SELECT 语句中的子句必须按规定的顺序书写。

(2) 对数据库对象的每个引用都不得引起歧义，必要时在被引用对象名称前标识其对象。

(3) SELECT 语句的执行过程如下。

① 根据 WHERE 子句条件，从 FROM 子句指定的源表中选择满足条件的行，再按 SELECT 子句指定的列及其顺序。

② 若有 GROUP 子句，则将查询结果按分组列相同的值分组。

③ 若 GROUP 子句后有 HAVING 子句，则只保留满足 HAVING 条件的行。

④ 若有 ORDER 子句，则将查询结果按排序列值排序。

4.1.2 SELECT 语句的执行方式

SQL Server 2019 提供了查询编辑器，用于编辑和运行查询代码。

【例 4-1】 查询所有员工的信息。

操作步骤如下。

(1) 启动 SSMS(SQL Server Management Studio)。

(2) 在“对象资源管理器”窗格中，单击工具栏中的“新建查询”按钮，打开查询编辑器。

(3) 在查询编辑器中输入如下代码。

```
SELECT * FROM Employee
```

(4) 单击工具栏中的✔按钮，进行语法分析。结果如图 4-1 所示。在“结果”窗格中出现“命令已成功完成”的消息，表示当前的查询语句没有语法错误。

(5) 单击“执行”按钮，在当前数据库中执行查询语句。结果如图 4-2 所示。

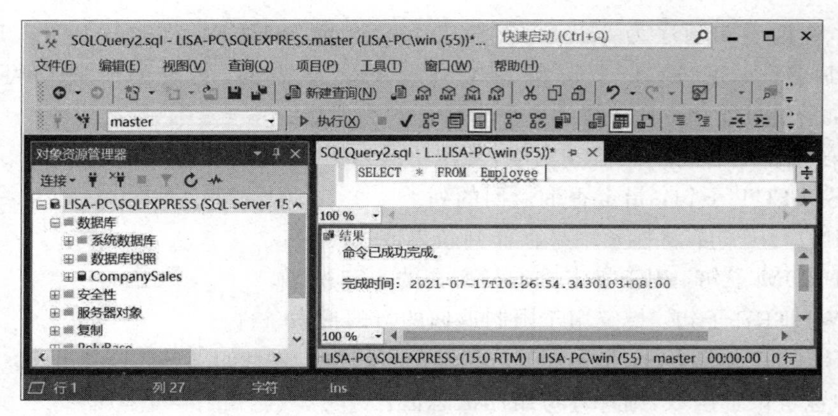

图 4-1 语法分析结果

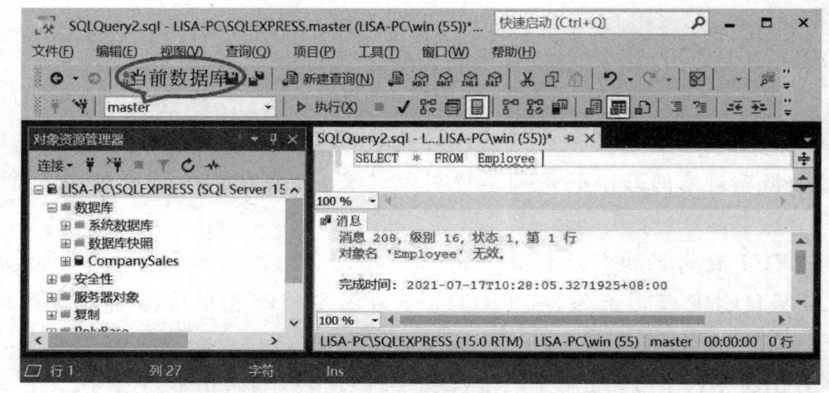

图 4-2 在当前数据库中执行查询语句

说明：在“消息”窗格中出现“消息 208，级别 16，状态 1，第 1 行对象名'Employee'无效。”的信息，表示在当前可用数据库 master 中没有 Employee 数据表。

(6) 修改当前可用数据库为数据库 CompanySales。在工具栏中，使用下拉菜单选择 CompanySales，或使用 USE CompanySales 语句，将当前数据库切换为 CompanySales。单击“执行”按钮，执行查询语句，结果如图 4-3 所示。

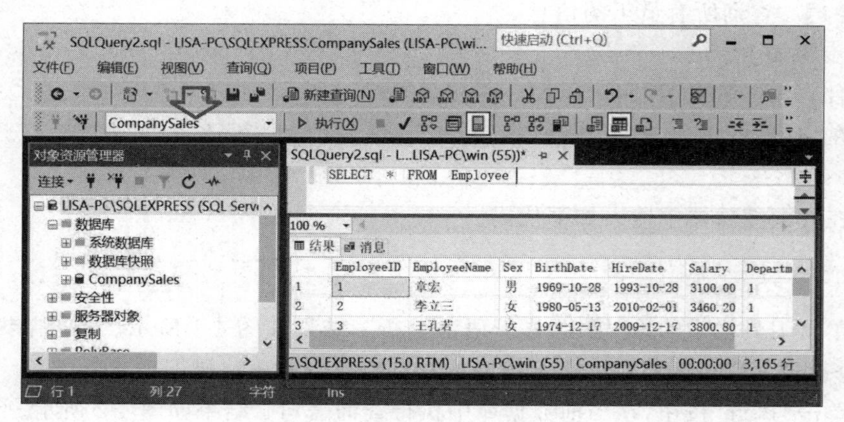

图 4-3 执行查询语句

任务4.2 简单查询

【任务描述】 简单查询是指在一个表或一个视图中查询信息。本任务在单表中查询数据;带条件查询数据;对查询结果进行排序,分组;按要求输出查询的结果。通过学习简单查询,培养学生的学习能力、正确和规范的思维方式及分析方法。

4.2.1 SELECT子句

SELECT 子句指定查询返回的列。SELECT 子句是 SELECT 语句中不可缺少的部分。SELECT 子句的语法格式如下。

```
SELECT [ALL |DISTINCT] [TOP n [PERCENT]] 列名 1[,...列名 n]
FROM 表名或视图名
```

各参数说明如下。

(1) ALL:表示输出所有的记录,包括重复记录,ALL 是默认设置。

(2) DISTINCT:表示输出无重复的所有记录,即去掉重复的行。

(3) TOP *n* [PERCENT]:指定只从查询结果集中输出 *n* 行。如果还指定了 PERCENT,则只从结果集中输出前百分之 *n* 行。

1. 查询所有的列

SELECT 子句中,在选择列表处使用通配符 *,表示选择指定表或视图中所有的列。服务器会按用户创建表格时声明列的顺序来显示所有的列。

【例 4-2】 从商品表中查询所有商品的信息。

分析:商品表名称为 Product,要查询所有商品的信息,也就是查询所有的列的信息,所以使用"*"来表达。SELECT 子句为 SELECT *,FROM 子句为 FROM Product。

在查询编辑器中执行如下的 Transact-SQL 语句。

```
USE CompanySales
GO
SELECT * FROM Product
GO
```

执行结果如图 4-4 所示,将 Product 表中所有的信息显示出来。在状态栏显示"查询已经成功执行",当前的数据库服务器的登录名为 LISA-PC\win,当前数据库为 CompanySales,结果数据集有 40 行。

2. 查询指定的列

【例 4-3】 从客户表中检索所有客户的公司名称和地址。

分析:客户表为 Customer,客户的公司名称列名为 CompanyName,地址列名为

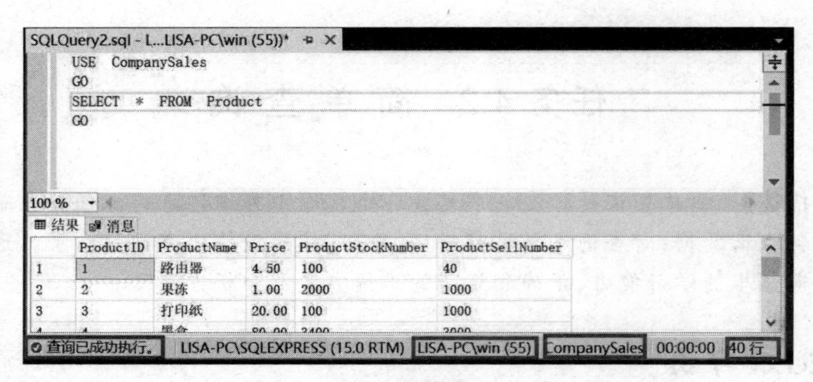

图 4-4 查询所有商品的信息

Address。SELECT 子句为 SELECT CompanyName，Address，FROM 子句为 FROM Customer。

在查询编辑器中执行如下的 Transact-SQL 语句。

```
USE CompanySales
GO
SELECT CompanyName, Address                /＊列名之间用半角英文的逗号隔开＊/
FROM Customer
GO
```

执行结果如图 4-5 所示，显示 Customer 表中所有客户的公司名称和地址。

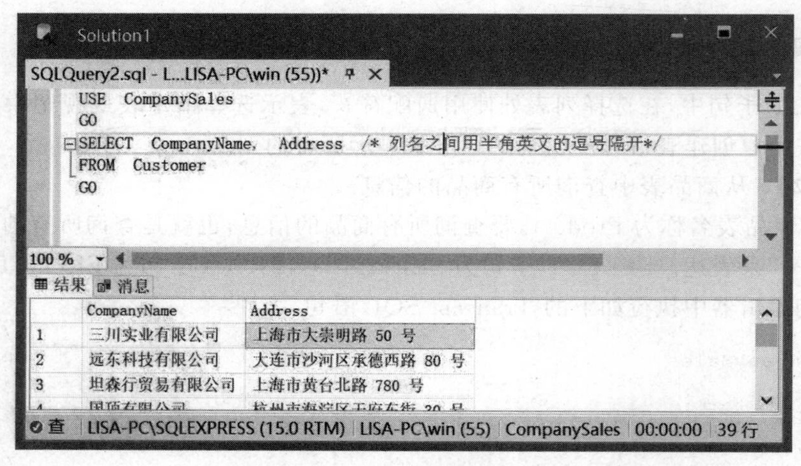

图 4-5 在客户表查询指定的列

3. 使用 TOP 关键字

SQL Server 提供了 TOP 关键字，让用户指定只返回一定数量行的数据，它的语法格式如下。

```
SELECT [TOP n | TOP n PERCENT] 列名表 FROM 表名
```

各参数说明如下。

(1) TOP n：表示返回最前面的 n 行数据。

(2) TOP n PERCENT：表示返回最前面 n%行数据。

【例 4-4】 检索客户表中前 5 位客户的公司名称、联系人姓名和地址。

分析：本题只要求显示前 5 名客户信息，所以 SELECT 子句改为 SELECT TOP 5 CompanyName，ContactName，Address。

在查询编辑器中执行如下的 Transact-SQL 语句。

```
USE CompanySales
GO
SELECT TOP 5 CompanyName, ContactName, Address
FROM Customer
GO
```

执行结果如图 4-6 所示，只显示 Customer 表中前 5 位客户的公司名称、联系人姓名和地址，共 5 行。

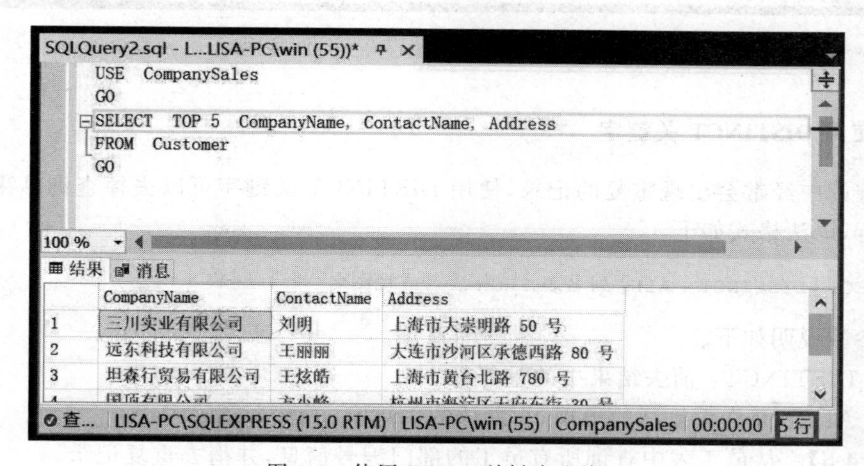

图 4-6 使用 TOP n 关键字查询

【例 4-5】 从客户表中检索所有客户的公司名称、联系人姓名和地址。要求只显示前 5%客户的信息。

分析：本例语句与例 4-4 相似，只是 SELECT 子句改为 SELECT TOP 5 PERCENT CompanyName，ContactName，Address 。

在查询编辑器中执行如下的 Transact-SQL 语句。

```
USE CompanySales
GO
SELECT TOP 5 PERCENT CompanyName, ContactName, Address
FROM Customer
GO
```

执行结果如图 4-7 所示，只显示 Customer 表中前 5%共 2 条的客户信息，将公司名称、联系人姓名和地址显示出来。客户表共有 37 条客户信息，37 的 5%为 1.9 条，SQL Server 2019 使用 TOP *n* PERCENT 时，自动将百分比结果转变为整数，即 2。

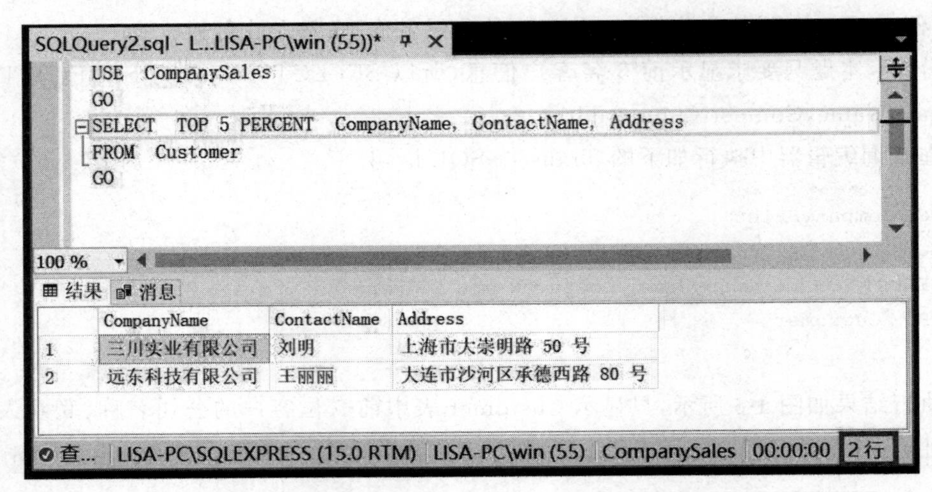

图 4-7 使用 TOP *n* PERCENT 查询

4. 使用 DISTINCT 关键字

在查询中经常会出现重复的记录，使用 DISTINCT 关键字可以去掉查询结果中重复出现的行，语法格式如下。

```
SELECT [DISTINCT | ALL] 列名表 FROM 表名或视图名
```

各参数说明如下。

(1) DISTINCT：消去结果中的重复行。

(2) ALL：允许重复行的出现，为默认的关键字。

【例 4-6】 从员工表中查询所有员工的部门编号信息，并消去重复记录。

分析：员工表为 Employee，与部门相关的列名为部门编号 DepartmentID，SELECT 子句为 SELECT DepartmentID，FROM 子句为 FROM Employee。由于本例要求消去重复的行，所以 SELECT 子句增加 DISTINCT 关键字，改为 SELECT DISTINCT DepartmentID。

在查询编辑器中执行如下的 Transact-SQL 语句。

```
USE CompanySales
GO
SELECT DISTINCT DepartmentID FROM Employee
GO
```

执行结果如图 4-8(a)所示，从结果集与图 4-8(b)相比较的结果可以看到，重复的数据已经被过滤掉，结果集中包含了表 Employee 中所有有效部门编号的数据，只显示不同部门编号。

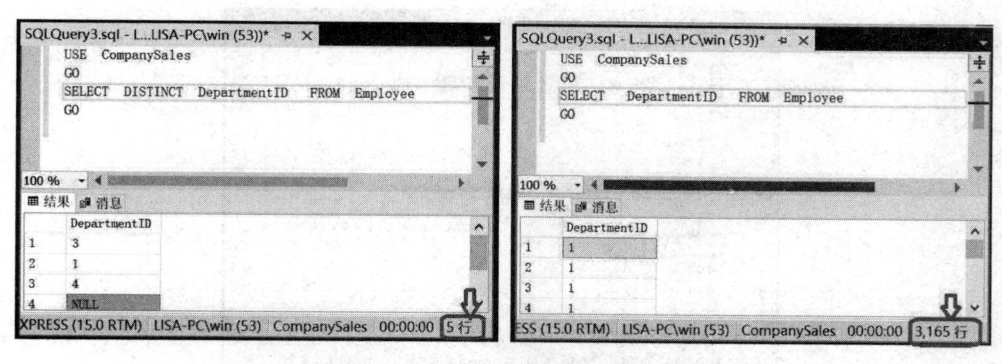

图 4-8 使用 DISTINCT 关键字

5. 更改列标题

若没有特别指定,使用 SELECT 语句返回结果中的列标题与表或视图中的列名相同,而有些数据表设计经常使用英文,为了增加结果的可读性,可以为每个列指定列标题。可以采用以下三种方法改变列标题。

(1) 采用"列标题=列名"的格式。

(2) 采用"列名 列标题"的格式。

(3) 采用"列名 AS 列标题"的格式。

说明:改变的只是查询结果列标题,并没有改变数据表中的列名。

(1) 采用"列标题=列名"的格式。

【例 4-7】 查询每个员工的姓名和性别,并在每人的姓名标题上显示"员工姓名"。

分析:所有员工的信息保存在员工表 Employee 中,员工姓名列的列名为 EmployeeName,员工性别列的列名为 Sex,因而 SELECT 子句为 SELECT EmployeeName,Sex,FROM 子句为 FROM Employee。本题要求姓名列的列标题显示为"员工姓名",SELECT 子句改为"SELECT 员工姓名=EmployeeName,Sex"。

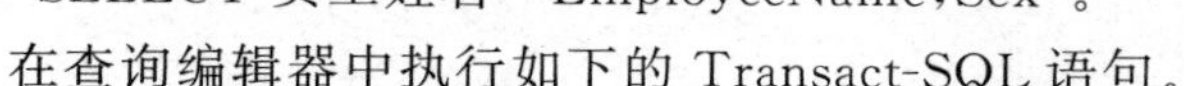
在查询编辑器中执行如下的 Transact-SQL 语句。

```
USE CompanySales
GO
SELECT 员工姓名=EmployeeName, Sex FROM Employee
GO
```

执行结果如图 4-9 所示,显示员工的姓名和性别,但是更改了 EmployeeName 列的列标题,Sex 性别列标题保持不变。

(2) 采用"列名 列标题"的格式。

【例 4-8】 查询每个员工的姓名和性别,并将每人的姓名列标题显示为"员工姓名",性别列标题显示为"性别"。

分析:本题与例 4-7 基本类似,只是增加一个性别列的标题修改。所以 SELECT 子句改为"SELECT 员工姓名=EmployeeName,Sex 性别"。

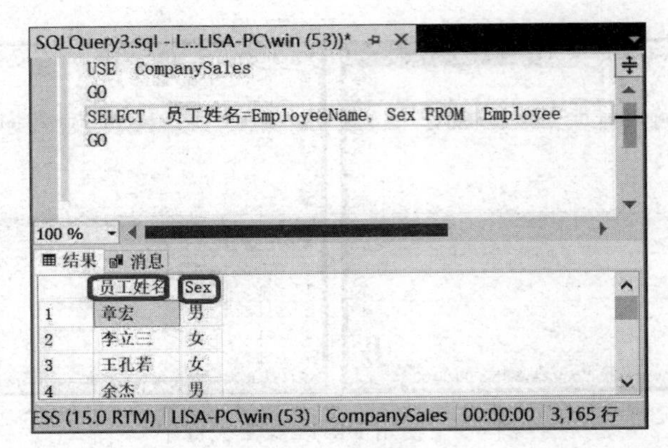

图 4-9 更改列标题

在查询编辑器中执行如下的 Transact-SQL 语句。

```
USE CompanySales
GO
SELECT 员工姓名=EmployeeName, Sex 性别
FROM Employee
GO
```

执行结果将同时更改员工的姓名和性别列的标题。

(3) 采用"列名 AS 列标题"的格式。

【例 4-9】 查询每个员工的姓名和性别,并在每人的姓名标题上显示为"员工姓名",性别列标题显示为"性别"。

分析:与例 4-8 相同,可以采用不同的语句表达。

在查询编辑器中执行如下的 Transact-SQL 语句。

```
USE CompanySales
GO
SELECT EmployeeName AS 员工姓名, Sex AS 性别
FROM Employee
GO
```

执行结果与例 4-8 相同。

6. 使用计算列

在查询中经常需要对查询结果数据进行再次计算处理。SQL Server 2019 允许直接在 SELECT 子句中的列进行计算。运算符包括+(加)、-(减)、×(乘)、/(除)和%(取模)。计算列并不存在于表格所存储的数据中,它是通过对某些列的数据进行演算得来的结果。

【例 4-10】 查询所有员工的姓名和年龄。

分析:所有员工的信息保存在员工表 Employee 中,员工姓名的列名为 EmployeeName,没有年龄列,但是可以通过出生年月 BirthDate 计算得到年龄,因而 SELECT 子句为 SELECT EmployeeName,YEAR(GETDATE())-YEAR(BirthDate),FROM 子句为

FROM Employee。

在查询编辑器中执行如下的 Transact-SQL 语句。

```
USE CompanySales
GO
SELECT 员工姓名=EmployeeName, YEAR(GETDATE())-YEAR(BirthDate) 年龄
FROM Employee
GO
```

执行结果如图 4-10 所示，显示员工的姓名、年龄信息。

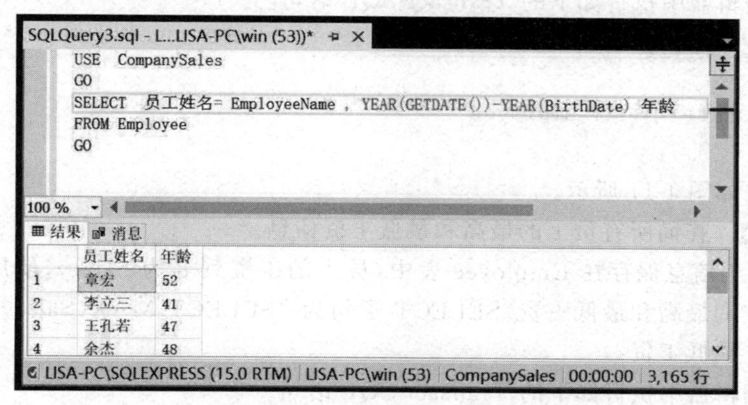

图 4-10 使用计算列

说明：

（1）如果没有为计算列指定列名，则返回的结果上看不到它的名字，以无列名为标题。

（2）此处使用的 YEAR()和 GETDATE()函数将在后续的项目中介绍。

7. 使用聚合函数

在 SELECT 子句中可以使用聚合函数进行运算，运算结果作为新列出现在结果集中。在聚合运算的表达式中，可以包括列名、常量以及由算术运算符连接起来的函数。常用的聚合函数如表 4-1 所示。

表 4-1 常用的聚合函数

函数名	具 体 用 法	功 能
AVG	AVG ([ALL|DISTINCT]<列名>)	计算组中各值的平均值
SUM	SUM ([ALL|DISTINCT]<列名>)	计算表达式中所有值的和
COUNT	COUNT ([ALL|DISTINCT] *)	计算表中的总行数
COUNT	COUNT ([ALL|DISTINCT]<列名>)	统计满足条件的记录数
MIN	MIN ([ALL|DISTINCT]<列名>)	计算表达式的最小值
MAX	MAX([ALL|DISTINCT]<列名>)	计算表达式的最大值

其语法格式如下。

```
函数名([ALL | DISTINCT]<表达式>)
```

各参数说明如下。

(1) ALL：对所有的值进行聚合函数运算。ALL 是默认值。

(2) DISTINCT：只在每个值的唯一实例上执行，而不管该值出现了多少次。

【例 4-11】 统计公司员工人数。

分析：员工信息保存在 Employee 表中，统计员工数即统计表中的记录数，SELECT 子句为 SELECT COUNT(*)。

在查询编辑器中执行如下的 Transact-SQL 语句。

```
USE CompanySales
GO
SELECT COUNT(*) FROM Employee
GO
```

执行结果如图 4-11 所示。

【例 4-12】 查询所有员工的最高和最低工资信息。

分析：员工信息保存在 Employee 表中，员工的工资列名为 Salary，使用 MAX()和 MIN()函数查询最高和最低工资，SELECT 子句为“SELECT MAX(Salary) 最高工资，MIN(Salary) 最低工资”。

在查询编辑器中执行如下的 Transact-SQL 语句。

```
USE CompanySales
GO
SELECT MAX(Salary) 最高工资,MIN(Salary) 最低工资
FROM Employee
GO
```

执行结果如图 4-12 所示。

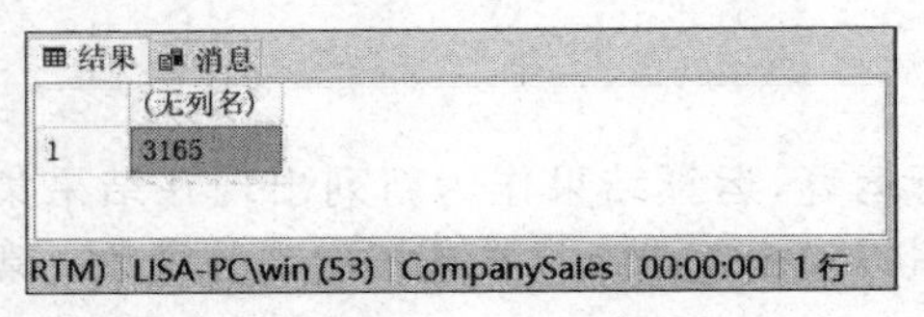

图 4-11 统计员工人数

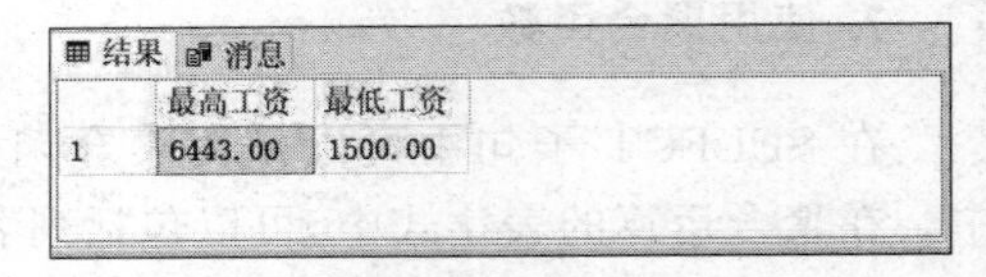

图 4-12 查询最高和最低工资信息

4.2.2 INTO 子句

INTO 子句用于将查询的结果插入新表中，其语法格式如下。

```
INTO 新表名
```

【例 4-13】 使用 INTO 子句创建一个包含员工姓名和工资，并命名为 new_Employee 的新表。

分析：所有员工的信息保存在员工表 Employee 中，员工姓名列的列名为 EmployeeName，

员工工资列的列名为 Salary，因此 SELECT 子句为 SELECT EmployeeName，Salary，FROM 子句为 FROM Employee。本例要查询的结果保存在 new_Employee 表中，所以增加一个 INTO 子句 INTO new_Employee。

在查询编辑器中执行如下的 Transact-SQL 语句。

```
USE CompanySales
GO
SELECT EmployeeName,Salary
INTO new_Employee
FROM Employee
GO
```

说明：可以使用 INTO 子句创建临时表。

4.2.3 WHERE 子句

使用 WHERE 子句的目的是从表格的数据集中过滤出符合条件的行。其语法格式如下。

```
SELECT <输出列表>
[INTO <新表名>]
FROM <数据源列表>
[WHERE <查询条件表达式>]
```

WHERE 子句中常用的查询条件如表 4-2 所示。

表 4-2 常用的查询条件

查询条件	运算符
比较	=、>、<、>=、<=、<>、!=、!>、!<
范围	BETWEEN、NOT BETWEEN
列表	IN、NOT IN
字符串匹配	LIKE、NOT LIKE
空值	IS NULL、IS NOT NULL
逻辑运算条件	AND、OR、NOT

1. 使用算术表达式

使用算术表达式作为搜索条件的一般表达形式如下。

```
<表达式 1> <算术运算符> <表达式 2>
```

其中允许的算术运算符包括=（等于）、<（小于）、>（大于）、<>（不等于）、!>（不大于）、!<（不小于）、>=（大于等于）、<=（小于等于）和!=（不等于）。

【例 4-14】 查询员工“蔡慧敏”的工资。

分析：员工的所有信息保存在员工表 Employee 中，工资列的列名为 Salary，为了增加可读性，更改列标题为“工资”，所以 SELECT 子句为“SELECT Salary 工资”，FROM 子句为 FROM Employee。本例指定姓名为“蔡慧敏”的员工，姓名列为 EmployeeName，WHERE 子句为“WHERE EmployeeName＝'蔡慧敏'”。

在查询编辑器中执行如下的 Transact-SQL 语句。

```
USE CompanySales
GO
SELECT Salary 工资
FROM Employee
WHERE EmployeeName='蔡慧敏'
GO
```

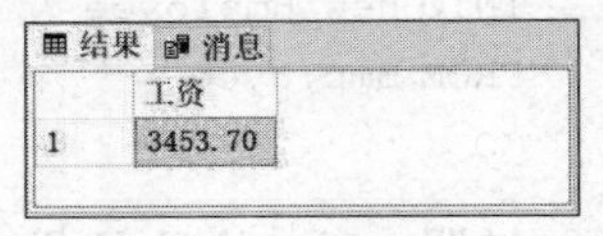

图 4-13 工资查询

查询得到的工资如图 4-13 所示。

说明：对 CHAR、VARCHAR、TEXT、DATATIME 和 SMALLDATATIME 类型的值，要用单引号括起来。

【例 4-15】 在 CompanySales 数据库的员工表 Employee 中，查询工资大于 3000 元的员工信息。

分析：所有员工的信息保存在员工表 Employee 中，因为没有指定列，可以认定查询所有列信息，所以 SELECT 子句为 SELECT ＊，FROM 子句为 FROM Employee。本例指定过滤的条件为工资大于 3000 元的员工，工资列为 Salary，WHERE 子句为 WHERE Salary＞3000。

在查询编辑器中执行如下的 Transact-SQL 语句。

```
USE CompanySales
GO
SELECT *
FROM Employee
WHERE Salary>3000
GO
```

查询结果如图 4-14 所示，列出 Salary 列大于 3000 元的员工信息。

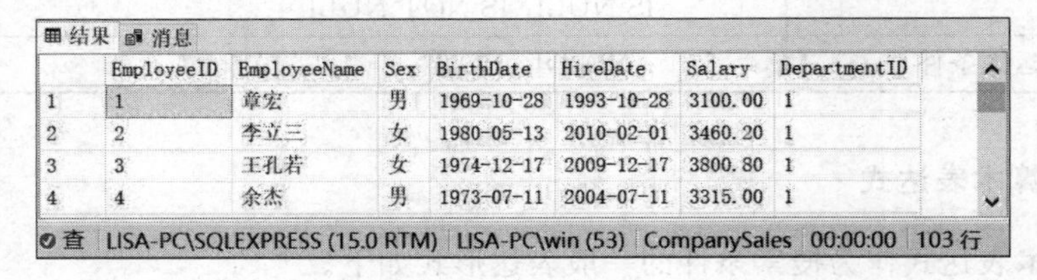

图 4-14 比较查询

2. 使用逻辑表达式

在 Transact-SQL 里的逻辑运算符共有 3 个，分别如下。

(1) NOT：非，对表达式的否定。

(2) AND：与，连接多个条件，所有的条件都成立时为真。

(3) OR：或，连接多个条件，只要有一个条件成立就为真。

【例 4-16】 在 CompanySales 数据库的员工表 Employee 中，查询工资在 3400 元以下的女性员工姓名和工资信息。

分析：与例 4-15 要求相近，本例的条件有两个，其一为女性员工；其二为工资在 3400 元以下。两个条件同时满足，采用 AND 连接两个条件。性别列名为 Sex，所以 WHERE 子句改为 WHERE Sex='女' AND Salary<3400。

在查询编辑器中执行如下的 Transact-SQL 语句。

```
USE CompanySales
GO
SELECT EmployeeName 姓名,Salary 工资
FROM Employee
WHERE Sex='女' AND Salary <3400
GO
```

3. 使用搜索范围

Transact-SQL 支持范围搜索，使用关键字 BETWEEN-AND，即查询介于两个值之间的记录信息。语法格式如下。

```
<表达式> [NOT] BETWEEN <表达式 1> AND <表达式 2>
```

【例 4-17】 查询 CompanySales 数据库的员工表中，工资在 5000～7000 元的员工信息。

分析：与例 4-15 要求相近，本例的条件改为工资在 5000～7000 元，属于范围搜索，所以 WHERE 子句改为 WHERE Salary BETWEEN 5000 AND 7000。

在查询编辑器中执行如下的 Transact-SQL 语句。

```
USE CompanySales
GO
SELECT *
FROM Employee
WHERE Salary BETWEEN 5000 AND 7000
GO
```

说明：WHERE 子句可以使用逻辑表达式 WHERE Salary>=5000 AND Salary<=7000。

查询结果如图 4-15 所示。

【例 4-18】 查询库存量在 1000～3000 之间的商品信息。

分析：有关库存量信息保存在“商品”表 Product 中，没有指定特定的列，SELECT 子句为 SELECT *，FROM 子句为 FROM Product。查询条件为范围条件，库存量列名为 ProductStockNumber，所以 WHERE 子句为 WHERE ProductStockNumber BETWEEN 1000 AND 3000。

	EmployeeID	EmployeeName	Sex	BirthDate	HireDate	Salary	DepartmentID
1	44	李利明	男	1964-03-03	1988-03-03	5300.00	1
2	45	贾振旺	女	1975-04-05	2006-04-05	5000.00	2
3	46	王百静	男	1998-04-26	2010-02-01	5000.00	1
4	47	吴剑波	男	1995-04-30	2010-02-01	6443.00	1

查... LISA-PC\SQLEXPRESS (15.0 RTM) LISA-PC\win (53) CompanySales 00:00:00 4 行

图 4-15 工资范围查询

在查询编辑器中执行如下的 Transact-SQL 语句。

```
USE CompanySales
GO
SELECT *
FROM Product
WHERE ProductStockNumber BETWEEN 1000 AND 3000
```

查询结果如图 4-16 所示。

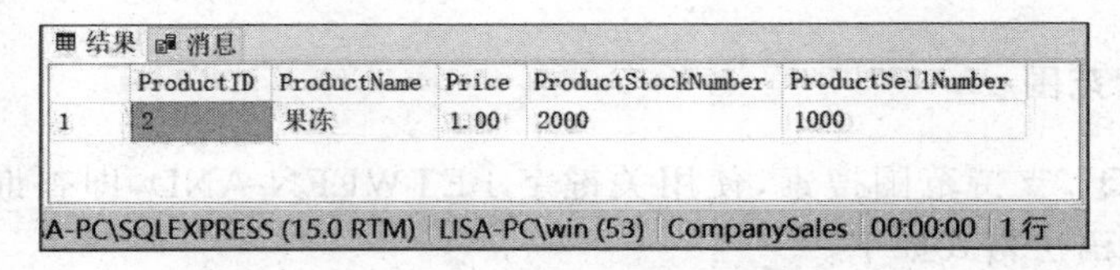

	ProductID	ProductName	Price	ProductStockNumber	ProductSellNumber
1	2	果冻	1.00	2000	1000

A-PC\SQLEXPRESS (15.0 RTM) LISA-PC\win (53) CompanySales 00:00:00 1 行

图 4-16 商品库存量范围的查询

4. 使用 IN 关键字

同 BETWEEN 关键字一样，IN 的引入也是为了更方便地限制检索数据的范围，灵活使用 IN 关键字，可以用简洁的语句实现结构复杂的查询。IN 关键字给出表达式的取值范围，语法格式如下。

```
表达式 [NOT] IN (值 1,值 2,...值 n)
```

【例 4-19】 在 CompanySales 数据库的销售订单表(Sell_Order)中，查询员工编号为 1、5 和 7 的员工接收的订单信息。

分析：订单信息保存在 Sell_Order 表中，FROM 子句为 FROM Sell_Order，SELECT 子句为 SELECT *。员工编号列名为 EmployeeID，本例只查询员工编号为 1、5 和 7 的员工，WHERE 子句为 WHERE EmployeeID IN(1,5,7)。

在查询编辑器中执行如下的 Transact-SQL 语句。

```
USE CompanySales
GO
SELECT *
FROM Sell_Order
WHERE EmployeeID IN(1,5,7)
GO
```

说明：WHERE 子句中也可以使用逻辑表达式 EmployeeID＝1 OR EmployeeID＝5 OR EmployeeID＝7，使用 IN 关键字可使语句更具简单性和可读性。

执行结果如图 4-17 所示。

结果 消息

	SellOrderID	ProductID	EmployeeID	CustomerID	SellOrderNumber	SellOrderDate
1	4	1	5	5	200	2012-08-05
2	17	5	1	1	67	2013-04-07
3	20	5	7	3	334	2013-02-04
4	22	8	5	13	40	2013-03-05
5	28	12	5	4	30	2014-11-06

LISA-PC\SQLEXPRESS (15.0 RTM) | LISA-PC\win (53) | CompanySales | 00:00:00 | 12 行

图 4-17 使用 IN 关键字查询

【例 4-20】 在 CompanySales 数据库的销售订单表(Sell_Order)中，查询员工编号不是 1、5 和 7 的员工接收的订单信息。

分析：SELECT 子句和 FROM 子句与例 4-19 相同，条件变为不是员工编号为 1、5 和 7 的员工，WHERE 子句改为 WHERE EmployeeID NOT IN (1,5,7)。

在查询编辑器中执行如下的 Transact-SQL 语句。

```
USE CompanySales
GO
SELECT *
FROM Sell_Order
WHERE EmployeeID NOT IN(1,5,7)
GO
```

说明：WHERE 子句中也可以使用逻辑表达式 EmployeeID＜＞1 AND EmployeeID＜＞5 AND EmployeeID＜＞7，使用 IN 关键字可使语句更具简单性和可读性。

5. 使用模糊匹配

在对数据库中的数据进行查询时，往往需要使用到模糊查询。所谓模糊查询就是查找数据库中与用户输入关键字相近或相似的所有记录信息，在 Transact-SQL 中，使用 LIKE 关键字，LIKE 子句格式如下。

```
<表达式> [NOT] LIKE <模式字符串>
```

其中，＜模式字符串＞指定表达式中的检索模式字符串。LIKE 子句通常与通配符一起使用。使用通配符可以检索任何被视为文本字符串的列。＜模式字符串＞中可以包含有效的 SQL Server 通配符。SQL Server 2019 提供了如表 4-3 所示的 4 种通配符。

通配符示例如下。

(1) LIKE 'AB%'：匹配以 AB 开始的任意字符串。

(2) LIKE '%AB'：匹配以 AB 结束的任意字符串。

(3) LIKE '%AB%'：匹配包含 AB 的任意字符串。

表 4-3 通配符的含义

符　　号	含　　义
%(百分号)	表示 0～N 个任意字符
_(下画线)	表示单个的任意字符
[](封闭方括号)	表示方括号中列出的任意一个字符
[^]	任意一个没有在方括号中列出的字符

(4) LIKE '_AB'：匹配以 AB 结束的三个字符的字符串。

(5) LIKE '[ACB]%'：匹配以 A、C 或 B 开始的任意字符串。

(6) LIKE '[A-T]ing'：匹配 4 个字符的字符串，以 ing 结束，首字符的范围为 A～T。

(7) LIKE 'M[^A]%'：匹配以 M 开始，第二个字符不是 A 的任意长度的字符串。

【例 4-21】 找出所有姓章的员工信息。

分析：SELECT 子句和 FROM 子句为 SELECT * FROM Employee，条件为姓章的员工，也就是姓名的第一个汉字为章的员工，后面的字符不定，所以匹配字符串为'章%'，姓名列为 EmployeeName，WHERE 子句为 WHERE EmployeeName LIKE '章%'。

在查询编辑器中执行如下的 Transact-SQL 语句。

```
USE CompanySales
GO
SELECT *
FROM Employee
WHERE EmployeeName LIKE '章%'
GO
```

执行结果如图 4-18 所示。

结果 消息

	EmployeeID	EmployeeName	Sex	BirthDate	HireDate	Salary	DepartmentID
1	1	章宏	男	1969-10-28	1993-10-28	3100.00	1
2	23	章明铁	女	1958-02-24	1996-02-24	3400.00	1
3	153	章璐	女	1990-02-15	2010-02-01	1500.00	2
4	1182	章龙俊	男	1988-06-01	2010-02-01	1500.00	2
5	1204	章瑾	女	1988-04-28	2008-04-28	1500.00	1

查 LISA-PC\SQLEXPRESS (15.0 RTM) | LISA-PC\win (53) | CompanySales | 00:00:00 | 9 行

图 4-18 查询姓"章"的员工信息

【例 4-22】 找出所有姓"李"和姓"章"的员工信息。

分析：与例 4-21 相似，查询条件改为姓李和姓章的员工，也就是姓名的第一个汉字为李或章的员工，后面字符串不定，所以匹配字符串为'[李,章]%'，姓名列为 EmployeeName，WHERE 子句改为 WHERE EmployeeName LIKE '[李,章]%'。

在查询编辑器中执行如下的 Transact-SQL 语句。

```
USE CompanySales
GO
```

```
SELECT *
FROM Employee
WHERE EmployeeName LIKE '[李,章]%'
GO
```

【例 4-23】 找出所有姓李、名为一个汉字的员工信息。

分析：与例 4-21 相似，条件为姓李的员工，也就是姓名的第一个汉字为李的员工，名为一个汉字，所以匹配字符串为'李_'，姓名列为 EmployeeName，WHERE 子句为 WHERE EmployeeName LIKE '李_'。

在查询编辑器中执行如下的 Transact-SQL 语句。

```
USE CompanySales
GO
SELECT *
FROM Employee
WHERE EmployeeName LIKE '李_'
GO
```

【例 4-24】 找出所有不姓李的员工信息。

分析：与例 4-21 相似，条件为不姓李的员工，也就是姓名的第一个汉字为不是李的员工，所以匹配字符串为'[^李]%'，姓名列为 EmployeeName，WHERE 子句为 WHERE EmployeeName LIKE '[^李]%'。

在查询编辑器中执行如下的 Transact-SQL 语句。

```
USE CompanySales
GO
SELECT *
FROM Employee
WHERE EmployeeName LIKE '[^李]%'
GO
```

6. 空或非空性

空是 NULL，非空为 NOT NULL。空和非空的判断准则是 IS NULL 和 IS NOT NULL。两者可以在任意类型的字段中使用。

【例 4-25】 在销售管理数据库中，查找目前有哪些主管位置是空缺的。

分析：有关部门的主管信息保存在部门表 Department 中，要查找部门主管位置是否空缺，只须判断部门表中对应的主管列 Manager 列值是否为空。

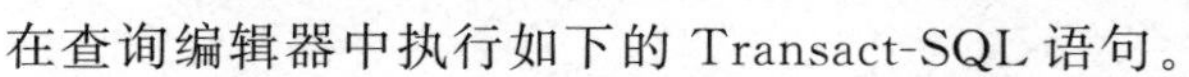

在查询编辑器中执行如下的 Transact-SQL 语句。

```
USE CompanySales
GO
SELECT DepartmentName 部门名称, Manager 部门主管
FROM Department
WHERE Manager IS NULL
```

```
GO
```

执行结果如图 4-19 所示。

图 4-19　查找空缺部门主管信息

4.2.4　ORDER BY 子句

SELECT 语句获得的数据一般是没有排序的。为了方便阅读和使用，最好对查询的结果进行一次排序操作。SQL Server 2019 中，使用 ORDER BY 子句对结果进行排序，它的语法格式如下。

```
ORDER BY <排序项>[ASC|DESC][,<排序项>[ASC|DESC][,...n]]
```

各参数说明如下。

(1) ＜排序项＞：用于排序的列，可以是一个或多个表达式。表达式通常为列名，也可以是计算列。如果是多个表达式，彼此之间用逗号分隔。排序时首先按第一个表达式的值的升序或降序进行排列，在值相同时再按第二个表达式值的升序或降序进行排列，依次类推直至整个排列完成。

(2) ASC|DESC：指定排列方式 ASC 是升序，DESC 是降序。省略排序方式则按升序(ASC)排列。

(3) 没有指定 ORDER BY 子句，查询结果无序显示。

【例 4-26】　按工资降序查询员工的姓名和工资信息。

分析：员工的姓名和工资信息保存在员工表 Employee 中，经过分析 SELECT 子句为"SELECT EmployeeName 姓名，Salary 工资"。由于没有查询条件，也就没有 WHERE 子句。排序条件为按工资降序，所以 ORDER BY 子句为 ORDER BY Salary DESC。

在查询编辑器中执行如下的 Transact-SQL 语句。

```
USE CompanySales
GO
SELECT EmployeeID 员工号 EmployeeName 姓名, Salary 工资
FROM Employee
ORDER BY Salary DESC
GO
```

执行结果如图 4-20 所示。

	员工号	姓名	工资
1	47	吴剑波	6443.00
2	44	李利明	5300.00
3	45	贾振旺	5000.00
4	46	王百静	5000.00
5	48	田大海	4800.00
6	38	张琪琪	4000.00

图 4-20 排序查询

4.2.5 GROUP BY 子句

在大多数情况下,使用统计函数返回的是所有行数据的统计结果。如果需要按某一列数据的值进行分类,在分类的基础上再进行查询,就要使用 GROUP BY 子句,它的语法格式如下。

```
GROUP BY <组合表达式>
```

其中,＜组合表达式＞可以是普通列名或一个包含 SQL 函数的计算列,但不能是字段表达式。当指定 GROUP BY 时,输出列表中任一非聚合表达式内的所有列都应包含在＜组合列表＞中,或与输出列表表达式完全匹配。

【例 4-27】 查询男女员工的平均工资。

分析:因为要按员工的性别分组查询,所以需在查询前对员工按性别进行分组,然后计算各组的平均值。SELECT 子句为"SELECT AVG(Salary)平均工资",GROUP BY 子句为 GROUP BY Sex。

在查询编辑器中执行如下的 Transact-SQL 语句。

```
USE CompanySales
GO
SELECT Sex 性别, AVG(Salary) 平均工资
FROM Employee
GROUP BY Sex
GO
```

执行结果如图 4-21 所示。

	性别	平均工资
1	男	1769.8014
2	女	1820.6776

in (53) CompanySales 00:00:00 2行

图 4-21 查询男女员工的平均工资

【例 4-28】 在销售订单表 Sell_Order 中,统计目前各种商品的订单总数。

分析:查询各种商品的订单总数,需在查询前对商品按编号进行分组,然后计算各组的总和。SELECT 子句为 SELECT ProductID,SUM(SellOrderNumber),GROUP BY 子句为 GROUP BY ProductID。

在查询编辑器中执行如下的 Transact-SQL 语句。

```
USE CompanySales
GO
SELECT ProductID 商品编号, SUM(SellOrderNumber) 订单总数
```

```
FROM Sell_Order
GROUP BY ProductID
GO
```

执行结果如图 4-22 所示。

	商品编号	订单总数
1	1	500
2	2	100
3	3	2042
4	4	1606

图 4-22 统计各种商品订单总数

4.2.6 HAVING 子句

HAVING 子句用于指定组或聚合的搜索条件。HAVING 子句只能与 SELECT 子句一起使用。HAVING 子句通常在 GROUP BY 子句中使用。如果不使用 GROUP BY 子句，则 HAVING 子句的行为与 WHERE 子句一样，它的语法格式如下。

```
HAVING 搜索条件
```

【例 4-29】 在销售订单表 Sell_Order 中，查询目前订单总数超过 1000 的商品订单信息。

分析：查询各种商品的订单总数，需在查询前对商品按编号进行分组，然后计算各组商品的订单总数。SELECT 子句为 SELECT ProductID, SUM(SellOrderNumber)，GROUP BY 子句为 GROUP BY ProductID。本例的搜索条件为订单总数超过 1000，WHERE 子句为 WHERE SUM(SellOrderNumber)＞1000。

在查询编辑器中执行如下的 Transact-SQL 语句。

```
USE CompanySales
GO
SELECT ProductID 商品编号, SUM(SellOrderNumber) 订单总数
FROM Sell_Order
WHERE SUM(SellOrderNumber)>1000
GROUP BY ProductID
HAVING SUM(SellOrderNumber)>1000
GO
```

执行时发生错误，错误提示如图 4-23 所示。

错误分析：此为聚合的搜索条件，聚合不应出现在 WHERE 子句中。采用 HAVING 子句为 SUM(SellOrderNumber)＞1000。

在查询编辑器中执行如下修改后的 Transact-SQL 语句。

```
USE CompanySales
```

```
SQLQuery3.sql - L...LISA-PC\win (53))*
USE  CompanySales
GO
SELECT   ProductID  商品编号, SUM(SellOrderNumber) 订单总数
FROM Sell_Order
WHERE SUM(SellOrderNumber)>1000
GROUP BY ProductID
HAVING SUM(SellOrderNumber)>1000
GO
100 %
消息
消息 147, 级别 15, 状态 1, 第 5 行
聚合不应出现在 WHERE 子句中，除非该聚合位于 HAVING 子句或选择列表所包含的子查询中，并且要对其进行聚合的列是外部引用。
完成时间: 2021-07-17T11:12:20.1249726+08:00
100 %
查询已完成，但有错误。  LISA-PC\SQLEXPRESS (15.0 RTM) | LISA-PC\win (53) | CompanySales | 00:00:00 | 0 行
```

图 4-23　错误提示信息

```
GO
SELECT ProductID 商品编号, SUM(SellOrderNumber) 订单总数
FROM Sell_Order
GROUP BY ProductID
HAVING SUM(SellOrderNumber)>1000
GO
```

执行结果如图 4-24 所示。

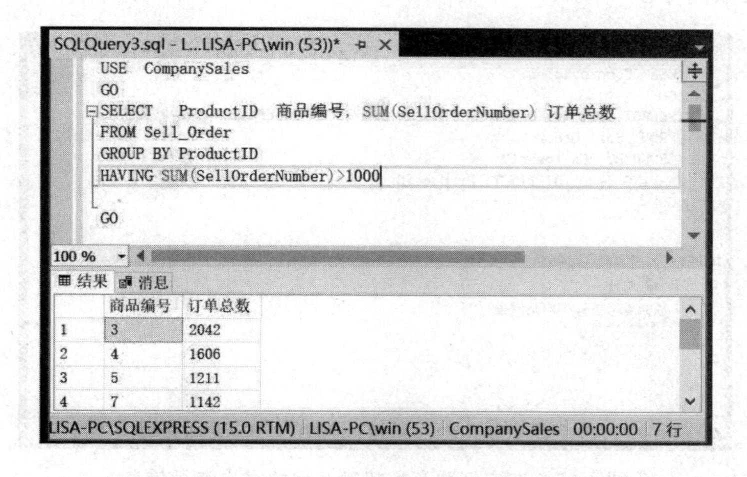

图 4-24　查询订单总数超过 1000 的商品订单信息

从逻辑上来看，执行顺序如下。

第一步，执行 FROM Sell_Order 子句，把 Sell_Order 表中的数据全部检索出来。

第二步，对上一步中的数据按 GROUP BY ProductID 分组，计算每一组的统计订单总额。

第三步，执行 HAVING SUM(SellOrderNumber)>1000 子句，对上一步中的分组数据进行过滤，只有商品订单总数超过 1000 的数据才能出现在最终的结果集中。

第四步，按照 SELECT 子句指定的样式显示结果集。

说明：WHERE 对表中的原始数据进行过滤，而 HAVING 对查询结果按照聚合的条件进行过滤。

【例 4-30】 在销售订单表 Sell_Order 中，查询订购 2 种以上商品的客户编号。

分析：经分析 SELECT 子句为"SELECT CustomerID 客户编号"。有关查询的相关信息均在 Sell_Order 表中，FROM 子句 FROM Sell_Order。要确定客户订购商品的种类，要用 GROUP BY 子句按照客户编号进行分组，再用聚合函数 COUNT()对每一组中不同的商品编号进行计数。然后进行数据过滤处理，所以子句为 GROUP BY Customer ID。数据结果聚合后，只有满足条件的组才会被选出来。HAVING 子句为 HAVING count (DISTINCT ProductID)＞2。

在查询编辑器中执行如下的 Transact-SQL 语句。

```
USE CompanySales
GO
SELECT CustomerID 客户编号,count(DISTINCT ProductID) 订购商品种类
FROM Sell_Order
GROUP BY CustomerID
HAVING count(DISTINCT ProductID)>2
GO
```

执行结果如图 4-25 所示。

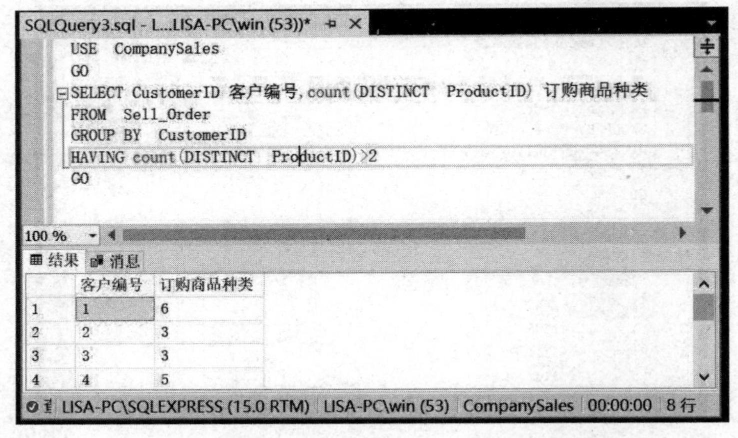

图 4-25 查询订购商品超过 2 种的客户编号信息

任务 4.3 联 接 查 询

【任务描述】 简单查询是在一个表或一个视图中进行的。在实际查询中，例如，查询各个客户订购商品的明细表，包括商品名称、商品的数量、价格、客户名称和客户地址等信息，就需要在两个或两个以上的表之间进行查询，这就需要联接查询。本任务需要在多个

表中按照要求查询数据。使用多表联接查询等方式实现同一查询任务，尝试从不同角度解决问题，培养学生利用多种思路解决问题的能力。

4.3.1 联接概述

实现从两个或两个以上表中查询数据且结果集中出现的列来自于两个或两个以上表中的检索操作称为联接查询。

联接的类型分为内联接、外联接和交叉联接。其中外联接包括左外联接、右外联接和全外联接。联接的格式有如下两种。

格式一：

```
SELECT <输出列表>
FROM <表 1> <联接类型> <表 2> [ON (<联接条件>)]
```

格式二：

```
SELECT <输出列表>
FROM <表 1>, <表 2>
[WHERE <表 1>.<列名> <联接操作符> <表 2>.<列名>]
```

各参数说明如下。

(1) <输出列表>中使用多个数据表来源且有同名字段时，就必须明确定义字段所在的数据表名称。

(2) 联接运算符可以是=、>、<、>=、<=、!=、<>、!>、!<。当联接运算符是"="时表示等值联接。

(3) 联接类型指定所执行的联接类型：内联接(INNER JOIN)、外联接(OUT JOIN)或交叉联接(CROSS JOIN)。

4.3.2 交叉联接

交叉联接又称笛卡儿积，返回两个表的乘积。例如，表 A 有 10 行数据，表 B 有 20 行数据，那么表 A 和表 B 交叉联接的结果记录集有 200 行(10×20)数据。交叉联接使用 CROSS JOIN 关键字来创建。交叉联接通常只用于测试一个数据库的执行效率，在实际应用中是无意义的。交叉联接的使用是比较少的，交叉联接不需要联接条件。

【例 4-31】 查询员工表与部门表的所有组合。

分析：员工表为 Employee，部门表为 Department。查询所有的组合 SELECT 子句为 SELECT Employee. *, Department. *, FROM 子句为 FROM Employee CROSS JOIN Department。

在查询编辑器中执行如下的 Transact-SQL 语句。

```
USE CompanySales
GO
```

```
SELECT Employee.*, Department.*
FROM Employee CROSS JOIN Department
GO
```

执行结果如图 4-26 所示。Employee 表中有 3162 条记录,Department 表中有 6 条记录,查询结果有 3162×6=18 972(行)。即 Employee 表中的每一条与 Department 表中的 6 条记录组合得到图 4-26 中的结果。显而易见,其中的大部分行是没有实际意义的。

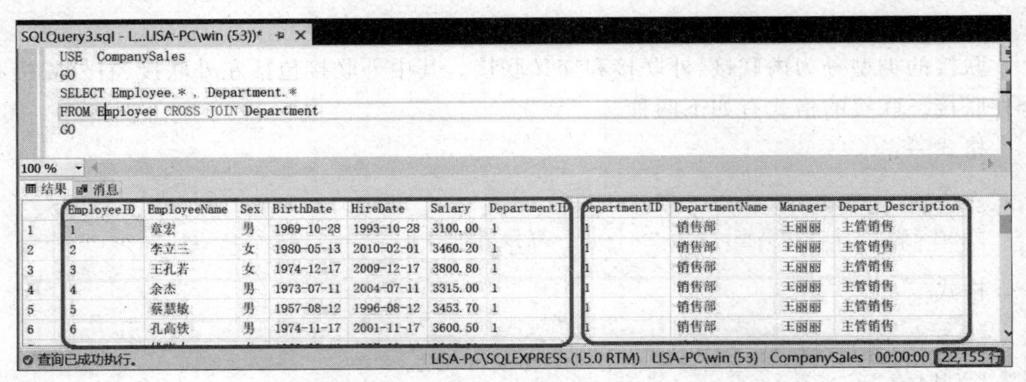

图 4-26 查询交叉联接运算的结果

4.3.3 内联接

内联接是组合两个表的常用方法。内联接把两个表中的数据通过相同的列联接生成第 3 个表,仅包含那些满足联接条件的数据行。内联接分为等值联接、非等值联接和自然联接。

当联接运算符为"="时,该联接操作称为等值联接,使用其他运算符的联接运算称为非等值联接。当等值联接中的联接字段相同,并且在 SELECT 语句中去除了重复字段时,该联接操作为自然联接。

【例 4-32】 查询已订购了商品客户的公司名称、联系人姓名和所订商品编号和订购数量。

分析:有关客户的信息存放在客户表 Customer 中,销售订单信息保存在 Sell_Order 表中,本例的查询涉及客户表 Customer 和销售订单表 Sell_Order,这两个表之间通过共同的属性客户编号 CustomerID 联接起来,所以 FROM 子句为 FROM Customer INNER JOIN Sell_Order ON Customer. CustomerID=Sell_Order. CustomerID。

本例查询商品客户的公司名称、联系人姓名和所订商品编号和订购数量,由于查询的列表来自不同的表,在 SELECT 子句中需写明表名,所以 SELECT 子句为 SELECT Customer.CustomerID Customer.CampanyName, Contactname, Sell_Order.ProductID, Sell_Order.SellOrderNumber。

在查询编辑器中执行如下的 Transact-SQL 语句。

```
USE CompanySales
```

```
GO
SELECT Customer.CustomerID,Customer.CompanyName, Contactname,
   Sell_Order.ProductID, Sell_Order.SellOrderNumber
FROM Customer INNER JOIN Sell_Order
  ON Customer. CustomerID=Sell_Order. CustomerID
GO
```

说明：在多表查询中，SELECT 子句或 WHERE 子句中的列名前都加上了表名作为前缀，这样可避免来自不同表中的相同属性名发生混淆。

执行结果如图 4-27 所示。

SQLQuery3.sql - L...LISA-PC\win (53))*

```
USE CompanySales
GO
SELECT Customer.CustomerID ,Customer.CompanyName, Contactname, Sell_Order.ProductID, Sell_Order.SellOrderNumber
FROM Customer INNER JOIN Sell_Order
ON Customer. CustomerID= Sell_Order. CustomerID
```

100 %

结果 消息

	CustomerID	CompanyName	Contactname	ProductID	SellOrderNumber
1	1	三川实业有限公司	刘明	8	200
2	2	远东科技有限公司	王丽丽	7	200
3	2	远东科技有限公司	王丽丽	8	100
4	5	通恒机械有限公司	黄国栋	1	200
5	8	迈多贸易科技有限公司	李丽珊	2	100
6	20	正人资源有限公司	张耀	3	600

查询已成功执行。 LISA-PC\SQLEXPRESS (15.0 RTM) | LISA-PC\win (53) | CompanySales | 00:00:00 | 57 行

图 4-27 内连接查询

从逻辑上讲，执行该连接查询的过程如下。

(1) 在 Customer 表中找到第 1 条记录，然后从头开始扫描 Sell_Order 表，从中找到 CustomerID 与值相同的记录，然后与 Customer 表中的第 1 条记录拼接起来，形成查询结果中的第 1 条记录。继续扫描 Sell_Order 表，组合记录，直至扫描完成。

(2) 在 Customer 表中找到第 2 条记录，然后再从头开始扫描 Sell_Order 表，从中找到与 CustomerID 值相同的记录，然后与 Customer 表中的第 2 条记录拼接起来，形成查询结果中的第 2 条记录。

(3) 以此类推，直到处理完 Customer 表中的所有记录。

(4) 按照 SELECT 子句的要求，显示列表。

【例 4-33】 查询“国皓科技有限公司”的订单信息。

分析：有关“国皓科技有限公司”的客户信息在“客户”表 Customer 中，商品订购的信息在 Sell_Order 表中，本例查询涉及两个表，所以利用表的联接技术，两个表有共同的属性为 CustomerID。

在查询编辑器中执行如下的 Transact-SQL 语句。

```
USE CompanySales
GO
SELECT Customer.companyName,Sell_Order. *
FROM Customer INNER JOIN Sell_Order
    ON Customer. CustomerID=Sell_Order. CustomerID
```

```
WHERE Customer.companyName='国皓科技有限公司'
GO
```

执行结果如图 4-28 所示。

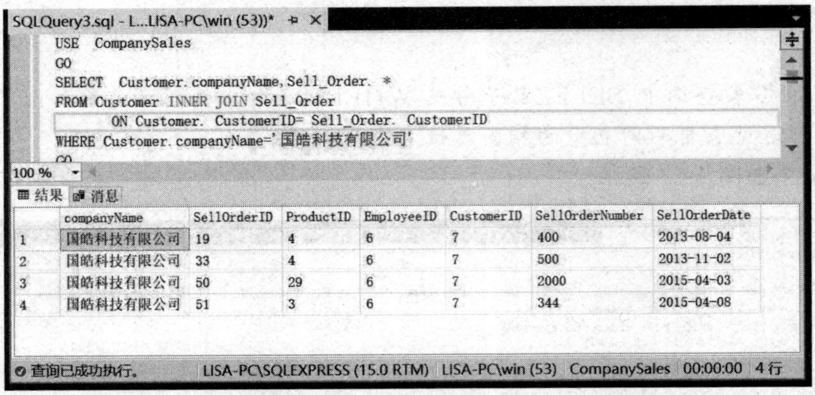

SQLQuery3.sql - L...LISA-PC\win (53))*

```
USE  CompanySales
GO
SELECT  Customer.companyName,Sell_Order.*
FROM Customer INNER JOIN Sell_Order
        ON Customer.CustomerID= Sell_Order.CustomerID
WHERE Customer.companyName='国皓科技有限公司'
GO
```

	companyName	SellOrderID	ProductID	EmployeeID	CustomerID	SellOrderNumber	SellOrderDate
1	国皓科技有限公司	19	4	6	7	400	2013-08-04
2	国皓科技有限公司	33	4	6	7	500	2013-11-02
3	国皓科技有限公司	50	29	6	7	2000	2015-04-03
4	国皓科技有限公司	51	3	6	7	344	2015-04-08

查询已成功执行。 LISA-PC\SQLEXPRESS (15.0 RTM) LISA-PC\win (53) CompanySales 00:00:00 4 行

图 4-28　查询“国皓科技有限公司”的订单信息

【例 4-34】 查询“国皓科技有限公司”订购的商品信息，包括商品名称、商品价格和订购的数量。

分析：有关“国皓科技有限公司”的客户信息在客户表 Customer 中，商品订购的信息在 Sell_Order 表中，有关商品名称和商品价格信息保存在商品表 Product 中，本例查询涉及三个表，所以利用表的联接技术。首先联接两个表 Customer 和 Sell_Order（它们共同的属性为 CustomerID）构成新表；然后将新表与 Product 表联接（它们共同的属性为 ProductID）。

在查询编辑器中执行如下的 Transact-SQL 语句。

```
USE CompanySales
GO
SELECT product.productName,product.price, Sell_Order.SellOrderNumber
FROM Customer INNER JOIN Sell_Order
    ON Customer.CustomerID=Sell_Order.CustomerID  /*两个表联接*/
    JOIN product
    ON Sell_Order.ProductID=product.ProductID      /*联接第三个表*/
WHERE Customer.companyName='国皓科技有限公司'
GO
```

执行结果如图 4-29 所示。

说明：由于多次使用到表的名称，为了便于阅读和书写，可以利用表的别名形式。如果某个属性在数据库的所有表中是唯一的，不会产生歧义，可以不需要表名。本例修改后的 Transact-SQL 语句如下。

```
USE CompanySales
GO
SELECT P.productName,price,S.SellOrderNumber
```

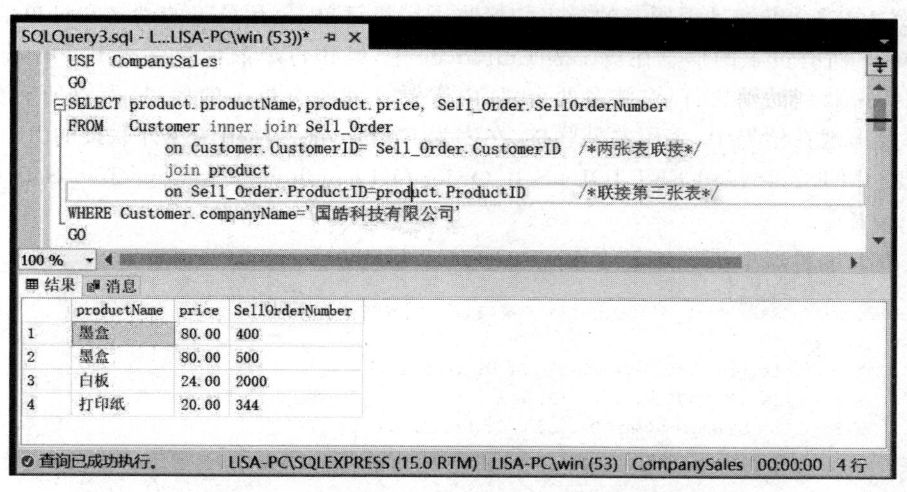

图 4-29 查询"国皓科技有限公司"订购的商品信息

```
FROM Customer C INNER JOIN Sell_Order AS S
      ON C.CustomerID=S.CustomerID
      JOIN product P
      ON S.ProductID=P.ProductID
WHERE C.companyName='国皓科技有限公司'
GO
```

其中,Customer C 表示 Customer 表的别名为 C;Sell_Order AS S 表示 Sell_Order 表的别名为 S,为别名的另外一种表示法;product P 表示 product 表的别名为 P。另外由于 price 属性在数据库中是唯一的,所以不加表名。

4.3.4 外联接

在内联接中,只有在两个表中匹配的记录才能在结果集中出现。而在外联接中可以只限制一个表,而对另外一个表不加限制(即所有的行都出现在结果集中)。外联接分为左外联接、右外联接和全外联接。只包括左表的所有行,不包括右表的不匹配行的外联接叫左外联接;只包括右表的所有行,不包括左表的不匹配行的外联接叫右外联接。既包括左表不匹配的行,也包括右表的不匹配的行的联接叫全外联接。

1. 左外联接

左外联接的语法格式如下。

```
SELECT <选择列表>
FROM 左表名 LEFT [OUTER] JOIN 右表名
ON 联接条件
```

左外联接包括左表(出现在 LEFT JOIN 子句的最左边)中的所有行,不包括右表中的不匹配行。

【例 4-35】 查询是否所有的员工均接收了销售订单，包括员工的姓名和订单信息。

分析：所有员工的信息在员工表 Employee 中，销售订单的信息在 Sell_Order 表中，有关员工接收到的销售订单，涉及两个表，由于要查询所有员工的信息，所以所有员工的信息都要出现在结果中，采用左外联接，左表为 Employee。使用的左外联接的 FROM 子句为 FROM Employee LEFT JOIN Sell_Order ON Employee.EmployeeID＝Sell_Order.EmployeeID。

在查询编辑器中执行如下的 Transact-SQL 语句。

```
USE CompanySales
GO
SELECT  Employee.Employeename,Sell_Order.*
FROM Employee LEFT JOIN Sell_Order
   ON Employee.EmployeeID=Sell_Order.EmployeeID
GO
```

执行结果如图 4-30 所示。共有 3197 行，部分员工没有接收到订单，如第 41、46 行的员工，有关订单的信息为 NULL。

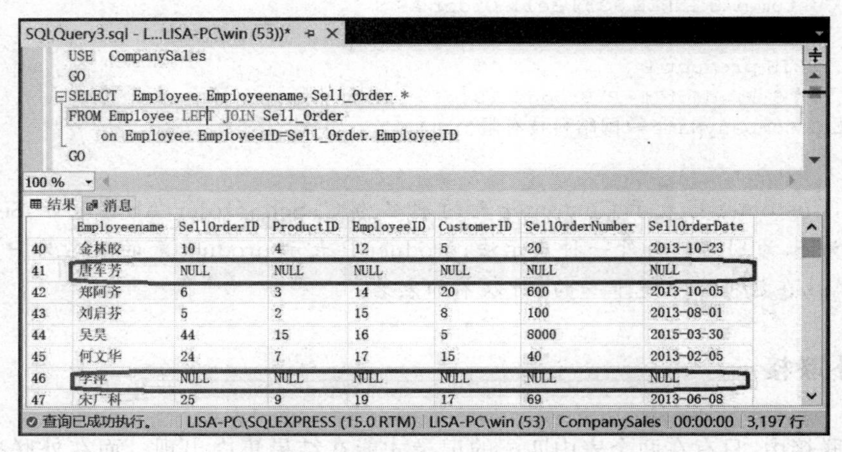

	Employeename	SellOrderID	ProductID	EmployeeID	CustomerID	SellOrderNumber	SellOrderDate
40	金林皎	10	4	12	5	20	2013-10-23
41	唐军芳	NULL	NULL	NULL	NULL	NULL	NULL
42	郑阿齐	6	3	14	20	600	2013-10-05
43	刘启芬	5	2	15	8	100	2013-08-01
44	吴昊	44	15	16	5	8000	2015-03-30
45	何文华	24	7	17	15	40	2013-02-05
46	李洋	NULL	NULL	NULL	NULL	NULL	NULL
47	宋广科	25	9	19	17	69	2013-06-08

图 4-30 查询员工的接收订单信息

2. 右外联接

右外联接的语法格式如下。

```
SELECT <选择列表>
FROM 左表名 RIGHT [OUTER] JOIN 右表名
ON 联接条件
```

右外联接包括右表（出现在 JOIN 子句的最右边）中的所有行，不包括左表中的不匹配行。

【例 4-36】 查询所有的供应商提供的商品情况。

分析：采购订单的信息在 Purchase_order 表中，所有供应商的信息在 Provider 表中，有关供应商供应商品信息涉及两个表。由于要查询所有供应商的信息，采用右联接，左表为供应商表 Provider。

在查询编辑器中执行如下的 Transact-SQL 语句。

```
USE CompanySales
GO
SELECT Purchase_order.* ,provider.providerName
FROM Purchase_order RIGHT JOIN provider
ON Purchase_order.providerID=provider.providerID
GO
```

3. 全外联接

全外联接的语法格式如下。

```
SELECT <选择列表>
FROM 左表名 FULL [OUTER] JOIN 右表名
ON 联接条件
```

全外联接包括所有联接表中的所有记录，不论它们是否匹配。

【例 4-37】 使用全外联接查询客户和商品的订购信息，包括客户名称、联系人姓名、订购的商品名称、订购的数量和订购日期。

分析：本例要查询的 SELECT 子句为 SELECT CompanyName, ContactName, productName, SellOrderNumber, SellOrderDate，来自三个表。

首先联接客户表 Customer、销售订单表 Sell_Order，由于使用全外联接，客户表 Customer、销售订单表 Sell_Order 中的哪个放在联接运算符 FULL JOIN 的左侧或右侧都无关紧要。

在查询编辑器中执行如下的 Transact-SQL 语句。

```
USE CompanySales
GO
SELECT C.CompanyName,C.Contactname,P.productName, S.SellOrderNumber,
    S.SellOrderDate
FROM Customer C FULL JOIN Sell_Order S
ON C.CustomerID=S.CustomerID FULL JOIN Product P
    ON P.ProductID=S.ProductID
GO
```

执行的结果如图 4-31 所示，共 98 行。部分客户订购了商品，第 67 行“清华大学出版社”已经订购了牛奶；第 75 行的商品“无线鼠标”目前没有被订购。如果利用内联接，就会去掉值为 NULL 的不匹配的行，无法显示出所有客户订货信息。利用全外联接可以显示客户订购的商品信息，包括没有任何订购信息的客户，如第 71、73、74 行显示的客户没有订购任何商品；同样也显示没有被订购的商品信息，如第 74 行显示的商品没有被订购。

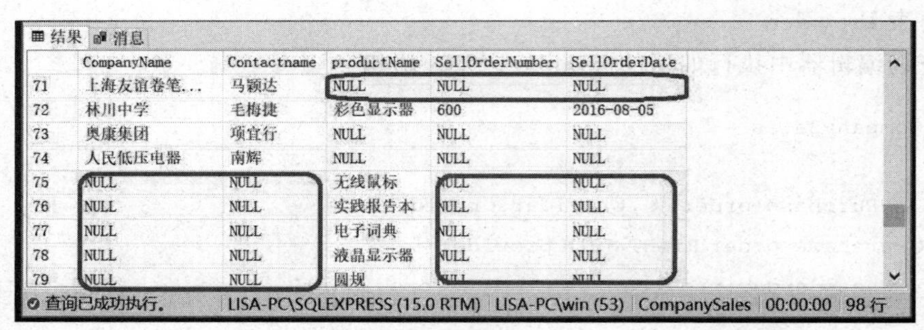

结果 消息

	CompanyName	Contactname	productName	SellOrderNumber	SellOrderDate
71	上海友谊卷笔...	马颖达	NULL	NULL	NULL
72	林川中学	毛梅捷	彩色显示器	600	2016-08-05
73	奥康集团	项宜行	NULL	NULL	NULL
74	人民低压电器	南辉	NULL	NULL	NULL
75	NULL	NULL	无线鼠标	NULL	NULL
76	NULL	NULL	实践报告本	NULL	NULL
77	NULL	NULL	电子词典	NULL	NULL
78	NULL	NULL	液晶显示器	NULL	NULL
79	NULL	NULL	圆规	NULL	NULL

查询已成功执行。 | LISA-PC\SQLEXPRESS (15.0 RTM) | LISA-PC\win (53) | CompanySales | 00:00:00 | 98 行

图 4-31　使用全外联接

任务 4.4　嵌套查询

【任务描述】 在实际应用中，经常要用到多重查询。虽然可以通过多表的联接实现多表之间的查询，但是由于查询性能较差，建议尽量少使用。即使要使用，也建议最多不要超过三个表。在实际开发中，通常嵌套查询代替联接查询来实现多表查询。本任务使用嵌套查询实现在销售管理数据库中进行复杂查询，培养学生利用多种思路解决问题的学习能力。在 SQL 中，将一条 SELECT 语句作为另一条 SELECT 语句的一部分称为嵌套查询。外层的 SELECT 语句称为外部查询或父查询，内层的 SELECT 语句称为内部查询或子查询。嵌套查询语法格式如下。

```
SELECT <语句>                                  /* 外层查询或父查询 */
FROM <语句>
WHERE <表达式> IN
(   SELECT <语句>                              /* 内层查询或子查询 */
    FROM <语句>
    WHERE <条件>)
```

嵌套查询的逻辑执行步骤是由里向外处理，即先处理子查询，然后将结果用于父查询的查询条件。SQL 允许使用多层嵌套查询，即子查询中还可以嵌套其他子查询。

4.4.1　单值嵌套

单值嵌套就是通过子查询返回一个单一的数据。当子查询返回的是单值，可以使用＞、＜、＝、＜＝、＞＝、！＝或＜＞等比较运算符参加相关表达式的运算。

【例 4-38】 查找员工“姚安娜”所在的部门名称。

分析：员工的相关信息在员工表 Employee 中，但是 Employee 表中保存部门编号，没有部门名称，有关部门信息保存在部门表 Department 中。利用 Employee 表和 Department 表有一个共同的属性部门编号 DepartmentID，完成查询工作。

步骤 1：查询员工“姚安娜”所在的部门编号，查询语句如下。

```
SELECT DepartmentID
```

```
FROM Employee
WHERE EmployeeName='姚安娜'
```

得到的结果为 3。

步骤 2：查询部门编号为 3 的部门名称。

```
SELECT DepartmentName
FROM Department
WHERE DepartmentID=3
```

得到结果为“人事部”。

利用嵌套查询原理，组合以上的两个步骤，得到一个查询语句。将步骤 1 作为步骤 2 的子查询，修改查询语句如下。

```
USE CompanySales
GO
SELECT DepartmentName 部门名称
FROM Department
WHERE DepartmentID=(SELECT DepartmentID
                    FROM Employee
                    WHERE EmployeeName='姚安娜')
GO
```

执行以上语句的结果如图 4-32 所示。

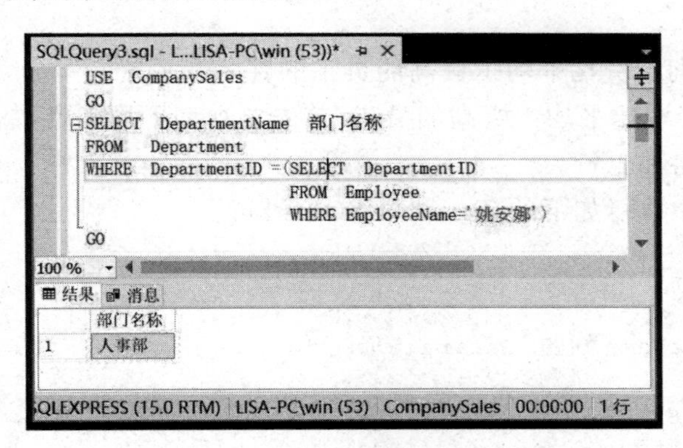

图 4-32　单值嵌套

说明：在进行子查询时，如果子查询后面的运算符为＞、＜、＝、＜＝、＞＝、！＝或＜＞，或者子查询使用表达式，那么子查询取得的数据必须是唯一的，不能返回多值，否则运行将出现错误。

【例 4-39】 查找年龄最小的员工姓名、性别和工资。

分析：本例的 SELECT 子句和 FROM 子句将容易写出，SELECT 子句为“SELECT EmployeeName 姓名，Sex 性别，BirthDate 出生年月，Salary 工资”；FROM 子句为 FROM Employee。条件语句较为复杂。年龄最小就意味着出生年月最大。利用嵌套查询，查询最大出生年月，作为 WHERE 子句的子查询即可。查询最大出生年月的语句为 SELECT MAX(BirthDate) FROM Employee。

在查询编辑器中执行如下的 Transact-SQL 语句。

```
USE CompanySales
GO
SELECT EmployeeName 姓名, Sex 性别,BirthDate 出生年月,Salary 工资
FROM Employee
WHERE BirthDate=(SELECT MAX(BirthDate)
                 FROM Employee)
GO
```

执行结果如图 4-33 所示。

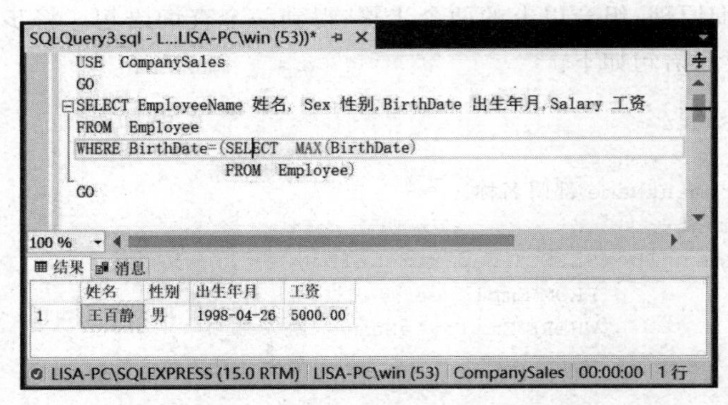

图 4-33 查找年龄最小的员工信息

【例 4-40】 查询工资比平均工资高的员工的姓名和工资。

分析：要查询工资比平均工资高的员工，首先要查询平均工资，然后将平均工资作为条件查询员工的姓名和工资。

在查询编辑器中执行如下的 Transact-SQL 语句。

```
USE CompanySales
GO
SELECT EmployeeName 姓名, Salary 工资
FROM Employee
WHERE Salary>(SELECT avg(Salary)
              FROM Employee)
GO
```

4.4.2 多值嵌套

子查询的返回结果是一列值的嵌套查询称为多值嵌套查询。多值嵌套查询经常使用 IN、ANY 和 ALL 运算符。

1. 使用 IN 运算符嵌套

IN 运算符可以测试表达式的值是否与子查询返回集中的某一个相等，NOT IN 恰好与其相反。IN 运算符使用的格式如下。

<表达式>[NOT] IN (子查询)

【例 4-41】 查询已经接收销售订单的员工姓名和工资信息。

分析：在销售订单表 Sell_Order 中保存有关员工接收接单的信息，若该员工接收订单，则此员工编号就会出现在 Sell_Order 表。利用嵌套查询，在 Sell_Order 表中查询所有的已经接收销售订单的员工编号，然后根据员工编号到 Employee 表中查询对应姓名和工资信息。

在查询编辑器中执行如下的 Transact-SQL 语句。

```
USE CompanySales
GO
SELECT EmployeeName 姓名,Salary 工资
FROM Employee
WHERE EmployeeID IN(SELECT EmployeeID
                    FROM Sell_Order)
GO
```

执行结果如图 4-34 所示。

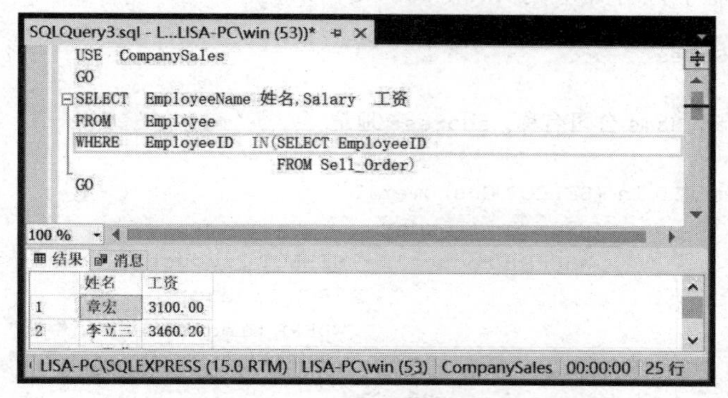

图 4-34 查询已经接收销售订单的员工信息

【例 4-42】 查询目前没有接收销售订单的员工姓名和工资信息。

分析：与例 4-41 相反，只要员工编号不出现在销售订单表中即可。

在查询编辑器中执行如下的 Transact-SQL 语句。

```
USE CompanySales
GO
SELECT EmployeeName 姓名,Salary 工资
FROM Employee
WHERE EmployeeID NOT IN(SELECT EmployeeID
                        FROM Sell_Order)
GO
```

执行结果如图 4-35 所示。

【例 4-43】 查询订购牛奶的客户的名称和联系地址。

分析：有关客户的信息存放在客户表 Customer 中，有关客户订购商品的信息保存在

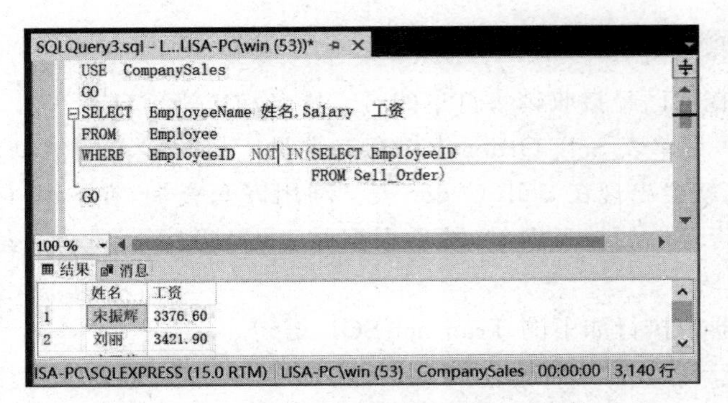

图 4-35 查询没有接收销售订单的员工信息

Sell_Order 表中，但在 Sell_Order 表中没有保存商品名称，仅保存商品编号，所以要利用子查询，到保存商品信息的 product 表中查询“牛奶”的商品编号；然后利用商品编号到销售订单表中查询订购了“牛奶”的客户编号；最后利用查到的客户编号，到客户表中查询其名称和联系地址。在此，利用三层嵌套查询。

在查询编辑器中执行如下的 Transact-SQL 语句。

```
USE CompanySales
GO
SELECT companyName 公司名称, address 地址
FROM Customer
WHERE CustomerID in (SELECT CustomerID
                    FROM Sell_Order
                    WHERE ProductID= (SELECT ProductID
                                      FROM product
                                      WHERE productName='牛奶'
                                      )
                    )
GO
```

执行结果如图 4-36 所示。

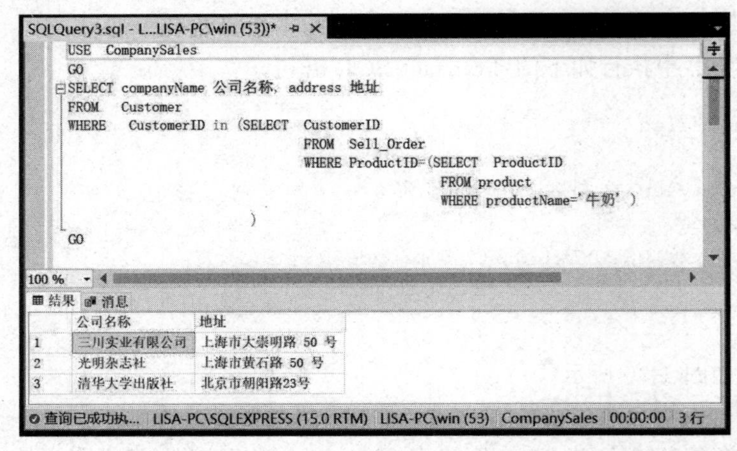

图 4-36 订购牛奶的客户信息

说明：大部分嵌套查询可以改为联接查询，本例的联接查询的语句修改如下。

```
USE CompanySales
GO
SELECT companyName 公司名称, address 地址
FROM Customer JOIN Sell_Order
ON Customer.CustomerID=Sell_Order.CustomerID
JOIN product
ON product.ProductID=Sell_Order.ProductID
WHERE product.productName='牛奶'
GO
```

2. 使用带有ANY、SOME和ALL运算符嵌套

ANY、SOME和ALL运算符使用时必须与比较运算符一起使用，其语法格式如下。

<字段> <比较运算符> [ANY | SOME | ALL] <子查询>

其中，ANY和SOME是等效的。ANY和ALL运算符的用法和具体含义如表4-4所示。

表4-4　ANY和ALL运算符的用法和具体含义

用　　法	含　　义
>ANY	大于子查询结果中的某个值
>ALL	大于子查询结果中的所有值
<ANY	小于子查询结果中的某个值
<ALL	小于子查询结果中的所有值
>=ANY	大于等于子查询结果中的某个值
>=ALL	大于等于子查询结果中的所有值
<=ANY	小于等于子查询结果中的某个值
<=ALL	小于等于子查询结果中的所有值
=ANY	等于子查询结果中的某个值
=ALL	等于子查询结果中的所有值(通常没有实际意义)
!=ANY或<>ANY	不等于子查询结果中的某个值
!=ALL或<>ALL	小于等于子查询结果中的任何一个值

【例4-44】 查询其他部门比3号部门的某一个员工工资低的员工的姓名和工资。

分析：有关员工的信息存放在员工表Employee中，所以找3号部门所有工资构成子查询，然后进行比较。

在查询编辑器中执行如下的Transact-SQL语句。

```
USE CompanySales
GO
SELECT EmployeeName 姓名, Salary 工资,DepartmentID
FROM Employee
```

```
WHERE Salary <ANY(SELECT Salary
                  FROM Employee
                  WHERE DepartmentID=3)
      AND DepartmentID<>3
```

【例 4-45】 查询其他部门比 3 号部门的所有员工工资都低的员工的姓名和工资。

在查询编辑器中执行如下的 Transact-SQL 语句。

```
USE CompanySales
GO
SELECT EmployeeName 姓名, Salary 工资,DepartmentID
FROM Employee
WHERE Salary <ALL(SELECT Salary
                  FROM Employee
                  WHERE DepartmentID=3)
      AND DepartmentID<>3
```

本例也可以使用如下代码。

```
USE CompanySales
GO
SELECT EmployeeName 姓名, Salary 工资,DepartmentID
FROM Employee
WHERE Salary < (SELECT MIN(Salary)
                FROM Employee
                WHERE DepartmentID=3)
      AND DepartmentID<>3
```

说明：用聚集函数实现子查询通常比直接用 ALL 或 ANY 的效率高。

4.4.3 相关子查询

相关子查询不同于嵌套子查询，相关子查询的查询条件依赖于外层查询的某个值。其执行过程如下。

(1) 先取外层表中的第一行。

(2) 根据取出的行与内层查询相关的列值进行内层查询，若内层子查询的任何一行与外层行的相关值匹配，外层查询就返回这一行。

(3) 取外层查询的下一行。

(4) 重复(2)，直到处理完所有外层查询的行。

(5) 得到一个数据行集，再对这个数据集进行输出操作。

在相关子查询中会用到关键字 EXISTS 引出子查询。EXISTS 用于测试子查询的结果集中是否存在行。如果 EXISTS 操作符后查询的结果集不为空，则产生逻辑真值 TRUE，否则产生逻辑假值 FALSE。其语法格式如下。

```
[NOT] EXISTS (子查询)
```

EXISTS 前无列名、常量和表达式，在子查询中的输出列表中通常用 * 号。

【例 4-46】 利用相关子查询,查询已经接收销售订单的员工姓名和工资信息。

分析:题意与例 4-41 相同,在销售订单表 Sell_Order 中保存有关员工接收订单的信息,若该员工接收订单,则此员工编号就会出现在 Sell_Order 表。利用相关子查询,在 Sell_Order 表中查询所有的已经接收销售订单的员工编号,然后根据员工编号到 Employee 表中查询对应的信息。

在查询编辑器中执行如下的 Transact-SQL 语句。

```
USE CompanySales
GO
SELECT Employee.*
FROM Employee
WHERE EXISTS(SELECT *
             FROM Sell_Order
             WHERE Sell_Order.EmployeeID=Employee.EmployeeID)
GO
```

执行结果如图 4-37 所示。

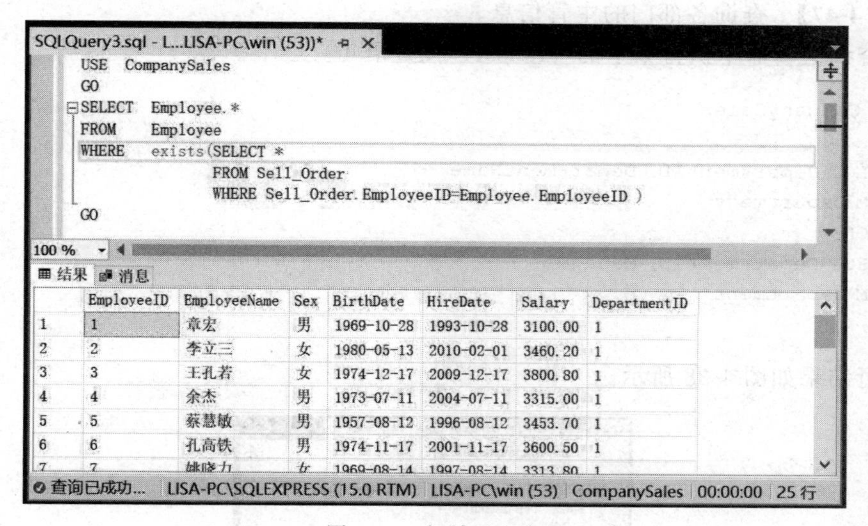

图 4-37 相关子查询

4.4.4 集合查询

SQL 支持集合的并运算(UNION)、交运算(INTERSECT)和差运算(EXCEPT),即可以将两个 SELECT 语句的查询结果通过并、交和差运算合并成一个查询结果。其语法格式如下。

```
SELECT 列 1 FROM 表 1
运算符
SELECT 列 2 FROM 表 2
```

各参数说明如下。

（1）列 1：表示查询表 1 数据表中的数据字段。

（2）列 2：表示查询表 2 数据表中的数据字段。

（3）运算符：可以为 UNION、INTERSECT 和 EXCEPT 等联合查询运算符。

使用联合查询时需要注意以下几点。

（1）两个查询语句具有相同的字段个数，并且对应字段的值要出自同一值域，即具有相同的数据类型和取值范围。

（2）最后结果集中的列名来自第一个 SELECT 语句的列名。

（3）在需要对集合查询结果进行排序时，必须使用第一个查询语句中的列名。

1. 集合的并运算

UNION 是集合查询中应用最多的一种运算符。通过使用 UNION 运算符可以从多个表中将多个查询的结果组合为单个结果集，该结果集中包含集合查询中所有查询的全部行。

【例 4-47】 查询各部门的主管信息。

在查询编辑器中执行如下的 Transact-SQL 语句。

```
USE CompanySales
GO
SELECT DepartmentID, DepartmentName
FROM Department
UNION
SELECT DepartmentID, Manager
FROM Department
GO
```

执行结果如图 4-38 所示。

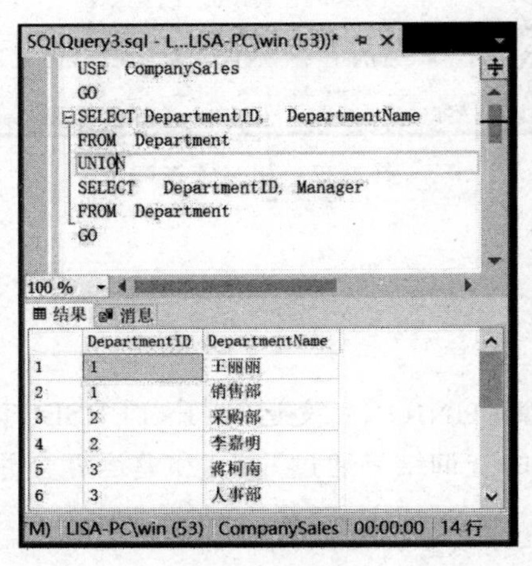

图 4-38 查询各部门的主管信息

2. INTERSECT 语句

INTERSECT 语句的作用是查询两个数据表的“公共”数据，即查询两个数据表中的“交叉”数据信息。INTERSECT 语句将返回 INTERSECT 运算符左侧和右侧查询的所有非重复的值。

3. EXCEPT 语句

EXCEPT 语句的作用是查询两个数据表中除“公共”数据以外的数据信息，即查询两个数据表中的“除外”数据信息。

习　　题

一、单选题

1. Transact-SQL 语言中，条件为“年龄 BETWEEN 15 AND 35”表示年龄为 15～35 岁，且(　　)。

A. 包括 15 岁和 35 岁　　B. 不包括 15 岁和 35 岁

C. 包括 15 岁但不包括 35 岁　　D. 包括 35 岁但不包括 15 岁

2. 下列聚合函数用法中正确的是(　　)。

A. SUM(*)　　B. MAX(*)　　C. COUNT(*)　　D. AVG(*)

3. 查询员工工资信息时，结果按工资降序排列，正确的是(　　)。

A. ORDER BY 工资　　B. ORDER BY 工资 DESC

C. ORDER BY 工资 ASC　　D. ORDER BY 工资 DISTINCT

4. SQL 中，下列涉及通配符的操作，范围最大的是(　　)。

A. name LIKE 'abc#'　　B. name LIKE 'abc_d%'

C. name LIKE 'abc%'　　D. name LIKE '%abc%'

5. SQL 语句“SELECT 工号 FROM 员工表 WHERE 工资＞1250”命令的功能是(　　)。

A. 查询工资大于 1250 元的记录

B. 查询 1250 号记录后的记录

C. 检索所有的职工号

D. 从员工表中检索工资大于 1250 元的职工号

二、思考题

1. SELECT 语句中可以存在哪几个子句？它们的作用分别是什么？

2. LIKE 的通配字符有哪几个？

3. 有几种联接表的方法？它们之间有什么区别？

4. GROUP BY 子句的作用是什么？HAVING 子句与 WHERE 子句中的条件有什么不同？

5. 嵌套查询与相关子查询有何区别？

实　训

一、实训目的

1. 掌握 SELECT 语句的语法格式。
2. 掌握简单查询和多表查询。

二、实训内容

在图书管理数据库 Library 中完成下列查询操作。

1. 目前图书馆中所有馆藏书籍的信息。
2. 在图书馆中的“清华大学出版社”“中国发展出版社”和“科学出版社”三个出版社的馆藏的图书。
3. 查询书刊的书名和作者的信息。
4. 查询价格为 20～50 元的图书的书名和作者。
5. 查询周旭同学的借阅卡号。
6. 查询所有姓张的作者编写的图书信息。
7. 查询目前图书馆中有哪些出版社(去掉重复的出版社记录)。
8. 所有馆藏图书的平均价格,并从高到低排列。
9. 按出版社分别统计各出版社当前馆藏图书的单价的平均值、最大值和最小值。
10. 查询《计算机基础》的借出日期。
11. 查询信息系所有学生的借阅书籍情况。
12. 查询周旭同学的借书情况。
13. 查询所有借阅了王益全编著书籍的读者的姓名和借阅卡号。(外连接)
14. 查询最高单价和最低单价的图书信息,包括书名、作者和价格。

销售管理数据库的编程实现

技能目标

能够使用 Transact-SQL 对销售管理数据库进行应用编程，以提高数据库应用系统的开发能力。

知识目标

SQL Server 的变量；SQL Server 函数的使用；流程控制语句；顺序结构、选择结构和循环结构程序。

思政目标

引导学生检查代码和性能是否符合技术标准和规范，培养学生规范化、标准化的职业素养；培养学生应用计算思维方法分析和解决实际问题的能力。

任务 5.1 Transact-SQL 的基本知识

【任务描述】 Transact-SQL 是使用 SQL Server 的核心。在 SQL Server 2019 中，与 SQL Server 实例通信的所有应用程序都通过将 Transact-SQL 语句发送到服务器，实现数据的检索、操纵和控制等功能。因此 Transact-SQL 是 SQL Server 与应用程序之间的语言，是 SQL Server 对应用程序开发的接口。每一条 Transact-SQL 语句都包含一系列元素，如标识符、数据类型、运算符、表达式、函数和注释等，本任务对这些元素的具体情况进行说明。

5.1.1 Transact-SQL 的分类

Transact-SQL 的组成元素有五种，作用如下。

(1) 数据定义语言(DDL)：提供创建数据库和数据库对象的命令，绝大部分以 CREATE 开头，如 CREATE TABLE 等。

(2) 数据操作语言(DML)：用来操作数据库中各种对象，对数据进行修改和检索。DML 语句主要有 4 种：SELECT(查询)、INSERT(插入)、UPDATE(更新)和 DELETE(删除)。

(3) 数据控制语言(DCL)：提供控制数据库组件的存取许可、权限等命令，如

GRANT、REVOKE 等。

(4) 事务管理语言(TML):用于管理数据库中的事务的命令,包括 COMMIT、ROLLBACK 等。

(5) 其他语言元素:如标识符、数据类型、流程控制和函数等。

5.1.2 标识符

标识符是用来定义服务器、数据库、数据库对象和变量等的名称。标识符可分为常规标识符和分隔标识符。

1. 常规标识符

常规标识符应符合标识符的格式规则。在 Transact-SQL 语句中使用常规标识符时不需要将其分隔。

【例 5-1】 指出以下语句中的常规标识符。

```
SELECT * FROM Customer WHERE CustomerID=14
```

标识符 Customer 和 CustomerID 为常规标识符。

2. 分隔标识符

分隔标识符包含在双引号(")或者方括号([ ])内。符合标识符格式规则的标识符可以分隔,也可以不分隔;不符合所有标识符规则的标识符必须进行分隔。

例如,例 5-1 中的语句也可以写成

```
SELECT * FROM [Customer] WHERE [CustomerID]=14
```

或

```
SELECT * FROM "Customer" WHERE "CustomerID"=14
```

【例 5-2】 在销售管理数据库中,将客户编号为 14 的相关信息保存在 my table 数据表中。

分析:由于将 my table 作为数据表的名称不符合标识符的格式规则,所以应使用分隔标识符[my table]。

在查询编辑器中执行如下的 Transact-SQL 语句。

```
SELECT * INTO [my table] FROM [Customer] WHERE [CustomerID]=14
```

对于 my table,因为 my 和 table 之间有一个空格,如果不进行分隔,SQL Server 会把它们看作两个标识符,从而出现错误。

5.1.3 数据类型

在 SQL Server 数据库中保存和处理数据时,需要区分不同类型的数据,如二进制数据、字符串数据等。

5.1.4 运算符和表达式

表达式是标识符、值和运算符的组合，SQL Server 2019 可以对其求值以获取结果。在 SQL Server 2019 中有 7 类运算符。

1. 算术运算符

算术运算符(见表 5-1)用于对两个表达式执行数学运算，这两个表达式可以是数值数据类型的一个或多个数据。

表 5-1 算术运算符

运算符	含 义
+	加
−	减
*	乘
/	除
%	返回除法运算的整数余数(取模)。例如，12%5=2，这是因为 12 除以 5 的余数为 2

2. 赋值运算符

等号(=)是唯一的 Transact-SQL 赋值运算符。

3. 位运算符

位运算符在两个表达式之间执行位操作，这两个表达式可以为整数数据类型的任何数据。位运算符如表 5-2 所示。

表 5-2 位运算符

运算符	含 义
&	逻辑与运算(两个操作数)
|	位或(两个操作数)
^	位异或(两个操作数)

4. 比较运算符

比较运算符测试两个表达式是否相同。除 text、ntext 或 image 数据类型的表达式外，比较运算符可以用于所有的表达式。比较运算符的结果有三个值：TRUE(真)、FALSE(假)和 UNKNOWN(未知)。比较运算符如表 5-3 所示。

5. 逻辑运算符

逻辑运算符用于对某些条件进行测试，以获得其真实情况。逻辑运算符和比较运算符一样，返回 TRUE 或 FALSE。逻辑运算符如表 5-4 所示。

表 5-3 比较运算符

运算符	含　义	运算符	含　义
＝	等于	<>	不等于
>	大于	!＝	不等于
<	小于	!<	不小于
>＝	大于或等于	!>	不大于
<＝	小于或等于		

表 5-4 逻辑运算符

运算符	含　义
ALL	如果一组的比较都为 TRUE，那么就为 TRUE
AND	如果两个布尔表达式都为 TRUE，那么就为 TRUE
ANY	如果一组的比较中任何一个为 TRUE，那么就为 TRUE
BETWEEN	如果操作数在某个范围之内，那么就为 TRUE
EXISTS	如果子查询包含一些行，那么就为 TRUE
IN	如果操作数等于表达式列表中的一个，那么就为 TRUE
LIKE	如果操作数与一种模式相匹配，那么就为 TRUE
NOT	对任何其他布尔运算符的值取反
OR	如果两个布尔表达式中的一个为 TRUE，那么就为 TRUE
SOME	如果在一组比较中，有些为 TRUE，那么就为 TRUE

6. 字符串串联运算符

加号(＋)是字符串串联运算符，将字符串串联起来。例如，'采购部主管：' ＋ '张立'的结果是'采购部主管：张立'。

7. 一元运算符

一元运算符只对一个表达式执行操作，该表达式可以是 numeric 数据类型的数据。一元运算符如表 5-5 所示。

表 5-5 一元运算符

运算符	含　义
＋	数值为正
－	数值为负
～	返回数值的非

8. 运算符优先级

当一个复杂的表达式有多个运算符时，运算符优先级决定运算符的先后顺序。在较低级别的运算符之前先对较高级别的运算符进行求值。运算符的优先级别如表 5-6 所示。

表 5-6　运算符优先级

级别	运　算　符
1	～(位非)
2	*(乘)、/(除)、%(取模)
3	＋(正)、－(负)、＋(加)、(＋连接)、－(减)、&(位与)
4	＝、＞、＜、＞＝、＜＝、＜＞、!＝、!＞、!＜(比较运算符)
5	^(位异或)、|(位或)
6	NOT
7	AND
8	ALL、ANY、BETWEEN、IN、LIKE、OR、SOME
9	＝(赋值)

5.1.5　常量

在程序运行过程中，其值不变的量称为常量。常量格式取决于它所表示值的数据类型。根据常量值的不同类型，常量分为字符串常量、二进制常量、整型常量、实数常量、日期时间常量、货币常量和唯一标识常量，如表 5-7 所示。

表 5-7　常量的类型及说明

常 量 类 型	常量表示说明	示　　例
字符串常量	用单引号(' ')引起来	'China'、'学生'
Unicode 字符串	N 前缀必须是大写字母	N'Michl'
实型常量	有定点表示和浮点表示两种方式	897.111、19E24、－83E2
二进制常量	只能由 0 或 1 构成，并且不使用引号	1011、11101011
十进制整型常量	使用不带小数点的十进制数据表示	1234、654、＋2014、－123
十六进制整型常量	使用前缀 0x 后跟十六进制数字串表示	0x1F00、0xEEC、0X19
日期常量	使用单引号(' ')将日期时间字符串括起来	'July 12，2009'、'2014/01/09'、'08-12-99'、'2004 年 5 月 1 日'
货币常量	以前缀为可选的小数点和可选的货币符号的数字字符串来表示	＄432、＄98.12、－＄17.6
全局唯一标识符	16 字节 GUID	6F9619FF-8B86-D011-B42D-00C04FC964FF

5.1.6　变量

变量在编程中占有重要的地位。利用变量可以存储临时性数据。SQL Server 2019

提供两种变量：用户自己定义的局部变量和系统提供的全局变量。

1. 局部变量

用户自己定义的变量称为局部变量。局部变量用于保存特定类型的单个数据值的对象。在 Transact-SQL 中，局部变量必须先定义后使用。

(1) 局部变量的定义

定义局部变量的语法格式如下。

```
DECLARE 局部变量名 数据类型 [,...n]
```

其中，局部变量名必须以@开头，以便与系统全局变量区别。局部变量名必须符合有关标识符的规则。用一个 DECLARE 语句可以同时声明多个变量，变量之间用逗号进行分隔。

【例 5-3】 定义一个整型变量。

```
--定义一个整型变量@Number
DECLARE  @Number int
```

【例 5-4】 定义 3 个 varchar 类型变量和 1 个整型变量。

```
-- * 定义可变长度字符型变量@name,长度为 8
--可变长度的字符型变量@sex,长度为 2
--小整型变量@age
--可变长度的字符型变量@Address,长度为 50
DECLARE @name varchar(8),@sex varchar(2),@age smallint
DECLARE @Address varchar(50)
```

(2) 局部变量的赋值

用 SET 或 SELECT 语句为局部变量赋值，它的语法格式如下：

```
SET @局部变量名=表达式[,...n]
SELECT @局部变量名=表达式[,...n][FROM 子句][WHERE 子句]
```

其中，使用 SELECT 语句给变量赋值时，如果省略了 FROM 子句和 WHERE 子句，就等同于 SET 语句赋值。如果有 FROM 子句和 WHERE 子句，SELECT 语句返回多个值，则将返回的最后一个值赋给局部变量。

【例 5-5】 打印“采购部主管”姓名。

```
DECLARE @name varchar(10)          --定义可变长度字符型的变量
SELECT @name='张立'                 --给@name 赋值
PRINT '采购部主管: '+@name           --显示@name 的内容
GO                                  --批处理结束
```

执行结果如图 5-1 所示。

【例 5-6】 以消息的方式返回销售管理数据库中的员工人数。

分析：要以消息的形式返回数据，可使用 PRINT 语句。利用查询语句 SELECT，查询公司的员工数，然后将数据赋值给一个变量，最后使用 PRINT 语句显示变量的值。

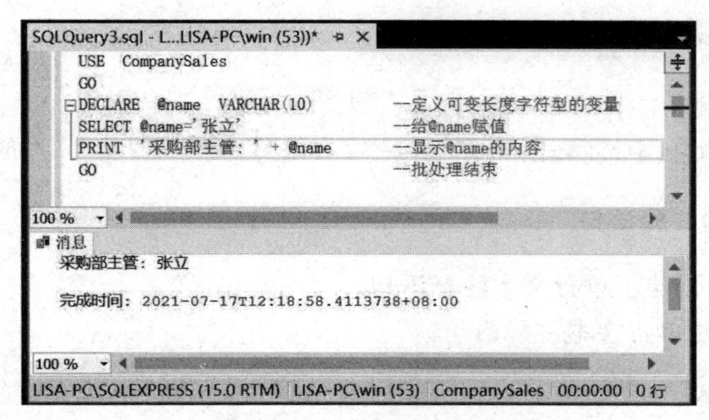

图 5-1 打印“采购部主管”姓名

在查询编辑器中执行如下的语句。

```
USE CompanySales
GO
DECLARE @Number int
SELECT @Number=count(*) FROM Employee
PRINT '公司员工数：'
PRINT @Number
GO
```

执行结果如图 5-2 所示。

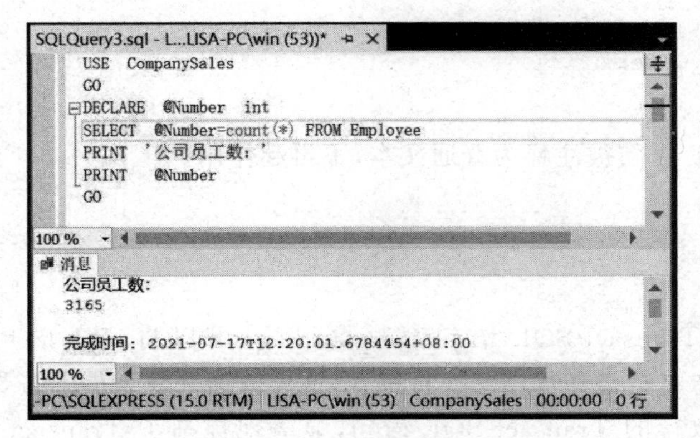

图 5-2 查询公司的员工数

2. 全局变量

全局变量是由系统定义和维护的变量，用于记录服务器活动状态的一组数据。全局变量名由@@符号开始。用户不能建立全局变量，也不可能使用 SET 语句去修改全局变量的值。在 SQL Server 2019 中，全局变量以系统函数的形式使用。

例如，@@version 全局变量返回当前 SQL Server 服务器的版本和处理器类型。@@language 全局变量返回当前 SQL Server 服务器的语言。

5.1.7 注释

在 Transact-SQL 中，注释语句有“——”（双减号）或“/ * ”和“ * /”两种表示方法。

1. 嵌入行内的注释语句

——（双减号）创建了单行文本注释语句。

【例 5-7】 创建单行文本注释语句。

```
--选择员工信息
SELECT * FROM Employee
```

2. 块注释语句

在注释文本的起始处输入“/ * ”，在注释语句的结束处输入“ * /”，就可以把两个符号间的所有字符变成注释语句，从而可以创建包含多行的块注释语句。

“/ * ”和“ * /”一定要配套使用，否则将会出现错误。并且“/”必须和“ * ”紧密连在一起，中间不能出现空格。

【例 5-8】 / * ... * /注释。

```
SELECT CompanyName 公司名称, Address 地址
FROM Customer
/* WHERE CustomerID in (SELECT CustomerID
   FROM sell_Order
*/
```

其中，WHERE 子句被注释为普通文本，不再起作用。

5.1.8 续行

很多情况下，Transact-SQL 语句都写得很长，可以将一条语句在多行中编写，Transact-SQL 会忽略空格和行尾的换行符号，这样数据开发人员不需要使用特殊的符号就可以编写长达数行的 Transact-SQL 语句，显著地提高了 Transact-SQL 语句的可读性。例如：

```
SELECT CompanyName 公司名称, Address 地址
FROM Customer
WHERE CustomerID in (SELECT CustomerID
                     FROM sell_Order
                     WHERE ProductID=(SELECT ProductID
                                      FROM Product
                                      WHERE ProductName='牛奶'
                                      )
                     )
```

以上的 SELECT 语句可以在一行中书写，也可以写为多行。

5.1.9 Transact-SQL 语法格式约定

Transact-SQL 的语法约定如表 5-8 所示。

表 5-8 Transact-SQL 的语法约定

语 法 约 定	说 明
大写	Transact-SQL 关键字
斜体	用户提供的 Transact-SQL 语法的参数
粗体	数据库名、表名、列名、索引名、存储过程、实用工具、数据类型名以及必须按所显示的原样输入的文本
下画线	当语句中省略了包含带下画线的值的子句时应用的默认值
|(竖线)	分隔括号或大括号中的语法项。只能选择其中一项
[](方括号)	可选语法项。不要输入方括号
{ }(大括号)	必选语法项。不要输入大括号
[,...*n*]	指示前面的项可以重复 *n* 次。每一项由逗号分隔
[...*n*]	指示前面的项可以重复 *n* 次。每一项由空格分隔
[;]	可选的 Transact-SQL 语句终止符。不要输入方括号
＜标签＞::=	语法块的名称。此约定用于对可在语句中的多个位置使用的过长语法段或语法单元进行分组和标记

5.1.10 数据库对象命名

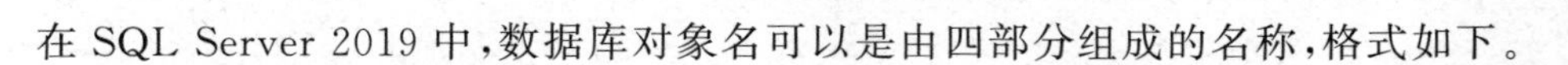

在 SQL Server 2019 中，数据库对象名可以是由四部分组成的名称，格式如下。

```
[服务器名称.[数据库名称].[架构名称].
            |数据库名称.[架构名称].
            |架构名称.
]
对象名称
```

当引用某个特定对象时，不必总是为 SQL Server 指定标识该对象的服务器、数据库和所有者，可以省略中间级节点，而使用句点表示这些位置。对象名的有效格式如表 5-9 所示。

表 5-9 对象名的有效格式

对象引用格式	说 明
server.database.schema.object	4 个部分的名称
server.database..object	省略架构名称
server..schema.object	省略数据库名称

续表

对象引用格式	说　明
server...object	省略数据库和架构名称
database.schema.object	省略服务器名
database..object	省略服务器和架构名称
schema.object	省略服务器和数据库名称
object	省略服务器、数据库和架构名称

【例 5-9】 一个名为 Saleadm 的用户登录到 LISA 的服务器，并使用 Sales 数据库，创建一个 MyTable 表。

如果用户 Saleadm 的默认架构是 dbo，则表 MyTable 的全称如下。

```
LISA. Sales.dbo.MyTable
```

任务 5.2　流程控制语句

【任务描述】 流程控制语句主要用于控制程序的顺序。本任务逐个介绍 SQL Server 2019 提供的流程控制语句。

5.2.1　BEGIN-END 语句块

BEGIN-END 语句用于将多个 Transact-SQL 语句组合为一个逻辑块，相当于一个单一语句，达到一起执行的目的。它的语法格式如下：

```
BEGIN
{
    语句 1
    语句 2
    ...
}
END
```

SQL Server 2019 允许 BEGIN-END 语句嵌套使用。

5.2.2　IF-ELSE 条件语句

IF-ELSE 语句实现程序选择结构，它的语法格式如下。

```
IF 逻辑表达式
    {语句块 1}
```

```
[ELSE
    {语句块 2}
]
```

其中,语句块可以是单条语句或语句组。

IF-ELSE 语句的执行过程为:如果逻辑表达式的值为 TRUE,执行语句块 1;如果有 ELSE 语句,且逻辑表达式的值为 FALSE,则执行语句块 2。IF 语句的执行流程如图 5-3 所示。SQL Server 2019 中,允许嵌套使用 IF-ELSE 语句。

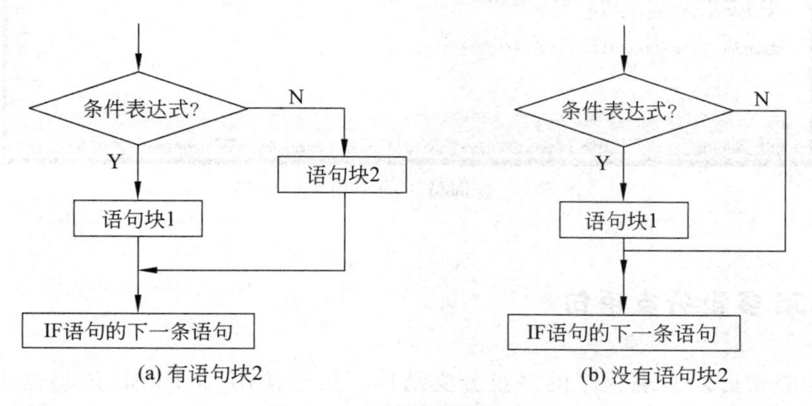

图 5-3 IF 语句的执行流程

【例 5-10】 在销售管理数据库中,查询员工的平均工资是否超过 5000 元,并显示相关信息。

分析:首先定义一个局部变量@avg_sal 来存储平均工资,然后查询员工的平均工资。查询的 SELECT 语句为 SELECT @avg_sal=AVG(Salary)FROM Employee,然后根据查询结果@avg_sal 与 5000 进行比较,得到比较的结果。

在查询编辑器中执行如下的 Transact-SQL 语句。

```
USE CompanySales
GO
DECLARE @avg_sal MONEY                  /*定义局部变量@avg_sal 用于存储平均工资*/
SELECT @avg_sal=AVG(salary) FROM Employee   /*查询平均工资*/
IF @avg_sal>5000                            /*判断数值大小*/
      PRINT '员工的平均工资超过 5000 元'        /*条件为真执行*/
ELSE
      PRINT '员工的平均工资不超过 5000 元'      /*条件为假执行*/
GO
```

执行结果如图 5-4 所示。

说明:如果条件有多个,可以使用嵌套 IF-ELSE 语句。当嵌套使用时,一定要注意 IF 和 ELSE 的配对,但是一般嵌套最好不要超过 3 层,否则会降低程序的可读性。

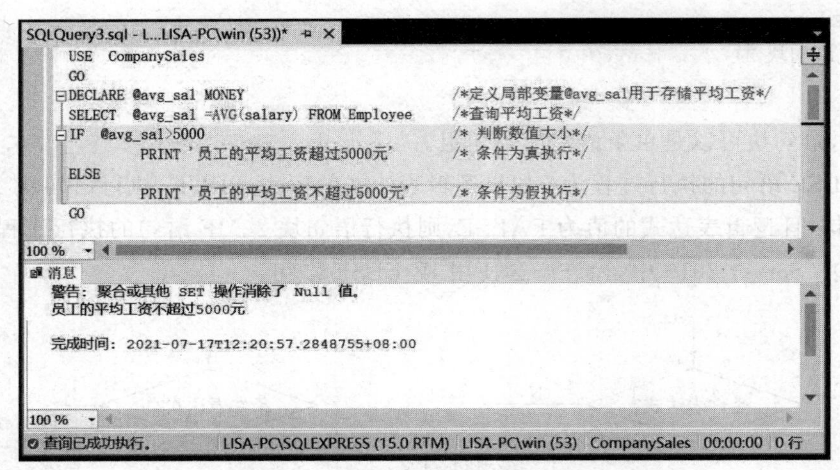

图 5-4 查询员工的平均工资结果

5.2.3 CASE 多重分支语句

CASE 语句可以实现程序的多重分支结构。虽然使用 IF-ELSE 语句也能够实现多分支结构，但是 CASE 表达式程序可读性更强。在 SQL Server 2019 中，CASE 表达式有两种格式。

1. 简单 CASE 表达式

计算条件列表并返回多个可能结果表达式之一，它的语法格式如下。

```
CASE 输入表达式
     WHEN 表达式 1 THEN 结果表达式 1
     WHEN 表达式 2 THEN 结果表达式 2
     [ ...n]
     [ELSE 其他结果表达式]
END
```

简单 CASE 语句的执行过程是将输入表达式与各 WHEN 子句后面的表达式比较，如果相等，则返回对应的结果表达式的值，然后跳出 CASE 语句，不再执行后面的语句；如果没有输入表达式与相等 WHEN 子句的表达式，则返回 ELSE 子句后面的其他结果表达式的值。

【例 5-11】 查询所有的员工姓名、性别、出生年月和所在部门信息。

分析：员工信息存放在 Employee 表中，FROM 子句为 FROM Employee。要显示员工的姓名和部门信息，SELECT 子句为"SELECT EmployeeName 姓名，Sex 性别，BirthDate 出生年月，部门名称＝DepartmentID"。

执行 SELECT 语句时，部门名称的值根据 DepartmentID 来确定。若 DepartmentID 的值为 1，则显示"销售部"；若 DepartmentID 的值为 2，则显示"采购部"；若

DepartmentID 的值为 3，则显示“人事部”；否则显示“其他部门”。使用 CASE 语句完成此功能。

```
CASE DepartmentID
    WHEN 1 THEN '销售部'
    WHEN 2 THEN '采购部'
    WHEN 3 THEN '人事部'
    ELSE '其他部门'
END
```

在查询编辑器中完成如下的 Transact-SQL 语句：

```
USE CompanySales
GO
SELECT EmployeeName 姓名, Sex 性别, BirthDate 出生年月,部门名称=
    CASE DepartmentID
        WHEN 1 THEN '销售部'
        WHEN 2 THEN '采购部'
        WHEN 3 THEN '人事部'
        ELSE '其他部门'
    END
FROM Employee
GO
```

执行结果如图 5-5 所示。

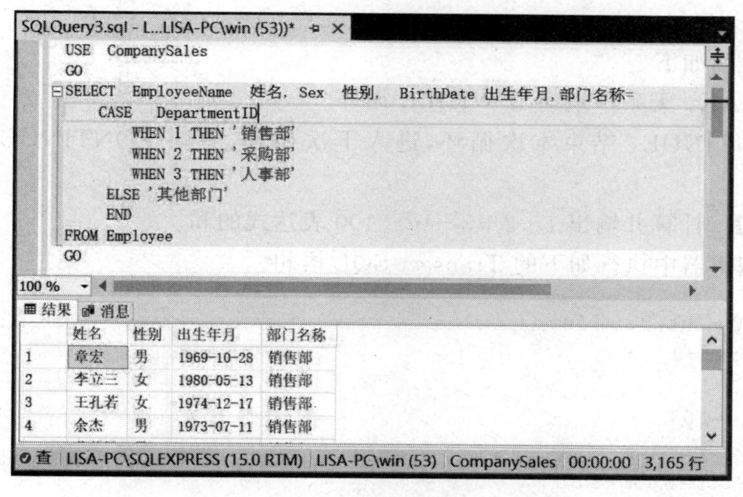

图 5-5 查询员工信息

2. 搜索类型的 CASE 语句

搜索类型的 CASE 语句的语法格式如下。

```
CASE
    WHEN 逻辑表达式 1 THEN 结果表达式 1
```

```
    WHEN 逻辑表达式 2 THEN 结果表达式 2
    [... n]
    [ELSE 其他结果表达式]
END
```

搜索类型的 CASE 语句的执行过程是：计算第一个 WHEN 子句后面的逻辑表达式 1 的值，如果值为真，则 CASE 表达式的值为结果表达式 1 的值。如果为假，则按顺序计算 WHEN 子句的逻辑表达式的值，返回计算结果为 TRUE 的第一个逻辑表达式的结果表达式的值。在逻辑表达式的计算结果都不为 TRUE 的情况下，如果指定了 ELSE 子句则返回其他结果表达式的值，如果没有指定 ELSE 子句则返回 NULL。

5.2.4 WHILE 循环语句

WHILE 语句可以实现循环结构。如果指定的条件为真，就重复执行语句块，直到逻辑表达式为假。它的语法格式如下。

```
WHILE 逻辑表达式
BEGIN
    语句块 1
    [CONTINUE]
    [BREAK]
    语句块 2
END
```

各参数说明如下。

(1) BREAK：无条件地退出 WHILE 循环。

(2) CONTINUE：结束本次循环，进入下次循环，忽略 CONTINUE 后面的任何语句。

【例 5-12】 计算并输出 1＋2＋3＋…＋100 表达式的和。

在查询编辑器中执行如下的 Transact-SQL 语句。

```
DECLARE @i int,@sum int
SELECT @sum=0
SELECT @i=1
WHILE @i<=100
BEGIN
    SET @sum=@sum+@i
    SET @i=@i+1
END
PRINT @sum
```

程序执行结果为 5050。

【例 5-13】 求 1～100 之间的奇数的和。

```
DECLARE @i int,@sum int
SELECT @sum=0
```

```
SELECT @i=1
WHILE @i>=0
BEGIN
    SET @i=@i+1
    IF @i>100
        BEGIN
            SELECT '1~100之间的奇数和'=@sum
            BREAK
        END
    IF (@i%2)=0
        CONTINUE
    ELSE
        SELECT @sum=@sum+@i
END
```

程序执行结果为2499。

5.2.5 GO批处理语句

批处理是一条或多条SQL语句构成的。SQL Server 2019从批中读取所有语句,并把它们编译成可执行的单元(执行计划),然后,SQL Server就一次执行计划中的所有语句。用到了关键字GO作为一个批处理的结束信息。

【例5-14】 打印"采购部主管"姓名。

```
DECLARE @name VARCHAR(10)
SELECT @name='张立'
PRINT '采购部主管:'+@name
GO
```

5.2.6 GOTO跳转语句

GOTO语句用于让执行流程跳转到SQL代码中的指定标签处,即跳过GOTO之后的语句,在标签处继续执行。它的语法格式如下。

```
GOTO 标签名
    语句组 1
标签名:
    语句组 2
```

当程序执行到GOTO语句时,直接跳到定义的标签名处,执行语句组2,而忽略语句组1。

【例5-15】 利用GOTO语句,求5的阶乘。

```
DECLARE @i int,@jc int
SELECT @jc=1
```

```
SELECT @i=1
Label1:
    SET @jc=@jc*@i
    SET @i=@i+1
    IF @i<=5
        GOTO LABEL1
SELECT '5的阶乘'=@jc
```

程序执行结果为120。

5.2.7 RETURN返回语句

RETURN语句实现从查询或过程中无条件退出的功能。RETURN之后的语句是不执行的。它的语法格式如下。

```
RETURN [整数表达式]
```

【例5-16】 在销售管理数据库中,查询是否有名叫“张杰”的员工。如果没有,插入“张杰”的个人信息。

分析:判断是否有记录存在可使用EXISTS()函数。

在查询编辑器中执行如下的Transact-SQL语句。

```
IF EXISTS(SELECT * FROM Employee WHERE EmployeeName='张杰')
   RETURN
ELSE
    INSERT Employee(EmployeeName)
    VALUES('张杰')
```

5.2.8 WAITFOR等待语句

WAITFOR语句可以实现语句延缓一段时间或延迟到某特定的时间执行。它的语法格式如下。

```
WAITFOR {DELAY 'time' |TIME 'time' }
```

各参数说明如下。

(1) DELAY:指示一直等到指定的时间过去,最长可达24小时。

(2) 'time':要等待的时间。可以按datetime数据接受的格式指定time,也可以用局部变量设置此参数。

(3) TIME:指示SQL Server等待到指定时间。

【例5-17】 等待30秒后执行SELECT语句。

```
WAITFOR DELAY '00:00:30'
SELECT * FROM Employee
```

【例 5-18】 等到 11 点 12 分后才执行 SELECT 语句。

```
WAITFOR time '11:12:00'
SELECT * FROM Employee
```

5.2.9 PRINT 显示语句

PRINT 语句用于向客户端返回用户信息。PRINT 语句只允许显示常量、表达式或变量。不允许显示列名。它的语法格式如下。

```
PRINT 字符串 | 变量 | 字符串的表达式
```

【例 5-19】 查询是否有"牛奶"的订单,并显示相关信息。

分析:在销售订单表 Sell_Order 中保存了有关订单信息,但是销售订单表中没有保存商品名称,所以利用嵌套查询,按照牛奶的商品编号在销售订单表中查询牛奶的订购记录。如果存在订购记录,就输出"目前有牛奶订单!",否则,输出"目前没有牛奶订单!"。

在查询编辑器中完成如下的 Transact-SQL 语句。

```
IF EXISTS (SELECT *
        FROM sell_order
        WHERE ProductID= (SELECT ProductID
                    FROM Product
                    WHERE ProductName='牛奶')
        )
   PRINT '目前有牛奶订单!'
ELSE
   PRINT '目前没有牛奶订单!'
```

执行结果如图 5-6 所示。

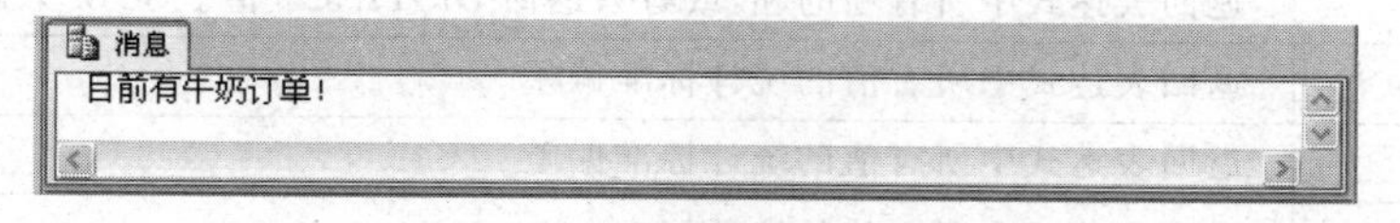

图 5-6 查询"牛奶"订单信息

5.2.10 TRY-CATCH 错误处理语句

对 Transact-SQL 实现类似于 C# 和 C++ 语言中的异常处理的错误处理。使用 TRY-CATCH 构造来处理 Transact-SQL 代码中的错误。TRY-CATCH 构造包括两部分:一个 TRY 块和一个 CATCH 块。如果在 TRY 块中所包含的 Transact-SQL 语句中检测到错误条件,控制将被传递到 CATCH 块(可在此块中处理该错误)。它的语法格式如下。

```
BEGIN TRY
```

```
        {语句 | 语句块 }
END TRY
BEGIN CATCH
        {语句 | 语句块 }
END CATCH
```

任务 5.3 认识函数

【任务描述】 Transact-SQL 提供了丰富的函数。函数可分为系统定义函数和用户定义函数。本任务介绍系统定义函数中最常用的数学函数、字符串函数、日期时间函数、聚合函数、系统函数和系统统计函数的最常用的部分。

5.3.1 聚合函数

聚合函数对一组数据执行某种计算并返回一个结果。聚合函数经常在 SELECT 语句的 GROUP BY 子句中使用。如表 5-10 所示,分别对聚合函数进行简要说明。

表 5-10 常用的聚合函数

函数名	功　能
AVG	返回一组值的平均值
COUNT	返回一组值中项目的数量(返回值为 int 类型)
COUNT_BIG	返回一组值中项目的数量(返回值为 bigint 类型)
MAX	返回表达式或者项目中的最大值
MIN	返回表达式或者项目中的最小值
SUM	返回表达式中所有项的和,或者只返回 DISTINCT 值。SUM 只能用于数字列
STDEV	返回表达式中所有值的统计标准偏差
STDEVP	返回表达式中所有值的统计标准偏差
VAR	返回表达式中所有值的统计标准方差

聚合函数只能在以下位置作为表达式使用:SELECT 语句的选择列表(子查询或外部查询);COMPUTE 或 COMPUTE BY 子句以及 HAVING 子句。

由于常用的聚合函数已经在项目 4 中讲解,此处不再详细介绍。

5.3.2 数学函数

数学函数对数值表达式进行数学运算并返回运算结果。数值数据类型包括 decimal、integer、float、real、money、smallmoney、smallint 和 tinyint。常用的数学函数如表 5-11 所示。

表 5-11 常用的数学函数

类 别	函 数	功 能
三角函数	SIN (float 表达式)	返回指定角度(以弧度为单位)的三角正弦值
	COS(float 表达式)	返回指定角度(以弧度为单位)的三角余弦值
	TAN(float 表达式)	返回指定角度(以弧度为单位)的三角正切值
	COT(float 表达式)	返回指定角度(以弧度为单位)的三角余切值
反三角函数	ASIN(float 表达式)	返回指定角度(以弧度为单位)的三角反正弦值
	ACOS(float 表达式)	返回指定角度(以弧度为单位)的三角反余弦值
	ATAN(float 表达式)	返回指定角度(以弧度为单位)的三角反正切值
	ATN2(float 表达式 1,float 表达式 2)	返回两个值的反正切值
角度弧度转换	DEGREES(数值表达式)	返回弧度值相对应的角度值
	RADINANS(数值表达式)	返回一个角度的弧度值
幂函数	EXP(float 表达式)	返回指定的 float 表达式的指数值
	LOG(float 表达式)	计算以 2 为底的自然对数
	LOG10(float 表达式)	计算以 10 为底的自然对数
	POWER(数值表达式,Y)	幂运算,其中 Y 为数值表达式进行运算的幂值
	SQRT(float 表达式)	返回指定的 float 表达式平方根
	SQUARE(float 表达式)	返回指定的 float 表达式平方
	ROUND(float 表达式)	对一个小数进行四舍五入运算,使其具备特定的精度
边界函数	FLOOR(数值表达式)	返回小于或等于一个数的最大的整数(也称地板函数)
	CEILING(数值表达式)	返回大于或等于指定数值表达式的最小整数(也称天花板函数)
符号函数	ABS(数值表达式)	返回一个数的绝对值
	SIGN(float 表达式)	根据参数是正还是负,返回－1、＋1 和 0
随机函数	RAND([seed])	返回 float 类型的随机数,该数的值在 0～1 之间,seed 为提供种子值的整数表达式
PI 函数	PI()	返回以浮点数表示的圆周率

【例 5-20】 求 sin3 和|－13|的值。

```
SELECT SIN(3), ABS(-13)
```

【例 5-21】 求大于或等于 141.128 的最小整数;求小于或等于 141.128 的最大整数。

```
SELECT CEILING(141.128)最小整数,FLOOR(141.128)最大整数
```

【例 5-22】 产生 3 个在 10 以内的随机整数。

分析:随机函数 RAND()的语法格式为 RAND([seed])。由于必须在 10 以内,所以使用 CEILING(RAND() * 10)得到 10 以内的随机整数。

在查询编辑器中执行如下的 Transact-SQL 语句。

```
SELECT CEILING(RAND() * 10)      --随机种子值
SELECT CEILING(RAND() * 10)      --随机种子值
SELECT CEILING(RAND() * 10)      --随机种子值
```

程序执行结果如图 5-7 所示。

如果用同一种子值调用 RAND()函数，将返回同一生成值。

```
SELECT CEILING(RAND(3) * 10)      --指定种子值
SELECT CEILING(RAND(3) * 10)      --指定种子值
SELECT CEILING(RAND(3) * 10)      --指定种子值
```

程序执行结果如图 5-8 所示。

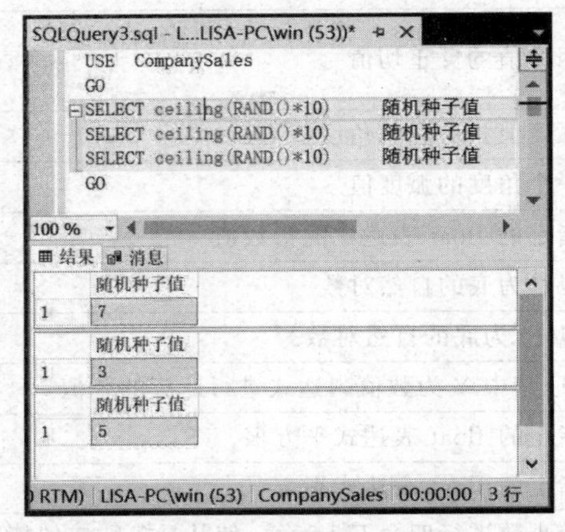

图 5-7 使用不指定种子的 RAND()函数

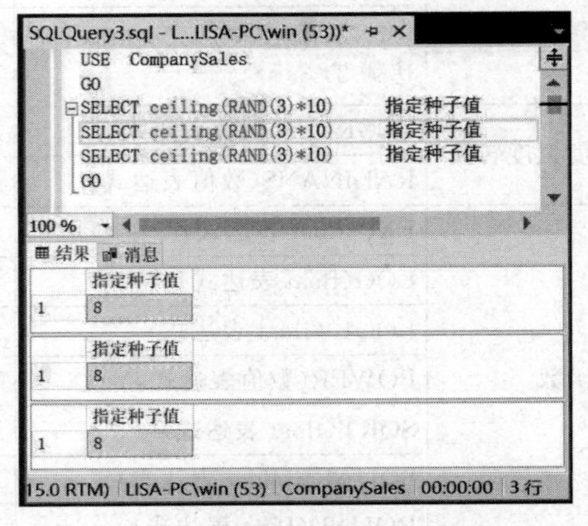

图 5-8 使用指定同一种子值的 RAND()函数

5.3.3 字符串函数

常用的字符串函数如表 5-12 所示。

表 5-12 常用的字符串函数

函数	功能
ASCII(字符表达式)	返回最左侧的字符的 ASCII 值
CHAR(整型表达式)	将数字转换为字符
LEFT(字符表达式,整数)	返回从左边开始指定个数的字符串
RIGHT(字符表达式,整数)	截取从右边开始指定个数的字符串
SUBSTRING(字符表达式,起始点,n)	截取从起始点开始 n 个字符串
CHARINDEX(字符表达式 1,字符表达式 2,[开始位置])	求子串位置
LTRIM(字符表达式)	剪去左空格
RTRIM(字符表达式)	剪去右空格
REPLACE(要搜索的字符串表达式,要查找的子字符串,替换字符串)	用另一个字符串值替换出现的所有指定字符串值

续表

函　　数	功　　能
REPLICATE(字符表达式,n)	重复字符串
REVERSE(字符表达式)	倒置字符串
STR(数字表达式)	数值转换成字符串

5.3.4 日期和时间函数

对日期和时间输入值执行操作,返回一个字符串、数字或日期和时间值。常用的日期和时间函数如表 5-13 所示。

表 5-13　常用的日期和时间函数

函　　数	功　　能
DATEADD(datepart,数值,日期)	返回增加一个时间间隔后的日期结果
DATEDIFF(datepart,日期 1,日期 2)	返回两个日期之间的时间间隔,格式由 datepart 参数指定
DATENAME(datepart,日期)	返回日期的文本表示,格式由 datepart 指定
DATEPART(datepart,日期)	返回某日期的 datepart 代表的整数值
GETDATE()	返回当前系统日期和时间
DAY(日期)	返回某日期的日
MONTH(日期)	返回某日期的月
YEAR(日期)	返回某日期的年

其中,参数 datepart 指定要返回新值的日期的组成部分。表 5-14 列出了 SQL Server 2019 可识别的日期时间部分及其缩写。

表 5-14　可识别的日期时间部分及其缩写

日期时间部分	缩　　写	日期时间部分	缩　　写
year	yy,yyyy	week	wk,ww
quarter	qq,q	weekday	dw,w
month	mm,m	hour	hh
dayofyear	dy,y	minute	mi,n
day	dd,d	second	ss,s

【例 5-23】 使用 GETDATE()函数返回当前的日期和时间。

```
PRINT GETDATE()
```

执行结果为“07 20 2021 9:33AM”。

【例 5-24】 使用 DAY()函数指定日期的日的数字。

```
PRINT DAY('08/30/2021')
```

执行结果为 30。

【例 5-25】 在指定时间加上一段时间得到新的日期。

```
PRINT DATEADD (DY, 35, '01/30/2021')
```

执行结果为“03 5 2021 12:00AM”。

分析：将 2021 年 1 月 30 日加上 35 天，到了 2021 年 3 月 5 日。

说明：日期函数完成所有的字符串转换操作，并返回 SQL Server 标准日期格式的输出结果。所有这些日期函数都会自动执行该转换。

【例 5-26】 计算两个日期之间相差的天数。

在查询编辑器中执行如下的 Transact-SQL 语句。

```
PRINT DATEDIFF(DY, '11/30/2015', '1/04/2016')
```

执行结果为 35。

5.3.5 系统函数和系统变量

使用系统函数可以对 SQL Server 2019 中的值、对象和设置进行操作并返回有关信息。常用的系统函数如表 5-15 所示。

表 5-15 常用的系统函数

系统函数或系统变量	功 能
APP_NAME()	返回当前会话的应用程序名称(如果应用程序进行了设置)
CONVERT(目标数据类型,表达式,[日期样式])	将一种数据类型的表达式显式转换为另一种数据类型的表达式
CAST(表达式 as 目的数据类型)	将一种数据类型的表达式显式转换为另一种数据类型的表达式
COALESC(表达式[,…,n])	返回其参数中的第一个非空表达式
DATALENGTH(表达式)	返回用于表示任何表达式的字节数
CURRENT_USER	返回当前用户的名称
HOST_NAME()	返回工作站名
ISNULL(表达式 1,表达式 2)	判断表达式 1 的值是否为 NULL,如果是,就用表达式 2 的值代替
@@ROWCOUNT	返回受上一语句影响的行数
OBJECT_ID(对象名)	返回架构范围内对象的数据库对象标识号

表 5-15 中的 CONVERT()函数的日期样式的取值如表 5-16 所示。

表 5-16 日期样式的取值

不带世纪数位(yy)	带世纪数位(yyy)	标 准	输入/输出格式
—	0 或 100 (1, 2)	默认设置	mon dd yyyy hh:miAM(或 PM)
1	101	美国	mm/dd/yyyy
2	102	ANSI	yy.mm.dd

续表

不带世纪数位(yy)	带世纪数位(yyy)	标　准	输入/输出格式
3	103	英国/法国	dd/mm/yy
4	104	德国	dd.mm.yy
5	105	意大利	dd-mm-yy
6	106	—	ddmon yy
7	107	—	mon dd, yy
8	108	—	hh:mm:ss

【例 5-27】 查询“80 后”员工的信息,包括姓名、性别、出生年份和工资。

分析:Employee 表中存放了员工信息,FROM 子句为 FROM Employee。SELECT 子句为“SELECT EmployeeName 姓名,Sex 性别,YEAR(BirthDate)出生年月,Salary 工资”。

查询的条件为“80 后”,也就是出生年份为 1980～1989 年的人员。但是 BirthDate 列中包含了年、月和日的信息,必须利用 YEAR() 函数提取 BirthDate 列中的年份,YEAR()函数的表达式为 YEAR(BirthDate),然后利用 CONVERT()函数将年份的日期格式转换为字符串格式,CONVERT()函数的表达式为 CONVERT(char(4), YEAR(BirthDate), 102);再进行与 1980～1989 比较,所以 WHERE 子句为 WHERE CONVERT(char(4), YEAR(BirthDate),102) LIKE '198[0-9]'。其中 102 表示日期采用 ANSI 的 yy.mm.dd。

在查询编辑器中执行如下的 Transact-SQL 语句。

```
USE COmpanySales
GO
SELECT EmployeeName 姓名,Sex 性别,YEAR(BirthDate) 出生年月,Salary 工资
FROM Employee
WHERE CONVERT(char(4), YEAR(BirthDate),102) LIKE '198[0-9]'
GO
```

程序执行结果如图 5-9 所示。

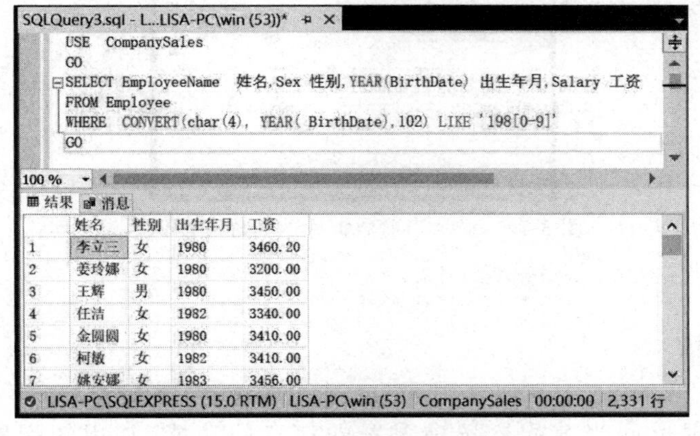

图 5-9　查询“80 后”员工的信息

5.3.6 元数据函数

元数据函数返回有关数据库和数据库对象的信息，所以元数据函数都具有不确定性。常用的元数据函数如表 5-17 所示。

表 5-17 常用的元数据函数

函　数	功　能
COL_LENGTH(表名,列名)	返回列的定义长度(以字节为单位)
COL_NAME(表标识号,列标识号)	根据指定的对应表标识号和列标识号返回列的名称
DB_ID([数据库名称])	返回数据库标识(ID)号
DB_NAME([数据库的标识号])	返回数据库名称

【例 5-28】 显示当前数据库的名称和标识号。

分析：利用 DB_NAME()函数得到当前数据库的名称，标识号利用 DB_ID()函数。在查询编辑器中执行如下的 Transact-SQL 语句。

```
USE COmpanySales
GO
SELECT DB_NAME()          --当前数据库
SELECT DB_ID()            --当前数据库标识号
GO
```

执行结果如图 5-10 所示。执行结果与机器环境有关，不同机器的当前数据库标识号可能不同。

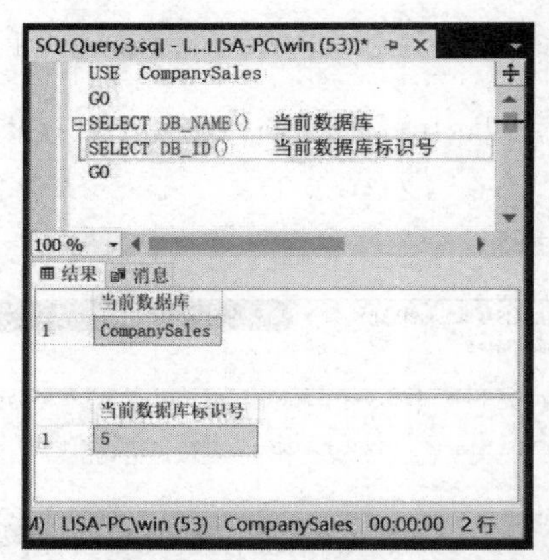

图 5-10 显示当前数据库的名称和标识号

5.3.7 配置函数

配置函数实现返回当前配置选项设置的信息的功能，常用的配置函数如表 5-18 所示。

表 5-18 常用的配置函数

函 数	功 能
@@DBTS()	返回当前数据库的当前 timestamp 数据类型的值
@@LANGUAGE()	返回当前所用语言的名称
@@MAX_CONNECTIONS()	返回 SQL Server 实例允许的最大用户连接数
@@TEXTSIZE()	返回 SET 语句中 TEXTSIZE 选项的当前值
@@VERSION()	返回当前安装的 SQL Server 版本、处理器体系结构、生成日期和操作系统

【例 5-29】 显示当前安装的 SQL Server 版本信息。

在查询编辑器中执行如下的 Transact-SQL 语句。

```
SELECT @@VERSION AS 'SQL Server Version'
```

程序执行结果如图 5-11 所示。

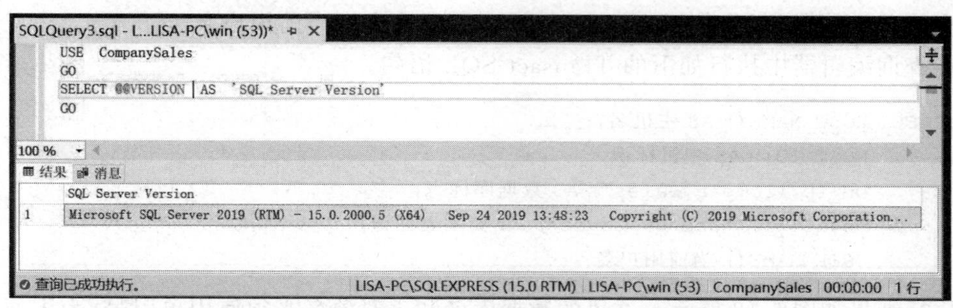

图 5-11 显示当前安装的 SQL Server 版本信息

5.3.8 系统统计函数

在 SQL Server 2019 中,通常以全局变量的形式来表达系统统计函数。常用的系统统计函数如表 5-19 所示。

表 5-19 常用的系统统计函数

函 数	功 能
@@CONNECTIONS()	返回 SQL Server 自上次启动以来尝试的连接数
@@CPU_BUSY()	返回 SQL Server 自上次启动后的工作时间
@@IDLE()	返回 SQL Server 自上次启动后的空闲时间
@@PACK_RECEIVED()	返回 SQL Server 自上次启动后从网络读取的输入数据包数
@@TOTAL_READ()	返回 SQL Server 自上次启动后读取磁盘的次数

说明:由于所有的系统统计函数都具有不确定性,这意味着即便使用相同的一组输入值,也不会在每次调用这些函数时都返回相同的结果。

任务 5.4 编程应用销售管理数据库

【任务描述】 在销售管理数据库的开发过程中，需要查询有关数据库使用的主机状况。例如，当员工收到订单时，将查阅相关的商品信息，并将订单输入数据库中；查阅员工接收订单的情况，生成奖金报表等信息。

5.4.1 主机和数据库信息

【例 5-30】 查询主机名称、主机标识、CompanySales 数据库的标识号、员工表的标识号和当前用户名称等信息，并生成报表。

分析：查询以上信息要使用系统函数，使用 HOST_NAME()函数查询主机名，使用 HOST_ID()函数查询主机标识；使用 DB_ID()函数查询数据库标识；使用 OBJECT_ID()函数查询员工表的标识；使用 USER_NAME()函数查询当前用户名。

在查询编辑器中执行如下的 Transact-SQL 语句。

```
SELECT HOST_NAME() AS 主机名,
       HOST_ID() AS 主机标识,
       DB_ID('CompanySales') AS 数据库标识,
       OBJECT_ID('dbo.Employee') AS 员工表标识,
       USER_NAME() 当前用户名
```

执行结果如图 5-12 所示。这里的数据库名和表对象名必须使用单引号，为了便于阅读，对查询结果改变列标题。查询的结果为当前作者使用计算机的信息，读者执行以上代码会有不同的结果。

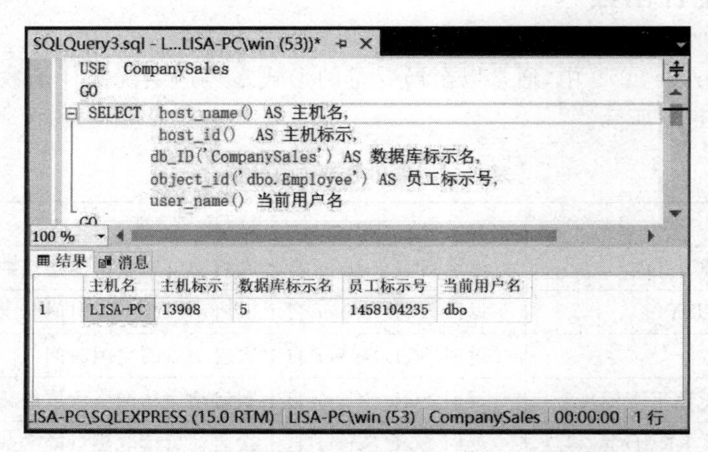

图 5-12 查询销售管理数据库所使用的计算机信息

5.4.2 订单处理

【例 5-31】 员工“姜玲娜”与“林川中学”签订了 200 台彩色显示器的订单。编程实现将订单涉及的相关信息写入数据库。

分析：一条订单会涉及产品、客户及雇员的有关信息，且这些信息分别存放在不同的表中，所以要将订单涉及的相关信息写入数据库中，需要完成以下几方面的操作。

(1) 预处理信息。定义相应的变量用于保存相关信息。

```
/*保存客户信息 */
DECLARE @CompanyName varchar(50)
SET @CompanyName='林川中学'

/*保存员工信息 */
DECLARE @EmployeeName varchar(50)
SET @EmployeeName='姜玲娜'

/*保存订购数量 */
DECLARE @SellOrderNumber int
SET @SellOrderNumber=200

/ *保存产品信息 */
DECLARE @ProductName varchar(50)
SET @ProductName='彩色显示器'
```

(2) 客户信息处理。根据该订单的相关客户信息，到客户表查阅“林川中学”是否为老客户，即在客户表中是否已有该客户的信息，若为新客户，将客户信息添加到客户表。语句如下，具体的分析见后面的注释。

```
DECLARE @CustomerId int                                    --保存客户 ID
IF NOT EXISTS(SELECT * FROM Customer
          WHERE CompanyName=@CompanyName)
   BEGIN                                                   --如果为新客户,则插入记录
      INSERT Customer (CompanyName,ContactName,Phone, Address,
      EmailAddress)                                        --客户 ID 为标识列自动编号
   VALUES(@CompanyName,'毛梅捷','13858235423','新居市学院路 24 号',
      'lincun@lczxmail.com.cn')
END
                                                           --查询林川中学的客户 ID
SELECT @CustomerId=CustomerId FROM Customer
WHERE CompanyName=@CompanyName
```

(3) 订单处理。将这条订单信息添加到销售订单表。在 Sell_Order 表中，有订单编号、商品编号、订购数量、员工编号、客户编号和订购日期等字段。其中，订单编号为标识列，所以不需要赋值。在添加记录以前必须确定其他各个字段的值。

① 商品编号：根据订单的商品名称，到商品表 Product 中查询得到，语句如下。

```
DECLARE @ProductID int            --保存商品编号
SELECT @ProductID=ProductID FROM Product WHERE ProductName=@ProductName
```

② 订购数量：根据订单中的相关信息，添加语句 SET @SellOrderNumber＝200。

③ 员工编号：根据订单中签订订单的姓名“姜玲娜”，到员工表中查询得到员工编号，语句如下。

```
DECLARE @EmployeeId int           --保存员工 ID
SELECT @EmployeeId=EmployeeId FROM Employee WHERE EmployeeName=@EmployeeName
```

④ 客户编号：使用“(2)客户信息处理”中的方法得到客户编号。

⑤ 订购日期：获得系统日期 Getdate()。

在确定了以上各字段的值后，将数据插入销售订单表 Sell_Order 中，语句如下。

```
INSERT sell_order VALUES(@ProductID, @SellOrderNumber, @EmployeeId,
                         @CustomerId,getdate())
```

(4) 库存处理。在商品表中检查该商品的库存量，库存量超过订单中的商品数量，修改库存量，即商品当前库存量的值减去订单记录中包含的商品的订货数量，增加商品已销售量。

```
UPDATE Product
SET ProductStockNumber=ProductStockNumber-@SellOrderNumber,
   ProductSellNumber=ProductSellNumber+@SellOrderNumber
WHERE ProductID=@ProductID
```

综合以上 4 个步骤，在查询编辑器中执行如下的 Transact-SQL 语句。

```
/*信息保存*/
DECLARE @CompanyName varchar(50)        --保存客户信息
SET @CompanyName='林川中学'

DECLARE @EmployeeName varchar(50)       --保存员工信息
SET @EmployeeName='姜玲娜'

DECLARE @SellOrderNumber int            --保存订购数量
SET @SellOrderNumber=200

DECLARE @ProductName varchar(50)        --保存产品信息
SET @ProductName='彩色显示器'

/*客户处理*/
DECLARE @CustomerID int                 --保存客户 ID
IF NOT EXISTS(SELECT * FROM Customer where CompanyName=@CompanyName)
                                        --判断是否为新客户
    BEGIN                               --插入新记录
        INSERT Customer (CompanyName,ContactName,Phone, Address, EmailAddress)
        VALUES(@CompanyName,'毛梅捷','13858235423','新居市学院路 24 号',
```

```
            'lincun@lczxmail.com.cn')
    END
SELECT @CustomerID=CustomerID FROM Customer
WHERE CompanyName=@CompanyName

/*订单处理*/
DECLARE @ProductID int                    --保存商品编号
SELECT @ProductID=ProductID FROM Product
WHERE ProductName=@ProductName

DECLARE @EmployeeId int                   --保存员工 ID
SELECT @EmployeeId=EmployeeId FROM Employee
WHERE EmployeeName=@EmployeeName

/*添加订单记录*/
INSERT sell_order(ProductID,EmployeeId, CustomerId,
                  SellOrderNumber,SellOrderDate)
VALUES(@ProductID, @EmployeeId, @CustomerId, @SellOrderNumber, getdate())

/*库存处理*/
UPDATE Product
SET ProductStockNumber=ProductStockNumber-@SellOrderNumber,
    ProductSellNumber=ProductSellNumber+@SellOrderNumber
WHERE ProductID=@ProductID

/*显示客户、订单和库存信息*/
SELECT * FROM Customer WHERE CompanyName=@CompanyName
SELECT * FROM Sell_Order WHERE ProductID=@ProductID AND
     CustomerID=@CustomerID
SELECT * FROM Product WHERE ProductID=@ProductID
```

程序执行结果如图 5-13 所示。

结果 消息

	CustomerID	CompanyName	ContactName	Phone	Address	EmailAddress
1	38	林川中学	毛梅捷	13858235423	新居市学院路24号	lincun@lczxmail.com.cn

	SellOrderID	ProductID	EmployeeID	CustomerID	SellOrderNumber	SellOrderDate
1	53	20	10	38	600	2016-08-05
2	58	20	10	38	200	2021-07-17
3	59	20	10	38	200	2021-07-17
4	60	20	10	38	200	2021-07-17
5	61	20	10	38	200	2021-07-17

	ProductID	ProductName	Price	ProductStockNumber	ProductSellNumber
1	20	彩色显示器	700.00	-100	1200

查询已成功执行。 LISA-PC\SQLEXPRESS (15.0 RTM) LISA-PC\win (66) CompanySales 00:00:00 7 行

图 5-13 员工接收订单数据处理结果

5.4.3 员工奖金计算

【例 5-32】 查询各位员工接收销售订单明细表以及订单的总金额，并根据订单中商品总金额生成员工奖励的报表。若订单中商品金额总数超过 10 万元，则奖金为 10 000 元；若金额为 10 000～99 999 元，奖金为订单中商品总金额的 10%；若金额为 1000～9999 元，则奖金为 880 元；若金额为 1000 元以下则没有奖金。

分析：本题的要求可以分为两个，一是查询员工接收的销售订单明细表包括订单金额；二是根据员工接收订单的总金额，计算员工奖金。

(1) 查询员工接收的销售订单明细表包括订单金额。要查询的信息保存在员工表 Employee、客户表 Customer、商品表 Product 和销售订单表 Sell_Order 4 个表，因此 FROM 子句如下。

```
FROM Employee AS E
    JOIN Sell_order AS S ON E.EmployeeID=S.EmployeeID
    JOIN Customer AS C ON C.CustomerID=S.CustomerID
    JOIN Product AS P ON P.ProductID=S.ProductID
```

其中，为了便于阅读，给每张表定义别名。

查询的订单的明细表中包括客户名称、商品名称、商品单价、订购数量、订货日期、员工姓名和订货金额等信息，因此 SELECT 子句如下。

```
SELECT C.CompanyName 客户名称, P.ProductName 商品名称, P.price 单价,
   S.sellOrderNumber 订购数量, S.SellOrderDate 订货日期, E.Name 员工姓名,
   P.price * S.sellOrderNumber 订单金额
```

为了便于阅读，给每个列更换列标题。订单金额由单价×订货数量得到。

还需计算每个员工接收订单中的商品总金额，因此，根据员工的编号和姓名，对员工进行排序、分类，使用 GROUP BY 子句，计算总金额。

在查询编辑器中执行如下的 Transact-SQL 语句。

```
SELECT E.EmployeeID 员工号, E.EmployeeName 姓名,
       sum(P.price * S.sellOrderNumber) 销售总金额
FROM Employee AS E
   JOIN Sell_order AS S ON E.EmployeeID=S.EmployeeID
   JOIN Customer AS C ON C.CustomerID=S.CustomerID
   JOIN Product AS P ON P.ProductID=S.ProductID
GROUP BY E.EmployeeID, E.EmployeeName
```

程序的执行结果如图 5-14 所示。

(2) 根据员工接收订单的总金额，计算员工奖金。奖金要根据计算得到，而且员工的订单的总金额不同奖金的计算方法也不同，因此，使用搜索型的 CASE 语句得到。CASE 语句如下。

结果 消息

	员工号	姓名	销售总金额
1	1	章宏	3130.00
2	2	李立三	8374.90
3	3	王孔若	20087.50
4	4	余杰	16480.00
5	5	蔡慧敏	6667.00
6	6	孔高铁	173620.00

M) LISA-PC\win (66) | CompanySales | 00:00:00 | 25 行

图 5-14 员工销售总金额

```
CASE
    WHEN SUM(S.sellOrderNumber * P.price)>=100000 THEN 10000
    WHEN SUM(S.sellOrderNumber * P.price) BETWEEN 10000 AND 99999
        THEN SUM(S.sellOrderNumber * P.price)*0.1
    WHEN SUM(S.sellOrderNumber * P.price) BETWEEN 1000 AND 9999
        THEN 880
ELSE 0
```

在查询编辑器中执行如下的 Transact-SQL 语句。

```
SELECT E.EmployeeID 员工号,E.EmployeeName 姓名,
    SUM(P.price* S.sellOrderNumber) 销售总金额,
    奖金=
        CASE
            WHEN SUM(S.sellOrderNumber * P.price)>=100000
                    THEN 10000
            WHEN SUM(S.sellOrderNumber * P.price)
                BETWEEN 10000 AND 99999
                    THEN SUM(S.sellOrderNumber * P.price)*0.1
            WHEN SUM(S.sellOrderNumber * P.price)
                BETWEEN 1000 AND 9999
                    THEN 880
            ELSE 0
        END
FROM Employee AS E
    JOIN Sell_order AS S ON E.EmployeeID=S.EmployeeID
    JOIN Customer AS C ON C.CustomerID=S.CustomerID
    JOIN Product AS P ON P.ProductID=S.ProductID
GROUP BY E.EmployeeID,E.EmployeeName
```

程序的执行结果如图 5-15 所示。

结果 消息

	员工号	姓名	销售总金额	奖金
1	1	章宏	3130.00	880.000
2	2	李立三	8374.90	880.000
3	3	王孔若	20087.50	2008.750
4	4	余杰	16480.00	1648.000
5	5	蔡慧敏	6667.00	880.000
6	6	孔高铁	173620.00	10000.000

M) LISA-PC\win (66) | CompanySales | 00:00:00 | 25 行

图 5-15 员工的奖金信息

习 题

一、单选题

1. 下列关于变量的说法中错误的是(　　)。
   A. 变量用于临时存放数据　　B. 用户只能自定义局部变量
   C. 变量可用于操作数据命令　　D. 全局变量可以读写
2. 下列说法中错误的是(　　)。
   A. SELECT 中的输出列可以是字段组成的表达式
   B. TRY-CATCH 是对命令执行错误的控制
   C. Transact-SQL 语句可以用于触发器和存储过程中
   D. SELECT 可以运算字符表达式
3. 下列说法中错误的是(　　)。
   A. 多重分支语句只能用 CASE 语句
   B. 语句体包含一条以上语句需要采用 BEGIN-END
   C. WHILE 中循环体可以一次都不执行
   D. 注释语句不会产生任何动作
4. 下列关于循环的说法中错误的是(　　)。
   A. GOTO 语句可以跳出多重循环
   B. BREAK 语句可以跳出当前最内层循环
   C. CONTINUE 语句跳出循环体而不执行其他语句
   D. RETURN 语句跳到最外层循环

二、思考题

1. TransAct-SQL 有哪些运算符?
2. 需要为变量赋值时,可以用哪两条语句?
3. 在循环语句中,BREAK 和 CONTINUE 语句分别起什么作用?
4. 了解函数的应用,查阅自己系统中的全局变量以及系统函数有哪些。

实 训

一、实训目的

1. 掌握变量的使用。
2. 掌握函数的使用方法。
3. 掌握各种控制语句的使用。

二、实训内容

1. 用 Transact-SQL 编程：先为两个变量@x 和@y 赋值，然后求这两个变量的和、差、乘积和商。

2. 编程计算 1×2×3×4×5×…×100 的值。

3. 编程计算 1+(1+3)+(1+3+5)+…+(1+3+…+51)的值。

4. 编程计算 1!+2!+3!+…+6! 的值。

5. 输出 100～200 中既能被 3 整除，又能被 5 整除的数。

6. 在图书管理数据库 Library 中，完成以下数据操作。

2021 年 4 月 6 日，信息传媒学院 2021 级女生严冬梅(学号 20210101)和诸晓霞(学号 20210102)到图书馆办理借书证。图书管理员首先查看系别表，没有信息系，先增加有关的信息；然后确定这两位学生是否已经办理过借书证，如果没有办理过，就为她们办证。

7. 利用联机帮助学习流程控制语句和函数的知识。

项目6

销售管理数据库中视图的应用

技能目标

能够在销售管理数据库中，结合实际需求灵活地运用视图，提高数据的存取性能和操作速度。

知识目标

视图的作用；视图的概念、特点和类型；创建视图、修改视图和删除视图的方法；查看和加密视图定义文本；通过视图修改基本表中的数据。

思政目标

引入先进思维方法解决问题的理念，引导学生注重先进理论学习以及思维拓展；引导学生检查代码和性能是否符合技术标准和规范，培养学生规范化、标准化的职业素养。

任务6.1 认识视图

【任务描述】 视图是从一个或者多个基本表中导出来的表，是一种虚拟存在的表。视图就像一个开出的窗口，用户通过这个窗口可以看到系统专门为该用户提供的数据。利用视图，用户不必查看整个数据库的全部数据，而只查看与自己有关的数据。视图使用户的操作更加便捷，同时能够保障数据库系统的安全。本任务的目标是认识视图，掌握视图的作用，培养学生利用先进思维方法解决问题的理念。

6.1.1 视图的定义

视图是一种常用的数据库对象。视图看上去似乎与表一模一样，但它在物理上并不存在。视图相当于把对表的查询保存起来。如图6-1所示，View_1视图中的数据来自Employee表和Department表。对其中所引用的基本表来说，视图的作用类似于筛选。定义视图的筛选可以来自当前或其他数据库的一个或多个表，或者其他视图。

数据库中只存放视图的定义，而不存放视图对应的数据，数据存放在原来的基本表中，当基本表中的数据发生变化，视图中的数据也就随之改变。

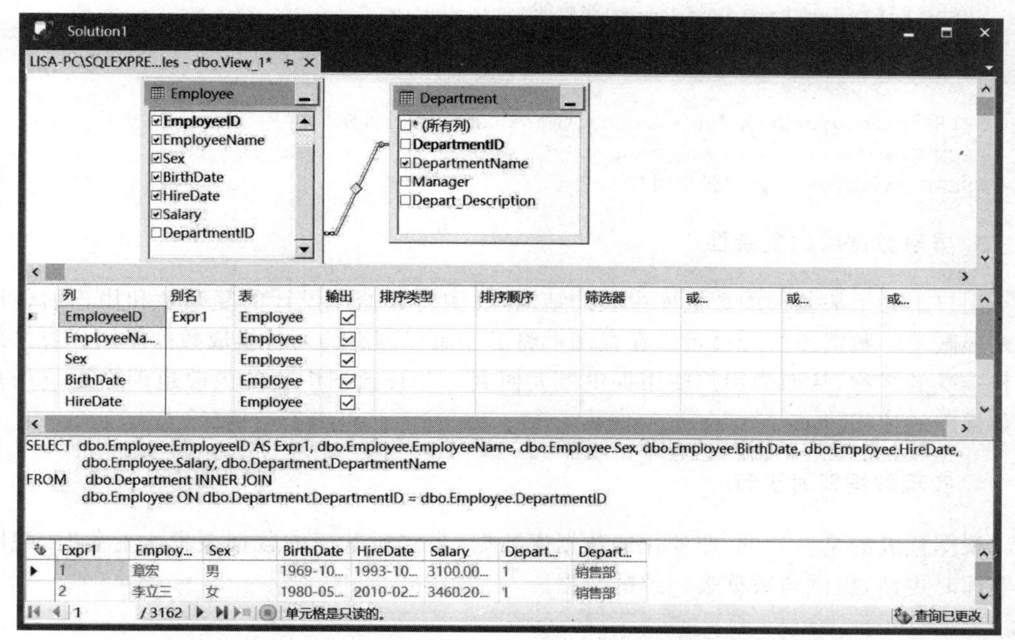

图 6-1　在 Employee 表和 Department 表上创建的 View_1 视图

6.1.2　视图的作用和优点

视图一经定义，就可以像基本表一样被查询、删除。视图为查看和存取数据提供了另外一种途径。视图具有以下优点。

1. 注重于特定数据

视图创建了一种可以控制的环境，对不同用户定义不同视图，使每个用户只能看到他有权看到的数据。视图让用户能够注重于他们所感兴趣的特定数据和所负责的特定任务。不必要的数据可以不出现在视图中，这同时增强了数据的安全性，因为用户只能看到视图中所定义的数据，而不是基本表中的数据。

2. 简化操作

视图极大地简化了用户对数据的操作。如果一个查询非常复杂，跨越多个数据表，那么可以通过将这个复杂查询定义为视图，这样在每一次执行相同的查询时，只要一条简单的查询视图语句，可见视图向用户隐藏了表与表之间的复杂的联接操作。

例如，如图 6-1 所示，如果要查询员工“张晓明”所在的部门名称。利用基本表查询的语句如下。

```
SELECT EmployeeName '姓名',DepartmentName '部门名称'
FROM Employee
    JOIN Department ON Employee.DepartmentID=Department.DepartmentID
```

```
WHERE Employee.EmployeeName='张晓明'
```

利用视图 View_1 查询语句如下。

```
SELECT EmployeeName '姓名',DepartmentName '部门名称'
FROMView_1
WHERE EmployeeName='张晓明'
```

3. 屏蔽数据库的复杂性

用户不必了解复杂的数据库中表的结构，视图将数据库设计的复杂性和用户的使用方式屏蔽了。数据库管理员可以在视图中将那些难以理解的列替换成数据库用户容易理解和接受的名称，从而为用户使用提供极大便利。并且数据中表的更改也不会影响用户对数据库的使用。

4. 实现数据即时更新

视图代表的是一致的、非变化的数据库数据，当它所基于的数据表发生变化时，视图能够即时更新，提供与数据表一致的数据。

6.1.3 视图的缺点

不能将视图等同于实际的数据库表。将视图当作表一样来处理时，会存在以下的问题。

1. 性能不高

虽然视图一经定义，可以像基本表一样被查询，但是 SQL Server 必须把视图的查询转化成对基本表的查询，如果这个视图是由一个相当复杂的表查询所定义的，那么即使视图只是一个简单查询，SQL Server 也把它变成一个复杂的结合体，需要花费一定的时间。

2. 数据修改限制

对视图中的数据进行插入、更新和操作时，SQL Server 必须把它转换为对基本表的某些行的修改。对于简单视图来说，这是很方便的，但是，对于比较复杂的视图，可能是不可修改的，所以对于复杂的视图而言，一般作为查询使用。

任务6.2 创建视图

【任务描述】 本任务使用 SSMS(SQL Server Management Studio)和 CREATE VIEW 语句两种方法来创建视图。创建视图就是在数据库的数据表上建立视图，可以在一个表或者多个表上创建视图。创建视图需要有 CREATE VIEW 的权限，并且对于查询涉及的列有 SELECT 权限。如果使用 CREATEOR REPLACE 或者 ALTER 修改视图，那么还需要该视图的 DROP 权限。有关权限的问题在后续的项目中介绍。

6.2.1 使用SSMS创建视图

【例 6-1】 使用 SSMS 创建一个员工视图 View_Employee，包含员工编号、姓名、性别、工资和部门名称等信息。

分析：在员工视图 View_Employee 中，要显示的员工编号、姓名、性别和工资信息在 Employee 表中，而部门名称信息保存在 Department 表中，所以 View_Employee 视图来自两个基本表 Employee 和 Department。

操作步骤如下。

(1) 启动 SQL Server Management Studio。

(2) 在“对象资源管理器”窗格中，展开“数据库”|CompanySales|“视图”节点。

(3) 在“视图”节点上右击，在弹出的快捷菜单中选择“新建视图”命令，出现如图 6-2 所示的“添加表”对话框。按住 Shift 键，同时选择 Department 表和 Employee 表，单击“添加”按钮。

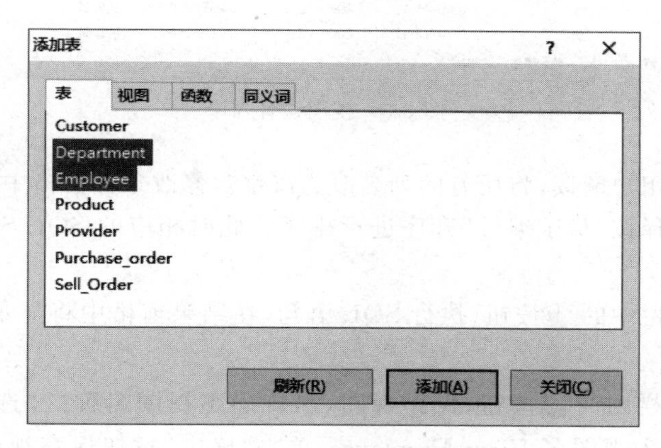

图 6-2 “添加表”对话框

(4) 出现如图 6-3 所示的工作界面。在该界面中共有 4 个区：关系图窗格、网格窗格、SQL 窗格和结果窗格。

说明：

① 关系图窗格：显示正在查询的表和其他表值对象。每个矩形代表一个表或表值对象，并显示可用的数据列，连接用矩形之间的连线来表示。

② 网格窗格：显示源数据表的字段，只有勾选的字段才会显示在结果中。在网格中可以指定相应的选项，如要显示的数据列、要选择的行、行的分组方式等。

③ SQL 窗格：系统自动生成 SQL 语句。

④ 结果窗格：显示一个网格，用来包含查询或视图检索到的数据。

(5) 在关系图窗格中，选择包括在视图中的数据列。选择 Employee 表中的 EmployeeID 字段、EmployeeName 字段、Sex 字段和 Salary 字段；选择 Department 表中的 DepartmentName 字段。此时相应的 SQL Server 脚本便自动显示在 SQL 窗格中。

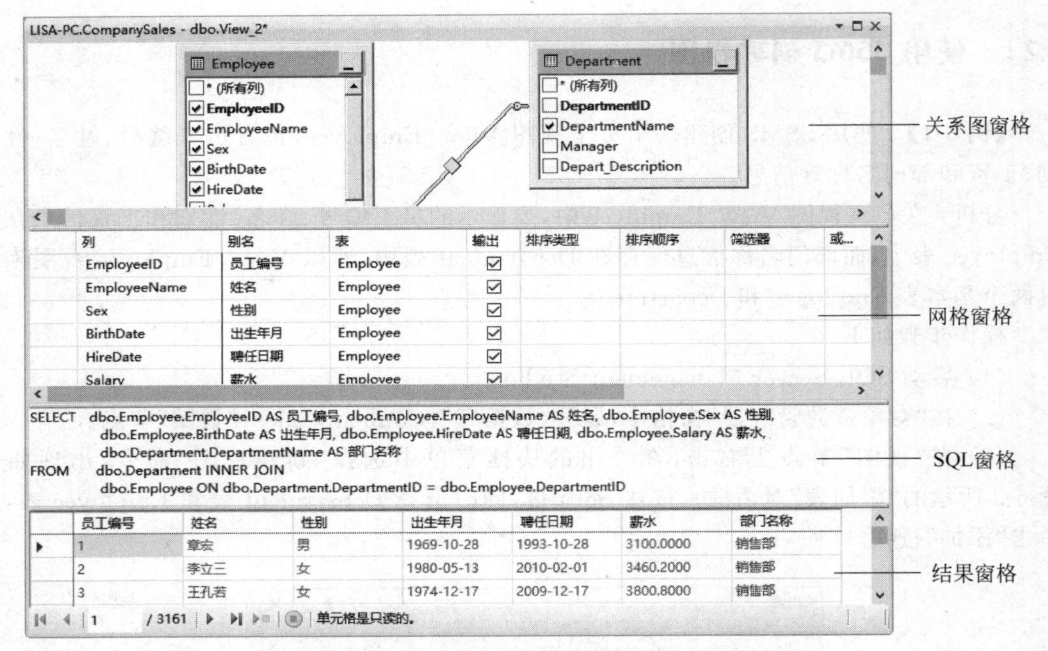

图 6-3 视图设计器

(6) 为了便于用户阅读,将所有的列名改为汉字。修改条件窗格中的“别名”项,结果如图 6-3 所示。选择按“员工编号”升序进行排序。此时相应的 SQL Server 脚本便显示在 SQL 窗格中。

(7) 单击工具栏中的按钮,执行 SQL 语句,在结果窗格中将显示包含在视图中的数据行。

(8) 单击工具栏中的按钮,保存视图,出现确定视图名称的“选择名称”对话框,如图 6-4 所示。输入视图名 View_Employee,单击“确定”按钮保存视图,完成视图创建工作。

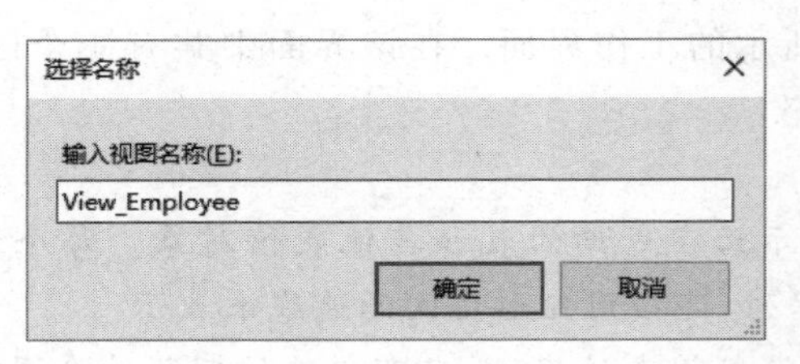

图 6-4 “选择名称”对话框

(9) 刷新视图,即可看到创建的 View_Employee 视图。选择 View_Employee 视图,右击,在弹出的快捷菜单中选择“选择前 1000 行”命令,出现视图的内容,如图 6-5 所示。

【例 6-2】 创建一个部门平均工资视图,该视图包含部门名称和部门平均工资,并按平均工资升序排列。

分析:在员工视图 View_Employee 中,已经包含了员工的姓名、工资和部门信息。

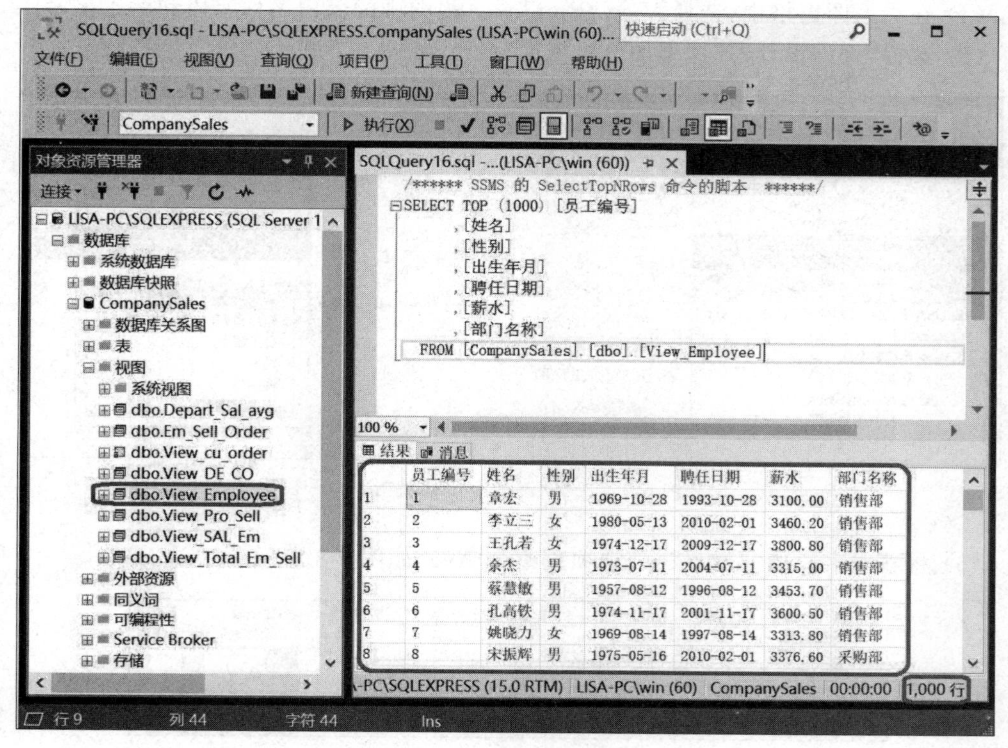

图 6-5　View_Employee 视图

因此利用例 6-1 中创建的 View_Employee 视图来创建部门平均工资视图 Depart_Sal_avg。

操作步骤如下。

（1）启动 SQL Server Management Studio。

（2）在“对象资源管理器”窗格中，展开“数据库”|CompanySales|“视图”节点。

（3）右击“视图”节点，在弹出的快捷菜单中选择“新建视图”命令，出现“添加表”对话框。选择“视图”选项卡，选择 View_Employee 视图，如图 6-6 所示，单击“添加”按钮。

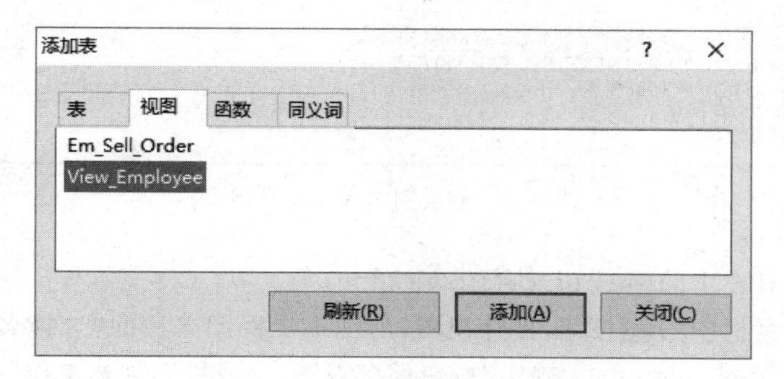

图 6-6　利用视图创建视图

(4) 在关系图窗格中，选择 View_Employee 视图中的部门名称字段和薪水字段。

(5) 选择"查询设计器"|"添加分组依据"命令，如图 6-7 所示。

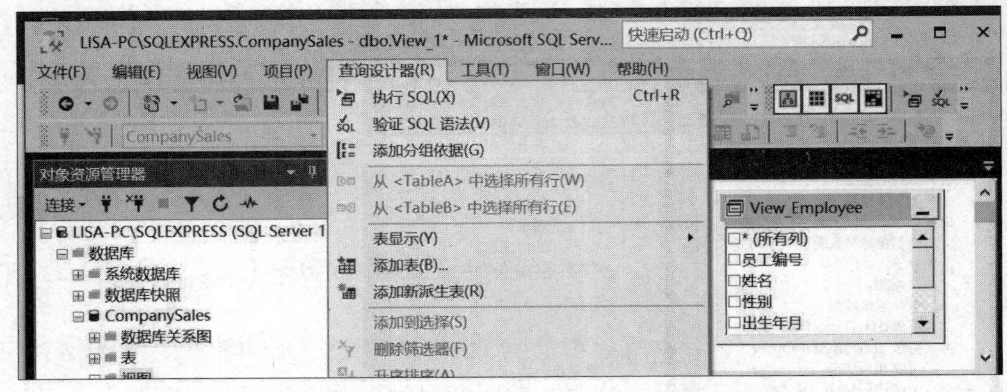

图 6-7　选择"添加分组依据"命令

(6) 将薪水字段的"分组依据"选项更改为 Avg，如图 6-8 所示。

列	别名	表	输出	排序类型	排序顺序	分组依据	筛选
部门名称		View_Emp...	☑			分组依据	
薪水		View_Emp...	☑			Avg（Avg / Min / Max）	

图 6-8　更改计算方式

说明：被设置为 Avg 的薪水字段会自动使用 Expr1 的别名，表示此列的值已经过计算，读者也可在别名中输入所需名称。

(7) 将光标定位到"薪水"字段，在"别名"单元格中输入"平均薪水"。在"排序类型"单元格中选择"升序"选项，结果如图 6-9 所示。

列	别名	表	输出	排序类型	排序顺序	分组依据	筛选
部门名称		View_Employee	☑			分组依据	
薪水	平均薪水	View_Employee	☑	升序	1	Avg	

```
SELECT TOP (100) PERCENT 部门名称, AVG(薪水) AS 平均薪水
FROM    dbo.View_Employee
GROUP BY 部门名称
ORDER BY 平均薪水
```

图 6-9　修改别名和排序类型

(8) 单击工具栏中的按钮，执行 SQL 语句。

(9) 单击工具栏中的按钮，保存视图，出现确定视图名称的"选择名称"对话框，输入视图名 Depart_Sal_avg，单击"确定"按钮保存视图，完成视图创建工作。

(10) 打开 Depart_Sal_avg 视图查看执行结果，如图 6-10 所示。

	部门名称	平均薪水
1	安保部	NULL
2	售后部	NULL
3	会务部	NULL
4	销售部	1680.2408
5	采购部	1833.0728
6	人事部	2325.7321
7	后勤部	2571.4285

图 6-10　利用“分组依据”选项创建视图

6.2.2　使用 CREATE VIEW 语句创建视图

使用 Transact-SQL 的 CREATE VIEW 语句创建视图，它的语法格式如下。

```
CREATE VIEW 视图名 [(column [,...n])]
    [WITH ENCRYPTION]
AS
    select_statement
    [WITH CHECK OPTION]
```

各参数说明如下。

（1）column：视图中的列名。如果未指定列名，则视图列将获得与 SELECT 语句中的列相同的名称。

（2）WITH ENCRYPTION：对包含 CREATE VIEW 语句文本的条目进行加密。

（3）AS：表示视图要执行的操作。

（4）select_statement：定义视图的 SELECT 语句。该语句可以使用多个表和其他视图。

（5）WITH CHECK OPTION：强制针对视图执行的所有数据修改语句都必须符合在 select_statement 中设置的条件。

只有在下列情况下才必须命名 CREATE VIEW 语句中的列名。

（1）列是从算术表达式、函数或常量派生的。

（2）两个或更多的列可能会具有相同的名称（通常是因为联接），视图中的某列被赋予了不同于派生来源列的名称。当然也可以在 SELECT 语句中指定列名。

说明：在利用 CREATE VIEW 创建视图时，不能在查询语句中包含 ORDER BY、COMPUTE 和 COMPUTE BY 等关键字，也不能包含 INTO 关键字。

【例 6-3】　创建有关员工实发工资的视图。

在查询编辑器中执行如下的 Transact-SQL 语句。

```
CREATE VIEW View_SAL_Em
As
    SELECT EmployeeName 姓名,Salary * 0.1 AS 奖金,(Salary-800) * 0.15 AS 所得税,
        (Salary+(Salary * 0.1)-((Salary-800) * 0.15)) 实发工资
```

```
FROM Employee
```

由于实发工资中包含有奖金、所得税等信息，而这些列要通过计算得到，所以要指定别名。

说明：在创建视图前，建议首先测试 SELECT 语句（语法中 AS 后面的部分）是否能正确执行，测试成功后，再加上“CREATE VIEW 视图名 AS”语句。

【例 6-4】 在销售管理数据库中，经常要查询有关客户的订单情况。创建一个客户订单信息视图，包括客户名称、订购的商品、单价和订购日期，并对创建视图文本进行加密。

分析：视图中的信息为客户订单信息，包含在 customer 表、Sell_Order 表和 product 表中。利用三个表联接实现正确的查询，查询语句如下。

```
SELECT CU.CompanyName AS 公司名称, PD.ProductName AS 商品名,
     SO.SellOrderNumber AS 订购数量, PD.Price AS 单价,
     SO.SellOrderDate AS 订购日期
FROM customer AS CU INNER JOIN Sell_Order AS SO
     ON Cu .CustomerID=SO.CustomerID
     INNER JOIN product AS PD
     ON SO.ProductID=PD.ProductID
```

在保证查询语句正确后，在查询编辑器中执行如下的 Transact-SQL 语句。

```
CREATE VIEWView_cu_order
WITH ENCRYPTION
As
SELECT CU.CompanyName AS 公司名称, PD.ProductName AS 商品名,
     SO.SellOrderNumber AS 订购数量, PD.Price AS 单价,
     SO.SellOrderDate AS 订购日期
FROM customer AS CU INNER JOIN Sell_Order AS SO
     ON Cu .CustomerID=SO.CustomerID
     INNER JOIN product AS PD
     ON SO.ProductID=PD.ProductID
```

【例 6-5】 在销售管理数据库中，检查统计各部门的员工数，创建一个统计员工数信息视图，包括部门名称、部门员工总人数。

分析：统计各部门的员工总人数的查询语句如下。

```
SELECT Department.DepartmentName, COUNT(*)
FROM Department LEFT JOIN Employee
    ON Department.DepartmentID=Employee.DepartmentID
GROUP BY Department.DepartmentName
```

在查询编辑器中，执行如下的 Transact-SQL 语句创建视图。

```
CREATE VIEW View_DE_CO
AS
SELECT Department.DepartmentName, COUNT(Employee.DepartmentID)
FROM Department LEFT JOIN Employee
```

```
    ON Department.DepartmentID=Employee.DepartmentID
GROUP BY Department.DepartmentName
```

程序的执行结果如图6-11所示。

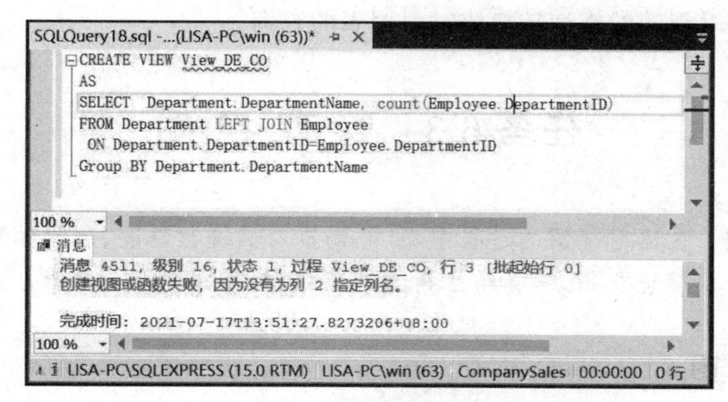

图6-11　创建视图的错误提示

由于COUNT(*)为计算函数，必须给出列名，否则创建失败。同时为了便于阅读，将创建视图的代码作如下修改。

修改方案一：在SELECT语句中添加列的别名。

```
CREATE VIEW View_DE_CO
AS
SELECT Department.DepartmentName 部门名称,
    COUNT(Employee.DepartmentID) 总人数
FROM Department LEFT JOIN Employee
    ON Department.DepartmentID=Employee.DepartmentID
GROUP BY Department.DepartmentName
```

修改方案二：在视图定义中添加列名。

```
CREATE VIEW View_DE_CO(部门名称, 总人数)
AS
SELECT Department.DepartmentName,
    count(Employee.DepartmentID)
FROM Department LEFT JOIN Employee
    ON Department.DepartmentID=Employee.DepartmentID
GROUP BY Department.DepartmentName
```

在创建或使用视图时，必须注意以下限制情况。

(1) 只能在当前数据库中创建视图，在视图中最多只能引用1024列。

(2) 不能在规则、默认值、触发器的定义中引用视图。

(3) 不能在视图上创建索引。

(4) 如果视图引用的表被删除，则当使用该视图时将返回一条错误信息；如果是创建具有相同表的结构的新表代替已删除的表，则视图可以使用，否则必须重新创建视图。

(5) 如果视图中某一列是函数、数学表达式、常量，或来自多个表的列名相同，则必须

为列定义名称。

(6) 当通过视图查询数据时，SQL Server 不仅要检查视图引用的表是否存在，是否有效，而且要验证对数据的修改是否违反了数据的完整性约束。如果失败将返回错误信息，若正确，则把对视图的查询转换成对引用表的查询。

任务 6.3 管理视图

【任务描述】 在运用视图的过程中，可能需要对其进行修改、删除和查看。本任务使用 SSMS 和语句来管理视图，培养学生树立规范化、标准化的职业素养。

6.3.1 修改视图

1. 通过 SSMS

右击要修改的视图节点，在弹出的快捷菜单中选择“修改”命令，出现视图设计器，然后可以修改设计视图。如果要添加表、视图等，可以通过选择“查询设计器”|“添加表”命令打开“添加表”对话框。

【例 6-6】 在销售管理数据库中，将例 6-1 创建的员工视图 View_Employee 改为女员工视图。

使用 SSMS 查看和修改视图主要执行以下步骤。

(1) 启动 SSMS。

(2) 在“对象资源管理器”窗格中，展开“数据库”|CompanySales|“视图”节点，此时在右面的窗格中显示当前数据库的所有视图。

(3) 右击 View_Employee 视图节点，在弹出的快捷菜单中选择“设计”命令，出现视图设计器。

(4) 在网格窗格的筛选器中，将光标定位到 Sex 行。

(5) 在 Sex 的“筛选器”栏中输入筛选条件“女”(也可以在 SQL 窗格中修改 SQL 语句)，如图 6-12 所示。

	列	别名	表	输出	排序类型	排序顺序	筛选器	或...
	EmployeeID	员工编号	Employee	☑	升序	1		
	EmployeeName	姓名	Employee	☑				
▶	Sex	性别	Employee	☑			= '女'	
	Salary	工资	Employee	☑				
	DepartmentName	部门名称	Department	☑				

图 6-12 设计 View_Employee 视图

(6) 单击工具栏中的按钮，执行 SQL 语句，在结果窗格将显示包含在视图中的数据行。

(7) 单击工具栏中的■按钮,保存视图。

2. 使用 ALTER VIEW 语句

对于一个已存在的视图,可以使用 ALTER VIEW 语句对其进行修改,修改视图的语法格式如下。

```
ALTER VIEW 视图名 [(column[,...n])]
[WITH ENCRYPTION]
AS
    select_statement
[WITH CHECK OPTION]
```

各参数说明如下。

(1) column:一列或多列的名称,用逗号分开,将成为给定视图的一部分。

(2) WITH ENCRYPTION:加密 ALTER VIEW 语句文本。

(3) AS:视图要执行的操作。

(4) select_statement:定义视图的 SELECT 语句。

(5) WITH CHECK OPTION:强制视图上执行的所有数据修改语句都必须符合由定义视图的 select_statement 设置的准则。

【例 6-7】 在销售管理数据库中,将例 6-5 修改后的女员工视图 View_Employee 改为男员工视图。

在查询编辑器中执行如下的 Transact-SQL 语句。

```
ALTER VIEW View_Employee
AS
    SELECT EmployeeID AS 员工编号, EmployeeName AS 姓名, Sex AS 性别,
           Salary AS 工资
    FROM Employee
    WHERE (Sex='男')
```

6.3.2 删除视图

1. 使用 SSMS

如果要删除视图,在"对象资源管理器"窗格中,展开"视图"节点,选择要删除的视图名,右击,在出现的快捷菜单中选择"删除"命令,出现"删除对象"对话框,确认无误后,单击"确定"按钮。

2. 使用 DROP VIEW 语句

使用 DROP VIEW 语句删除视图,它的语法格式如下。

```
DROP VIEW 视图名[,...n]
```

【例 6-8】 删除 View_Employee 视图。

在查询编辑器中执行如下的 Transact-SQL 语句。

```
DROP VIEW View_Employee
```

6.3.3 查看视图

在 SQL Server 中有 3 个关键系统存储过程有助于了解视图信息，它们分别为 sp_help、sp_depends 和 sp_helptext。

1. 系统存储过程 sp_help

系统存储过程 sp_help 用来返回有关数据库对象的详细信息，如果不针对某一特定对象，则返回数据库中所有对象信息，其语法格式如下。

```
sp_help 数据库对象名称
```

【例 6-9】 查看视图 Depart_Sal_Avg 的详细信息。

在查询编辑器中执行如下的 Transact-SQL 语句。

```
sp_help Depart_Sal_Avg
```

程序的执行结果如图 6-13 所示。

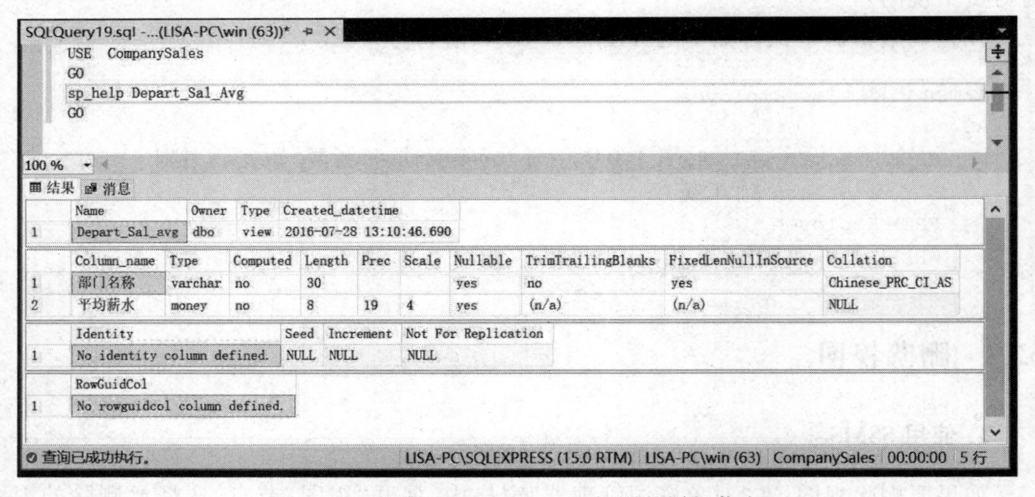

图 6-13 查看 Depart_Sal_Avg 视图的详细信息

2. 系统存储过程 sp_depends

系统存储过程 sp_depends 返回系统表中存储的任何信息，该系统表指出该对象所依赖的对象。除视图外，这个系统存储过程可以在任何数据库对象上运行，其语法格式如下。

```
sp_depends 数据库对象名称
```

【例 6-10】　查看视图 Depart_Sal_Avg 所依赖的对象。

在查询编辑器中执行如下的 Transact-SQL 语句。

```
sp_depends Depart_Sal_Avg
```

程序的执行结果如图 6-14 所示。

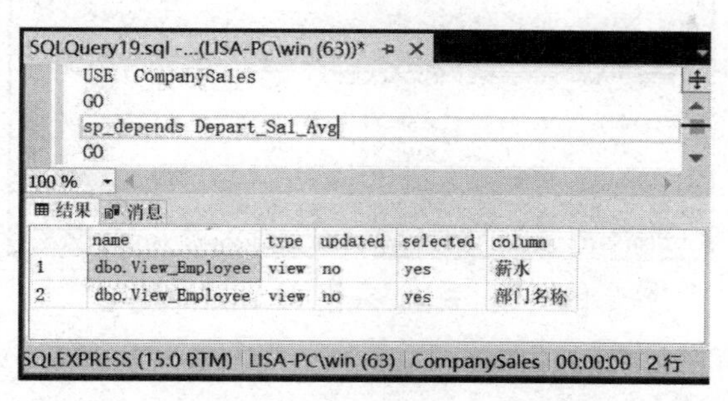

图 6-14　查看视图 Depart_Sal_Avg 所依赖的对象

3. 系统存储过程 sp_helptext

系统存储过程 sp_helptext 用于检索视图、触发器、存储过程的文本，其语法格式如下。

```
sp_helptext 视图(触发器|存储过程)
```

【例 6-11】　查询视图 Depart_Sal_Avg 的信息。

在查询编辑器中执行如下的 Transact-SQL 语句。

```
sp_helptext Depart_Sal_Avg
```

程序的执行结果如图 6-15 所示。

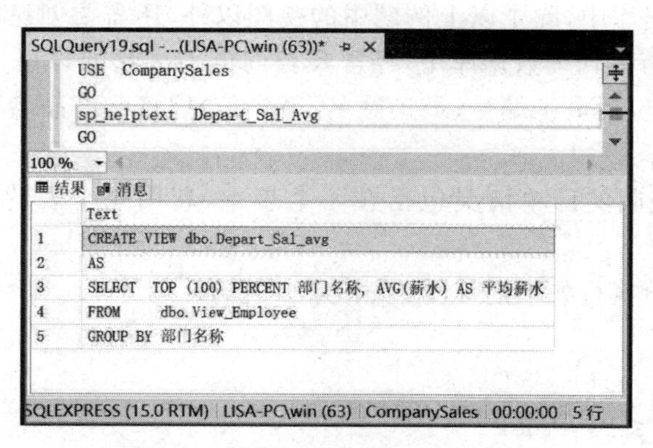

图 6-15　视图 Depart_Sal_Avg 文本

【例 6-12】　查询例 6-3 创建的视图 View_cu_order 的文本信息。

在查询编辑器中执行如下的 Transact-SQL 语句。

```
sp_helptext View_cu_order
```

程序的执行结果如图 6-16 所示，由于 View_cu_order 的文本已经加密，所以无法查看 View_cu_order 的文本。

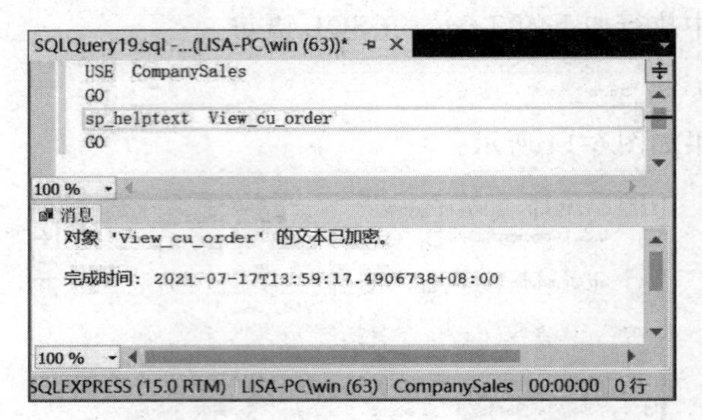

图 6-16 视图 View_cu_order 文本

任务 6.4 应 用 视 图

【任务描述】 在销售管理数据库中应用视图，可以屏蔽数据的复杂性并提升安全性。本任务针对不同的用户创建不同的视图，培养学生利用先进思维方法解决问题的理念，引导学生注重先进理论学习以及思维拓展。通过检查代码和性能是否符合技术标准和规范，培养学生规范化、标准化的职业素养。

6.4.1 在销售管理数据库中应用视图

在销售管理数据库中，除了以上例题中的视图以外，还需要创建以下视图。

【例 6-13】 在销售管理数据库中，经常要查询员工接收的订单详细情况。创建一个订单详细信息视图，包括员工编号、员工姓名、客户信息、订购商品名称、订购数量、单价和订购日期。

分析：各员工接收的订单情况包括在 4 个表中，利用 4 个表的联接，可以查询相关信息。

在查询编辑器中执行如下的 Transact-SQL 语句。

```
USE CompanySales
GO
CREATE VIEW Em_Sell_Order
As
    SELECT TOP 100 PERCENT EM.EmployeeID AS 员工编号,
    EM.EmployeeName AS 员工姓名, CU.CompanyName AS 客户名称,
    PD.ProductName AS 商品名, SO.SellOrderNumber AS 订购数量,
    PD.Price AS 单价, SO.SellOrderDate AS 订购日期
FROM Employee AS EM
    INNER JOIN Sell_Order AS SO ON EM.EmployeeID=SO.EmployeeID
    INNER JOIN product AS PD ON SO.ProductID=PD.ProductID
```

```
    INNER JOIN dbo.Customer AS CU ON SO.CustomerID=CU.CustomerID
ORDER BY EM.EmployeeID
```

【例 6-14】 在销售管理数据库中,经常要统计各员工接收的订单情况。创建一个员工统计订单信息视图,包括员工编号、员工姓名、订单数量和订单总金额。

分析：各员工接收的订单信息,包含在 Em_Sell_Order 视图中。通过 Count(员工编号)的个数,便可查询各员工的订单数量;订单总金额可通过 SUM(单价 * 订购数量)得到。查询语句如下。

```
SELECT 员工编号,员工姓名, Count(员工编号) 订单数目,
    SUM(单价 * 订购数量) 总金额
FROM Em_Sell_Order
GROUP BY 员工编号, 员工姓名
```

如果不利用视图,而直接利用三个基本表的查询语句则较为复杂,语句如下。

```
SELECT EM.EmployeeID 员工编号,EM.EmployeeName AS 员工姓名,
    Count(EM.EmployeeName) 订单数量,
    SUM(PD.Price * SO.SellOrderNumber) AS 总金额
FROM Employee AS EM
    INNER JOIN Sell_Order AS SO ON EM.EmployeeID=SO.EmployeeID
    INNER JOIN product AS PD ON SO.ProductID=PD.ProductID
GROUP BY EM.EmployeeID,EM.EmployeeName
```

相比较而言,利用视图可简化操作。

在查询编辑器中执行如下的 Transact-SQL 语句。

```
CREATE VIEW View_Total_Em_Sell
AS
    SELECT 员工编号, Count(员工编号) 订单数目,员工姓名,
    SUM(单价 * 订购数量) 总金额
    FROM Em_Sell_Order
    GROUP BY 员工编号,员工姓名
```

【例 6-15】 在销售管理数据库中,经常要统计商品销售情况。创建一个统计商品销售信息视图,包括商品名称、订购总数量。

分析：在上例创建的 Em_Sell_Order 视图中,已经包含了订购商品的名称和数量,所以利用 Em_Sell_Order 视图创建 View_Pro_Sell 视图。利用 Em_Sell_Order 视图查询商品销售信息视图的语句为"SELECT 商品名,SUM(订购数量) 总数量 FROM Em_Sell_Order Group BY 商品名"。

在查询编辑器中执行如下的 Transact-SQL 语句。

```
CREATE VIEW View_Pro_Sell
AS
    SELECT 商品名,SUM(订购数量) 总数量
    FROM Em_Sell_Order
GROUP BY 商品名
```

6.4.2 利用视图操作数据

1. 查询数据

【例 6-16】 在销售管理数据库中,查询“牛奶”的订购总数量。

分析:View_Pro_Sell 视图中包含各类商品的订购总数量。

在查询编辑器中执行如下的 Transact-SQL 语句。

```
USE CompanySales
GO
SELECT * FROM View_Pro_Sell WHERE 商品名='牛奶'
```

程序执行结果如图 6-17 所示。

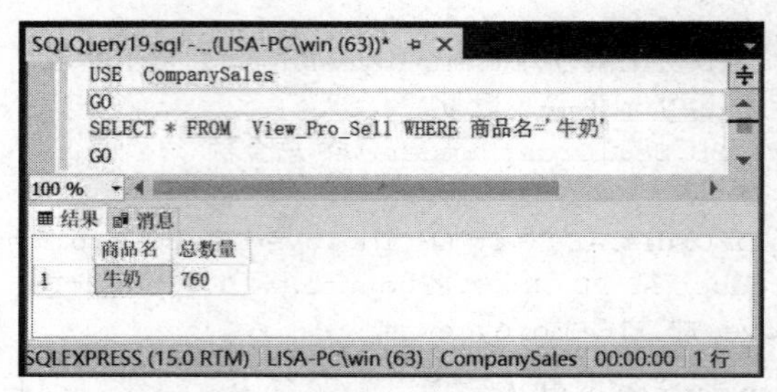

图 6-17 查询“牛奶”的订购数量

【例 6-17】 在销售管理数据库中,查询员工“姜玲娜”接收的订单信息。

分析:所有员工接收的订单的详细信息均包含在 Em_Sell_Order 视图中,所以利用此视图可以直接查询员工接收销售订单的情况。

在查询编辑器中执行如下的 Transact-SQL 语句。

```
USE CompanySales
GO
SELECT * FROM Em_Sell_Order WHERE 员工姓名='姜玲娜'
GO
```

程序的执行结果如图 6-18 所示。

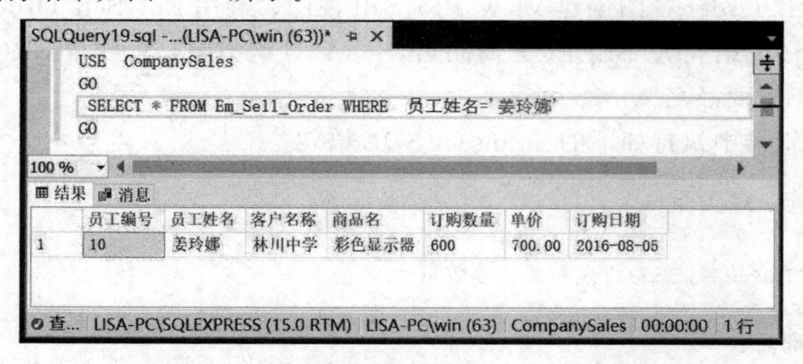

图 6-18 查询员工“姜玲娜”接收的订单信息

2. 利用视图更新数据

由于视图是一个虚表，所以对视图的更新，最终会转换成对基本表的更新。其更新操作包括插入、修改和删除数据。其语法格式如同对基本表的更新操作一样。在关系数据库中，并不是所有的视图都可更新。

【例 6-18】 在销售管理数据库中，编辑 View_Employee 视图中的数据信息。

选择已经创建的视图，右击，在弹出的快捷菜单中选择“编辑前 200 行”命令，就可以看到视图中的数据，并可以进行编辑，如图 6-19 所示。

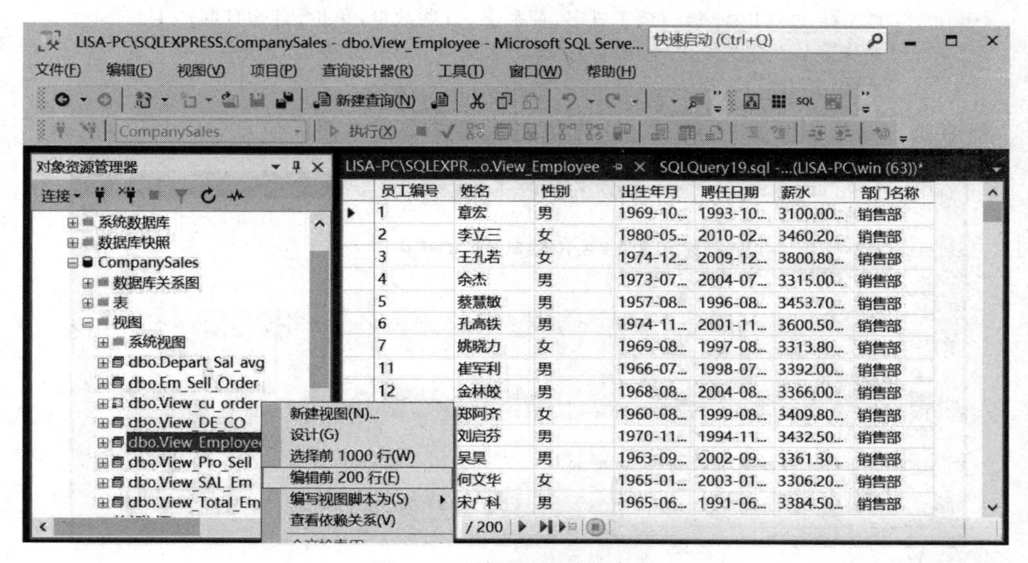

图 6-19 利用视图编辑数据

【例 6-19】 在销售管理数据库中，新雇用一名男员工，姓名为毛景明，薪水为 1500 元，利用在例 6-1 创建的职工视图 View_Employee，添加员工信息。

分析：利用视图插入数据与操作基本表相同(利用 INSERT 语句)。

在查询编辑器中执行如下的 Transact-SQL 语句。

```
USE CompanySales
GO
INSERT INTO View_Employee (姓名,性别,薪水) VALUES ('毛景明','男', 1500)
GO
```

检测输入数据的结果，查询 Employee 表的数据。

在查询编辑器中执行如下的 Transact-SQL 语句。

```
SELECT * FROM Employee WHERE EmployeeName='毛景明'
```

程序执行结果如图 6-20 所示。在 Employee 表中，查到了毛景明的信息。

【例 6-20】 在销售管理数据库中，员工姜玲娜接收到一条“牛奶”订单，利用视图添加订单信息。

	EmployeeID	EmployeeName	Sex	BirthDate	HireDate	Salary	DepartmentID
1	3168	毛景明	男	NULL	2021-07-17	1500.00	NULL

图 6-20 利用视图插入数据的结果

在查询编辑器中执行如下的 Transact-SQL 语句。

```
USE CompanySales
GO
INSERT INTO Em_Sell_Order(员工姓名,商品名,订购数量,单价,订购日期)
VALUES('姜玲娜','牛奶',20,6.6,'2012-2-1')
GO
```

程序执行结果如图 6-21 所示。由于更新的是多个基本表的信息,所以无法更新。

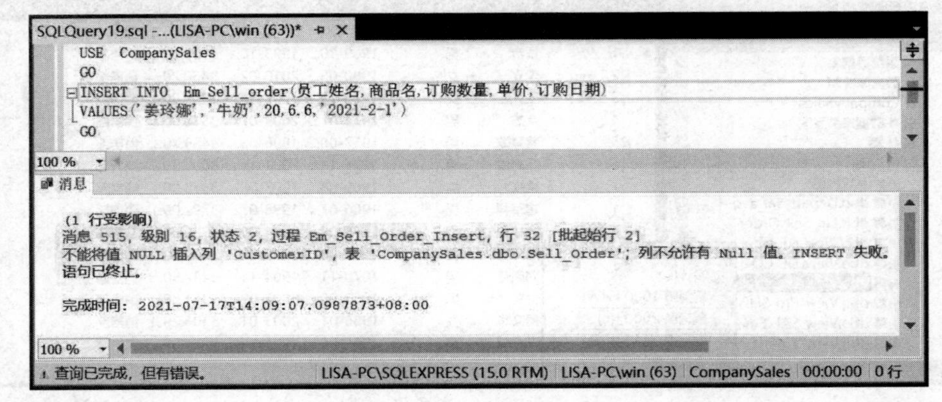

图 6-21 插入数据错误提示

说明:不能同时修改两个或者多个基本表,可以对基于两个或多个基本表或者视图的视图进行修改,但是每次修改都只能影响一个基本表;不能修改那些通过计算得到的列;如果指定了 WITH CHECK OPTION 选项,必须保证修改后的数据满足视图定义的范围。

习　题

一、填空题

1. 视图是一种常用的________。

2. 视图看作从一个或几个________导出的虚表或存储在数据库中的查询。

3. 数据库中只存放视图的________,而不存放视图对应的________,数据存放在原来的________中,当基本表中的数据发生变化,从视图中查询出的数据将________。

二、思考题

1. 视图与数据表有何区别？
2. 视图有哪些优点？
3. 创建视图的方法和注意事项有哪些？
4. 如何加密自己创建视图的定义？

实　训

一、实训目的

1. 掌握视图的创建、修改和重命名。
2. 掌握视图中数据的操作。

二、实训内容

1. 在销售管理数据库系统中，创建有关所有男员工的视图 Employee _mal。

2. 创建有关客户订购产品的订单的信息视图，并命名为 customer_order，查询有关通恒机械公司所订购产品的信息。

3. 创建有关员工接收订单的信息视图，并命名为 em_order，按员工计算接收订单中订购产品的数量平均值、最大值和最小值。

4. 创建有关订购打印纸的信息视图，并命名为 paper_order。

5. 修改 Employee_mal 视图，改为有关女员工的资料，并利用视图查询工资超过3000 元的女员工的平均工资。

6. 修改 paper_order 的定义，改为有关苹果汁的订购信息。

7. 将 paper_order 视图的名称改为 apple_order。

8. 在 Employee_mal 视图中，插入一行数据——姓名：章秒亦；性别：女；出生年月：1980-12-9；爱好：钢琴；薪水：4500 元，然后查看执行的结果。

项目7

在销售管理数据库中应用索引

技能目标

能够根据实际需求设计销售管理数据库中数据表的索引，提高数据检索的速度。

知识目标

索引的优点和缺点；聚集索引和非聚集索引的特点；索引与约束的关系；使用CREATE INDEX语句创建索引的方式；查看、删除和修改索引；分析和维护索引的方法。

思政目标

增强学生的辩证思维、战略思维和系统性思维能力；通过检查代码和性能是否符合技术标准和规范，培养学生规范化、标准化的职业素养和工匠精神。

任务7.1 认识索引

【任务描述】 在数据库中，索引是表中数据和相应存储位置的列表。利用索引，可以迅速找到表中指定的数据，而不必扫描整个数据库，提升效率。本任务的目标是认识数据库中索引的概念，培养学生探究知识的能力。

7.1.1 索引的作用

如果要在一本书中快速地查找所需的信息，可以利用目录中给出的章节页码，而不是一页一页地顺序查找。数据库中的索引与书籍中的目录类似，也允许数据库应用程序利用索引迅速找到表中特定的数据，而不必扫描整个数据库。在图书中，目录是内容和相应页码的列表，在数据库中，索引就是表中数据和相应存储位置的列表。

索引是一个独立的、物理的数据库结构，是为了对表中的数据行检索而创建的一种分散存储结构。索引是依赖于表建立的，是某个表中一列或者若干列的集合以及相应的标识这些值所在的数据页的逻辑指针清单，提供了数据库中编排表中数据的内部方法。表的存储由两部分组成：一部分是表的数据页面，另一部分是索引页面。索引页面相对于数据页面小得多。当进行数据检索时，系统先搜索索引页面，从中找到所需数据的指针，再直接通过指针从数据页面中读取数据。

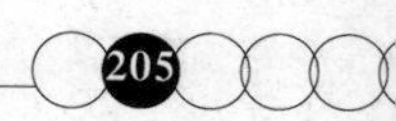

例如，要根据员工的姓名查找特定的员工，就要按员工姓名列 Emp_Name 建立索引，如图 7-1 所示。

Emp_Name索引

索引行
金怡亦
⋮
吴剑波
⋮
覃宏
⋮

Employee表

EmployeeID	EmployeeName	Sex	…
1	覃宏	男	
⋮			
28	金怡亦	女	
⋮			
47	吴剑波	男	
⋮			

图 7-1　系统默认创建的聚集索引

在数据页中保存了员工的信息，包含员工的编号、姓名、性别和出生年月等。如果要查找员工吴剑波的信息，必须在数据页中逐记录逐字段查找，直到扫描到第 47 条记录为止。按照员工的姓名创建的索引表如图 7-1 所示。

索引一旦创建，将由数据库自动管理和维护。例如，向表中插入、更新和删除一条记录时，数据库会自动在索引中做出相应的修改。在编写 SQL 查询语句时，具有索引的表与不具有索引的表没有任何区别，索引只是提供一种快速访问指定记录的方法。

7.1.2　索引的分类

SQL Server 2019 中包含两种基本索引：聚集索引和非聚集索引。此外还有唯一索引、包含性列索引、索引视图、全文索引、XML 索引等。其中，聚集索引和非聚集索引是数据库引擎最基本的索引。

1. 聚集索引

在聚集索引中，表中的行的物理存储顺序和索引顺序完全相同(类似于图书目录和正文内容之间的关系)。聚集索引对表的物理数据页按列进行排序，然后再重新存储到磁盘上。由于聚集索引对表中的数据一一进行了排序，因此使用聚集索引查找数据很快。但由于聚集索引将表的所有数据完全重新排列，它所需要的空间也就特别大，大概相当于表中数据所占空间的 120%。由于表的数据行只能以一种排序方式存储在磁盘上，所以一个表只能有一个聚集索引。数据建立聚集索引后，将改变表中的数据行的物理存储顺序。

2. 非聚集索引

非聚集索引具有与表的数据行完全分离的结构，使用非聚集索引不需要将物理数据页中的数据按列排序。非聚集索引的叶节点存储了组成非聚集索引的关键字值和一个指针，指针指向数据页中的数据行，该行具有与索引键值相同的列值，非聚集索引不改变数据行的物理存储顺序，因而一个表可以有多个非聚集索引。

在默认情况下，CREATE INDEX 语句建立的索引为非聚集索引。理论上，一个表可以建立最多 249 个非聚集索引，而只有一个聚集索引。

3. 其他类型索引

(1) 唯一索引

如果为了保证表或视图的每一行在某种程度上是唯一的，可以使用唯一索引，也就是说索引值是唯一的。创建数据表时如果设置了主键，则 SQL Server 2019 就会默认建立一个唯一索引。由于唯一索引是从索引值是否唯一的角度来定义的，因而它可以是聚集索引，也可以是非聚集索引。

(2) 包含性列索引

在 SQL Server 2019 中，索引列的数量(最多 16 个)和字节总数(最大 900 字节)是受限制的。使用包含性列索引，可以通过将非键列添加到非聚集索引的叶级来扩展其功能。

(3) 视图索引

视图索引是为视图创建的索引。其存储方法与带聚集索引的表的存储方法相同。

(4) 全文索引

全文索引是一种特殊类型的基于标记的功能性索引，由 Microsoft SQL Server 全文引擎(MSFTESQL)服务创建和维护。其目的是帮助用户在字符串数据库中检索复杂的词语。

(5) XML 索引

XML 索引是 XML 数据类型列创建 XML 索引，对列中 XML 实例的所有标记、值和路径进行索引，从而提高查询性能。XML 索引可分为主索引和辅助索引。

7.1.3 索引和约束的关系

对列定义主键约束和唯一约束时，会自动创建索引。

1. 主键约束和索引

如果创建表时，将一个特定列标识为主键，则 SQL Server 2019 数据库引擎自动对该列创建主键约束和唯一聚集索引。

2. 唯一约束和索引

默认情况下，创建唯一约束时，SQL Server 2019 数据库引擎自动对该列创建唯一非聚集索引。

当用户从表中删除主键约束或唯一约束时，创建在这些约束列上的索引也会被自动删除。

3. 独立索引

使用 CREATE INDEX 语句或 SQL Server Management Studio 对象资源管理器中的“新建索引”对话框创建独立于约束的索引。

任务 7.2 创建索引

【任务描述】 本任务采用两种方法创建索引：使用 SSMS 创建索引；使用 CREATE INDEX 语句创建索引。

7.2.1 使用 SSMS 创建索引

【例 7-1】 在员工表上创建员工编号的聚集索引。

操作步骤如下。

(1) 启动 SSMS。

(2) 在“对象资源管理器”窗格中，展开 CompanySales|“表”|dbo.Employee|“索引”节点。在“索引”节点下，可以发现系统已依据设置的主键自动产生了一个聚集索引 PK_Employee，如图 7-2 所示。

说明：当用户在 Employee 表中创建主键约束时，SQL Server 2019 数据库引擎自动对该列创建主键约束和唯一聚集索引。

图 7-2 系统默认创建的聚集索引

(3) 双击 PK_Employee 聚集索引，打开“索引属性 - PK_Employee”窗口，如图 7-3 所示。

(4) 在“常规”选项卡中，“表名”文本框中显示了该索引所基于的数据表 Employee；“索引名称”文本框中显示了系统默认名称 PK_Employee；“索引类型”文本框中显示了“聚集”，即为聚集索引；勾选“唯一”复选框，则表示该索引值是唯一的。

【例 7-2】 在销售管理数据库中，由于经常要使用员工的姓名进行查询，为了提高查询的速度，创建姓名非聚集索引。

操作步骤如下。

(1) 启动 SSMS。

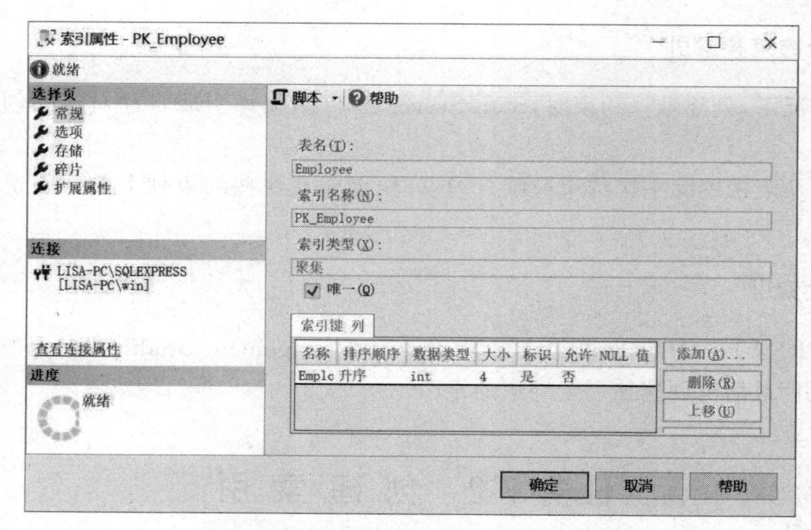

图 7-3 “索引属性-PK_Employee”窗口

(2) 在“对象资源管理器”窗格中，展开 CompanySales|“表”|dbo.Employee|“索引”节点。

(3) 右击“索引”节点，在弹出的快捷菜单中选择“新建索引”|“非聚集索引”命令，出现如图 7-4 所示的“新建索引”窗口。

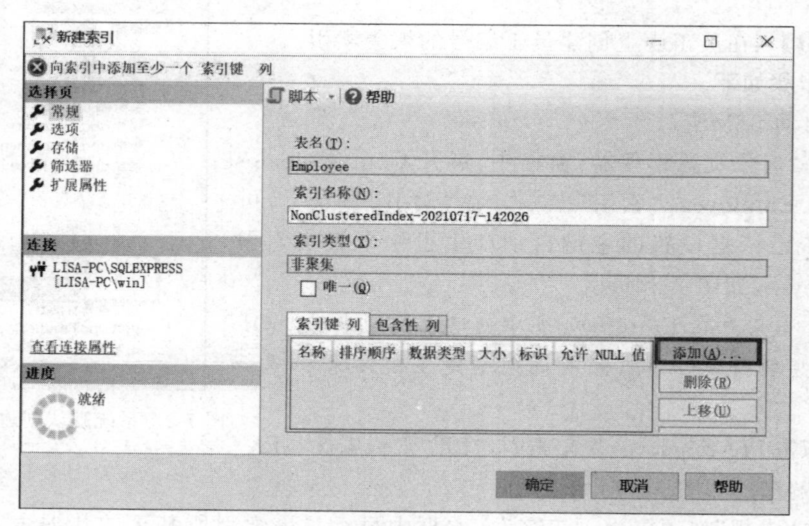

图 7-4 “新建索引”窗口

(4) 单击窗口右侧的“添加”按钮，出现“从‘dbo.Employee’中选择列”窗口，如图 7-5 所示。选择 EmployeeName 列，单击“确定”按钮。

(5) 在“新建索引”窗口，在“索引名称”对应的文本框中输入索引名称 ID_EmployeeName，如图 7-6 所示，单击“确定”按钮，在 Employee 表中创建了一个不唯一的、非聚集的索引。

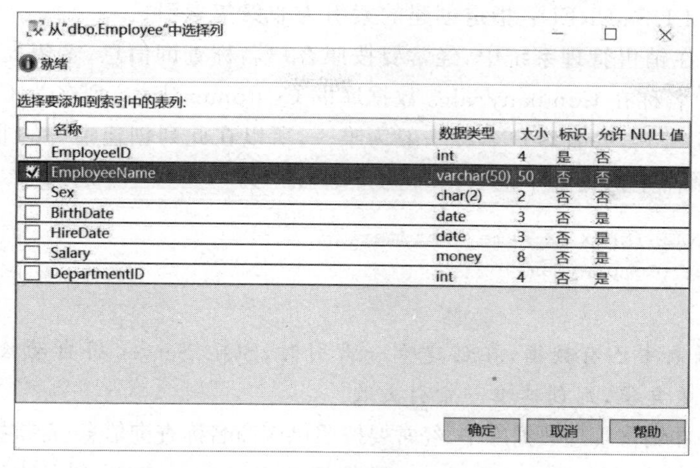

图 7-5 选择创建索引的列

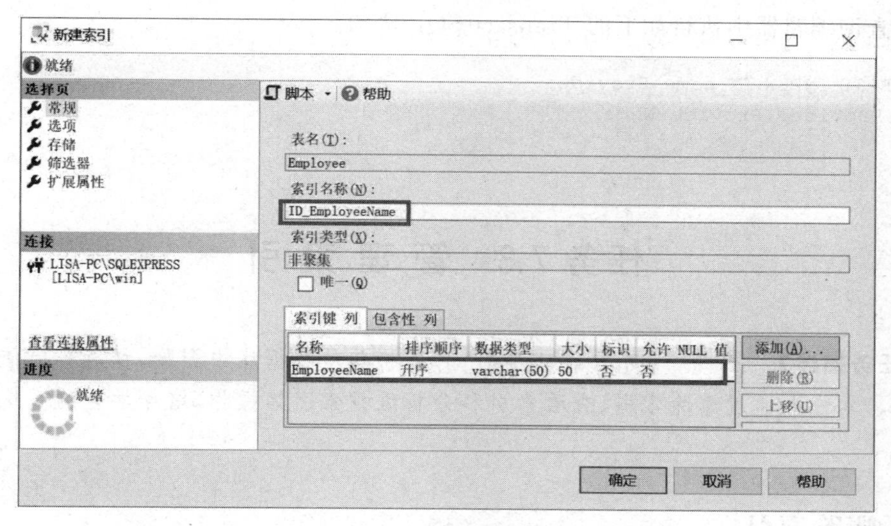

图 7-6 添加索引的列

7.2.2 使用 CREATE INDEX 语句

使用 CREATE INDEX 语句可以创建聚集索引或非聚集索引。它的语法格式如下。

```
CREATE [UNIQUE] [CLUSTERED | NONCLUSTERED]
INDEX 索引名
ON {表名|视图名 } 列名 [ASC | DESC] [,...n])
```

各参数说明如下。

(1) UNIQUE：指定为表或视图创建唯一索引,即不允许存在索引值相同的两行。

(2) CLUSTERED：指定创建的索引为聚集索引。

(3) NONCLUSTERED：指定创建的索引为非聚集索引。

【例 7-3】 在销售管理系统中，经常要按照客户名称查询信息，希望提高查询速度。

分析：客户名称在 CompanySales 数据库的 Customer 表中，列名为 CompanyName，但是该列不是主键列，并且客户名称一般为唯一，所以在此列创建唯一的非聚集索引。

在查询编辑器中执行如下的 Transact-SQL 语句。

```
CREATE UNIQUE INDEX IX_name_Customer
ON Customer (CompanyName)
GO
```

说明：如果表中已有数据，在创建唯一索引时，SQL Server 将自动检验是否存在重复的值，若存在重复值，则创建唯一索引失败。

【例 7-4】 在销售管理数据库中，经常要按照供应商名称查询信息，希望提高查询速度。

分析：供应商名称在 CompanySales 数据库的 Provider 表中，列名为 ProviderName，但是该列不是主键列，并且公司名称可能存在同名者，所以在此列创建非聚集索引。

在查询编辑器中执行如下的 Transact-SQL 语句。

```
CREATE INDEX IX_name_Provider
ON Provider(ProviderName)
GO
```

任务 7.3 管理索引

【任务描述】 当一个索引不再需要时，可以将其从数据库中删除，释放当前使用的磁盘空间。本任务通过删除索引、查看索引和分析维护索引等操作，培养学生的系统性思维能力。

7.3.1 删除索引

当不再需要一个索引时，可以将其从数据库中删除，以回收它当前使用的磁盘空间。根据索引的创建方式，要删除的索引分为两类，一类为创建表约束时，自动创建的索引。必须先删除主键约束或唯一约束，才能删除约束使用的索引。另一类通过创建索引的方式创建的独立于约束的索引，可以利用 SQL Server Management Studio 或 DROP INDEX 语句直接删除。

1. 使用 SSMS 删除独立于约束的索引

【例 7-5】 使用 SSMS 删除例 7-3 中创建的 IX_name_Customer 索引。

操作步骤如下。

(1) 在“对象资源管理器”窗格中，展开 CompanySales|“表”节点。

（2）展开 Customer|“索引”节点。

（3）右击 IX_name_Customer 索引，在弹出的快捷菜单中选择“删除”命令。

（4）在“删除对象”窗口中，单击“确定”按钮。

2. 使用 DROP INDEX 语句删除独立于约束的索引

使用 DROP INDEX 语句删除独立于约束的索引的语法格式如下。

```
DROP INDEX 表名.索引名|视图名.索引名 [,...n]
```

【例 7-6】 删除 Provider 表的 IX_name_Provider 索引。

在查询编辑器中执行如下的 Transact-SQL 语句。

```
DROP INDEXProvider.IX_name_Provider
GO
```

【例 7-7】 删除 Department 表的 PK_Department 聚集索引。

在查询编辑器中执行如下的 Transact-SQL 语句。

```
DROP INDEXDepartment. PK_Department
GO
```

程序的执行结果如图 7-7 所示。注意，不能显式地删除创建主键约束时创建的索引。

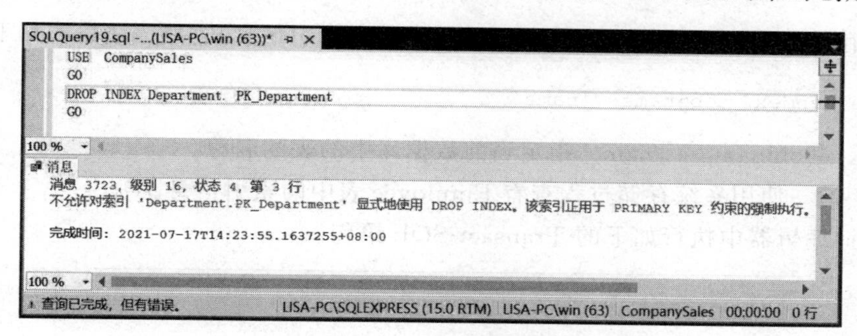

图 7-7 删除由主键约束创建的索引

7.3.2 查看索引

查看索引的方法有两种：一种是使用 SSMS 查看索引；另一种是用系统存储过程查看和更改索引名称。

1. 使用 SSMS

【例 7-8】 查看 Department 表的 PK_Department 索引信息。

操作步骤如下。

（1）在“对象资源管理器”窗格中，展开 CompanySales|“表”|dbo.Department|“索引”节点。

(2) 右击 PK_Department 节点,在弹出的快捷菜单中选择"属性"命令,出现如图 7-8 所示的"索引属性 - PK_Department"窗口。通过在窗口左侧的选项,可以详细查看索引的所有信息。

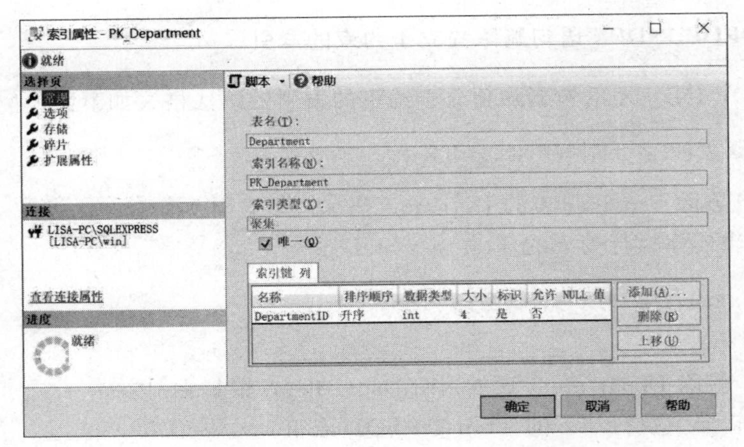

图 7-8 "索引属性-PK_Department"窗口

2. 用系统存储过程查看和更改索引名称

系统存储过程 sp_helpindex 可以返回表的所有索引信息,它的语法格式如下。

```
sp_helpindex [@objname=]'name'
```

其中,[@objname=]'name' 指定当前数据库中的表的名称。

【例 7-9】 使用系统存储过程查看 Employee 表中的索引信息。

在查询编辑器中执行如下的 Transact-SQL 语句。

```
USE CompanySales
Go
EXEC sp_helpindex Employee
Go
```

程序的执行结果如图 7-9 所示,其中包含索引的名称、索引类型和创建索引列等信息。

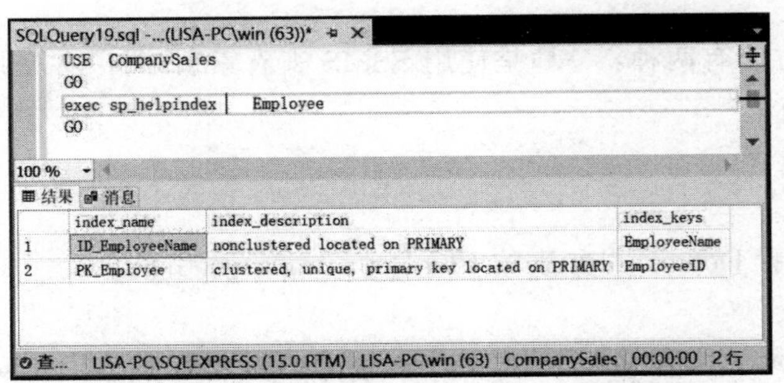

图 7-9 Employee 表中的索引信息

7.3.3 重命名索引

利用系统存储过程 sp_rename 可以更改索引的名称，其语法格式如下。

```
sp_rename '表名.原索引名称', '新索引名称'
```

【例 7-10】 将 Customer 表中的 IX_name_Customer 索引重命名为 Index_name。在查询编辑器中执行如下的 Transact-SQL 语句。

```
USE CompanySales
Go
EXEC sp_rename 'Customer.IX_name_Customer','Index_name'
Go
```

7.3.4 分析和维护索引

索引是提高数据查询效率的有效方法，但是也是最难全面掌握的技术。恰当的索引可以千倍提高效率，无效的索引则浪费数据库空间，甚至降低查询的性能。在建立索引后要根据实际查询需求，对索引进行分析，判断其是否能够有效提高数据的查询性能。索引在创建之后，由于数据的增加、删除、更新等操作使得索引数据变得支离破碎，因此为了提高系统的性能，必须对索引进行维护。

SQL Server 2019 提供了多种工具对索引进行维护和分析。这些维护包括查看碎片信息、维护统计信息、分析索引性能、删除重建索引等。

1. 分析索引

SQL Server 提供分析索引和查询性能的方法，这里介绍最常用的 SHOWPLAN_ALL 语句和 STATISTICS IO 语句。

(1) SHOWPLAN_ALL 语句可显示全部查询计划，即在查询过程中连接表所采用的每个步骤，以及选择哪个索引，从而帮助用户分析有哪些索引被系统采用。

SHOWPLAN_ALL 的基本语法如下。

```
SET SHOWPLAN_ALL {ON|OFF}
```

SET SHOWPLAN_ALL 语句在执行或运行时设置，而不是在分析时设置。当 SET SHOWPLAN_ALL 为 ON 时，SQL Server 返回每个语句的执行信息但不执行语句，而且 Transact-SQL 语句将不执行。将该选项设置为 ON 后，将返回有关所有后续 Transact-SQL 语句的信息，直到将该选项设置为 OFF 为止。例如，如果在 SET SHOWPLAN_ALL 为 ON 时执行 CREATE TABLE 语句，则 SQL Server 从涉及同一个表的后续 SELECT 语句返回错误信息：指定的表不存在。因此，对该表的后续引用将失败。当 SET SHOWPLAN_ALL OFF 时，SQL Server 执行语句但不生成报表。

【例 7-11】 在销售管理数据库中，查询姓章的所有员工信息，并分析哪些索引被引用。

分析：在员工表 Employee 中已经创建了两个索引，一个是基于员工号的主键；另一个是基于姓名的索引。

在查询编辑器中执行如下的 Transact-SQL 语句，并查看结果。

```
USE CompanySales
GO
SET SHOWPLAN_ALL ON
GO
SELECT * FROM Employee WHERE  EmployeeName LIKE '章%'
GO
SET SHOWPLAN_ALL OFF
GO
```

程序的执行结果如图 7-10 所示。在图中可以看出，两个索引都起作用，基于姓名的索引 ID_EmployeeName 首先被使用，然后才是基于主键的 PK_Employee 索引。

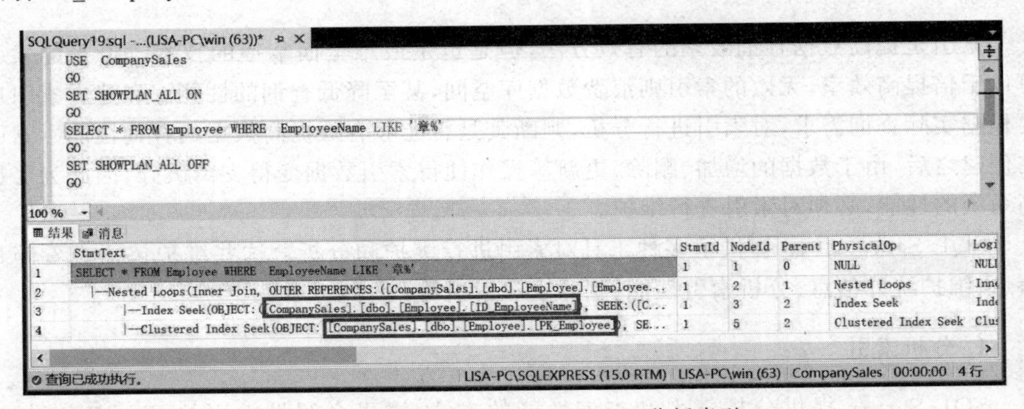

图 7-10 使用 SHOWPLAN_ALL 分析索引

（2）在查找数据时，实际是在磁盘中查找，所以有必要使用 STATISTICS IO 命令统计磁盘的输入/输出信息。

STATISTICS IO 的语法格式如下。

```
SET STATISTICS IO{ON|OFF}
```

当 STATISTICS IO 为 ON 时，显示统计信息，为 OFF 时，不显示统计信息。将该选项设置为 ON 后，所有的后续 Transact-SQL 语句将返回统计信息，直到将该选项设置为 OFF 为止。

【例 7-12】 在销售管理数据库中，查询姓章的所有员工信息，并统计执行该数据查询所花费的磁盘 IO 活动量信息。

在查询编辑器中执行如下的 Transact-SQL 语句，并查看结果。

```
USE CompanySales
```

```
GO
SET STATISTICS IO ON
GO
SELECT * FROM Employee WHERE EmployeeName LIKE '章%'
GO
SET STATISTICS IO OFF
GO
```

程序的执行结果如图 7-11 所示。

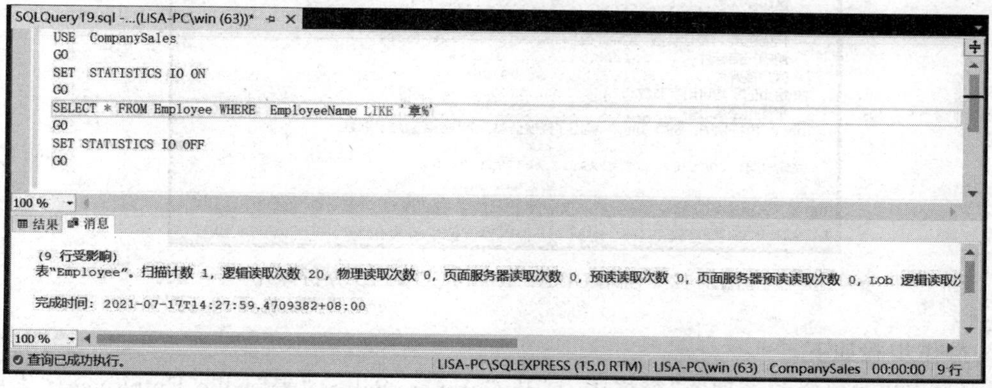

```
SQLQuery19.sql -...(LISA-PC\win (63))*
USE CompanySales
GO
SET STATISTICS IO ON
GO
SELECT * FROM Employee WHERE EmployeeName LIKE '章%'
GO
SET STATISTICS IO OFF
GO
100 %
结果 消息
(9 行受影响)
表"Employee"。扫描计数 1，逻辑读取次数 20，物理读取次数 0，页面服务器读取次数 0，预读读取次数 0，页面服务器预读读取次数 0，Lob 逻辑读取次
完成时间：2021-07-17T14:27:59.4709382+08:00
100 %
查询已成功执行。 LISA-PC\SQLEXPRESS (15.0 RTM) LISA-PC\win (63) CompanySales 00:00:00 9 行
```

图 7-11 使用 STATISTICS IO 分析索引的结果

2. 维护索引

在数据库的使用过程中，由于用户在数据库上进行多次的插入、删除和修改操作，久而久之使得数据产生大量的碎片，从而降低索引性能。通常碎片在 10%以内是可以接受的，碎片越多索引表就越不连续。在索引的使用过程中，需要不断地进行维护。

可以使用两种方式查看有关索引的碎片信息：使用 SQL Server Management Studio 查看；利用 DBCC SHOWCONTIG 语句扫描表。

DBCC SHOWCONTIG 命令的语法格式如下。

```
DBCC SHOWCONTIG [(表名|视图名,索引名)]
```

【例 7-13】 利用 DBCC SHOWCONTIG 命令扫描 PK_Employee 索引的信息。

在查询编辑器中执行如下的 Transact-SQL 语句，并查看结果。

```
USE CompanySales
GO
DBCC SHOWCONTIG(Employee,Pk_employee)
GO
```

程序的执行结果如图 7-12 所示。

【例 7-14】 查看 CompanySales 数据库中 Employee 表的 PK_Employee 索引的碎片信息。

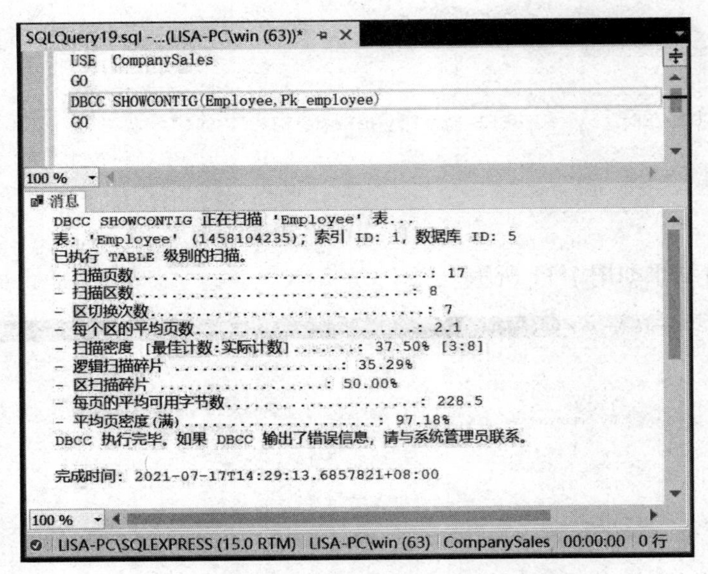

图 7-12 使用 DBCC SHOWCONTIG 分析碎片

操作步骤如下。

(1) 在“对象资源管理器”窗格中，展开 CompanySales|“表”|dbo.Employee|“索引”节点。

(2) 右击 PK_Employee 节点，在弹出的快捷菜单中选择“属性”命令，出现如图 7-13 所示的“索引属性 - PK_Employee”窗口，在窗口左侧选择“碎片”选项，可以详细查看索引 PK_Employee 的碎片信息。

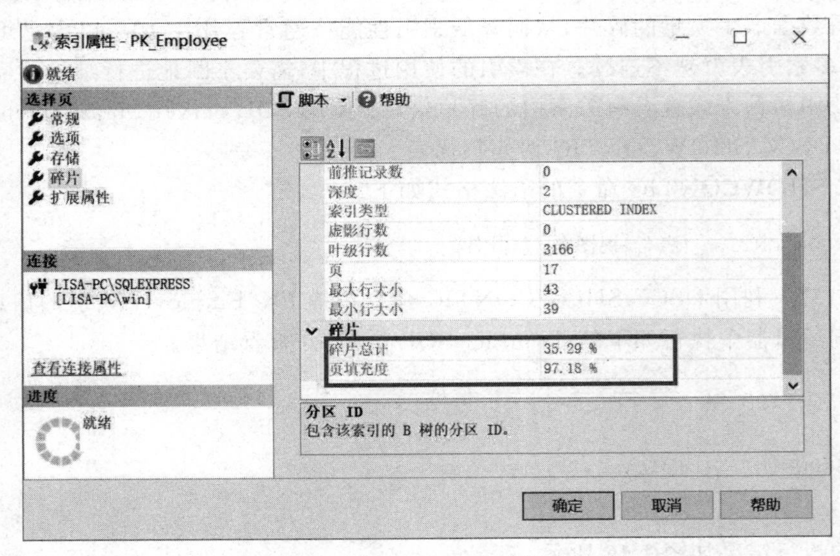

图 7-13 PK_Employee 索引的碎片信息

3. 碎片整理

随着时间的推移,对数据执行插入、更新或删除操作可能会导致索引中的信息分散在数据库中(含有碎片)。碎片越多索引性能越低,导致应用程序响应缓慢。用户可以利用DBCC INDEXDEFRAG语句整理碎片。

DBCC INDEXDEFRAG的语法格式如下。

```
DBCC INDEXDEFRAG (数据库名,表名|视图名,索引名)
```

【例7-15】 对CompanySales数据库的Employee表中的PK_Employee索引进行整理。

在查询编辑器中执行如下的Transact-SQL语句。

```
DBCC INDEXDEFRAG(CompanySales,Employee, PK_Employee)
```

任务7.4 应用索引

【任务描述】 本任务通过介绍使用索引的原则、设计并创建销售管理数据库的索引,增强学生的辩证思维、战略思维和系统性思维能力。

7.4.1 使用索引的原则

索引有许多优点:加快数据检索速度;保证数据记录的唯一性;加速表之间的联接。但也带来许多缺点:创建索引要花费时间;创建的每个索引与原来的数据源(表)都需要磁盘空间存放数据;每次修改数据时索引都需要更新。因此在创建索引时,为了提高索引性能,主要参考以下基本原则。

1. 数据库原则

(1) 如果数据表中存储的数据量很大,但数据的更新操作少,查询操作很多,可为其创建多个索引以提高检索速度。

(2) 一个表如果建有大量索引,则会影响数据库的工作效率。避免对经常更新的表创建过多的索引,并且索引列要尽可能少。

(3) 对存储数据较少的数据表而言,一般不适宜为其创建索引。

(4) 视图包含聚合、表联接或聚集和联接的组合时,视图的索引可以显著地提升性能。

(5) 在创建索引之前,可以使用数据库引擎优化顾问来分析数据库并生成索引建议。

2. 查询原则

(1) 为经常用于查询中的谓词和连接条件的所有列创建非聚集索引。

(2) 涵盖索引(本身就包含了查询语句所要查询的所有列)可以提高查询性能。

(3) 将插入或修改行的查询尽可能多地写入单条语句内,利用优化后的索引维护。

(4) 评估查询类型以及如何在查询中使用列。例如,在完全匹配查询类型中使用的列就适合用于非聚集索引或聚集索引。

3. 索引列原则

(1) 推荐对唯一列和非空值列创建聚集索引,对于聚集索引,索引键长度尽量短。

(2) 不能将 ntext、text、image、varchar(max)、nvarchar(max) 和 varbinary(max) 数据类型的列指定为索引键列。

(3) XML 数据类型的列只能在 XML 索引中用作键列。

(4) 如果索引包含多个列,则应考虑列的顺序。

(5) 不要为重复值较多的列创建索引,否则检索时间会较长。

(6) 如果索引包含多个索引列,则要考虑列的连接顺序。

(7) 如果查询语句对列产生计算,可考虑对计算列值创建索引。

7.4.2 创建销售管理数据库的索引

在销售管理数据库规划的物理设计阶段,曾对各数据表的索引作简单的设计,为带有下画线的列创建索引,具体内容如下。

Employee (EmployeeID, EmployeeName, Sex, BirthDate, HireDate, Salary, DepartmentID)

Department(DepartmentID,DepartmentName,Manager,Depart_Desdription)

Sell_Order(SellOrderID, ProductID, EmployeeID, CustomID, SellOrderNumber, SellOrderDate)

Purchase_order(PurchaseOrderID, ProductID, EmployeeID, PrividerID, PurchaseOrderNumber, PurchaseOrderDate)

Product(ProductID, ProductName, price, ProductStockNumber, ProductSellNumber)

Customer(CustomerID, CompanyName, ContactName, Phone, address, EmailAddress)

Provider (ProviderID, ProviderName, ContactName, ProviderPhone, Provideraddress, ProviderEmail)

在此按照索引的使用原则,优化索引并创建各表的索引。

【例 7-16】 创建部门表索引,部门表 Department 的关系如下。

Department(DepartmentID, DepartmentName, Manager,Depart_Desdription)

分析:部门表 Department 中部门编号 DepartmentID 为主键列,因此系统自动创建了一个唯一的聚集索引。由于部门表 Department 是一个数据较少的小表,所以没必要再创建其他的索引。查看表中的索引,确定索引存在即可。

操作步骤如下。

在"对象资源管理器"窗格中,展开 CompanySales|"表"|dbo.Department|"索引"节

点，即可看到表中的索引，如图7-14所示。

【例7-17】 创建员工表的索引，员工表Employee的关系如下。

Employee（EmployeeID，EmployeeName，Sex，BirthDate，HireDate，Salary，DepartmentID）

分析：员工表中员工编号EmployeeID为主键列，因此系统自动创建了唯一的聚集索引。在员工表中，经常要查找指定姓名的员工信息，为了增加查找的效率，所以对EmployeeName列创建非聚集索引。另外，部门编号DeparmentID为联接部门表的列，因而也需要创建非聚集索引。

在查询编辑器中执行如下的Transact-SQL语句。

```
CREATE INDEX IX_name_Employee ON Employee (EmployeeName)
CREATE INDEX IX_DepartmentID_Employee ON Employee (DepartmentID)
```

执行后Employee表的索引如图7-15所示。

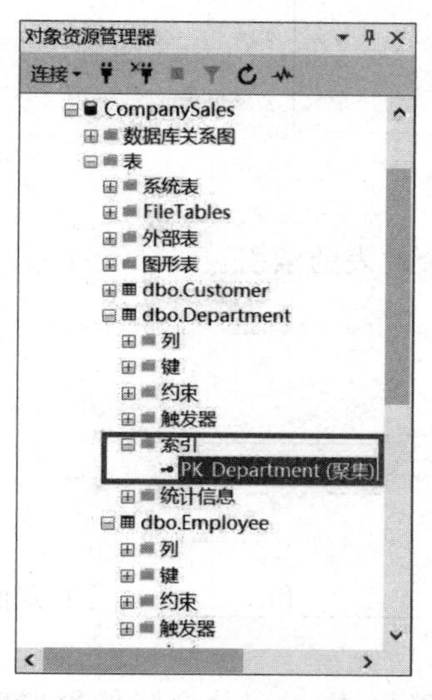

图7-14　Department表中的索引

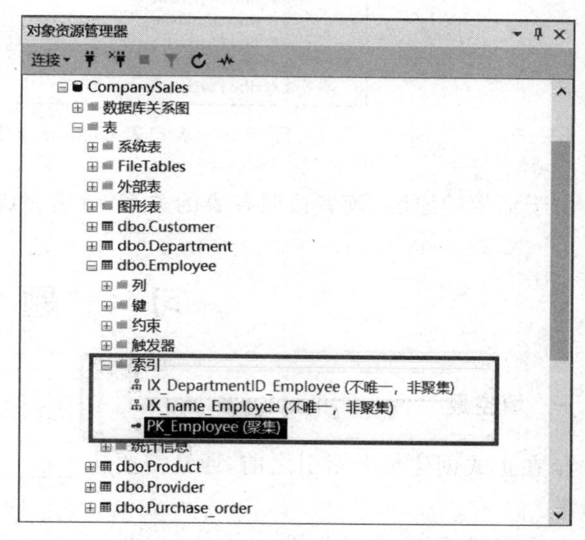

图7-15　员工表Employee中的索引

【例7-18】 创建客户表索引，客户表Customer的关系如下。

Customer（CustomerID，CompanyName，ContactName，Phone，address，EmailAddress）

分析：客户表中客户编号CustomerID为主键列，因此系统自动创建了唯一的聚集索引。在客户表中，经常要按照客户名称查找信息，同时一般客户的名称不同，为了增加查找的效率，所以对CompanyName列创建唯一的非聚集索引。另外，经常要查找各客户的联系人的姓名，所以创建ContactName列的非聚集索引。

在查询编辑器中执行如下的Transact-SQL语句。

```
CREATE UNIQUE INDEX IX_name_Customer ON Customer (CompanyName)
CREATE INDEX IX_ContactName_Customer ON Customer (ContactName)
```

执行后 Customer 表的索引如图 7-16 所示。

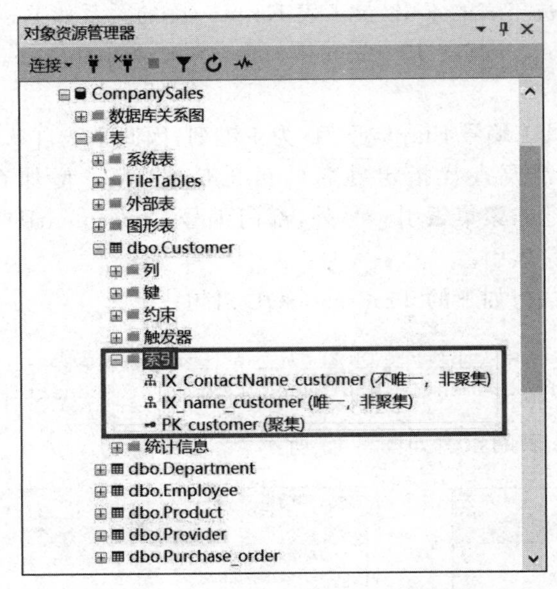

图 7-16　客户表 Customer 中的索引

由于篇幅的原因，读者按照各表的关系，继续完成剩余的表的索引。

习　　题

一、填空题

1. 在正式创建一个索引之前，通常需要从________、________和________三个方面进行考虑。

2. 一般情况下，当数据进行________时，会产生索引碎片，索引碎片会降低数据库系统的性能，通过________使用系统函数，可以检测索引中是否存在碎片。

3. 为数据表创建主键约束时，会自动创建________索引。

4. 使用________创建独立于约束的索引。

二、思考题

1. 简述索引的优点和缺点。

2. 简述索引的使用原则。

3. 什么是聚集索引？什么是非聚集索引？比较这两种索引结构的特点。

4. 如何使用 CREATE INDEX 语句创建索引？

实 训

一、实训目的

1. 了解索引的作用。
2. 掌握索引的创建方法。
3. 掌握设计索引的原则。

二、实训内容

1. 在销售管理数据库系统中,设计各表的索引。
2. 利用 SQL Server Management Studio 创建各表的索引。
3. 查看所有的统计信息。
4. 对数据表进行插入数据操作,然后查看索引的碎片信息。

项目8

销售管理数据库中存储过程的应用

技能目标

能够创建、删除、修改存储过程;能够根据实际需要设计销售管理数据库中的存储过程。

知识目标

存储过程的作用;系统存储过程和扩展存储过程;存储过程的基本类型;创建、删除、修改和加密存储过程;执行各类存储过程。

思政目标

注重先进理论学习以及思维拓展;面对复杂问题时要进行分解、分步骤执行,引导学生在学习生活中做好规划,并按照制订的规划稳步前进;引导学生检查代码和性能是否符合技术标准和规范,培养学生规范化、标准化的职业素养和工匠精神。

任务 8.1 认识存储过程

【任务描述】 数据库开发人员在进行数据库系统开发时,使用存储过程可以实现一定的功能。本任务的目标是通过认识存储过程,培养和提升学生解决问题的能力,从而在面对复杂问题时能够对问题进行分解、分步骤执行,把复杂的事情简单化。

8.1.1 存储过程的概念

数据库开发人员在进行数据库开发时,为了实现一定的功能,要编写一些 Transact-SQL 语句,有时为了实现相同的功能,多次重复编写相同的 Transact-SQL 代码。这些 Transact-SQL 语句经常需要跨越传输途径从外部抵达服务器,不仅会造成应用程序运行效率低下,还会造成数据库安全隐患。使用存储过程可以解决这一问题,存储过程(stored procedure)是一组完成特定功能的 Transact-SQL 语句集,经编译后存储在数据库中,用户调用过程名和给出参数来调用它们。

SQL Server 中编写存储的过程类似于其他编程语言中的过程。例如,接收输入参数,并以输出参数的形式为调用过程语句返回一个或多个结果集;在存储过程中可以调用存储过程;返回执行存储过程的状态值,以表示执行存储过程的成功或失败。

说明：可以将存储过程想象成一个可以重复执行的应用程序，可以带有参数，也可以有返回值，方便用户执行重复的工作。

8.1.2 存储过程的特点

在 SQL Server 中，使用存储过程和在客户端计算机本地使用 Transact-SQL 程序相比较有许多优点。

1. 允许模块化程序设计

存储过程可由在数据库编程方面有专长的人员创建，存储在数据库中，以后可在程序中任意次调用该过程，实现应用程序统一访问数据库。存储过程独立于程序源代码，可以单独修改，这改进了应用程序的可维护性。

2. 执行速度快

存储过程在创建时就被编译和优化。程序调用一次存储过程以后，相关信息就保存在内存中，下次调用时可以直接执行。批处理的 Transact-SQL 语句在每次运行时，每次都要进行编译和优化，因此速度相对要慢。

3. 有效降低网络流量

一个需要数百行 Transact-SQL 代码的操作可以通过一条执行存储过程代码的语句来代替，而不需要在网络中发送数百行代码，因而有效地减少了网络流量，提高了应用程序的执行效率。

4. 提高数据库的安全性

存储过程具有安全特性(如权限)和所有权链接，以及可以附加到它们的证书。用户可以被授予权限来执行存储过程而不必直接对存储过程中引用的对象具有权限。存储过程可以强制设置应用程序的安全性。参数化存储过程有助于保护应用程序不受 SQL Injection 攻击。

8.1.3 存储过程的分类

在 SQL Server 2019 中，存储过程分为 3 类：系统存储过程、用户自定义存储过程和扩展存储过程。

1. 系统存储过程

SQL Server 2019 中的许多管理活动都是通过一种特殊的存储过程执行的，这种存储过程被称为系统存储过程。系统提供的系统存储过程的名字一般都以“sp_”为前缀。例如，sp_help 就是一个系统存储过程，用来显示系统对象的信息。

从物理意义上看，系统存储过程主要存储在源数据库 Resource 中，但在逻辑意义上，它们出现在每个数据库的 dbo 架构中。在“对象资源管理器”窗格中可以查看系统存储过程。打开 CompanySales 数据库，查看系统存储过程，如图 8-1 所示。

图 8-1　系统存储过程

2. 用户定义存储过程

用户定义存储过程是指封装的由用户创建，能完成某一特定功能的可复用代码的模块或例程。在 SQL Server 2019 中，用户自定义存储过程有两种类型：Transact-SQL 和 CLR。CLR 存储过程是对 Microsoft .NET Framework 公共语言运行库(CLR)中方法的引用，可以接收用户提供的参数，也可以返回数据。

3. 扩展存储过程

扩展存储过程是指使用编程语言(如 C)创建自己的外部例程，是 Microsoft SQL Server 的实例可以动态加载和运行的 DLL。扩展存储过程直接在 SQL Server 的实例的地址空间中运行，可以使用 SQL Server 扩展存储过程 API 完成编程。

任务 8.2　创建和执行用户存储过程

【任务描述】 存储程序是可以存储在服务器中的一段 SQL 语句，一旦它被存储了，客户端就不需要重复编写代码，可以引用存储程序来达到目的。本任务通过创建和执行各种不同的存储过程和函数，引导学生检查代码和性能是否符合技术标准和规范，树立规范化、标准化的职业素养和工匠精神。

创建存储过程需要 CREATE ROUTINE 权限；移除存储程序需要 ALTER ROUTINE 权限，这个权限自动授予子程序的创建者；执行子程序需要 EXECUTE 权限，这个权限自动授予子程序的创建者。

存储过程的定义中包含以下两个主要组成部分。

(1) 过程名称及其参数的声明：包括所有的输入参数以及传给调用者的输出参数。

(2) 过程的主体：也称为过程体，针对数据库的操作语句(Transact-SQL 语句)，包括调用其他存储过程的语句。

在 SQL Server 2019 中，利用 CREATE PROCEDURE 语句创建存储过程的语法格式如下。

```
CREATE PROC[EDURE] 存储过程名
    [{@参数名称 参数类型} [=参数的默认值]
     [OUTPUT]]
     [,...n]
     [WITH ENCRYPTION]
     [WITH RECOMPILE]
AS
     sql_statement
```

各参数说明如下。

(1) @参数名称：存储过程可以不带参数，也可以带有一个或多个参数。参数名称必须以@作为第一个字符。参数后面带 OUTPUT，表示为输出参数。

(2) WITH ENCRYPTION：对存储过程加密，其他用户无法查看存储过程的定义。

(3) WITH RECOMPILE：每次执行该存储过程都要重新编译。

(4) sql_statement：该存储过程中定义的编程语句。

根据存储过程的定义中的参数形式，可以把存储过程分为不带任何参数的存储过程、带输入参数的存储过程和带输出参数的存储过程三种。

说明：存储过程与函数不同，存储过程不返回取代其名称的值，也不能直接在表达式中使用。

8.2.1 不带参数的存储过程

1. 创建不带参数的存储过程

创建不带参数的存储过程时，简化后的语法格式如下。

```
CREATE PROC[EDURE] 存储过程名
   [WITH ENCRYPTION]
   [WITH RECOMPILE]
AS
   sql_statement
```

【例 8-1】 创建一个名为 Cu_information 的存储过程,用于查询客户的信息。

分析:由于其中没有任何指定条件,每次执行存储过程都是查询所有的客户信息,所以属于不带参数的存储过程。存储过程体的功能主要是查询客户的信息,所以存储过程体的语句为 SELECT * FROM Customer。

在查询编辑器中执行如下的 Transact-SQL 语句。

```
CREATE PROCEDURE Cu_information              /*定义过程名*/
AS
SELECT * FROM Customer                       /*过程体*/
```

【例 8-2】 创建一个名为 Cu_tonghen_Order 的存储过程,用于查询通恒机械有限公司的联系人姓名、联系方式,以及该公司订购产品的明细表。

分析:存储过程体的功能主要是查询通恒机械有限公司客户的信息,每次执行没有指定其他条件,因此,此存储过程为不带参数的存储过程。存储过程体的功能是实现查询通恒机械有限公司的联系人姓名、联系方式,以及该公司订购产品的明细表,过程体的语句如下。

```
SELECT C.CompanyName 公司名称, c.ContactName 联系人姓名,
       P.ProductName 商品名称, P.price 单价,
       S.SellOrderNumber 订购数量, S.SellOrderDate 订货日期
FROM Customer AS C
       JOIN Sell_order AS S ON C.CustomerID=S.CustomerID
       JOIN Product AS P ON P.ProductID=S.ProductID
WHERE C.CompanyName='通恒机械有限公司'
```

在创建存储过程之前,最好先在查询编辑器中执行存储过程体中的内容,以得到所需的结果,如图 8-2 所示,然后再创建存储过程。

结果 消息

	公司名称	联系人姓名	商品名称	单价	订购数量	订货日期
1	通恒机械有限公司	黄国栋	路由器	4.50	200	2012-08-05
2	通恒机械有限公司	黄国栋	墨盒	80.00	20	2013-10-23
3	通恒机械有限公司	黄国栋	鼠标	40.00	590	2015-03-22
4	通恒机械有限公司	黄国栋	墨盒	80.00	88	2015-03-30
5	通恒机械有限公司	黄国栋	苹果汁	4.24	8000	2015-03-30
6	通恒机械有限公司	黄国栋	打印纸	20.00	200	2016-08-10
7	通恒机械有限公司	黄国栋	打印纸	20.00	200	2016-08-10
8	通恒机械有限公司	黄国栋	打印纸	20.00	200	2016-08-10

图 8-2 查询通恒机械有限公司订购的商品信息

在查询编辑器中执行如下的 Transact-SQL 语句即可得到存储过程。

```
CREATE PROCEDURE Cu_tonghen_Order
As
    SELECT C.CompanyName 公司名称, c. ContactName 联系人姓名,
        P.ProductName 商品名称, P.price 单价,
        S.SellOrderNumber 订购数量, S.SellOrderDate 订货日期
    FROM Customer AS C
        JOIN Sell_order AS S ON C.CustomerID=S.CustomerID
        JOIN Product AS P ON P.ProductID=S.ProductID
    WHERE C.CompanyName='通恒机械有限公司'
```

2. 执行不带参数的存储过程

存储过程创建成功后，用户可以执行存储过程来检查存储过程的返回结果。可以使用 EXECUTE 语句来调用它。执行不带参数存储过程的语法结构如下。

```
EXEC[UTE] 存储过程名
```

如果 EXEC 语句是批处理中的第一条语句，则不必指定 EXECUTE 关键字。

【例 8-3】 执行例 8-2 中创建的 Cu_tonghen_Order 存储过程。

在查询编辑器中执行如下的 Transact-SQL 语句。

```
EXEC Cu_tonghen_Order
```

执行的结果如图 8-3 所示，与图 8-2 所示的结果相同，表示存储过程创建成功，并返回相应的结果。

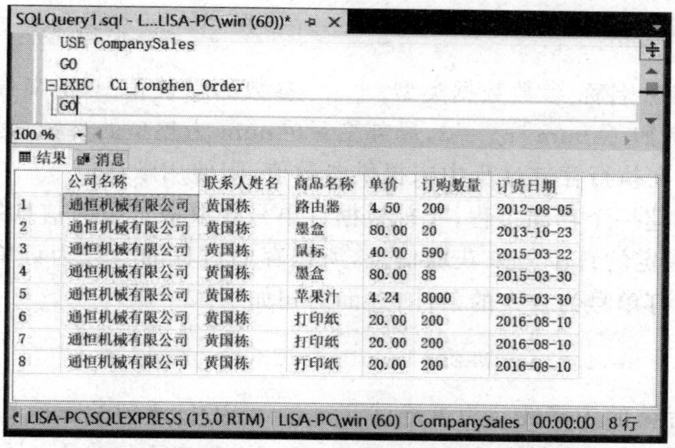

SQLQuery1.sql - L...LISA-PC\win (60))*

```
USE CompanySales
GO
EXEC  Cu_tonghen_Order
GO
```

100 %

结果 消息

	公司名称	联系人姓名	商品名称	单价	订购数量	订货日期
1	通恒机械有限公司	黄国栋	路由器	4.50	200	2012-08-05
2	通恒机械有限公司	黄国栋	墨盒	80.00	20	2013-10-23
3	通恒机械有限公司	黄国栋	鼠标	40.00	590	2015-03-22
4	通恒机械有限公司	黄国栋	墨盒	80.00	88	2015-03-30
5	通恒机械有限公司	黄国栋	苹果汁	4.24	8000	2015-03-30
6	通恒机械有限公司	黄国栋	打印纸	20.00	200	2016-08-10
7	通恒机械有限公司	黄国栋	打印纸	20.00	200	2016-08-10
8	通恒机械有限公司	黄国栋	打印纸	20.00	200	2016-08-10

LISA-PC\SQLEXPRESS (15.0 RTM) | LISA-PC\win (60) | CompanySales | 00:00:00 | 8 行

图 8-3　执行 Cu_tonghen_Order 存储过程的结果

3. 推荐创建存储过程的步骤

从总体上来说，创建存储过程可分为 3 个步骤，以例 8-1 为例，步骤如下。

(1) 实现过程体的功能。在查询编辑器中执行过程体的功能，确认符合要求。

例 8-1 中查看客户信息的语句如下。

```
SELECT * FROM Customer
```

(2) 创建存储过程。如果发现符合要求，则按照存储过程的语法格式定义该存储过程。

```
CREATE PROCEDURE Cu_information
AS
    SELECT * FROM Customer
```

(3) 验证正确性。执行存储过程，验证存储过程的正确性。

```
EXEC Cu_information
```

8.2.2 带输入参数的存储过程

1. 创建带输入参数的存储过程

输入参数是指由调用程序向存储过程传递的参数,创建存储过程语句中定义输入参数,而在执行该存储过程时给出相应的变量值。创建带输入参数的存储过程的语法格式如下。

```
CREATE PROC[EDURE] 存储过程名
    [{@参数名称 参数数据类型}[=参数的默认值][,...n]]
    [WITH ENCRYPTION]
    [WITH RECOMPILE]
AS
    sql_statement
```

其中,"{ @参数名称 参数数据类型}[= 参数的默认值]"定义局部变量作为存储过程中的参数。例如 @num int =3,局部变量@num 为整型的参数,@num 的默认值为3,也就是说,如果在执行存储过程中未提供参数值,则使用默认值 3。

【例 8-4】 创建一个存储过程,实现根据订单号获取该订单的信息的功能。

分析:根据指定的订单号来获取信息,所以存储过程的参数为订单号@OrderID,在查询订单信息时,订单号为查询的条件,查询语句如下。

```
SELECT * FROM Sell_Order WHERE SellOrderId= @ OrderID
```

(1) 测试过程体的正确性。为了测试 Transact-SQL 语句的正确性,指定订单号为 4 的订单信息,所以将输入参数设为@OrderID=4。将查询语句改为

```
SELECT * FROM Sell_Order WHERE SellOrderId=4
```

在查询分析器中,执行查询的结果如图 8-4 所示。经确认,符合要求。

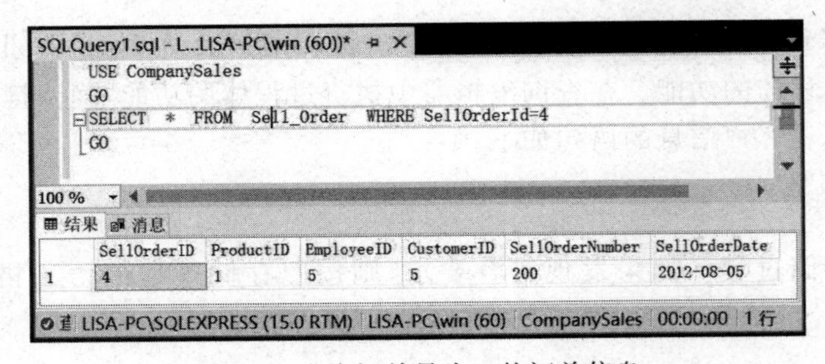

图 8-4　查询订单号为 4 的订单信息

(2) 创建存储过程。在查询编辑器中执行如下的 Transact-SQL 语句。

```
Create PROCEDURE OrderDetail
```

```
@OrderID INT
AS
    SELECT * FROM Sell_Order WHERE SellOrderId=@OrderID
```

【例 8-5】 在销售管理数据库 CompanySales 中,创建一个名为 Customer_order 的存储过程,用于获取指定客户的信息,包括联系人姓名、联系方式以及该公司订购产品的明细表。

分析:要获取指定客户信息,就需要一个输入参数。定义参数名为@Customername,根据客户表中的客户名称 CompanyName 的数据类型设置数据类型为 varchar,长度为 20。

过程体的主要功能为查询名为@Customername 的客户的信息,查询语句如下。

```
SELECT C.CompanyName 公司名称, C.contactName 联系人姓名,
      P.ProductName 商品名称, P.Price 单价,
      S.SellOrderNumber 数量, S.SellOrderDATE 订货日期
FROM Customer AS C
      JOIN Sell_order AS S ON C.CustomerID=S.CustomerID
      JOIN Product AS P ON S.ProductID=P.ProductID
WHERE C.CompanyName=@Customername
```

为了测试 Transact-SQL 语句的正确性,利用具体的值代替输入参数@Customername,确认符合要求以后,创建存储过程。

在查询编辑器中执行如下的 Transact-SQL 语句。

```
CREATE PROCEDURE Customer_order
@Customername varchar(20)
AS
    SELECT C.CompanyName 公司名称, C.contactName 联系人姓名,
        P.ProductName 商品名称, P.Price 单价,
        S.SellOrderNumber 数量, S.SellOrderDATE 订货日期
    FROM Customer AS C
        JOIN Sell_order AS S ON C.CustomerID=S.CustomerID
        JOIN Product AS P ON S.ProductID=P.ProductID
    WHERE C.CompanyName=@Customername
```

【例 8-6】 创建名为 listEmployee 的存储过程,其功能是在员工表 Employee 中查找符合性别要求和超过指定工资条件的员工的详细信息。

分析:存储过程的功能是查询员工的信息,条件为指定性别和指定工资,因此在存储过程中需指定两个变量——性别@sex char(2)和工资@salary money。查询语句如下。

```
SELECT *
FROM Employee
WHERE sex=@sex and salary>@salary
```

在查询编辑器中使用具体的条件,例如性别为男、工资超过 2000 元,确定过程体能够得到所需的结果。

创建存储过程 listEmployee,在查询编辑器中执行如下的 Transact-SQL 语句。

```
CREATE PROCEDURE listEmployee
    @sex varchar(2),
    @salary money
AS
    SELECT * FROM Employee
    WHERE sex=@sex and salary>@salary
```

2. 执行带输入参数的存储过程

执行带输入参数的存储过程有两种方法：一种是使用参数名传递参数值；另一种为按位置传递参数值。

(1) 使用参数名传递参数值

执行的语法结构如下。

```
EXEC[UTE] 存储过程名 [@参数名=参数值][DEFAULT][,...n]
```

【例 8-7】 使用例 8-5 中创建的存储过程 Customer_order，获取三川实业有限公司的信息，包括联系人姓名、联系方式以及该公司订购产品的明细表。

分析：查询公司信息的存储过程 Customer_order 中，@Customername 的值为'三川实业有限公司'。

在查询编辑器中执行如下的 Transact-SQL 语句。

```
EXEC Customer_order @Customername='三川实业有限公司'
```

执行的结果如图 8-5 所示。

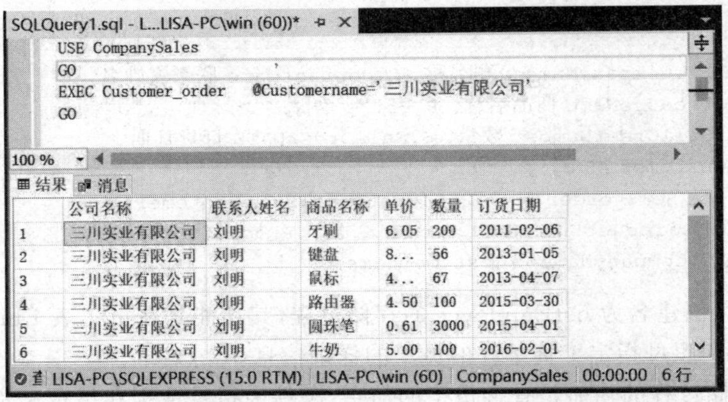
SQLQuery1.sql - L...LISA-PC\win (60))*
USE CompanySales
GO
EXEC Customer_order @Customername='三川实业有限公司'
GO
100 %
结果
消息
公司名称 联系人姓名 商品名称 单价 数量 订货日期
1 三川实业有限公司 刘明 牙刷 6.05 200 2011-02-06
2 三川实业有限公司 刘明 键盘 8... 56 2013-01-05
3 三川实业有限公司 刘明 鼠标 4... 67 2013-04-07
4 三川实业有限公司 刘明 路由器 4.50 100 2015-03-30
5 三川实业有限公司 刘明 圆珠笔 0.61 3000 2015-04-01
6 三川实业有限公司 刘明 牛奶 5.00 100 2016-02-01
LISA-PC\SQLEXPRESS (15.0 RTM) LISA-PC\win (60) CompanySales 00:00:00 6 行
图 8-5 执行存储过程 Customer_order 的结果

【例 8-8】 利用例 8-6 创建的存储过程 listEmployee，查找工资超过 4000 元的男员工和工资超过 3000 元的女员工的详细信息。

分析：存储过程 listEmployee 中使用了两个参数@sex 和@salary。查找工资超过 4000 元的男员工详细的信息时，@sex='男'，@salary=4000；查找工资超过 3500 元的女员工的信息时，@sex='女'，@salary=3500。

在查询编辑器中执行如下的 Transact-SQL 语句。

```
EXEC listEmployee @sex='男',@salary=4000
EXEC listEmployee @salary=3500,@sex='女'
```

执行的结果如图 8-6 所示。从图中可以看出，使用不同的参数得到了不同的结果。在使用参数名传递参数值时，参数的前后顺序可以改变，不影响参数值的传递。用户可以方便、灵活地根据需要使用存储过程。

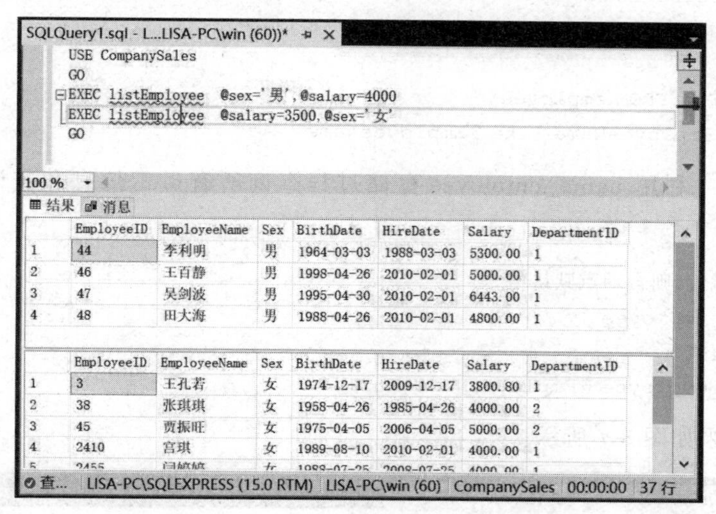

图 8-6 执行 listEmployee 的结果

(2) 按位置传递参数值

在执行存储过程时，可以按照输入参数的位置直接给参数传递值。当存储过程有多个参数时，值的顺序必须与创建存储过程语句中定义参数的顺序一致。也就是说，参数传递的顺序就是参数定义的顺序。参数是字符类型或日期类型时，需要将这些参数值使用引号引起来。按位置传递参数的语法格式如下。

```
EXEC[UTE] 存储过程名 [参数值 1][...n]
```

【例 8-9】 按位置传递执行存储过程 listEmployee，查找工资超过 4000 元的男员工和工资超过 3500 元的女员工的详细信息。

在查询编辑器中执行如下的 Transact-SQL 语句。

```
EXEC listEmployee '男', 4000
EXEC listEmployee '女', 3500
```

执行结果与图 8-6 相同。按位置传递参数值较简洁。当输入参数较多时，建议使用按位置传递，可增强程序的可读性。

说明：如果使用按位置传递参数，也可以忽略允许空值和具有默认值的参数输入，但不能破坏输入参数的指定顺序。

【例 8-10】 创建一个带有通配符参数的存储过程 name_employee，用于查询指定姓氏的员工信息。

分析：该存储过程用于从员工表中返回指定姓氏的员工信息。存储过程的参数为@EmployeeName，但是对传递的参数进行模式匹配，如果没有提供参数，则对参数赋予默认值“%”。

在查询编辑器中执行如下的 Transact-SQL 语句。

```
CREATE PROCEDUREName_employee
@EmployeeName varchar(40)='%'
AS
    SELECT * FROM employee
    WHERE EmployeeName like @EmployeeName
```

【例 8-11】 利用 name_employee 存储过程查询所有员工信息和查询姓王的员工信息。

```
--参数没赋值,则自动赋默认值"%"
EXEC name_employee
--参数赋值执行
EXEC name_employee @EmployeeName='王%'
```

执行的结果如图 8-7 所示。

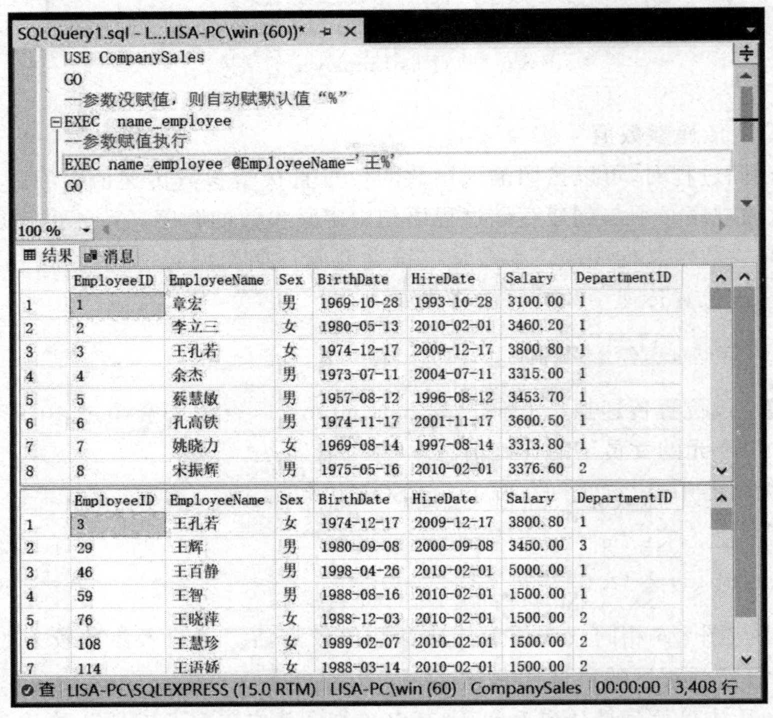

图 8-7 带通配符的存储过程的创建和执行

8.2.3 带输出参数的存储过程

1. 创建带输出参数的存储过程

从存储过程中返回一个或多个值是通过在创建存储过程的语句中定义输出参数来实现的。参数定义的具体语法格式如下。

```
@参数名 数据类型[=默认值] OUTPUT
```

其中,关键字 OUTPUT 指明这是一个输出参数。值得注意的是,输出参数必须位于所有输入参数说明之后。

2. 执行带输出参数的存储过程

为了接收某一存储过程的返回值,在调用该存储过程的程序中,必须声明一个变量接收输出参数的值。

语法格式如下。

```
EXEC[UTE] 存储过程名
[[@参数名=]{参数值|@变量 [OUTPUT]|[默认值]}] [,...n]
```

【例 8-12】 创建带返回参数的存储过程,计算两个整数的和。

分析:存储过程的功能是求两数的和,所以需要两个输入参数@num1 int、@num2 int,执行存储过程返回和,则需定义一个变量作为输出参数@RESULT int OUTPUT。

在查询编辑器中执行如下的 Transact-SQL 语句。

```
CREATE PROCEDURE PRO_SUM
@num1 int,@num2 int,
@RESULT int OUTPUT
AS
    SET @RESULT=@num1+@num2
```

【例 8-13】 执行例 8-12 创建的 PRO_SUM 存储过程。

在查询编辑器中执行如下的 Transact-SQL 语句。

```
DECLARE @ANSWER int
EXEC PRO_SUM 20,69, @ANSWER OUTPUT
SELECT @ANSWER '结果'
```

【例 8-14】 创建一个存储过程,获取指定员工的销售总额,并获取王孔若的销售总额。

分析:指定员工姓名作为存储过程的输入参数@EmployeeName,通过执行存储过程获取销售总额,销售总额为输出参数@SumSales。如果指定的员工没有订单,则赋予 0。

在查询编辑器中执行如下的 Transact-SQL 语句。

(1) 创建存储过程。

```
CREATE PROCEDURE EmployeeNAme_SumSales
@EmployeeName varchar(8), @SumSales decimal(18,2) OUTPUT
AS
    SET @SumSales=0             /*保证每个员工均有销售金额,最低为 0*/
    DECLARE @EmployeeID int
    SELECT @EmployeeID=EmployeeID FROM Employee
    WHERE EmployeeName=@EmployeeName
    IF EXISTS(SELECT * FROM Sell_Order WHERE EmployeeID=@EmployeeID)
    BEGIN
        SELECT @SumSales=SUM(Price*SellOrderNumber)
        FROM Sell_Order JOIN Product
            ON Product.ProductID=Sell_Order.ProductID
        WHERE EmployeeID=@EmployeeID
    END
RETURN @SumSales
```

(2) 执行存储过程。

```
DECLARE @SumSales1 decimal(18,2)
EXEC EmployeeNAme_SumSales '王孔若', @SumSales1 OUTPUT
SELECT @SumSales1
```

任务 8.3 管理存储过程

【任务描述】 存储过程创建后需要进行管理和维护,本任务完成存储过程的查看、修改和删除操作。

8.3.1 查看存储过程

存储过程被创建之后,存储过程名被存储在系统表 sysobjects 中,它的源代码被存放在系统表 syscomments 中。用户可以使用系统存储过程查看用户创建的存储过程。

(1) sp_help 用于显示存储过程的参数及其数据类型。语法格式如下。

```
sp_help [[@objname=]存储过程名]
```

【例 8-15】 查看 Customer_order 存储过程的参数和数据类型。

在查询编辑器中执行如下的 Transact-SQL 语句。

```
USE CompanySales
GO
sp_help Customer_order
GO
```

执行的结果如图 8-8 所示。

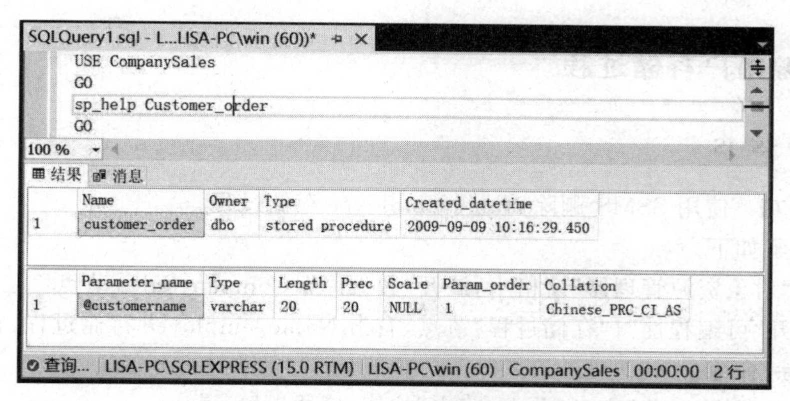

图 8-8　查看存储过程参数的数据类型

（2）sp_helptext 用于显示存储过程的源代码，语法格式如下。

```
sp_helptext [[@objname=]存储过程]
```

【例 8-16】 查看 Customer_order 存储过程的源代码。

在查询编辑器中执行如下的 Transact-SQL 语句。

```
USE CompanySales
GO
sp_helptext Customer_order
```

执行的结果如图 8-9 所示。

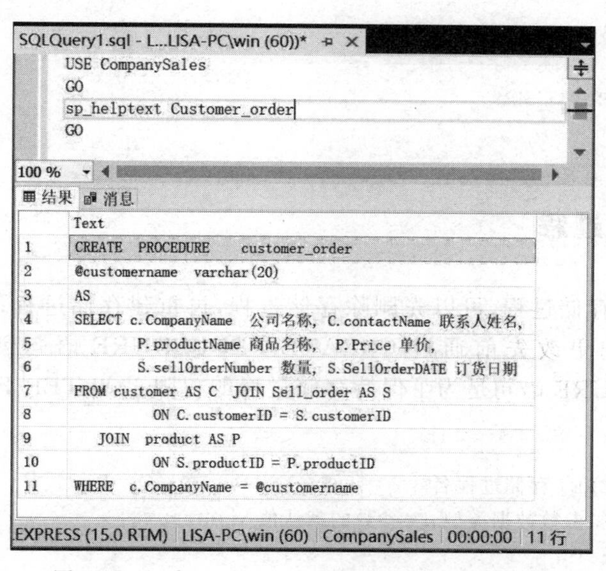

图 8-9　查看 Customer_order 存储过程的源代码

说明：如果在创建存储过程中使用了 WITH ENCYPTION 选项，那么使用 sp_helptext 无法看到存储过程的源代码。

8.3.2 删除用户存储过程

1. 使用 SSMS

【例 8-17】 使用 SSMS 删除 Name_employee 存储过程。

操作步骤如下。

(1) 在"对象资源管理器"窗格中,展开"数据库"|CompanySales 节点。

(2) 展开"可编程性"|"存储过程"节点,右击 Name_employee 存储过程,在快捷菜单中选择"删除"命令。

(3) 出现"删除对象"窗口,单击"确定"按钮,完成删除。

2. 使用 DROP 语句删除存储过程

删除用户存储过程可以使用 DROP 语句。DROP 语句可以从当前数据库中删除一个或者多个存储过程组,语法格式如下。

```
DROP PROC[EDURE] 存储过程名 [,...n]
```

说明:在删除存储过程前,先执行 sp_depends 存储过程来确定是否有对象信赖于此存储过程。

【例 8-18】 删除 PRO_SUM 存储过程。

在查询编辑器中执行如下的 Transact-SQL 语句。

```
USE CompanySales
GO
DROP PROCEDURE PRO_SUM
GO
```

8.3.3 修改存储过程

如果需要修改存储过程,可以先删除存储过程,再重建存储过程;或者使用 ALTER PROCEDURE 语句更改先前通过 CREATE PROCEDURE 语句创建的过程。使用 ALTER PROCEDURE 语句是为了保持存储过程的权限。ALTER PROCEDURE 语句的语法格式如下。

```
ALTER PROC[EDURE] 存储过程名
    [{@参数名称 参数数据类型}[=参数的默认值][OUTPUT]]
    [,...n]
    [WITH ENCRYPTION]
    [WITH RECOMPILE]
AS
    sql_statement
```

【例 8-19】 修改例 8-10 中创建的 Name_employee 存储过程，使其能够根据用户提供的姓名模糊查询员工信息，要求加密存储过程。

操作步骤如下。

（1）在“对象资源管理器”窗格中，选择 CompanySales 数据库。

（2）展开“可编程性”|“存储过程”节点，右击 Name_employee 存储过程，在快捷菜单中选择“修改”命令。

（3）在出现的“查询编辑器”窗格中，将代码作如下的修改。

```
SET ANSI_NULLS ON
SET QUOTED_IDENTIFIER ON
GO
ALTER PROCEDURE Name_employee
     @EmployeeName varchar(40)              --去掉了“='%'”
    WITH ENCRYPTION                         --增加了加密
AS
    SELECT *
    FROM Employee
    WHERE EmployeeName like '%'+@EmployeeName+'%';
```

（4）单击工具栏中的“执行”按钮。

任务 8.4　认识系统存储过程和扩展存储过程

【任务描述】 SQL Server 系统表中存放了各种对象的信息，SQL Server 2019 提供了大量系统存储过程帮助用户修改系统表。本任务介绍系统存储过程和扩展存储过程。

8.4.1　系统存储过程

系统表是 SQL Server 2019 用来存放各种对象信息的地方，它们存放在 master 和 msdb 数据库中，且大部分以字符 sp_开头。系统表中存放的信息大部分是数值数据，SQL Server 2019 提供了大约 1230 个系统存储过程，帮助用户修改系统表。下面对常用系统存储过程作简单的介绍。

（1）sp_tables：返回可在当前环境中查询的对象列表，这也表示可在 FROM 子句中出现的任何对象。

（2）sp_stored_procedures：返回当前环境中的存储过程列表。

（3）sp_rename：在当前数据库中更改用户创建对象的名称。此对象可以是表、索引、列、别名。

（4）sp_renamedb：更改数据库的名称。

（5）sp_help：报告有关数据库对象（sys.sysobjects 兼容视图中列出的所有对象）、用户定义数据类型或 SQL Server 2019 提供的数据类型的信息。

（6）sp_helptext：返回用户定义规则的定义、默认值、未加密的 Transact-SQL 存储过程、用户定义的 Transact-SQL 函数、触发器、计算列、检查约束、视图或系统对象（如系统存储过程）。

（7）sp_who：提供有关 Microsoft SQL Server Database Engine 实例中的当前用户和进程的信息。

（8）sp_password：为 Microsoft SQL Server 登录名添加或更改密码。

【例 8-20】 返回可在当前环境中查询的对象列表。

在查询编辑器中执行如下的 Transact-SQL 语句。

```
USE CompanySales
GO
EXEC sp_tables
GO
```

执行的结果如图 8-10 所示，其中包括系统表（SYSTEM TABLE）、用户表（TABLE）和视图（VIEW）等信息。

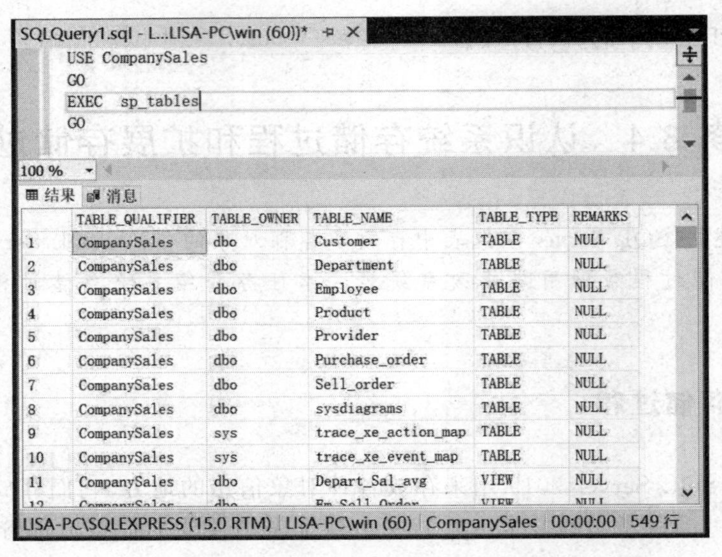

图 8-10　系统存储过程的执行结果

8.4.2 扩展存储过程

使用扩展存储过程能够在其他编程语言（如 C 语言）中创建自己的外部例程。扩展存储过程是 SQL Server 实例可以动态加载和运行的 DLL，扩展了 SQL Server 2019 的性能，常以 xp_开头。常用的扩展存储过程如下。

(1) xp_cmdshell：运行平常在命令提示符下执行的程序，如 DIR(显示目录)命令和 MD(更改目录)命令等。

(2) xp_sscanf：按格式参数指定的位置将数据从字符串读入。

(3) xp_sprintf：设置一系列字符和值的格式并将其存储到字符串输出参数中。每个格式参数都用相应的参数替换。

【例 8-21】 使用 xp_cmdshell 返回 D:\data 文件夹下的文件列表。

(1) 在查询编辑器中执行如下的 Transact-SQL 语句。

```
EXEC xp_cmdshell 'dir D:\data\*.*'
```

单击"执行"按钮，结果如图 8-11 所示，系统提示出错信息："此组件已作为此服务器安全配置的一部分而被关闭。"所以需要通过使用 sp_configure 更改当前服务器的全局配置设置，来启用 xp_cmdshell 的功能。

图 8-11 xp_cmdshell 被禁用时的系统提示信息

(2) 使用 sp_configure 更改当前服务器的全局配置设置，如图 8-12 所示。

```
EXEC sp_configure 'show advanced options',1
GO
--更新使用 sp_configure 系统存储过程更改的配置选项的当前已配置值
RECONFIGURE
GO
--更新当前服务器的全局配置设置
EXEC sp_configure 'xp_cmdshell',1
GO
--更新使用 sp_configure 系统存储过程更改的配置选项的当前已配置值
RECONFIGURE
GO
```

(3) 重复步骤(1)，使用 xp_cmdshell 扩展存储过程查看 D:\data 文件夹下的文件列表信息，执行结果如图 8-13 所示。

```
SQLQuery1.sql - L...LISA-PC\win (60))*
EXEC sp_configure 'show advanced options',1
GO
--更新使用sp_configure 系统存储过程更改的配置选项的当前已配置值
RECONFIGURE
GO
--更新当前服务器的全局配置设置
EXEC  sp_configure 'xp_cmdshell',1
GO
--更新使用sp_configure 系统存储过程更改的配置选项的当前已配置值
RECONFIGURE
GO

100 %
消息
配置选项 'show advanced options' 已从 0 更改为 1。请运行 RECONFIGURE 语句进行安装。
配置选项 'xp_cmdshell' 已从 0 更改为 1。请运行 RECONFIGURE 语句进行安装。

完成时间: 2021-07-19T13:02:13.5536710+08:00

100 %
查询已成功执行。 LISA-PC\SQLEXPRESS (15.0 RTM) | LISA-PC\win (60) | CompanySales | 00:00:00 | 0 行
```

图 8-12　启动 xp_cmdshell 扩展存储过程

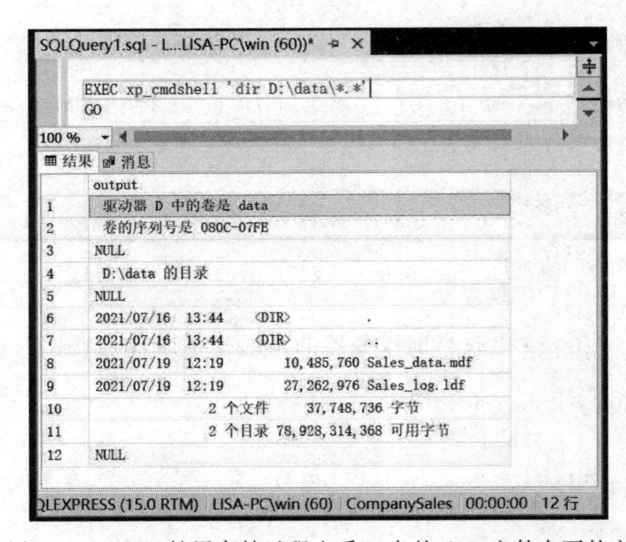

图 8-13　使用 xp_cmdshell 扩展存储过程查看 D 盘的 data 文件夹下的文件列表信息

任务 8.5　销售管理数据库中存储过程的应用

【任务描述】 在销售管理数据库中，经常要操作数据表。本任务通过创建操作表和获取订单信息的存储过程，引导学生检查代码和性能是否符合技术标准和规范，树立规范化、标准化的职业素养和工匠精神。

在一个数据库中创建存储过程前需要考虑以下的因素。

(1) 一个存储过程完成一个任务。

(2) 不要使用“sp_”来命名用户存储过程。

(3) 可以使用 WITH ENCRYPTION 加密存储过程,以免存储过程的源代码被人查阅。

(4) 在存储过程的开始执行 SET 语句。

(5) 在服务器上创建、测试存储过程。

在销售管理数据库中,除创建以上几个任务中涉及的存储过程外,还创建以下的存储过程。

8.5.1 操作表的存储过程

在销售管理数据库中,经常要对各类表进行插入、删除和更新操作。在此仅介绍创建商品表的插入操作、删除操作和更新操作的存储过程的方法,由读者完成其他表的存储过程。

1. 插入操作的存储过程

【例 8-22】 创建实现商品表的插入操作的存储过程。

分析:在商品表中,进行商品表的插入操作时,要将商品的编号、商品名称、单价、商品的库存量和商品的已销售量等共 5 个字段的值插入表中,但是,其中的商品编号为标识列,由系统自动编号,所以这是一个带参数的存储过程,共有 4 个参数。

(1) 创建 insert_Product 存储过程

在查询编辑器中执行如下的 Transact-SQL 语句。

```
CREATE PROC insert_Product
    @ProductName varchar(50),
    @Price decimal(18,2),
    @ProductStockNumber int,
    @ProductSellNumber int
AS
    INSERT INTO Product
         (ProductName,Price, ProductStockNumber,roductSellNumber)
    VALUES
        (@ProductName,@Price,@ProductStockNumber,@ProductSellNumber)
```

(2) 执行存储过程并验证其正确性

调用 insert_Product 存储过程,插入一条商品记录:玻璃茶杯,单价为 5 元,库存量为 300,目前没有已销售量。

在查询编辑器中执行如下的 Transact-SQL 语句。

```
EXEC insert_Product'玻璃茶杯', 5.0,300,0
GO
SELECT * FROM Product WHERE ProductName='玻璃茶杯'
```

执行的结果如图 8-14 所示。

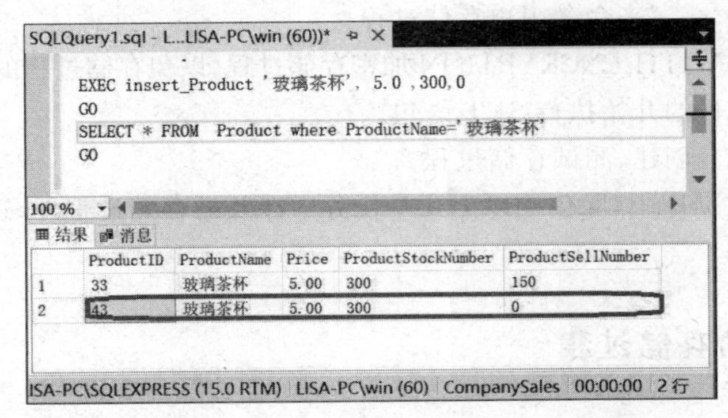

图 8-14 调用 insert_Product 存储过程插入一条商品记录

2. 删除操作的存储过程

【例 8-23】 在商品表中,创建指定商品编号的删除操作的存储过程。

分析：此删除操作指定了商品编号,所以 Delete_Product 存储过程仅有一个参数@ProductID,表示商品编号。

在查询编辑器中执行如下的 Transact-SQL 语句。

```
CREATE PROC Delete_Product
    @ProductID int
AS
    DELETE FROM Product
    WHERE ProductID=@ProductID
```

【例 8-24】 在员工表中,删除一条员工记录,如果该员工不存在,则无法删除;如果存在,但该员工有订单,则删除该员工的订单并删除该员工信息;如果该员工没有订单,则删除该员工信息。

分析：此处删除指定编号的员工,所以 Delete_Employee 存储过程仅有一个参数@EmID,表示员工编号。

在查询编辑器中执行如下的 Transact-SQL 语句。

```
CREATE PROC DELETE_Employee
    @EmID int
AS
BEGIN
  IF EXISTS(SELECT * FROM Employee WHERE EmployeeID=@EmID)
  BEGIN
    IF EXISTS(SELECT * FROM Sell_Order WHERE EmployeeID=@EmID)
        BEGIN
            DELETE FROM Sell_Order WHERE EmployeeID=@EmID
            PRINT '该员工有订单,并成功删除订单!'
        END
    ELSE
```

```
        PRINT '该员工没有订单! '
      DELETE FROM Employee WHERE EmployeeID=@EmID
      PRINT '删除该员工信息!'
    END
    PRINT '该员工不存在,无法删除!'
END
```

3. 更新操作的存储过程

【例 8-25】 在商品表中,创建指定编号的商品增加销售量的存储过程。

分析:此处更新操作指定商品编号,更新的是增加销售量,所以 update_Product 存储过程有两个参数:@ProductID 表示商品编号;@ProductSellNumber 表示增加销售量。

在查询编辑器中执行如下的 Transact-SQL 语句。

```
CREATE PROC update_Product
    @ProductID int,
    @ProductSellNumber int
AS
    UPDATE Product
        SET ProductSellNumber=ProductSellNumber+@ProductSellNumber
    WHERE ProductID=@ProductID
```

调用 update_Product 存储过程,对编号为 33 的产品增加销售量 100。执行结果如图 8-15 所示。经过执行 update_Product 存储过程,商品编号为 33 的商品的已销售量增加了 100。

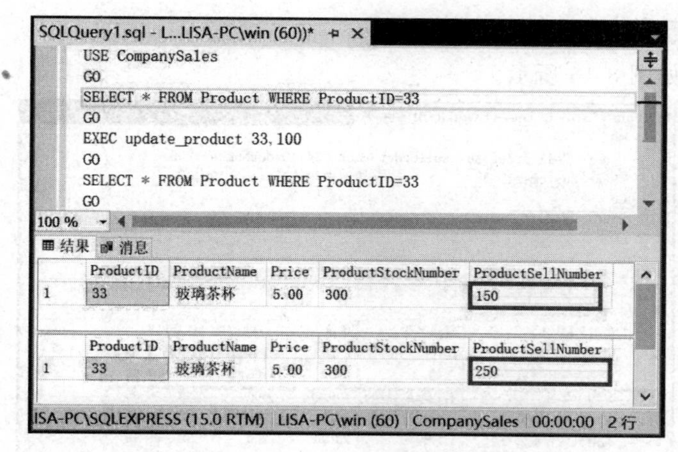

图 8-15 调用 update_Product 存储过程修改已销售量

8.5.2 获取订单信息存储过程

在销售管理数据库中,经常要了解目前所有销售订单的信息,包括商品名称、单价、订购的数量、订购公司名称、订购日期等信息，有时也要获取指定商品的总销售量。

【例 8-26】 创建自动获取商品订购信息的存储过程，返回的信息包括商品名称、单价、订购的数量、订购公司名称和订购日期。

分析：此存储过程要实现的功能为查询所有的商品信息，没有指定任何的条件，所以为一个不带参数的存储过程。过程体要实现销售订单查询，但是要查询的信息来自多表。

(1) 创建存储过程。在查询编辑器中执行如下的 Transact-SQL 语句。

```
CREATE PROCEDURE Product_Order
AS
    SELECT C.CompanyName 公司名称, P.ProductName 商品名称, P.price 单价,
        S.SellOrderNumber 订购数量, S.SellOrderDate 订货日期
    FROM Customer AS C
        JOIN Sell_order AS S ON C.CustomerID=S.CustomerID
        JOIN Product AS P ON P.ProductID=S.ProductID
```

(2) 执行测试存储过程。调用 Product_Order 存储过程，将林川中学彩色显示器的订单数量增加 200。林川中学的客户编号为 38，为了便于比较，在增加前调用一次 Product_Order 存储过程，增加后，再次调用 Product_Order 存储过程。

在查询编辑器中执行如下的 Transact-SQL 语句。

```
EXEC Product_Order
GO
UPDATE Sell_order SET SellOrderNumber=SellOrderNumber+200
WHERE CustomerID=38                --林川中学的 CustomerID 为 38
GO
EXEC Product_Order
```

执行的结果如图 8-16 所示。

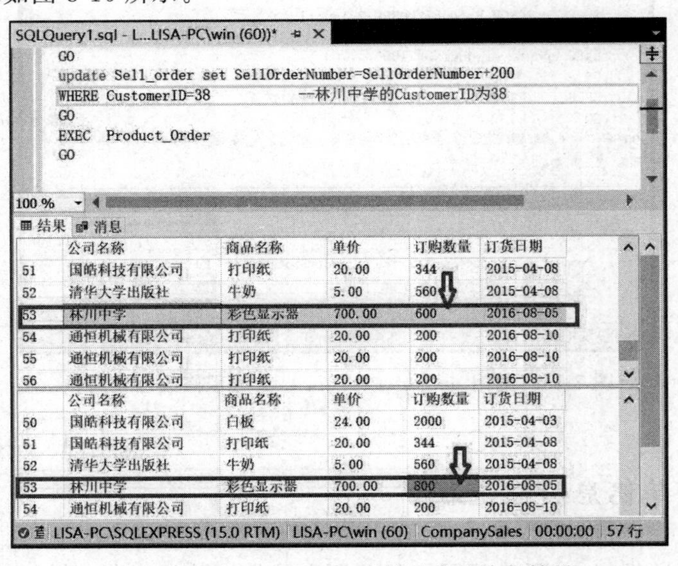

图 8-16 Product_Order 存储过程的执行结果

【例 8-27】 创建一个指定产品的接收订单的总金额的存储过程。

分析：存储过程的功能是根据订单商品的名称，获取对应商品的订单总金额，所以有一个输入参数@Productname，用于指定产品名称。此外，还要使用输出参数接收订单的总金额数据。存储过程的参数定义为@Productname varchar(20)，@sum_pro int output。在过程体中要实现查询指定商品的总金额，但是首先要判断有没有该商品的订单，然后再进行查询。

(1) 创建存储过程。在查询编辑器中执行如下的 Transact-SQL 语句。

```
USE CompanySales
GO
CREATE PROCEDURE Product_order_sum
    (@Productname varchar(20),@sum_pro int output)
AS
    DECLARE @ProductID int
    SELECT @ProductID=ProductID FROM Product
    WHERE Productname=@Productname
IF NOT EXISTS(SELECT * FROM Sell_order WHERE ProductID=@ProductID)
    SET @sum_pro=0
ELSE
  BEGIN
     SELECT @sum_pro=sum(Sell_order.SellOrderNumber * Product.price)
     FROM Sell_order
         JOIN Product ON Sell_order. ProductID=Product. ProductID
     WHERE Product. Productname=@Productname
  END
RETURN @sum_pro
```

(2) 执行并测试。在查询编辑器中执行如下的 Transact-SQL 语句。

```
DECLARE @sum int
SET @sum=0
EXEC Product_order_sum '墨盒',@sum OUTPUT
SELECT @sum '墨盒订单总金额'
```

执行的结果如下。

```
墨盒订单总金额：
128 480
```

习 题

一、填空题

1. 存储过程在第一次执行时进行编译，并将结果存储在________中，用于后续的调用。

2. 存储过程是 SQL Server 2019 中封装的________，包括 3 种类型，分别是________、________和________。

3. 存储过程有多种调用方式，其中比较常用的是使用________语句。

4. 可以使用________选项来加密存储过程，防止未授权用户通过 SELECT 语句查看该存储过程程序代码。

5. ________是已经存储在 SQL Server 服务器中的一组预编译过的 Transact-SQL 语句。

二、思考题

1. 简述存储过程的基本功能和特点。
2. 简述存储过程的创建方法和执行方法。

实　训

一、实训目的

1. 掌握存储过程的概念、了解存储过程的类型。
2. 掌握存储过程的创建方法。
3. 掌握存储过程的执行方法。
4. 掌握存储过程的查看、修改、删除的方法。

二、实训内容

1. 在销售管理数据库系统中，创建一个名为 proc_select 的存储过程，用于查询所有员工的信息。

2. 在销售管理数据库系统中，创建一个名为 proc_employee_order 的存储过程，要求实现如下功能：根据员工的姓名查询该员工的奖金情况，奖金根据该员工接收订单的总金额计算得到(奖金＝总金额×5%)。调用存储过程，查询员工王孔若和蔡慧敏的奖金。

3. 在销售管理数据库系统中创建存储过程，存储过程名为 proc_Customer_order，要求实现如下功能：根据客户的公司名称查询该客户的订单情况。如果该公司没有订购商品，则输出“××公司没有订购商品”信息；否则输出订购商品的相关消息，包括公司名称、联系人姓名、订购商品名称、订购数量、单价。通过调用存储过程 proc_Customer_order，显示通恒机械有限公司订购商品的情况。

4. 删除销售管理数据库中的存储过程 proc_select。

项目9

销售管理数据库中触发器的应用

技能目标

能够根据实际开发销售管理数据库中的触发器，以完成系统整体设计。

知识目标

触发器的概念和分类；创建、执行、修改和删除触发器；INSERTED 表和 DELETED 表的使用；DML 触发器的类型；触发器的禁用和启动。

思政目标

提升规则意识，自觉遵守规则；培养学生分析问题的能力，能够将复杂问题化繁为简；检查代码和性能是否符合技术标准和规范，培养学生规范化、标准化的职业素养和工匠精神。

任务 9.1 触发器概述

【任务描述】 在销售管理数据库中，使用触发器能够自动完成部分功能。本任务通过使用触发器定义业务规则，引导学生增强规则意识，自觉遵守规则，并在学习生活中做好规划，按照制订的规划稳步前进。

9.1.1 触发器的作用

触发器是一种特殊类型的存储过程。存储过程通过其名称被直接调用而执行，而触发器是通过指定的事件被激活执行的。比如当对某个表进行 UPDATE、DELETE 或 INSERT 等数据记录操作时，SQL Server 就会自动执行触发器事先定义的语句。触发器通常可以完成一定的业务规则，用于 SQL Server 约束、默认值和规则的完整性检查，还可以完成难以用普通约束实现的复杂功能的限制。除此之外，触发器还有以下功能。

1. 可以调用存储功能

为了实现数据库的更新，触发器可以调用一个或多个存储过程，甚至可以通过调用外部过程完成相应的操作。

2. 可以强化数据条件约束

触发器强制执行比检查约束定义的限制更为复杂的其他限制，较适合在大型数据库管理系统中约束数据的完整性。

3. 跟踪变化

触发器可以侦测到数据库内的操作，从而判断数据变化是否符合数据库的要求。

4. 级联运行

触发器可通过数据库中的相关表实现级联更改。

说明：触发器的性能通常很低，当运行触发器时，系统处理的大部分时间都花费在参照其他表的数据的操作上。

9.1.2 触发器的分类

SQL Server 2019 提供了 3 种类型的触发器：DML 触发器、DDL 触发器和登录触发器。

1. DML 触发器

当数据库中发生数据操作语言(DML)事件时将调用 DML 触发器。DML 事件包括在指定表或视图中修改数据的 INSERT 语句、UPDATE 语句或 DELETE 语句。DML 触发器有助于在表或视图中修改数据时强制影响业务规则，扩展数据的完整性。

DML 触发器通常分为三类：事后触发器(AFTER)、替代触发器(INSTEAD OF)和 CLR 触发器。

(1) 事后触发器

触发器在数据修改完成后，AFTER 触发器被激活。执行顺序如下。

数据表约束检查→修改表中的数据→激活触发器

(2) 替代触发器

INSTEAD OF 触发器会取代原来要进行的操作，在数据更改之前发生，数据如何更改完全取决于触发器的内容，执行顺序如下。

激活触发器→若触发器涉及数据更改，则检查表约束

(3) CLR 触发器

CLR 触发器可以是 AFTER 触发器或 INSTEAD OF 触发器，还可以是 DDL 触发器。CLR 触发器将执行在托管代码(在.NET Framework 中创建并上传到 SQL Server 中的程序集的成员)中编写的方法，而不需要执行 Transact-SQL 存储过程。

2. DDL 触发器

在 CREATE、ALTER、DROP 和其他 DDL 语句上操作时发生的触发器称为 DDL 触

发器。DDL 触发器用于执行管理任务,并强制影响数据库的业务规则。它们通常在数据库或服务器中某一类型的所有命令执行时激活。

3. 登录触发器

登录触发器将为响应 LOGON 事件而激发存储过程。与 SQL Server 实例建立用户会话时将引发此事件。登录触发器将在登录的身份验证阶段完成之后且用户会话实际建立之前激发。因此,来自触发器内部且通常将到达用户的所有消息(如错误消息和来自 PRINT 语句的消息)会传送到 SQL Server 错误日志。如果身份验证失败,将不激发登录触发器。

9.1.3 INSERTED 表和 DELETED 表

在数据更新操作时,会产生两个临时表(INSERTED 表和 DELETED 表),以记录更改前后的变化。这两个表存在于高速缓存中,它们的结构与创建触发器的表的结构相同。触发器类型不同,创建的两个临时表的情况和记录都不同,如表 9-1 所示。

表 9-1 INSERTED 表和 DELETED 表

操作类型	INSERTED 表	DELETED 表
INSERT	插入的记录	不创建
DELETE	不创建	删除的记录
UPDATE	修改后的记录	修改前的记录

从表中可以看出,对具有触发器的表进行 INSERT、DELETE 和 UPDATE 操作时,过程分别如下。

(1) INSERT 操作:插入表中的新行被复制到 INSERTED 表中。

(2) DELETE 操作:从表中删除的行转移到 DELETED 表中。

(3) UPDATE 操作:先从表中删除旧行,然后向表中插入新行。其中,删除后的旧行转移到 DELETED 表中,插入表中的新行被复制到 INSERTED 表中。

说明:①DELETED 表和 INSERTED 表存放在内存而不是数据库中;②触发器执行完成后,与该触发器相关的这两个表也会被删除;③DELETED 表和触发触发器的表中不会有相同的行。

任务 9.2 DML 触发器

【任务描述】 本任务通过创建 DML 触发器、检查代码和性能是否符合技术规范,培养学生树立规范化、标准化的职业素养和工匠精神。

创建触发器的语法格式如下。

```
CREATE TRIGGER 触发器名
```

```
    ON 表名或视图名
    {FOR | AFTER | INSTEAD OF }
    {INSERT[,]|UPDATE[,]|DELETE }
    [WITH ENCRYPTION]
AS
    [IF UPDATE (列名 1)
    [{AND | OR } UPDATE(列名 2)[...n]]]
    sql_statements
```

各参数说明如下。

(1) AFTER | INSTEAD OF：选择创建触发器的类型，FOR 和 AFTER 均表示事后触发器，AFTER 为默认值。

(2) INSERT[,] | UPDATE[,] | DELETE：用来指明哪种数据操作将激活触发器。

(3) IF UPDATE(列名)：用来测定对某一确定列是插入操作还是更新操作，但不与删除操作一起使用。

(4) WITH ENCRYPTION：表示对 CREATE TRIGGER 语句的文本进行加密处理。防止将触发器作为 SQL Server 复制的一部分进行发布。

9.2.1 创建 DML 触发器

1. INSERT 触发器

INSERT 触发器通常被用来验证被触发器监控的字段中的数据满足要求的标准，以确保数据完整性。

【例 9-1】 在 Employee 表中创建 INSERT 触发器，当插入一条记录时，如果输入的员工的年龄不到 18 岁，则不执行插入操作，并给出提示。

分析：当用户插入数据时，需要激发 INSERT 触发器，从 INSERTED 表中获得插入记录中的出生年月和聘用日期，然后根据出生年月计算员工的年龄。年龄为 YEAR(getdate())－YEAR(@BirthDate)。

(1) 创建触发器。在查询编辑器中执行如下的 Transact-SQL 语句。

```
CREATE TRIGGER Employee_Insert
    ON Employee
    AFTER INSERT
AS
BEGIN
    --从表 INSERTED 中获取新插入的员工的出生年月
    DECLARE @BirthDate date
    SELECT @BirthDate=BirthDate FROM INSERTED
    --判断新员工的年龄
    IF (YEAR(getdate())-YEAR(@BirthDate))<18
  BEGIN
      PRINT '该员工的年龄不到 18 岁,不能入职! '         --提示错误信息
```

```
        ROLLBACK TRANSACTION                        --回滚操作
        END
END
```

说明：①当执行触发器时，触发器的操作好像有一个未完成的事务在起作用；②在触发器使用 ROLLBACK TRANSACTION 时，当前事务中该时间点之前所做的所有数据修改都将回滚，包括触发器所做的修改；③触发器继续执行 ROLLBACK 语句之后的所有语句。如果这些语句中的任意语句修改数据，则不回滚这些修改。

(2) 测试触发器。在查询编辑器中执行如下的 Transact-SQL 语句，测试 Employee_Insert 触发器是否被激发。

```
INSERT INTO Employee
    VALUES('班杰','男','2012-09-12','2021-1-1',1500,3)
```

执行结果如图 9-1 所示。在"消息"框中，显示了"该员工的年龄不到 18 岁，不能入职!"文本，说明触发器在插入数据时已被激发，并且插入操作已经被撤销。

图 9-1 验证触发器激发结果

2. DELETE 触发器

DELETE 触发器通常用于两种情况：第一种情况是为了防止那些确实需要删除但会引起数据一致性问题的记录被删除；第二种情况是执行可删除主记录时，子记录的级联删除操作。

当激发 DELETE 触发器后，SQL Server 2019 将被删除的记录转移到 DELETED 表中。在使用 DELETE 触发器时，用户需注意，当被删除的记录被转移到 DELETED 表中时，数据表中将不再存在该记录，也就是说，数据表和 DELETE 表中不可能有相同的记录信息；临时表 DELETED 存放在缓存中，以提高系统性能。

【例 9-2】 在 Employee 表中，创建一个名为 Employee_deleted 的触发器，其功能为：当对 Employee 表进行删除操作时，首先检查要删除的员工是否为人事部门的员工，如果不是，可以删除该员工的信息；否则撤销此删除，并显示无法删除的信息。

分析：在删除操作时，激发的触发器为 DELETE 触发器。判断删除的是否为人事部的员工，只要将 DELETED 表和 Deparment 表相联接，查询删除员工的部门信息，然后判断查询结果即可，如果查询结果为人事部，则使用 ROLLBACK 命令撤销删除操作。

(1) 创建触发器。在查询编辑器中执行如下的 Transact-SQL 语句。

```
CREATE TRIGGER Employee_deleted
```

```
    ON Employee
    AFTER DELETE
AS
    DECLARE @DepartmentName varchar(50)
    --从表 DELETED 中获取新删除记录的部门名称
    SELECT @DepartmentName=DepartmentName
    FROM Department
        JOIN DELETED ON Department.DepartmentID=DELETED.DepartmentID
    --判断删除的是否人事部的员工
    IF (@DepartmentName='人事部')
    BEGIN
        PRINT '此人为人事部门的员工,无法删除记录'
        ROLLBACKTRANSACTION            --回滚操作
    END
```

（2）测试触发器。在查询编辑器中输入如下的 Transact-SQL 语句，测试触发器的工作状态。

```
DELETE Employee WHERE EmployeeID=30
```

执行结果如图 9-2 所示。在“消息”窗格中显示“此人为人事部门的员工，无法删除记录”和“事务在触发器中结束。批处理已中止。”的信息，表示没有执行删除操作。

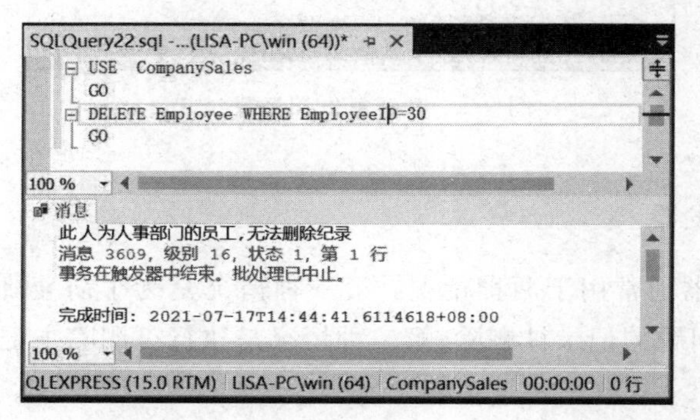

图 9-2 验证 DELETE 触发器激发结果

如果还需验证数据是否被删除，可以在查询编辑器中执行如下的 Transact-SQL 语句，查询 EmployeeID 为 30 的员工信息和部门信息。

```
SELECT EmployeeID, EmployeeName, DepartmentName
FROM Employee JOIN Department
  ON Employee.DepartmentID=Department.DepartmentID
WHERE EmployeeID=30
```

执行结果如图 9-3 所示，编号为 30 的员工是人事部的员工，仍然保留在表中。

3. UPDATE 触发器

UPDATE 触发器的工作过程相当于删除一条旧的记录，插入一条新的记录。因此，

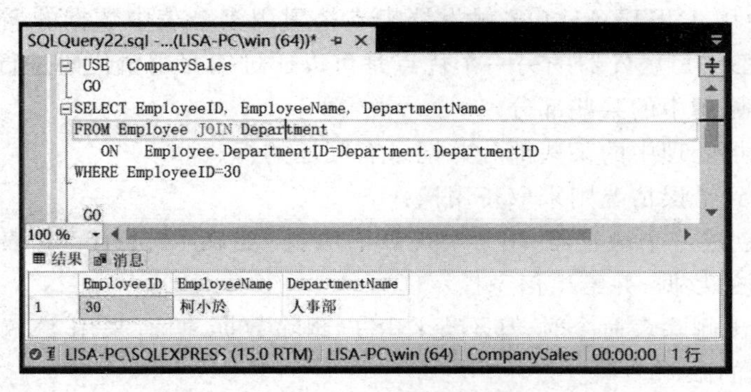

图 9-3 测试触发器激发后的结果

可将 UPDATE 语句看成两步操作，即捕获原始行的 DELETE 语句和捕获更新行的 INSERT 语句。当在定义有触发器的表上执行 UPDATE 语句时，原始行被移入 DELETED 表，更新行被移入 INSERTED 表。

【例 9-3】 创建一个修改触发器，防止用户修改 Employee 表的员工的部门编号。

(1) 创建触发器。在查询编辑器中执行如下的 Transact-SQL 语句。

```
CREATE TRIGGER Employee_Update
   ON Employee
   AFTER UPDATE
AS
   IF UPDATE (DepartmentID)
   BEGIN
      print '禁止修改员工的部门编号!'
      ROLLBACK
   END
GO
```

(2) 执行并测试修改触发器。在查询编辑器中执行如下的 Transact-SQL 语句。

```
UPDATE Employee SET DepartmentID=DepartmentID+1
```

执行的结果如图 9-4 所示，出现“禁止修改员工的部门编号！”的信息。

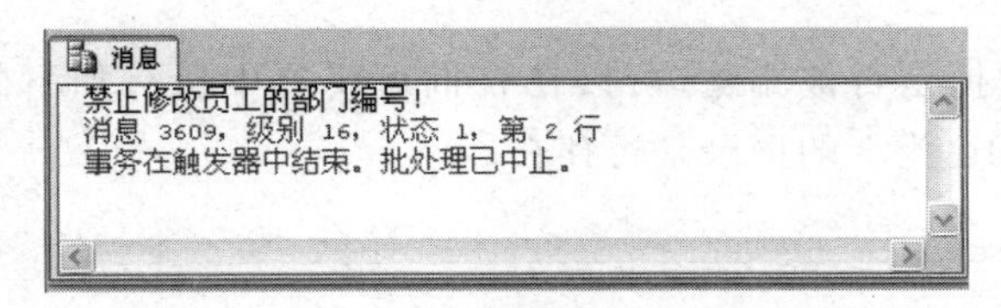

图 9-4 测试修改触发器

4. INSTEAD OF 触发器

INSTEAD OF 触发器的主要优点是可以使不能更新的视图支持更新。基于多个基表的视图必须使用 INSTEAD OF 触发器来支持引用多个表中数据的插入、更新和删除操作。INSTEAD OF 触发器的另一个优点是可以通过编写逻辑代码进行以下操作。

（1）忽略批处理中的某些部分。

（2）不处理批处理中的某些部分并记录有问题的行。

（3）如果遇到错误情况则采取备用操作。

【例 9-4】 创建一个触发器，用于实现以下功能：当在 Department 表中删除记录时，不允许删除表中的数据，并给出信息提示。

分析：当提出删除表命令时，却不允许用户删除数据，只有采用 INSTEAD OF 触发器才能实现特殊的限制。

（1）创建触发器。在查询编辑器中执行如下的 Transact-SQL 语句。

```
CREATE TRIGGER Department_undelete
   ON Department
   INSTEAD OF DELETE
AS
  PRINT 'INSTEAD OF 触发器开始执行...'
  PRINT '本表中数据不允许被删除'
GO
```

（2）测试触发器。在查询编辑器中执行如下的 Transact-SQL 语句。

```
DElETE FROM Department WHERE DepartmentID=3
```

执行结果如图 9-5 所示。

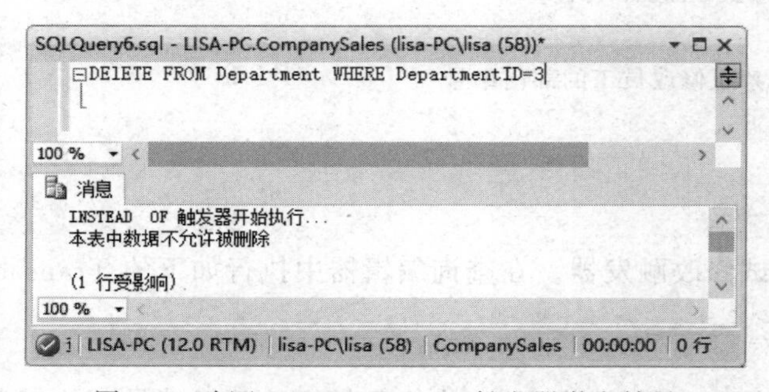

图 9-5 验证 INSTEAD OF 触发器激发结果

如果还需验证数据是否被删除，可以在查询编辑器中执行如下的 Transact-SQL 语句，查询 DepartmentID 为 3 的记录是否存在。

```
SELECT * FROM Department WHERE DepartmentID=3
```

执行结果如图 9-6 所示，编号为 3 的记录仍然保留在表中。

【例 9-5】 在例 6-13 中创建了 Em_Sell_Order 视图，该视图包含员工接收的订单详细情况，包括员工编号、员工姓名、订购商品名称、订购数量、单价和订购日期。当员工接收订单时，利用 Em_Sell_Order 视图进行插入记录操作。实际上是将相关信息插入销售订单表和商品表。

图 9-6 验证部门表

分析：由于 Em_Sell_Order 视图的基本表由员工表、客户表、销售订单表和商品表组成，所以无法利用视图进行插入记录操作，这里利用 INSTEAD OF 触发器实现多表插入操作。

在查询编辑器中执行如下的 Transact-SQL 语句。

```
USE CompanySales
GO
CREATE TRIGGER Em_Sell_Order_Insert
    ON Em_Sell_Order
    INSTEAD OF INSERT
AS
BEGIN
    DECLARE @Emname varchar(50)
    DECLARE @Proname varchar(30)
    DECLARE @CoName varchar(50)
    DECLARE @Sellnum int
    DECLARE @Selldate date
    DECLARE @EmpID int
    DECLARE @ProID int
    DECLARE @CuID int

    --从 inserted 表中获取相关信息
    SELECT @Emname=员工姓名,@CoName=客户名称,@Proname=商品名,
            @Sellnum=订购数量, @Selldate=订购日期
    FROM inserted

    --获取员工编号、产品编号和客户编号
    SELECT @EmpID=EmployeeID FROM Employee WHERE EmployeeName=@Emname
    SELECT @ProID=ProductID FROM Product WHERE ProductName=@Proname
    SELECT @CuID=CustomerID FROM Customer WHERE CompanyName=@CoName

    --在商品表中,更新对应产品的库存量和销售量
    UPDATE Product
    SET ProductSellNumber=ProductSellNumber+@Sellnum,
```

```
        ProductStockNumber=ProductStockNumber-@Sellnum
      WHERE ProductID=@ProID

      --在销售订单表中插入记录
      INSERT INTO Sell_Order
         VALUES (@ProID,@EmpID,@CuID,@Sellnum,@Selldate)
END
GO
```

验证触发器是否启用，在视图中插入一条记录，并用 SELECT 语句查询。

```
INSERT INTO EM_Sell_Order(员工姓名,商品名,客户名称,订购数量, 订购日期)
    VALUES('王孔若','牛奶','三川实业有限公司','100','2016-2-1')
GO
SELECT * FROM Em_Sell_Order
WHERE 员工姓名='王孔若' and 商品名='牛奶'
GO
```

执行结果如图 9-7 所示。

	员工编号	员工姓名	客户名称	商品名	订购数量	单价	订购日期
1	3	王孔若	三川实业有限公司	牛奶	100	5.00	2016-02-01

图 9-7　使用 INSTEAD OF 触发器实现视图插入记录

9.2.2　修改 DML 触发器

对已有的触发器进行修改，有以下两种方法。

1. 使用 SSMS 修改触发器

【例 9-6】 将例 9-3 中创建的 UPDATE 触发器 Employee_Update 的功能更改为防止用户修改 Employee 表的员工姓名。

具体的操作步骤如下。

(1) 启动 SSMS。

(2) 在“对象资源管理器”窗格中，选择 CompanySales 数据库，展开“表”|dbo.Employee|“触发器”节点，右击 Employee_Update 触发器，选择“修改”命令，如图 9-8 所示。

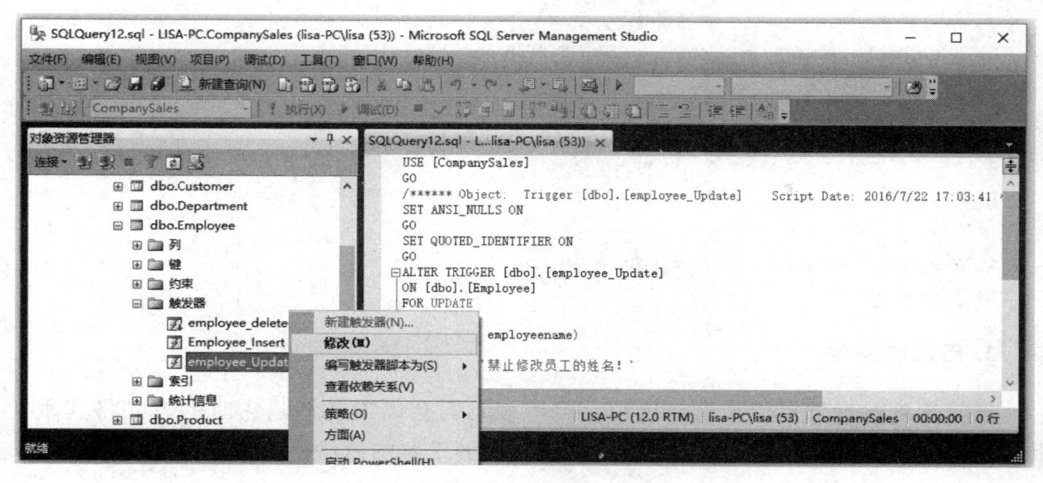

图 9-8 使用 SSMS 修改触发器

(3) 打开“查询编辑器”窗格,修改 Transact-SQL 语句。

(4) 单击“执行”按钮,执行触发器的修改。

(5) 单击工具栏中的“保存”按钮,保存修改的内容。

2. 使用 ALTER TRIGGER 语句

利用 Transact-SQL 语句修改触发器的功能代码非常简单,只须将关键字 CREATE 改为 ALTER,然后修改触发器中的 Transact-SQL 语句。修改触发器的语法格式如下。

```
ALTER TRIGGER 要修改的触发器名
    ON 表名或视图名
    [WITH ENCRYPTION]
    (AFTER | AFTER | INSTEAD OF)
    { [DELETE] [,] [INSERT] [,] [UPDATE] }
AS
    sql_statements
```

9.2.3 禁用或启用触发器

默认情况下,创建触发器后立即启用触发器。由于某种原因若不希望触发器运行,可以禁用触发器。禁用触发器不是删除触发器,不管禁用或启用触发器操作,触发器仍存在于该表中。图标表示被禁用的触发器,表示当前处于启用状态的触发器。

1. 禁用触发器

当禁用触发器时,执行任意 INSERT、UPDATE 或 DELETE 语句时,只是触发器的动作不再执行。禁止触发器的语法格式如下。

```
DISABLE TRIGGER {ALL| 触发器名[,...n]}
ON { object_name | DATABASE | ALL SERVER }
```

【例 9-7】 使用代码禁用 DDL 触发器 cant_drop_table。

在查询编辑器中执行如下的 Transact-SQL 语句。

```
USE CompanySales
GO
DISABLE TRIGGER cant_drop_table ON Employee
GO
```

2. 启用触发器

已禁用的触发器可以被重新启用。启用触发器会以最初创建它时的方式将其激发。默认情况下,创建触发器后会启用触发器。启用触发器的语法格式如下。

```
ENABLE TRIGGER {ALL|触发器名[,...n]}
ON { object_name | DATABASE | ALL SERVER }
```

【例 9-8】 使用代码启用 Employee 表中的 Employee_update 触发器。

在查询编辑器中执行如下的 Transact-SQL 语句。

```
USE CompanySales
GO
ENABLE TRIGGER Employee_update ON Employee
```

任务 9.3 DDL 触发器

【任务描述】 DDL 触发器是一种特殊的触发器,DDL 触发器将激发存储过程以响应事件。与 DML 触发器不同的是,DDL 触发器响应数据定义语言(DDL),如 CREATE、ALTER 和 DROP 开头的语句;而 DML 触发器响应数据操纵语言(DML),如 UPDATE、INSERT 和 DELETE 语句。

DDL 触发器常用于以下情况。

(1) 防止对数据库架构进行某些更改。

(2) 以响应数据库架构中的更改。

(3) 记录数据库架构中的更改或事件。

9.3.1 创建 DDL 触发器

创建 DDL 触发器的语法格式如下。

```
CREATE TRIGGER 触发器名
    ON { ALL SERVER | DATABASE }
    [WITH ENCRYPTION]
```

```
    AFTER {DDL 事件} [,...n]
AS
  sql_statement
```

各参数说明如下。

(1) ALL SERVER：将 DDL 触发器的作用域应用于当前服务器。如果指定了此参数，则只要当前服务器中的任何数据库都能激发该触发器。

(2) DATABASE：将 DDL 触发器的作用域应用于当前数据库。如果指定了此参数，则只要当前数据库激发该触发器。

(3) AFTER：表示事后触发器，DDL 触发器没有代替触发器。

每一个 DDL 事件都对应一个 Transact-SQL 语句，DDL 事件名称与操作有关。例如，删除表事件为 DROP_TABLE，修改表事件为 ALTER_TABLE，修改索引事件为 ALTER_INDEX，删除索引事件为 DROP_INDEX。

【例 9-9】 创建一个触发器，用于防止用户删除或更改 CompanySales 数据库中的任意数据表。

分析：触发器用于防止对表进行操作，所以为 DDL 触发器。触发事件为删除表，即 DROP_TABLE，修改表事件为 ALTER_TABLE。

(1) 创建 DDL 触发器。在查询编辑器中执行如下的 Transact-SQL 语句。

```
USE CompanySales
GO
CREATE TRIGGER cant_drop_table
    ON DATABASE
    AFTER DROP_TABLE, ALTER_TABLE
AS
   PRINT '禁止删除或修改该数据表!'
   ROLLBACK
```

(2) 执行并测试。在查询编辑器中执行如下的 Transact-SQL 语句。

```
DROP TABLE Sell_Order
```

执行结果如图 9-9 所示，系统提示“禁止删除或修改该数据表”和“事务在触发器中结束”信息。

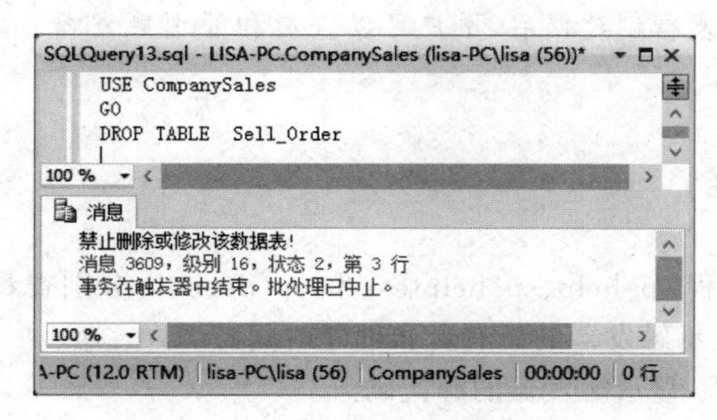

图 9-9 DDL 触发器执行结果

9.3.2 修改 DDL 触发器

利用 ALTER TRIGGER 可以修改 DDL 触发器,语法如下。

```
ALTER TRIGGER 要修改的触发器名
    ON{DATABASE | ALL SERVER}
    [WITH ENCRYPTION]
    (FOR | AFTER)
    { 事件类型[,...n]|事件组 }
AS
    sql_statements
```

【例 9-10】 查看 CompanySales 数据库中的 DDL 触发器。

展开"数据库"|CompanySales|"可编程性"|"数据库触发器"节点,即可查看数据库中的 DDL 触发器,如图 9-10 所示。

图 9-10 数据库触发器

任务 9.4 管理触发器

【任务描述】 触发器创建以后,用户可以查看和管理触发器。本任务查看和删除触发器。

9.4.1 查看触发器

使用系统存储过程 sp_help、sp_helptext 和 sp_depents 分别查看触发器的不同信息。

(1) sp_ help:显示触发器的所有者和创建时间。

(2) sp_ helptext:显示触发器的源代码。

(3) sp_depends:显示该触发器参考的对象清单。

【例 9-11】 查看在例 9-1 中创建的 Employee_Insert 触发器的相关信息。

在查询编辑器中执行如下的 Transact-SQL 语句。

```
USE CompanySales
GO
sp_help 'Employee_Insert'
```

执行结果如图 9-11 所示。

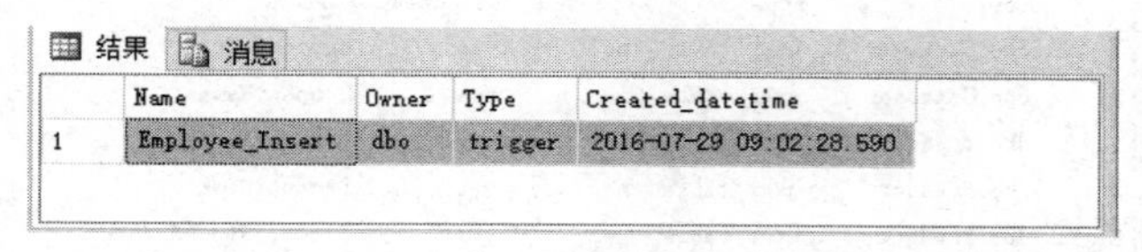

	Name	Owner	Type	Created_datetime
1	Employee_Insert	dbo	trigger	2016-07-29 09:02:28.590

图 9-11 查看 Employee_Insert 触发器的所有者和创建时间

【例 9-12】 查看 Employee_Insert 触发器的源代码。

在查询编辑器中执行如下的 Transact-SQL 语句。

```
USE CompanySales
GO
sp_helptext 'Employee_Insert'
```

执行结果如图 9-12 所示。

	Text
1	CREATE TRIGGER Employee_Insert
2	ON Employee
3	AFTER INSERT
4	AS
5	BEGIN
6	— 从表inserted中获取新插入新员工的出生年月
7	DECLARE @BirthDate date
8	SELECT @BirthDate=BirthDate FROM inserted
9	—判断新员工的年龄
10	IF (YEAR(getdate())-YEAR(@BirthDate))<18
11	BEGIN
12	PRINT '该员工的年龄不到18岁，不能入职！' — 提示错误信息
13	ROLLBACK TRANSACTION — 回滚操作
14	END
15	END
16	

图 9-12 查看 Employee_Insert 触发器的源代码

【例 9-13】 查看 Em_Sell_Order_Insert 触发器引用的对象清单。

在查询编辑器中执行如下的 Transact-SQL 语句。

```
USE CompanySales
GO
sp_depends 'Em_Sell_Order_Insert'
```

执行结果如图 9-13 所示。

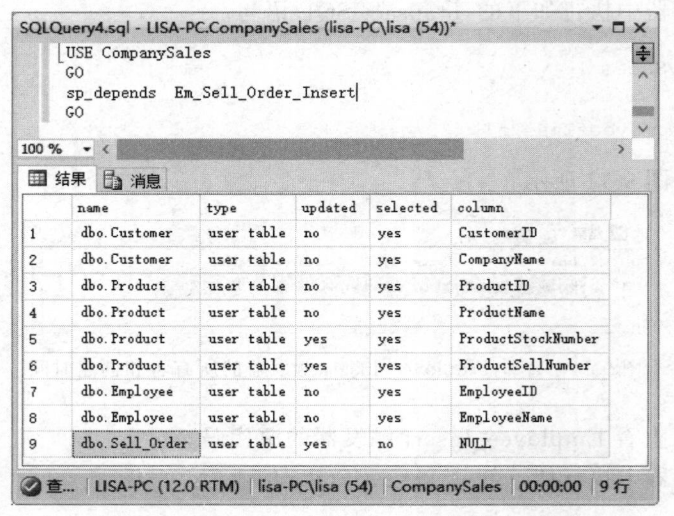

图 9-13 Em_Sell_Order_Insert 触发器引用清单

9.4.2 删除触发器

要删除一个触发器，它所基于的表和数据将不会受到影响。可以在 SSMS 中直接删除触发器,可使用 DROP TRIGGER 命令,语法格式如下。

```
DROP TRIGGER 触发器名[,...n]                                          /*删除 DML 触发器*/
DROP TRIGGER 触发器名[,...n] ON {DATABASE|ALL SERVER } [;]   /*删除 DDL 触发器*/
```

另外,当参照的表被删除时,触发器也会被自动删除。

【例 9-14】 删除 DML 触发器 Department_undelete。

在查询编辑器中执行如下的 Transact-SQL 语句。

```
DROP TRIGGER Department_undelete
```

【例 9-15】 删除 DDL 触发器 cant_drop_table。

在查询编辑器中执行如下的 Transact-SQL 语句。

```
DROP TRIGGER cant_drop_table ON DATABASE
```

任务 9.5 触发器的应用

【任务描述】 在销售管理数据中,创建触发器实现在订单表上添加一条记录时,对应的商品在商品表的已销售量和库存量数据同时更新。

【例 9-16】 在销售管理数据库中,当员工接收到订单时,对应商品的已销售量也要增加。在 Sell_Order 表中创建一个触发器,实现在销售订单表中添加一条记录时,对应的商品在商品表中的已销售量数据同时更新。

分析：在销售订单表插入记录的同时修改商品表的记录，只能通过 INSERT 触发器来实现，也就是插入操作同时产生了 INSERTED 表，然后根据 INSERTED 表中的 SellOrderNumber 字段的数据更改商品表的记录，将商品表 Product 中的库存量减去订单数量，已销售量要增加。

(1) 创建触发器。在查询编辑器中执行如下的 Transact-SQL 语句。

```
CREATE TRIGGER sell_order_Product
  ON sell_order
  AFTER INSERT
AS
  UPDATE P
   SET
      P.ProductStockNumber=P.ProductStockNumber-I.SellOrderNumber,
      P.ProductSellNumber=P.ProductSellNumber+I.SellOrderNumber
  FROM Product AS P
      JOIN INSERTED AS I ON P.ProductID=I.ProductID
```

(2) 执行并测试触发器。向销售订单表插入一条记录，在查询编辑器中执行如下的 Transact-SQL 语句。

```
SELECT * FROM Product WHERE ProductID=3
GO
INSERT INTO Sell_order(ProductID,EmployeeID,CustomerID,
     SellOrderNumber,SellOrderDate)
VALUES (3,200,4,200,getdate())
GO
SELECT * FROM Product WHERE ProductID=3
```

执行结果如图 9-14 所示，从图中可以看出 Product 表的 ProductID 为 3 的商品的 ProductStockNumber 字段的值从 300 变为 100，ProductSellNumber 字段的值从 800 改为 1000。

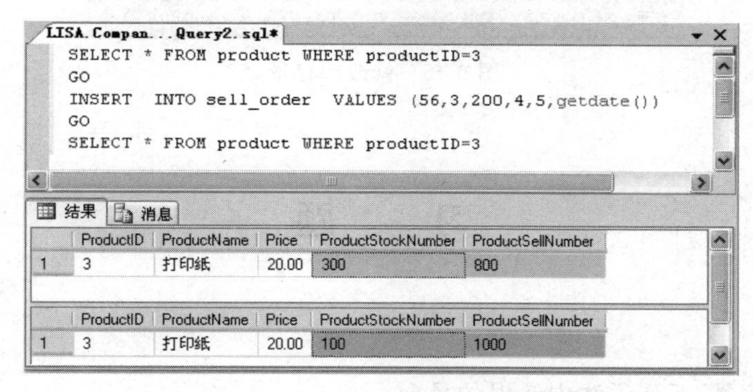

图 9-14 订单处理触发器执行结果

【例 9-17】 在 Sell_order 表中创建一个修改触发器，该触发器防止用户修改商品的订单数量过大。如果订单数量的变化超过 100，则给出错误提示，并取消修改操作。

分析：触发器的作用是防止用户修改订单数量过大，所以为UPDATE触发器。该触发器只须判断修改量，所以采用修改订单量，即UPDATE(SellOrderNumber)。修改前的记录存放在DELETED表中，而修改后的记录存放在INSERTED表中，因而只须判断(INSERTED.库存量-DELETED.库存量)的绝对值。

(1) 创建触发器。在查询编辑器中执行如下的Transact-SQL语句。

```
CREATE TRIGGER Sell_update_stock
    ON Sell_Order
    AFTER UPDATE
AS
    IF UPDATE(SellOrderNumber)
       IF(SELECT MAX(ABS(INSERTED.SellOrderNumber-DELETED.SellOrderNumber))
          FROM INSERTED JOIN DELETED
          ON INSERTED.ProductID=DELETED.ProductID)>100
    BEGIN
       PRINT '订购数量修改过大! '
       ROLLBACK
    END
```

(2) 测试触发器。为了测试触发器的激发的结果，在查询编辑器中执行如下的Transact-SQL语句，将销售订单表中的订单数量增加300，超过允许的预设量。

```
UPDATE Sell_Order
SET SellOrderNumber=SellOrderNumber+300
```

执行结果如图9-15所示。系统提示"订购数量修改过大!"以及"事务在触发器中结束。批处理已中止。"

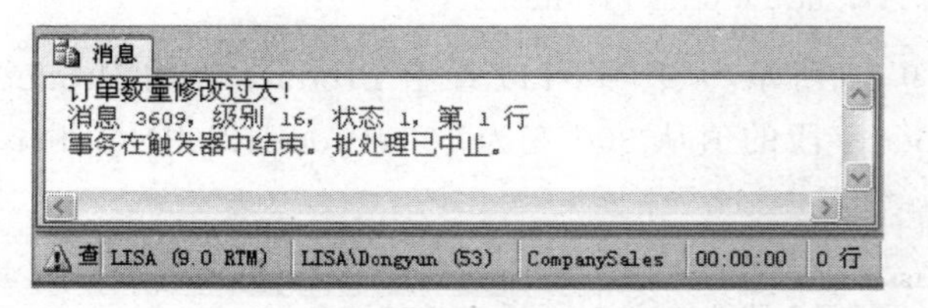

图9-15　修改库存量

习　题

一、单选题

1. 关于触发器，下列说法中错误的是(　　)。

   A. 触发器是一种特殊类型的存储过程

   B. DDL触发器包括INSERT触发器、UPDATE触发器、DELETE触发器等基本触发器

C. 触发器可以同步数据库中的相关数据表，进行级联更改

D. DDL 触发器和 DML 触发器可以通过 CREATE TRIGGER 语句来创建，都是为了响应事件而被激发

2. 可以响应 INSERT 语句的触发器是(　　)。

A. INSERT 触发器　　B. DELETE 触发器

C. UPDATE 触发器　　D. DDL 触发器

3. 可以响应 CREATE TABLE 语句的触发器是(　　)。

A. INSERT 触发器　　B. DELETE 触发器

C. UPDATE 触发器　　D. DDL 触发器

二、思考题

1. 什么是触发器？它与存储过程有什么区别与联系？

2. SQL Server 2019 中的触发器可以分为哪两类？有何作用？

3. DML 触发器和 DDL 触发器之间的区别和联系是什么？

4. 对具有触发器的表进行 INSERT、DELETE 和 UPDATE 操作，INSERT 表和 DELETED 表分别保存何种信息？

5. 如何保护数据库中的数据表不被删除或修改？

实　　训

一、实训目的

1. 掌握触发器的概念、了解触发器的类型。

2. 掌握触发器的创建方法。

3. 掌握触发器的执行方法。

4. 掌握查看、修改、删除触发器的方法。

二、实训内容

1. 在销售管理数据库系统中创建触发器 Trigger_delete，实现如下的功能：当销售管理数据库中销售订单表的数据被删除时，显示提示信息“订单表记录被修改了”。

2. 查看 Trigger_delete 触发器文本定义。

3. 对 Sell_order 表创建名为 Reminder 的触发器，当用户向 Sell_order 表中插入或修改记录时，自动显示 Sell_order 表中的记录。

4. 对 Employee 表创建名为 Emp_updtri 的触发器，若对姓名进行修改，则自动检查销售订单表，确定是否有该员工的订单，如果存在该员工，则撤销操作。

5. 创建一个 INSERT 触发器，当在 CompanySales 数据库的 Employee 表中插入一条新员工记录时，如果是人事部的员工，则撤销该插入操作，并返回出错消息。

6. 创建一个名为 Employee_deleted 的触发器，其功能是：当对 Employee 表进行删除操作时，首先检查销售订单表，如果删除的员工没有接收订单，可以删除该员工的信息，否则撤销删除，显示无法修改的信息。

7. 创建一个名为 Prudct_P_order_delete 的触发器，其功能是：当对商品表中的商品删除记录时，同时删除销售订单表中相应的订单，并显示提示“有关商品已被删除”。

8. 删除 Trigger_delete 触发器。

9. 创建触发器以免数据库中的索引被修改或删除。

销售管理数据库的安全性管理

项目10

技能目标

能够利用登录名、用户名、角色、架构和权限确保服务器、销售管理数据库和数据对象的安全性。

知识目标

SQL Server 2014 的安全机制;登录名、用户名、角色之间的联系和区别;服务器安全管理;数据库安全管理;数据对象安全管理。

思政目标

加强信息安全意识,遵守职业道德规范,心系责任、遵纪守法;引导学生检查代码和性能是否符合技术标准和规范,培养学生规范化、标准化的职业素养和工匠精神。

任务 10.1 认识 SQL Server 2019 的安全机制

【任务描述】 SQL Server 2019 具有强大的安全机制,本任务介绍 SQL Server 的数据的安全保护由 4 个层次,以及连接计算机、登录服务器、访问数据库、访问数据库对象的方式。

保护数据的安全性与现实生活的保安工作类似。例如,有一家公司的办公地点在一幢大楼内,公司不希望公众能随便进出这栋大楼,但员工能够进出;对员工能够自由进出的区域加以一定的限制,比如只有会计才有权进出财务部,公司的任何人都不得随意进出领导的办公室,因此需实施各种安全措施。

在 SQL Server 2019 中,数据的安全保护由 4 个层次构成,如图 10-1 所示。远程网络主机通过 Internet 访问 SQL Server 2019 服务器所在的网络;网络中的主机访问 SQL Server 2019 服务器;访问 SQL Server 2019 数据库;访问 SQL Server 2019 数据库中的数据库对象。

SQL Server 2019 提供安全控制,可利用"登堂入室"形象地比喻数据库的安全性管理,如图 10-2 所示。服务器好比一幢办公大楼,楼内中有许多房间(数据库),每个房间中都放着许多文件(数据库对象:表、视图、过程、函数和字段等)。比如,如果要查看财务文件(访问数据库对象),必须经过以下几个步骤。

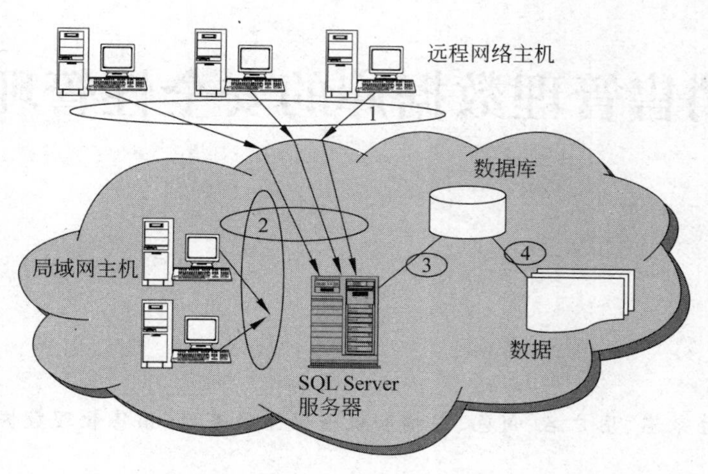

图 10-1 SQL Server 2019 安全机制

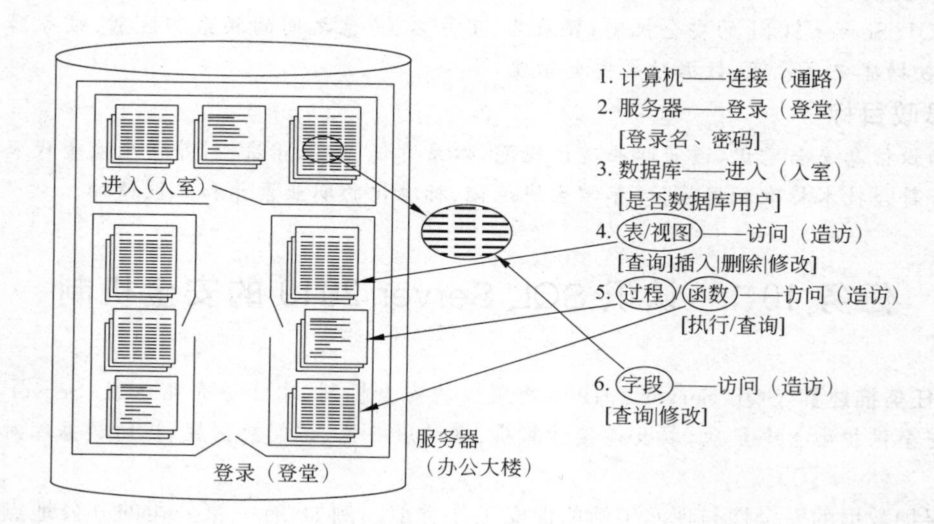

图 10-2 数据库安全性

1. 通路——计算机连接

要到达办公大楼(数据库服务器)，必须要有通路，也就是说搜索登录到安装 SQL Server 服务器的计算机。客户机和服务器之间数据的传输必然要经过网络，SQL Server 2019 支持采用 SSL(安全套接字层)的 TCP/IP 协议来对数据进行加密传输，以有效避免黑客对数据的截获，这属于网络的传输安全。

2. 登堂——登录服务器

用户到达办公大楼门前，必须要有一把能够打开大门的钥匙才可以进入。用户访问 SQL Server 2019 服务器，必须提供一个合法的登录名和密码。

3. 入室——访问数据库

进入大楼后，还必须有一把房间(数据库)的钥匙才能进入房间。也就是说用户使用登录名和密码登录服务器后，并不意味着能够访问服务器上的数据库，只有将登录名映射成指定的数据库的用户，才能访问指定数据库。

4. 查看文件——访问数据库对象

用户只允许查看允许的文件，比如只有会计才允许看财务报表。用户登录服务器的最终目的是查看或修改数据库中指定的数据对象，如数据表、报表等。SQL Server 2019 指定不同的登录名对同一数据库中的数据对象具有不同的访问权限，也就是说有的用户只拥有查看权限，有的用户则拥有查看和修改权限。

任务 10.2 管理服务器安全

【任务描述】 SQL Server 2019 服务器的安全机制建立在对服务器登录名和密码控制的基础上，用户在登录服务器时所采用的登录名和密码，决定了用户在成功登录服务器后所拥有的访问权限。本任务设置服务器的身份验证模式，创建登录名并管理登录名。

10.2.1 身份验证模式

SQL Server 2019 服务器的身份验证模式是指服务器如何处理登录名和密码，SQL Server 2019 提供了两种身份验证模式：Windows 身份验证模式和混合身份验证模式。验证过程如图 10-3 所示。

1. Windows 身份验证模式

当用户通过 Windows 账户连接时，SQL Server 使用操作系统中的 Windows 主体标记验证账户和密码，即用户身份由 Windows 进行确认。SQL Server 不要求提供密码，也不执行身份验证。Windows 身份验证是默认身份验证模式，并且比 SQL Server 身份验证更为安全。Windows 身份验证使用 Kerberos 安全协议，提供有关强密码复杂性验证的密码策略强制，还提供账户锁定支持，并且支持密码过期。通过 Windows 身份验证完成的连接有时也称为可信连接，这是因为 SQL Server 信任由 Windows 提供的凭据。

2. 混合身份验证模式

混合身份验证模式即联合使用 Windows 身份验证和 SQL Server 身份验证的验证模式。这种验证模式的登录过程如下：首先用户登录到客户端；然后使用登录名和密码打开与 SQL Server 2019 服务器的连接，此时的连接是一个不安全的连接；SQL Server 2019

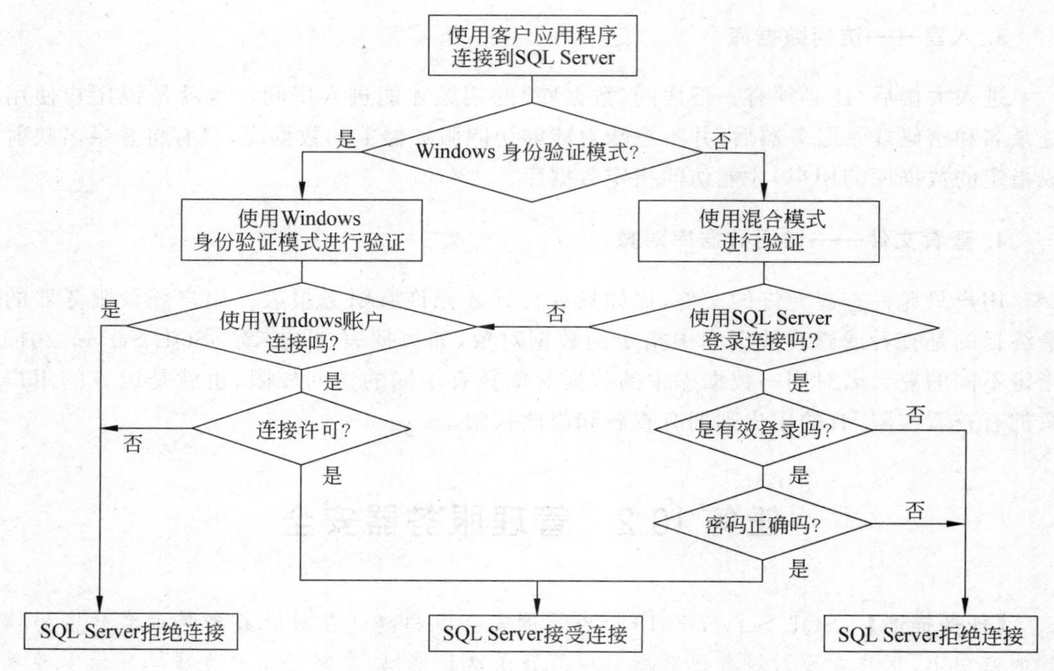

图 10-3 SQL Server 身份验证模式

服务器将登录名和密码与预先存储在数据库中的登录名和密码进行比较和验证，如果一致，则允许该登录访问相应资源。

说明：*尽可能使用 Windows 身份验证模式；启用 Windows 身份验证和 SQL Server 身份验证。Windows 身份验证始终可用，并且无法禁用。*

【例 10-1】 查看销售管理数据库所在的服务器的身份验证模式。

操作步骤如下。

(1) 启动 SSMS。

(2) 选择"视图"|"已注册的服务器"命令，打开"已注册的服务器"窗口。

(3) 在"已注册的服务器"窗格中，展开"数据库引擎"|"本地服务器组"子目录。选择处于启动状态的服务器 lisa-pc，右击，选择"属性"选项，如图 10-4 所示。

(4) 出现"编辑服务器注册属性"对话框，如图 10-5 所示，可以查看和改变身份验证方式。

【例 10-2】 设置销售管理数据库所在的服务器身份验证模式为"SQL Server 和 Windows 身份验证模式"。

操作步骤如下。

(1) 启动 SSMS。

(2) 在"对象资源管理器"窗格中，选择销售管理数据库所在的服务器 LISA-PC，右击，在弹出的快捷菜单中选择"属性"命令，弹出"服务器属性-LISA-PC"窗口。选择"选择页"区域的"安全性"选项，如图 10-6 所示。

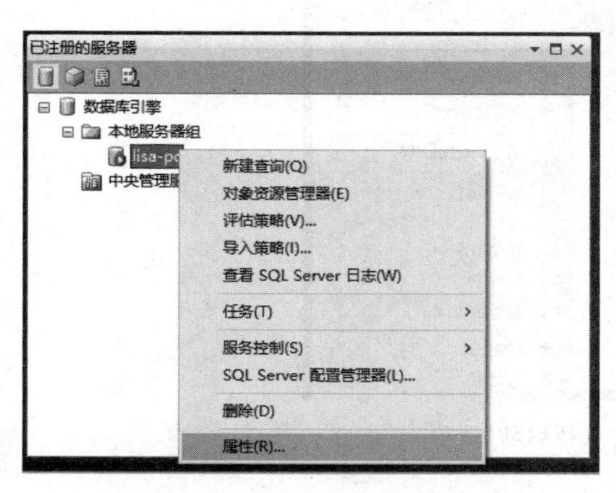

图 10-4 “已注册的服务器”窗口

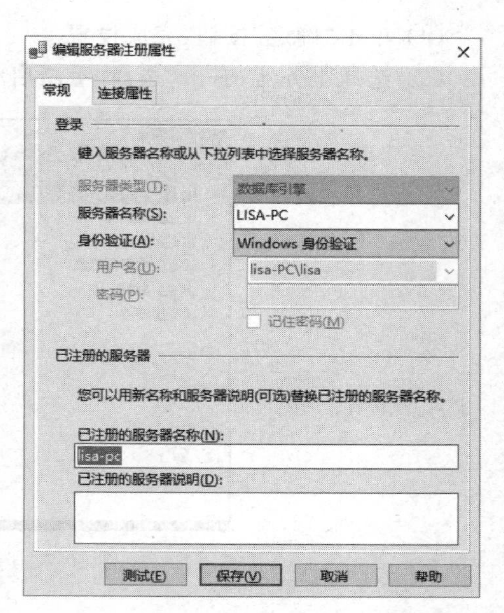

图 10-5 “编辑服务器注册属性”对话框

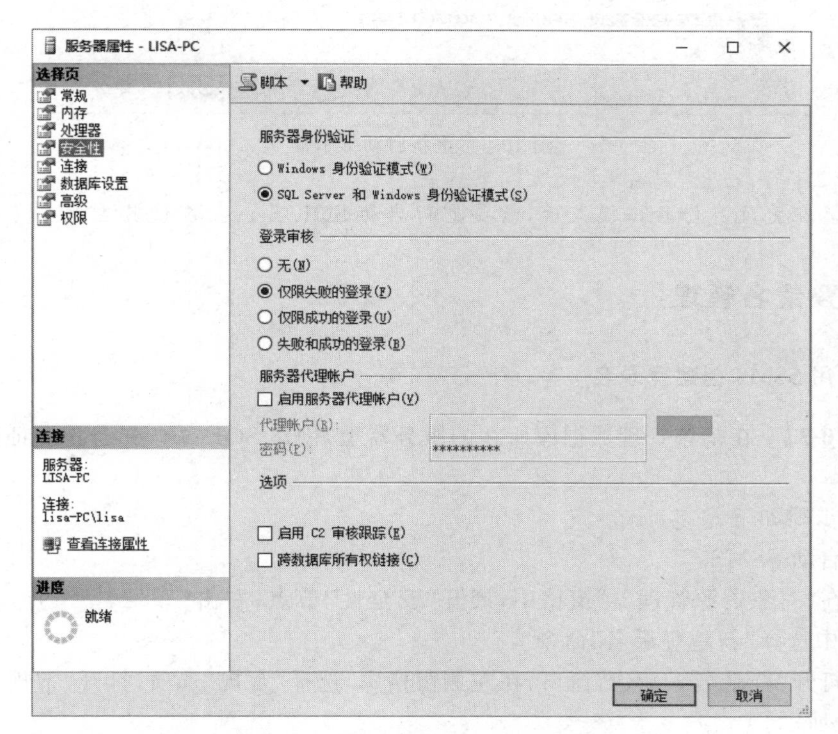

图 10-6 “服务器属性-LISA-PC”窗口

(3) 在窗口右侧的“服务器身份验证”选项组中,选择“SQL Server 和 Windows 身份验证模式”单选按钮。

(4) 单击“确定”按钮,完成设置。

(5) 选择服务器,右击,选择“重新启动”命令,如图 10-7 和图 10-8 所示。

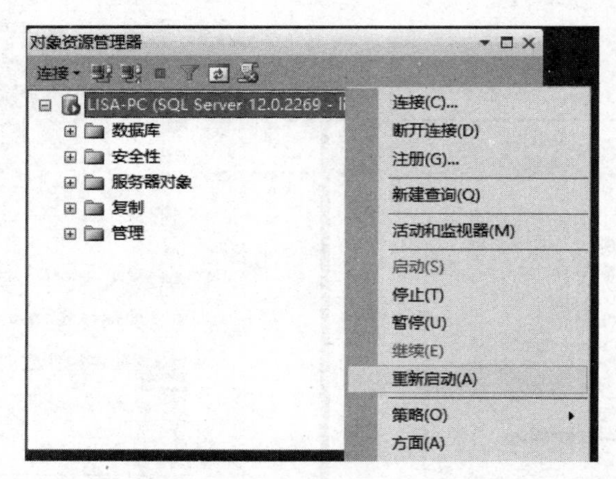

图 10-7 选择“重新启动”选项

图 10-8 重新启动提示框

说明:*在更改身份验证模式后,需要重新启动 SQL Server 以使其生效。*

10.2.2 登录名管理

1. 使用 SSMS 创建登录名

【例 10-3】 在销售管理数据库所在的服务器上,创建 SQL Server 身份验证的登录名 My_User。

操作步骤如下。

(1) 启动 SSMS。

(2) 在“对象资源管理器”窗格中,展开“安全性”节点,右击“登录名”节点,在弹出的快捷菜单中选择“新建登录名”命令。

(3) 打开“登录名 - 新建”窗口,在左侧窗格中,选择“常规”选项,打开“常规”选项页,如图 10-9 所示。

(4) 在“登录名”文本框中输入 My_User。在下面选择登录方式,这里选择“SQL Server 身份验证”单选按钮,在“密码”文本框中输入 123456,在“确认密码”文本框中输入 123456。

(5) 取消勾选“强制实施密码策略”复选框。

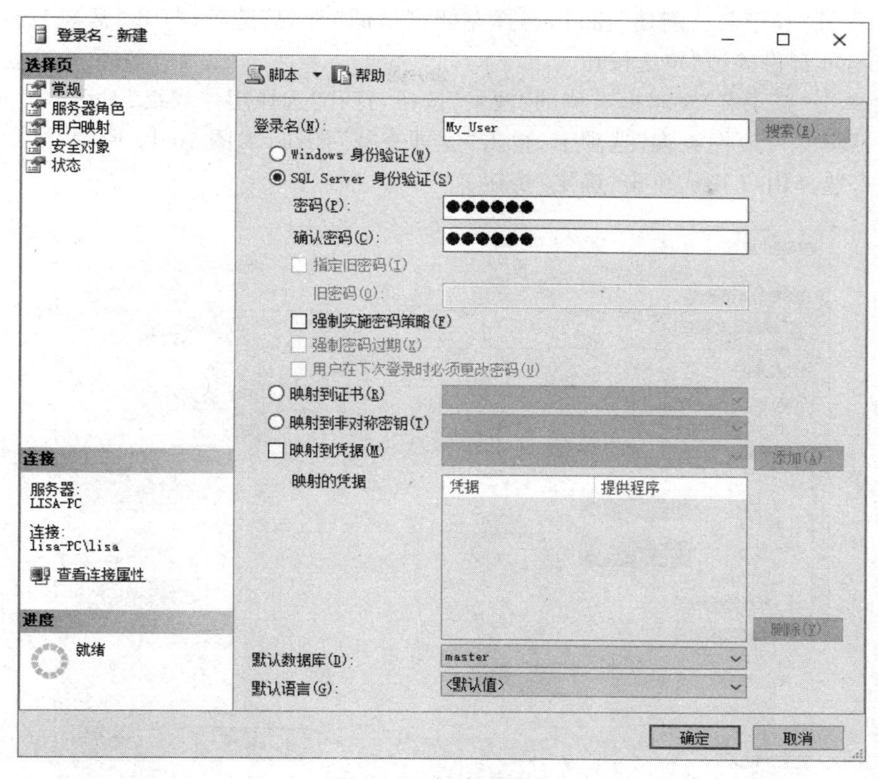

图 10-9　创建登录名

说明：在 Windows Server 2003 或更高版本环境下运行 SQL Server 2019 时，可以使用 Windows 密码策略机制。SQL Server 2019 可以将 Windows Server 2003 中使用的复杂性策略和过期策略应用于 SQL Server 内部使用的密码。

(6) 在“选择页”下选择“状态”选项，在右侧窗格中，在“设置”区域设置“是否允许连接到数据库引擎”为“授予”；将“登录”设置为“启用”。

(7) 单击“确定”按钮，完成登录名的创建。

【例 10-4】 在销售管理数据库所在的服务器上，创建 Windows 身份验证的登录名。

操作步骤分为以下两步。

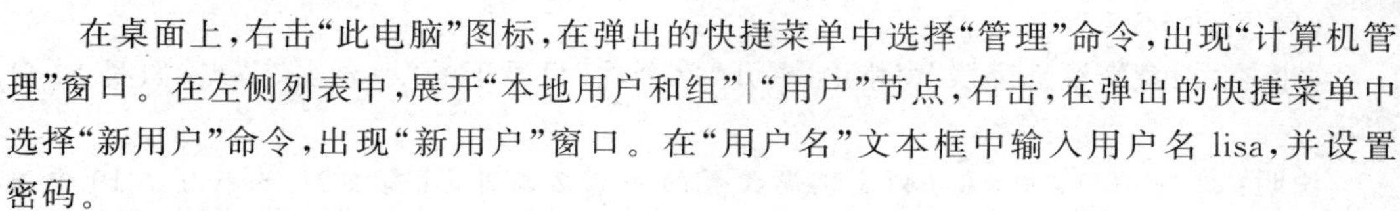

步骤一：创建 Windows 用户。

在桌面上，右击“此电脑”图标，在弹出的快捷菜单中选择“管理”命令，出现“计算机管理”窗口。在左侧列表中，展开“本地用户和组”|“用户”节点，右击，在弹出的快捷菜单中选择“新用户”命令，出现“新用户”窗口。在“用户名”文本框中输入用户名 lisa，并设置密码。

步骤二：映射成 SQL Server 登录名。

(1) 启动 SSMS。

(2) 在“对象资源管理器”窗格中，展开“安全性”节点，右击“登录名”节点，在弹出的快捷菜单中选择“新建登录名”命令。

(3) 打开“登录名 - 新建”窗口,选择左侧窗格的“常规”选项,打开“常规”选项页,选择“Windows 身份验证”单选按钮。

(4) 单击“登录名”文本框右侧的“搜索”按钮,打开“选择用户或组”对话框。单击“高级”按钮,展开“一般性查询”选项卡,单击“立即查找”按钮,如图 10-10 所示,显示所有可用的用户,选择用户 lisa,单击“确定”按钮。

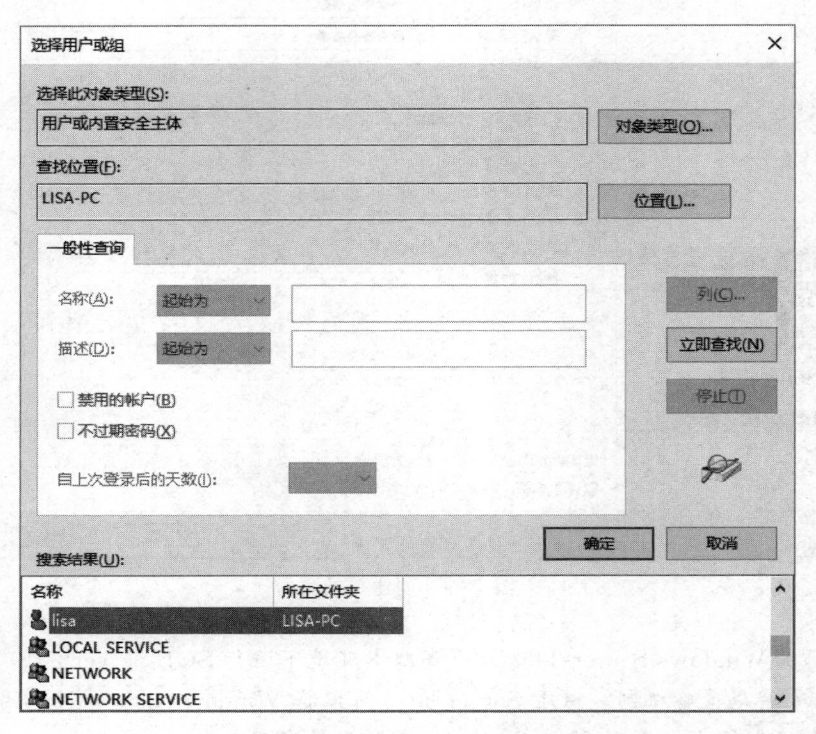

图 10-10 “选择用户或组”对话框

(5) 单击“确定”按钮,返回到“登录名 - 新建”窗口,在“登录名”文本框中,显示登录名为 lisa-PC\lisa,其中 lisa-PC 为计算机名称(具体环境会显示不同)。

(6) 单击“确定”按钮,完成创建登录名。

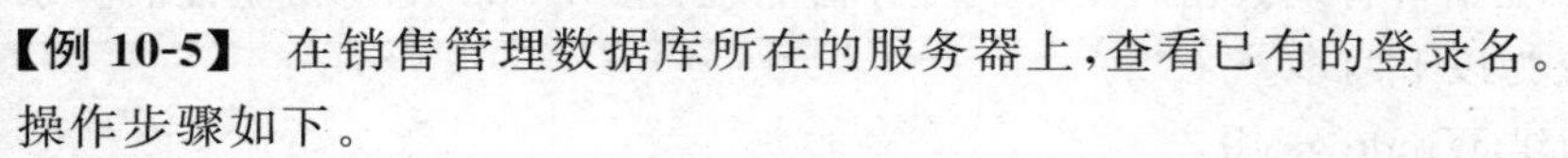

【例 10-5】 在销售管理数据库所在的服务器上,查看已有的登录名。

操作步骤如下。

(1) 启动 SSMS。

(2) 在“对象资源管理器”窗格中,展开“安全性”目录下的“登录名”节点,如图 10-11 所示。

说明:在图 10-11 中,除了以上例题设置的登录名以外,还有 SQL Server 2019 中内置的系统登录名。其中,sa 登录名是系统管理员的简称,属于超级管理员,BUILTIN\Users 登录名是 Windows 管理员的简称,均为特殊的登录名,拥有 SQL Server 系统上所有数据库的全部操作权限。

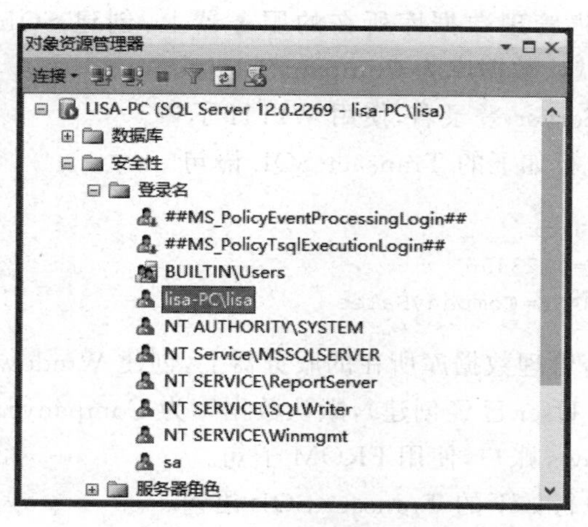

图 10-11 “登录名”节点

2. 使用 CREATE LOGIN 创建登录名

在 SQL Server 2019 中,还可以使用 CREATE LOGIN 添加登录名,语法格式如下。

```
CREATE LOGIN 登录名
{  WITH PASSWORD='密码'[,<选项列表>]
   |FROM {WINDOWS [WITH <Windows 选项>[,...n]]
            | CERTIFICATE 证书名
            | ASYMMETRIC KEY 非对称密钥名
         }
}
<选项列表>::=
    SID=登录 GUID
    | DEFAULT_DATABASE=数据库名
    | DEFAULT_LANGUAGE=语言
    | CHECK_EXPIRATION={ON | OFF}
    | CHECK_POLICY={ON | OFF}
<Windows 选项>::=
    DEFAULT_DATABASE=数据库
    | DEFAULT_LANGUAGE=语言
```

各参数说明如下。

(1) PASSWORD:用于指定登录名的密码。

(2) SID:用于指定新 SQL Server 登录名的全局唯一标识。

(3) DEFAULT_DATABASE:指定默认数据库。

(4) DEFAULT_LANGUAGE:指定默认语言。

(5) CHECK_EXPIRATION:指定对此登录名是否进行强制实施密码过期策略。

(6) CHECK_POLICY:指定是否对此登录名强制实施运行 SQL Server 的计算机的 Windows 密码策略。

【例 10-6】 在销售管理数据库所在的服务器上，创建 SQL Server 登录名 SQL_User，密码为 123456，默认数据库为 CompanySales。

分析：创建 SQL Server 登录名，使用 WITH 子句。

在查询编辑器中执行如下的 Transact-SQL 语句。

```
CREATE LOGIN SQL_User
    WITH PASSWORD='123456'
    DEFAULT_DATABASE=CompanySales
```

【例 10-7】 在销售管理数据库所在的服务器上，创建 Windows 登录名 Win_user(假设 Windows 账户 Win_User 已经创建)，默认数据库为 CompanySales。

分析：创建 Windows 账户，使用 FROM 子句。

在查询编辑器中执行如下的 Transact-SQL 语句。

```
CREATE LOGIN [lisa-PC\Win_user]
    FROM WINDOWS
    DEFAULT_DATABASE=CompanySales
```

说明：创建登录名的语句是 CREATE LOGIN，更改是 ALTER LOGIN，删除是 DROP LOGIN。

3. 更改登录名

创建登录名后，利用对象资源管理器中选择登录名的属性窗口，可以更改登录名的属性。

4. 删除登录名

【例 10-8】 在销售管理数据库所在的服务器上，删除 Windows 身份验证的登录账户 lisa-PC\lisa。

操作步骤如下。

(1) 启动 SSMS。

(2) 在“对象资源管理器”窗格中，展开“安全性”|“登录名”节点。

(3) 选中 lisa-PC\lisa 登录名节点，右击，在弹出的快捷菜单中选择“删除”命令，出现“删除对象”对话框，单击“确定”按钮。

10.2.3 特殊登录名 sa

sa 登录名是默认的登录名，对 SQL Server 有完全的管理权限，具有完全访问的能力，可以查看、修改或删除任何数据项。如果安装过程中选择了混合模式身份验证，将会强制在这里为该账户设置密码。由于 sa 登录名是能力十分强大的登录名，sa 存在于所有的 SQL Server 安装中，因此，任何黑客都知道存在这一用户 ID，并将试图通过这个用户 ID 连接到服务器上，所以必须设置 sa 登录名的密码。

任务 10.3 管理数据库用户

【任务描述】 SQL Server 是个多用户数据库管理系统，具有强大的访问功能。本任务为销售管理数据库添加用户和管理用户，以防止不合法的使用造成数据泄露和破坏。

在 SQL Server 服务器中，用户提出的访问数据库请求时，必须通过 SQL Server 两个阶段的安全审核，即验证与授权。验证阶段是使用登录名来标识用户，而且只验证输入的登录名能否连接至 SQL Server 服务器。如果验证成功，登录名就会连接至 SQL Server 服务器。在授权阶段，即在建立了 SQL Server 登录账户以后，需要授予用户和组许可，使它们能够在数据库中执行任务。

数据库用户是映射到登录账户的用户。提供它应有的权限后才能具有服务器上数据库的访问权。

10.3.1 添加数据库用户

1. 使用 SSMS 添加数据库用户

【例 10-9】 将在例 10-6 中创建的登录名 SQL_User 映射到销售管理数据库的用户。

操作步骤如下。

(1) 使用 Windows 身份验证登录 SQL Server。

(2) 在"对象资源管理器"窗格中，展开"数据库"|CompanySales|"安全性"|"用户"节点。右击"用户"节点，在弹出的快捷菜单中，选择"新建用户"选项，如图 10-12 所示。

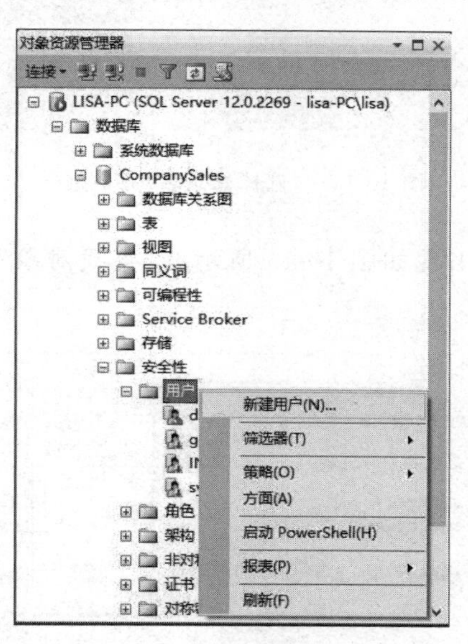

图 10-12 选择"新建用户"选项

(3) 出现如图 10-13 所示的“数据库用户 - 新建”窗口,在“用户名”文本框中输入用户名 first_user,再单击“登录名”右侧的 ... 按钮。

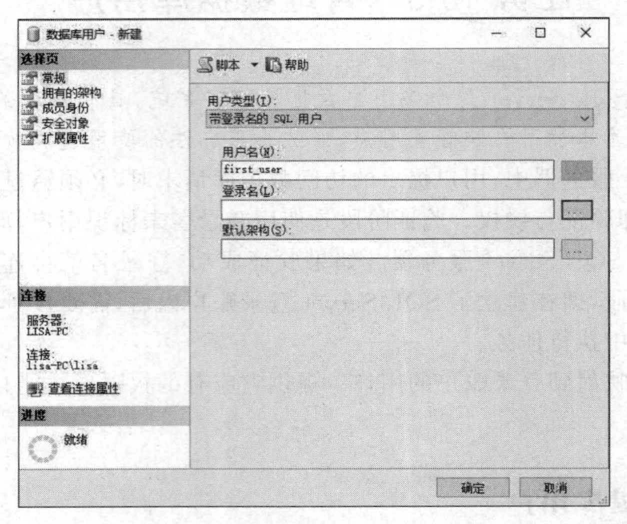

图 10-13 “数据库用户-新建”窗口

(4) 出现如图 10-14 所示的“选择登录名”对话框。

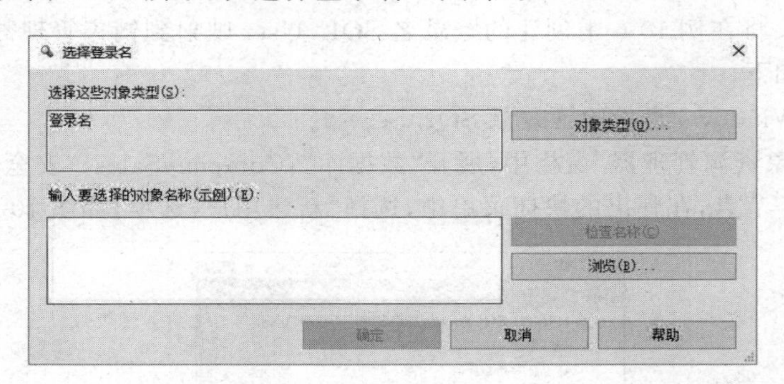

图 10-14 “选择登录名”对话框

(5) 单击“浏览”按钮,出现如图 10-15 所示的“查找对象”对话框,浏览已有的登录名,勾选 SQL_User 登录名。

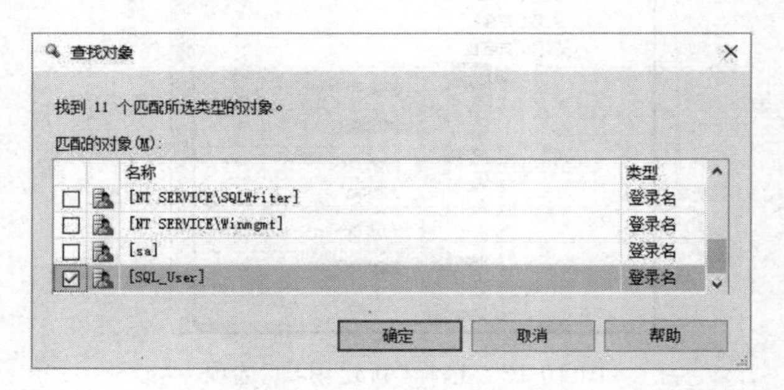

图 10-15 “查找对象”对话框

(6) 单击“确定”按钮,返回图 10-14 的“选择登录名”对话框。

(7) 单击“确定”按钮,返回图 10-13 的“数据库用户 - 新建”窗口。

(8) 单击“确定”按钮,完成登录名 SQL_User 到销售管理数据库 CompanySales 用户名的映射设置。

说明:在同一数据库中的用户名称不可重复;一个登录名在一个数据库中只能有一个对应的用户名。展开“安全性”目录下的“用户”节点后,右击一个用户名可以进行很多日常操作,如删除用户、查看该用户的属性及新建一个用户等。

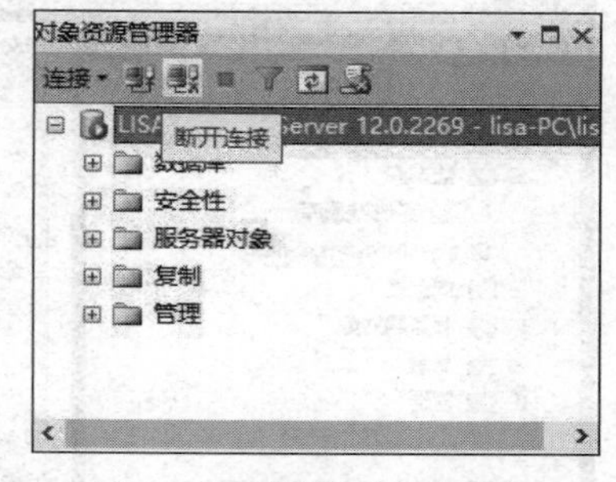

图 10-16　断开现有的连接

用登录名 SQL_User 登录到 SQL Server 服务器的操作步骤如下。

(1) 在“对象资源管理器”窗格中断开现有的连接。单击工具栏的“断开连接”按钮,如图 10-16 所示。

(2) 单击“对象资源管理器”窗格中的“连接”按钮,打开“连接到服务器”窗口。在“身份验证”下拉列表框中选择“SQL Server 身份验证”,在“登录名”组合列表框中输入 SQL_User,在“密码”文本框中输入密码“123456”,如图 10-17 所示。单击“连接”按钮。

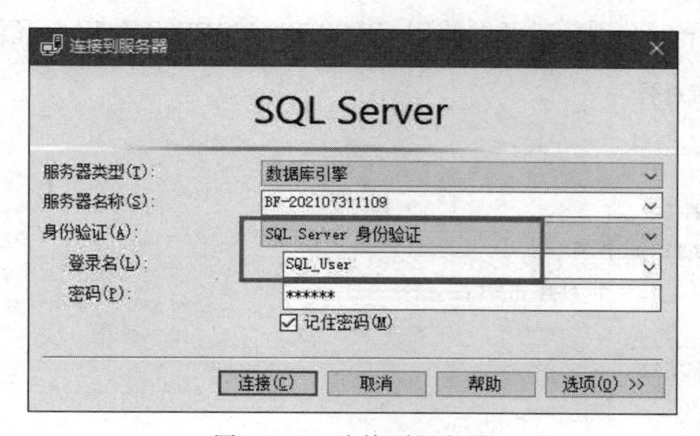

图 10-17　连接到服务器

(3) 在“对象资源管理器”窗格中,将显示当前的登录名 SQL_User,如图 10-18 所示。

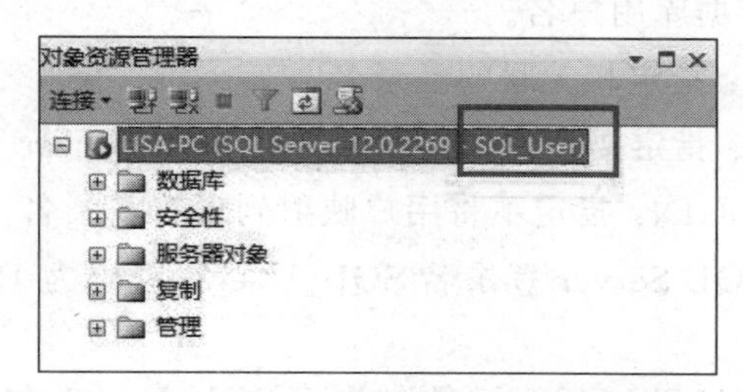

图 10-18　利用 SQL_User 登录服务器

登录后对象资源管理器如图 10-19 所示，从图中可以看出，映射已经成功。

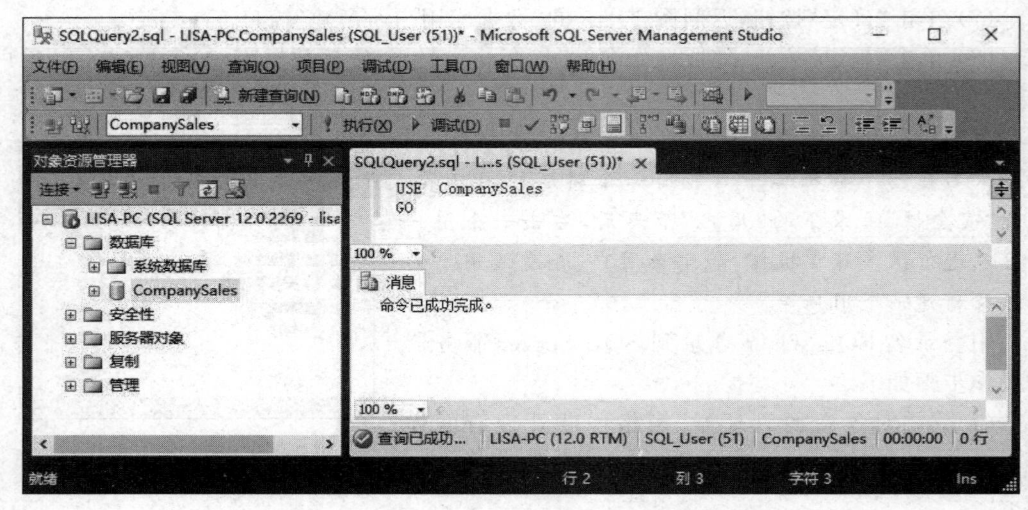

图 10-19　用 SQL_Use 登录后的对象资源管理器

2. 使用 CREATE USER 添加用户

在 SQL Server 2014 中，还可以使用 CREATE USER 添加用户，语法格式如下。

```
CREATE USER 用户名
[{FOR|FROM}
{
   LOGIN 登录名
   | CERTIFICATE 证书名
   | ASYMMETRIC KEY 非对称密钥名
}
   | WITHOUT LOGIN
]
[WITH DEFAULT_SCHEMA 架构名]
```

各参数说明如下。

(1) 用户名：指定数据库用户名。

(2) FOR 或 FROM：指定相关联的登录名。

(3) LOGIN 登录名：指定要创建数据库用户的 SQL Server 登录名。

(4) WITHOUT LOGIN：指定不将用户映射到现有登录名。

【例 10-10】 创建 SQL Server 登录名 SQL_User2，密码为 123456，并映射到销售管理数据库的用户。

分析：首先利用 CREATE LOGIN 语句创建 SQL_User2，代码为 CREATE LOGIN SQL_User2 WITH PASSWORD='123456'，然后将 SQL_User2 映射成 CompanySales 用户，使用 CREATE USER 语句。

在查询编辑器中执行如下的 Transact-SQL 语句。

```
CREATE LOGIN SQL_User2
    WITH PASSWORD='123456'
GO
USE CompanySales
GO
CREATE USER User2
    FOR LOGIN SQL_User2
    WITH DEFAULT_SCHEMA=dbo
```

3. 删除用户

使用 DROP USER 语句删除数据库用户，语法格式如下。

```
DROP USER 用户名
```

【例 10-11】 删除例 10-10 中创建的 SQL_User 用户。

在查询编辑器中执行如下的 Transact-SQL 语句。

```
USE CompanySales
GO
DROP USERSQL_USER2
```

10.3.2 特殊用户

在 SQL Server 中，每个数据库一般都有两个默认的用户：dbo 和 guest。

(1) dbo。dbo 是特殊的数据库用户，它是数据库所有者(database owner)，dbo 是具有隐式权限的用户，可在数据库中执行所有的操作。

(2) guest。guest 也是一个特殊用户，它与 dbo 一样，创建数据库之后会自动生成。guest 用户具有默认访问权限。

当 guest 用户被激活时，可以为登录用户获得没有直接给他们提供的访问权限，就会在数据库中制造安全漏洞。由于 guest 无法删除，建议限制 guest 用户的权限。

【例 10-12】 查看销售管理数据库的默认用户。

操作步骤如下。

打开“对象资源管理器”窗格，展开“数据库”|CompanySales|“安全性”|“用户”节点，如图 10-20 所示，在 CompanySales 数据库中已有 dbo 和 guest 用户。

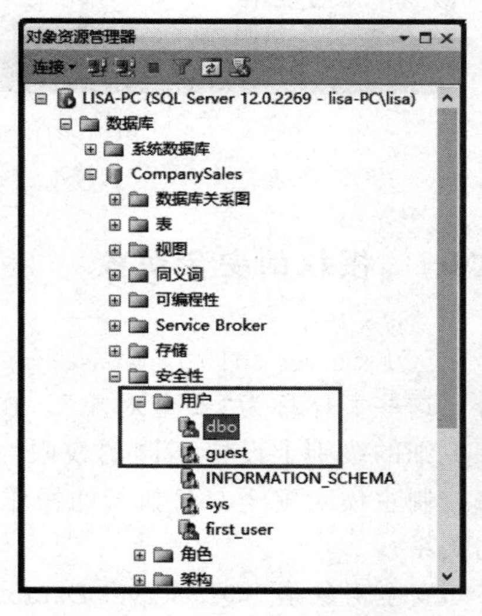

图 10-20 默认用户

任务 10.4 管理权限

【任务描述】 在 SQL Server 2019 中，为销售管理数据库不同的数据库用户设置不同的数据库访问权限，以保证数据的安全性。

在 SQL Server 2019 中，不同的数据库用户具有不同的数据库访问权限。用户要对某数据库进行访问操作时，必须获得相应的操作权限，即得到数据库管理系统的操作权限授权。SQL Server 2019 中未被授权的用户将无法访问或存取数据库数据。

例如，利用登录名 SQL_User 登录到服务器后，在查询编辑器中输入查询语句，但是结果如图 10-21 所示，错误提示为“拒绝了对对象‘Employee’(数据库‘CompanySales’，架构‘dbo’)的 SELECT 权限。”

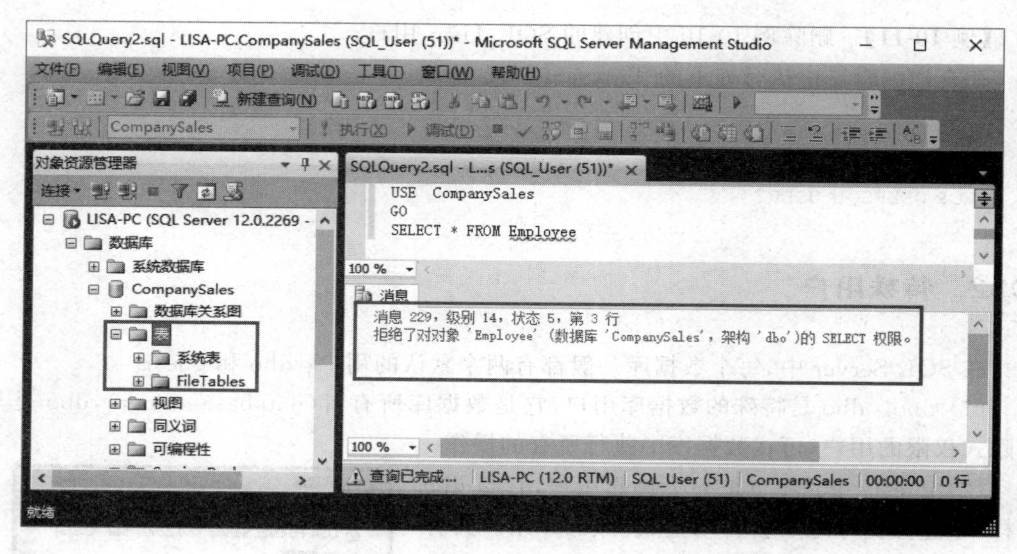

图 10-21 没有授权的用户无法访问数据库

10.4.1 授权的安全对象

SQL Server 2019 Database Engine 管理着可以通过权限进行保护的实体的分层集合。这些实体称为“安全对象”。在安全对象中，最突出的是服务器和数据库，但可以在更细的级别上设置不同的权限。SQL Server 通过验证主体是否已获得适当的权限来控制主体对安全对象执行的操作。图 10-22 显示了数据库引擎与权限层次结构之间的关系。

安全对象是 SQL Server Database Engine 授权系统控制对其进行访问的资源。通过创建可以为自己设置安全性“范围”的嵌套层次结构，可以将某些安全对象包含在其他安全对象中。安全对象范围有服务器、数据库和架构。

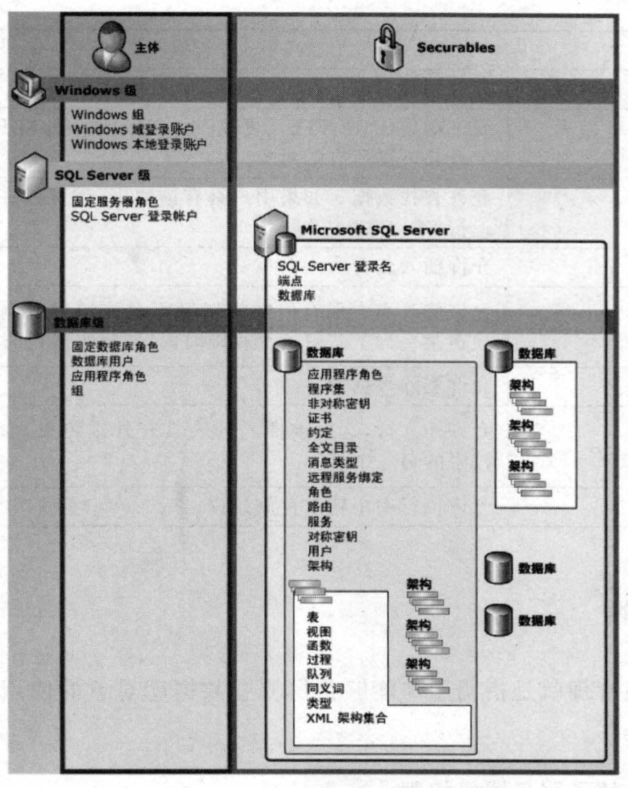

图 10-22 数据库引擎权限层次结构之间的关系

(1) 服务器包含的安全对象：端点、登录名、数据库。

(2) 数据库包含的安全对象：用户、角色、应用程序角色、程序集、消息类型、路由、约定和架构等。

(3) 架构包含的安全对象：类型、XML 架构集合和对象。

(4) 对象类的安全对象：聚合、约束、函数、过程、队列、统计信息、同义词、表和视图。

10.4.2 权限类别

SQL Server 2019 可设置的权限内容较为复杂，由服务器到对象共有 94 个权限可以授予安全对象。SQL Server 2019 中主要的权限类别如表 10-1 所示。

表 10-1 SQL Server 权限

权　限	描　述
CONTROL	将类似所有权的能力授予被授予者。被授权者实际上对安全对象具有所定义的所有权限
TAKE OWNERSHIP	允许被授权者获取所授予的安全对象的所有权
VIEW DEFINITION	允许定义视图。如果用户具有该权限，就能利用表或函数定义视图

续表

权　　限	描　　述
CREATE	允许创建对象
ALTER	允许创建(CREATE)、更改(ALTER)或删除(DELETE)受保护的对象及其下层所有的对象
SELECT	允许查找数据。如果用户具有该权限,就可以在授权的表或视图上运行 SELECT 语句
INSERT	允许插入新行
UPDATE	允许修改表中现有的数据。但不允许添加或删除表中的行。当用户在某一列上获得这个权限时,只能修改该列的数据
DELETE	允许删除数据行
REFERENCE	允许插入行,这里被插入的表具有外键约束,参照了用户 SELECT 权限的另一个表
EXECUTE	允许执行一个特定存储过程

10.4.3 授予权限

数据库的权限管理就是指明用户能够获得哪些数据库对象的使用权,以及能够对哪些对象执行何种操作。

1. 使用 SSMS 授予服务器级权限

服务器包含的安全对象包括端点、登录名、数据库等,服务器级的权限包括对于端点、登录名和数据库的操作,如对数据库进行创建、删除和更改。

【例 10-13】 查看登录名 SQL_User 具有的权限。

操作步骤如下。

(1) 利用 SQL_User 登录名登录。

(2) 在"对象资源管理器"窗格中,右击服务器 LISA-PC(不同的计算机显示不同的服务器名),在弹出的快捷菜单中,选择"属性"选项。

(3) 出现"服务器属性 - LISA-PC"窗口,在窗口左侧,选择"选择页"区域的"权限"选项。在左侧"连接"处显示当前为 SQL_User 进行的连接。在右侧的"SQL_User 的权限"区域,选择"有效"选项卡,可以看到有效的权限为连接 SQL(CONNECT SQL)和查看任何数据库(VIEW ANY DATABASE),如图 10-23 所示。

【例 10-14】 授予登录名 SQL_User 具有创建数据库的权限。

操作步骤如下。

(1) 利用 Windows 身份验证登录,在"对象资源管理器"窗格中,展开服务器 LISA-PC(不同的计算机显示不同的服务器名)|"安全性"|"登录名"节点。

(2) 右击 SQL_User 登录名,在弹出的快捷方式中,选择"属性"命令,打开"登录属性 - SQL_USer"窗口。在"选择页"区域中,选择"安全对象"选项,在"LISA-PC 的权限"

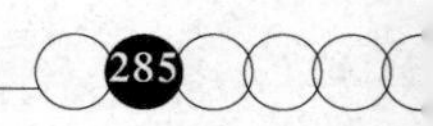

区域中,在"创建任意数据库"权限中勾选"授予"复选框,如图 10-24 所示,单击"确定"按钮。

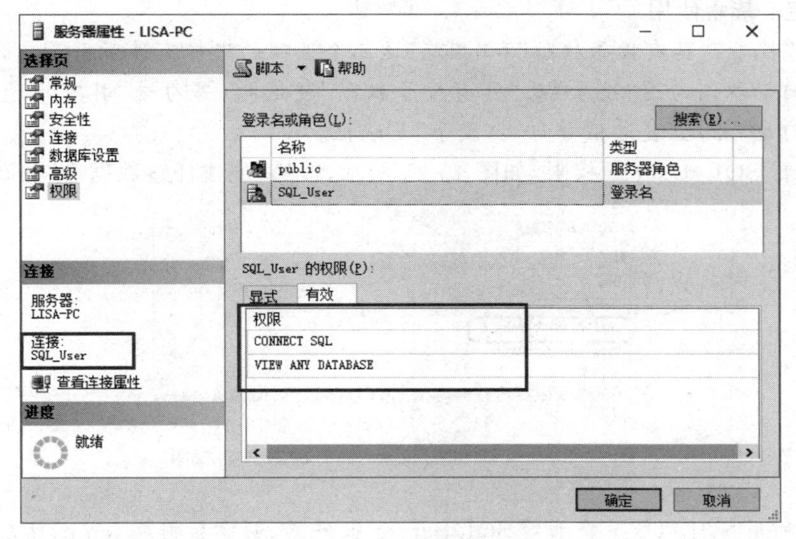

图 10-23 设置服务器权限

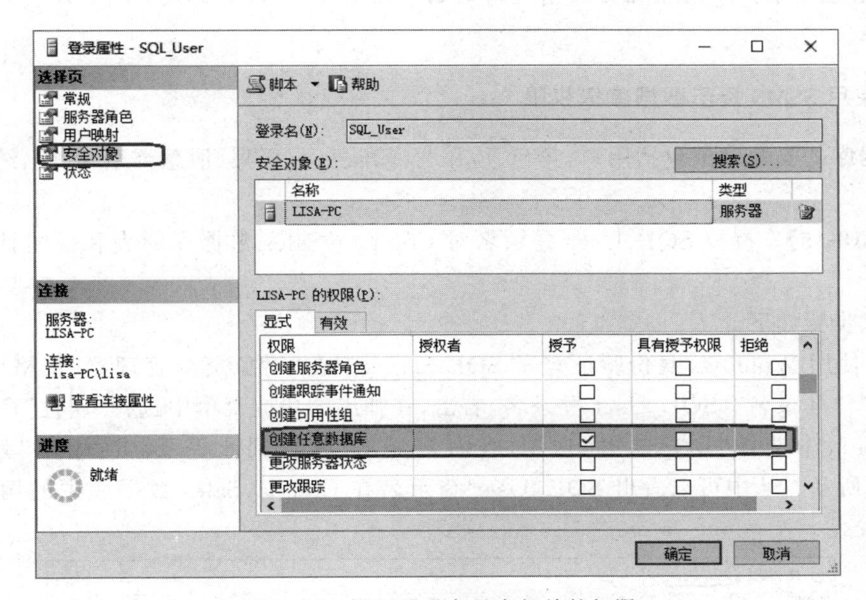

图 10-24 设置登录名具有相关的权限

其中的各项内容解析如下。

① 登录名或角色:被设置权限的对象。

② 有效权限:查看当前选择的登录名或角色的权限。

③ 授权者:当前登录至 SQL Server 服务器的登录名。

④ 权限:所有当前登录名可设置的权限。

⑤ 授予：授予权限。

⑥ 具有授予权限：sa 授予选中对象的权限可再授予其他登录名。

⑦ 拒绝：禁止使用。

说明："授予""具有授予权限"和"拒绝"这三个选项的选择有连带关系。勾选"拒绝"复选框，就自动取消勾选"授予"及"具有授予权限"复选框；若勾选"具有授予权限"复选框，则取消勾选"拒绝"复选框并勾选"授予"复选框。

(3) 查看 SQL_User 的权限，如图 10-25 所示，增加"创建任意数据库"的有效权限。

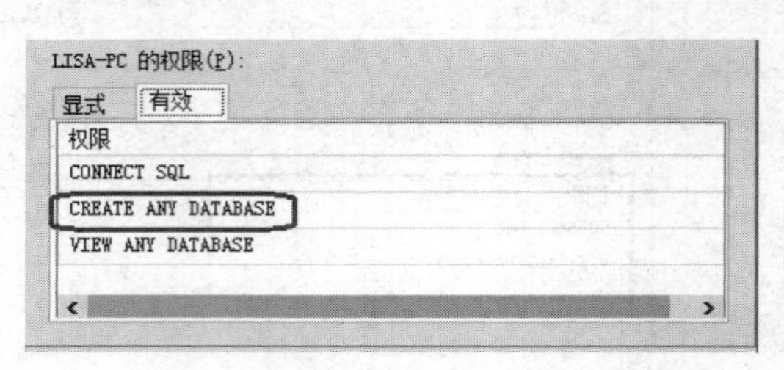

图 10-25 查看 SQL_User 具有的服务器权限

说明：利用 SQL_User 登录到 SQL Server 服务器，创建数据库 temp，然后删除 temp 数据库，体验 SQL_User 登录名所有具有的创建数据库的权限，但是该用户没有删除数据库的权限。

2. 使用 SSMS 授予数据库级权限

数据库的安全对象包括用户、角色、应用程序角色、程序集、消息类型、路由、约定和架构等。

【例 10-15】 授权 SQL_User 登录名对 CompanySales 数据库的表和视图具有创建的权限。

操作步骤如下。

(1) 使用 Windows 身份验证登录 SQL Server。在"对象资源管理器"窗格中，展开"安全性"|"登录名"|SQL_User 登录名，右击，在弹出的快捷菜单中选择"属性"命令。在弹出的窗口中选择"用户映射"选项，在右侧显示"映射到此登录名的用户"列表，如图 10-26 所示。从中可以看出 SQL_User 登录名在 CompaySales 数据库中的用户名为 first_user。

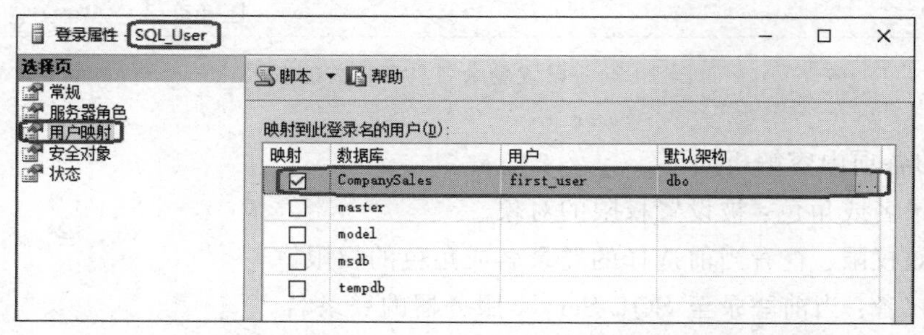

图 10-26 SQL_User 的登录属性

说明：此处的用户映射已经在例 10-10 完成。

(2) 在“对象资源管理器”窗格中，展开“数据库”节点，右击 CompanySales 数据库，选择“属性”命令，出现“数据库属性 - CompanySales”窗口。选择窗口左侧中的“选择页”区域的“权限”选项。在“用户或角色”列表中，选择要设置权限的对象 first_user，在“first_user 的权限”列表中勾选“创建表”和“创建视图”权限的“授予”复选框，如图 10-27 所示。

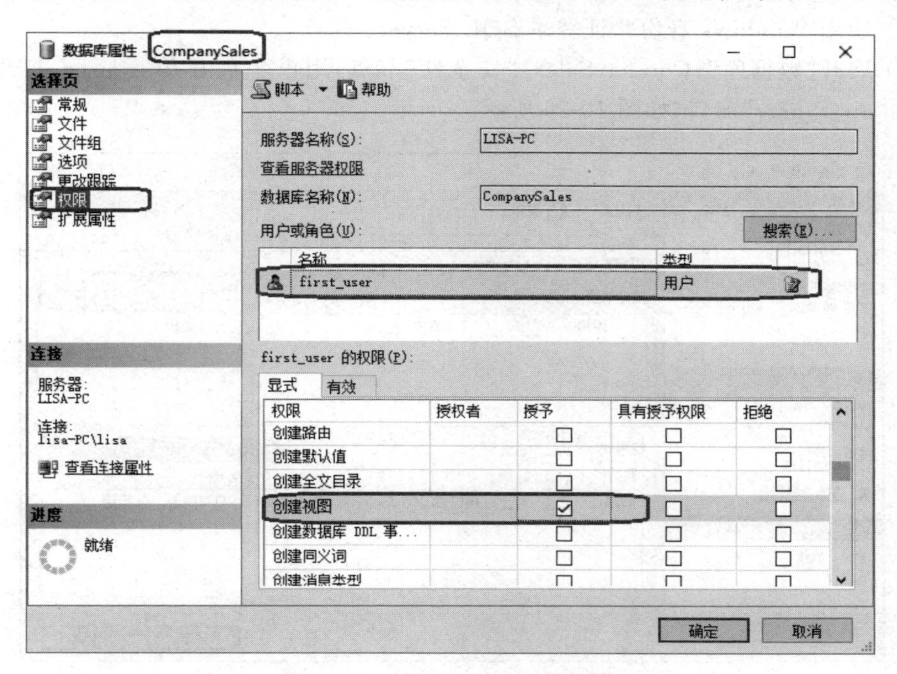

图 10-27　设置 first_user 的权限

(3) 利用 CompanySales 数据库的属性选项，查看 first_user 用户的属性，如图 10-28 所示。

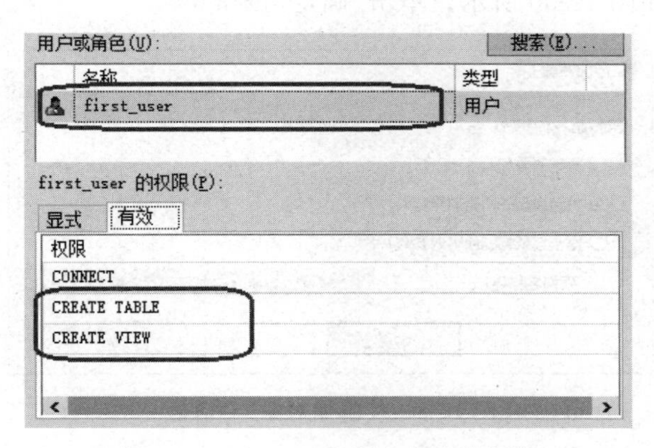

图 10-28　first_user 用户的有效权限

3. 使用 SSMS 授予数据库对象级权限

【例 10-16】 指定 CompanySales 数据库中的用户 first_user 在 Customer 表上具有所有的权限。

操作步骤如下。

(1) 使用 Windows 身份验证登录 SQL Server。

(2) 展开"数据库"|CompaySales|"安全性"节点，用户名右击 first_user，打开"数据库用户 - first_user"窗口，如图 10-29 所示。

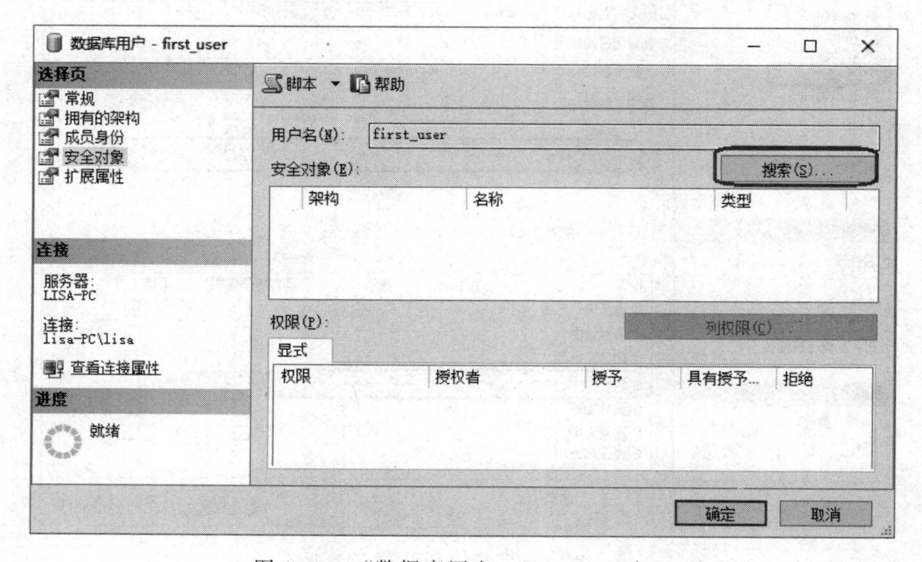

图 10-29 "数据库用户 - first_user"窗口

(3) 单击图 10-29 右侧的"搜索"按钮，打开"添加对象"对话框，选择"特定类型的所有对象"单选按钮，如图 10-30 所示。单击"确定"按钮。

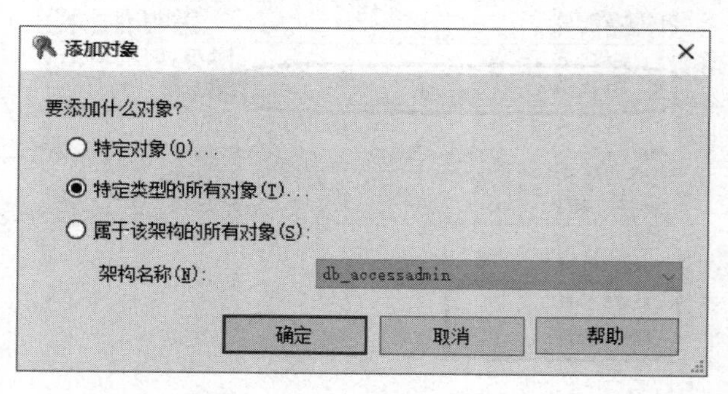

图 10-30 "添加对象"对话框

(4) 出现"选择对象类型"对话框，如图 10-31 所示。勾选"表"复选框。单击"确定"按钮。

(5) 在"数据库用户 - first_user"窗口右侧的"安全对象"列表中，选择 Customer 表，然后在窗口下方的“dbo.Customer 的权限”列表中，勾选所有的权限，如图 10-32 所示，单击“确定”按钮，完成设置。

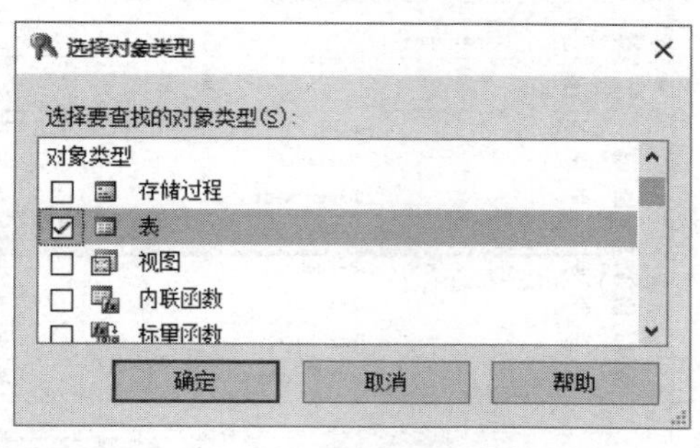

图 10-31　“选择对象类型”对话框

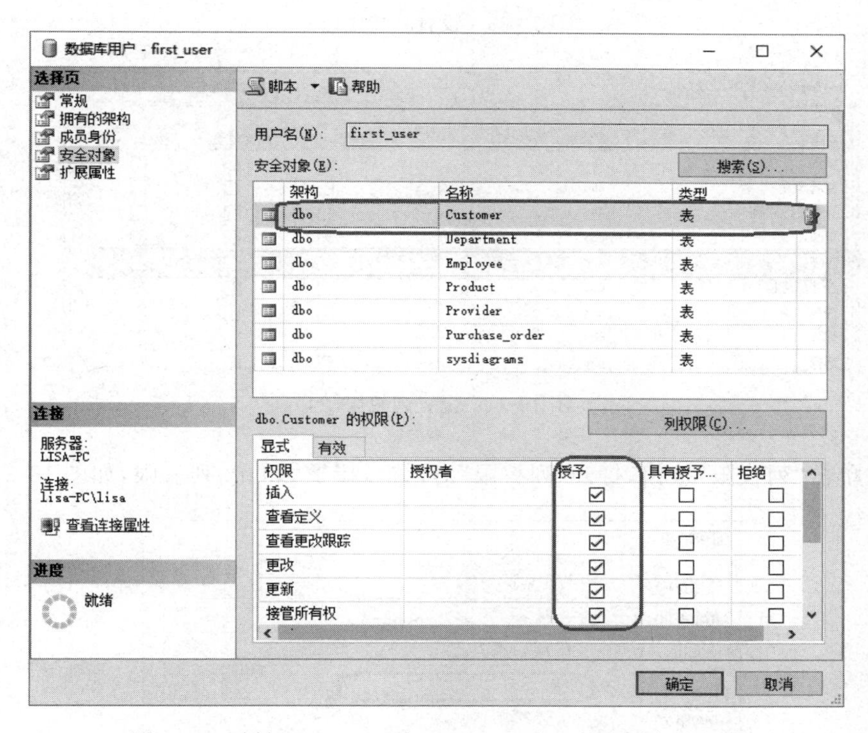

图 10-32　授权 first_user 在 Customer 表上具有所有的权限

【例 10-17】　指定 CompanySales 数据库中的用户 first_user 在 Employee 表的 Salary 列上具有更新的权限。

操作步骤如下。

(1) 操作步骤同例 10-16 的步骤(1)～步骤(5)。结果如图 10-33 所示。在“安全对象”列表中有 Employee 表，但是“列权限”按钮为灰色的。

(2) 在“dbo.Employee 的权限”区域中，授予“更新”权限，使得“列权限”按钮变为可用，如图 10-34 所示。

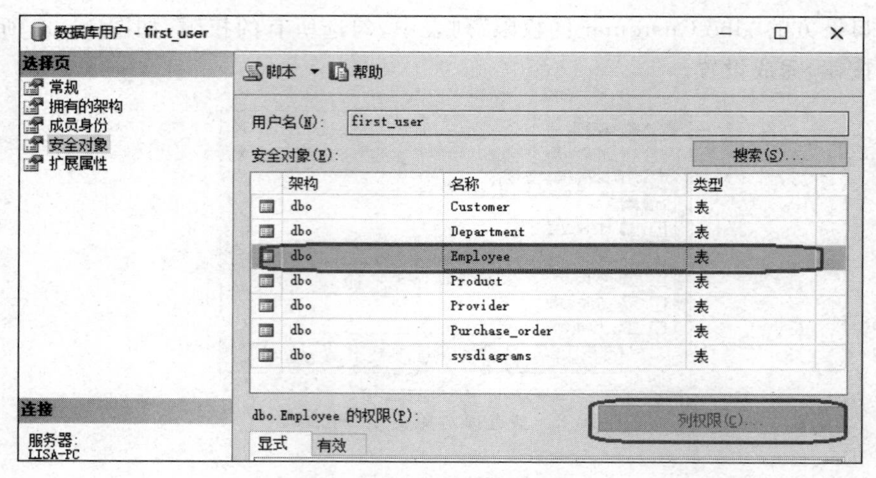

图 10-33　设置列权限(1)

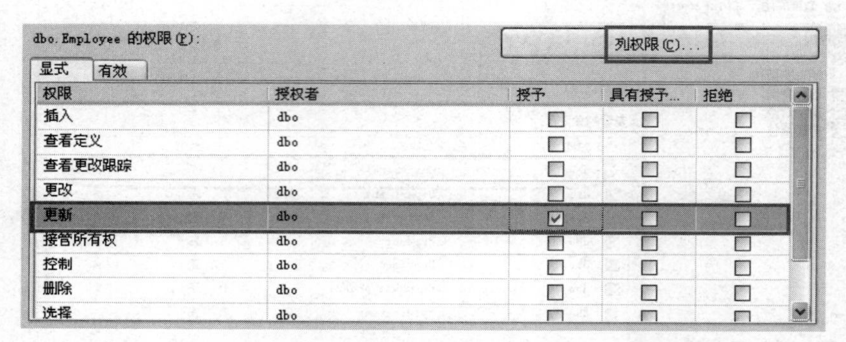

图 10-34　设置列权限(2)

(3) 单击“列权限”按钮，打开“列权限”对话框，授予 Salary 列权限，如图 10-35 所示。

列权限

主体(P): first_user

授权者(G):

表名(N): dbo.Employee

权限名称(M): 更新

列权限(C):

列名	授予	具有授予权限	拒绝
BirthDate	☐	☐	☐
DepartmentID	☐	☐	☐
EmployeeID	☐	☐	☐
EmployeeName	☐	☐	☐
HireDate	☐	☐	☐
Salary	☑	☐	☐
Sex	☐	☐	☐

确定　取消　帮助

图 10-35　设置列权限(3)

(4) 返回"数据库用户 - first_user"窗口,单击"确定"按钮,完成授权。

(5) 利用用户名的"属性"选项,查看"dbo.Employee 的权限"区域的"有效"选项卡,即可看到已经设置为要求的内容,如图 10-36 所示。

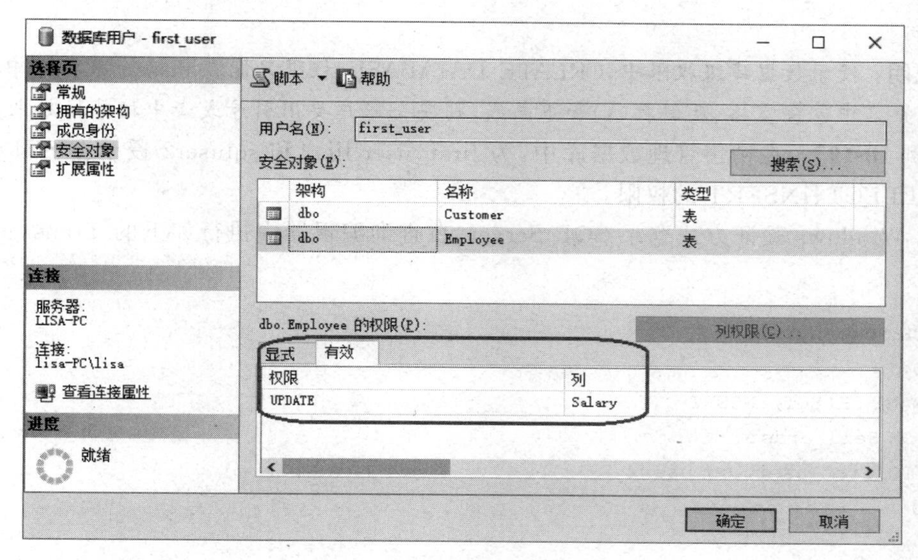

图 10-36 设置列权限(4)

4. 使用 GRANT 语句授权

利用 GRANT 语句可以为数据库用户或者数据库角色授予数据库级或者数据库对象级的权限,语法格式如下。

```
GRANT {ALL [PRIVILEGES]}|权限 [(列[,...n])][,...n]
    [ON 安全对象] TO 主体 [,...n]
    [WITH GRANT OPTION] AS 主体
```

各参数说明如下。

(1) ALL:授予所有可用的权限。不推荐使用此选项,仅用于向后兼容。

(2) 权限:权限的名称。根据安全对象的不同,权限的取值也不同。

(3) 列:表、视图或者表值函数中要授予对其权限的列的名称。

(4) ON 安全对象:授予权限的安全对象。

(5) 主体:主体的名称,指被授予权限的大小,可为当前数据库的用户、数据库角色等。

(6) WITH GRANT OPTION:允许被授权者在获得指定的权限的同时还可以将指定权限授予其他用户、角色或者 Windows 组。

【例 10-18】 在销售管理数据库中,为 first_user 用户授予创建视图的权限。

以 Windows 验证方式登录 SQL Server,在查询编辑器中执行如下的 Transact-SQL 语句。

```
USE CompanySales
GO
GRANT CREATE VIEW
  TO first_user
GO
```

说明：授予数据库级权限中，CREATE DATABASE 权限只能在 master 数据库中授予。如果用户名中包含空格、反斜杠(\)和下画线，则安全账户要用引号或者中括号括起来。

【例 10-19】 在销售管理数据库中，为 first_user 用户和 sqluser2 授予在 Sell_order 表上 SELECT、INSERT 的权限。

以 Windows 验证方式登录 SQL Server，在查询编辑器中执行如下的 Transact-SQL 语句。

```
USE CompanySales
GO
GRANT SELECT, INSERT
  ON Sell_order
  TOfirst_user, sqluser2
GO
```

10.4.4 拒绝权限

拒绝权限是指拒绝给当前数据库用户授予权限，并防止数据库用户通过组或者角色成员资格继承权限。

1. 使用 SSMS 设置拒绝权限

使用 SSMS 设置的方法与授予权限相同。在此不再叙述。

2. 使用 DENY 语句拒绝权限

使用 DENY 语句拒绝权限，语法格式如下。

```
DENY {ALL [PRIVILEGES] }
     |权限[(列[,...n])][,...n]
     [ON 安全对象] TO 主体[,...n]
     [CASADE] [AS 主体]
```

其中，CASADE 表示拒绝授予指定用户或者角色该权限，同时该用户或者角色授予该权限的所有其他用户和角色也拒绝授予该权限。

【例 10-20】 对 first_user 用户不允许使用更改的语句。

以 Windows 验证方式登录 SQL Server，在查询编辑器中执行如下的 Transact-SQL 语句。

```
USE CompanySales
```

```
GO
DENY ALTER
  TOfirst_user
GO
```

【例 10-21】 对 first_user 用户不允许对 Employee 表进行 INSERT 和 DELETE 操作。

以 sa 登录名登录 SQL Server,在查询编辑器中执行如下的 Transact-SQL 语句。

```
USE CompanySales
GO
DENY INSERT,DELETE
    ON Employee
    TO first_user
GO
```

10.4.5　撤销权限

撤销权限是指消除授予或者拒绝的权限,可以理解为"撤销"语句。使用 SSMS 撤销权限与授予或者拒绝方法相同,不再叙述。也可以利用 REVOKE 语句撤销当前数据库用户被授予或者拒绝的权限,语法格式如下。

```
REVOEKE [GRANT OPTION FOR] {ALL [PRIVILEGES] }
|权限[(列[,...n])][,...n]
[ON 安全对象] TO|FROM 主体[,...n]
[CASADE]  [AS 主体]
```

任务 10.5　管 理 角 色

【任务描述】 为了数据库的安全,应逐个设置用户的权限,方法较直观和方便,然而一旦数据库的用户数很多时,设置权限的工作将会变得烦琐。在 SQL Server 中通过为角色设置权限解决此类问题。本任务为销售管理数据库创建角色并对其进行管理。

角色的概念类似于 Windows 操作系统的"组"的概念。在 SQL Server 2019 中,系统已经创建了多个角色,只要把用户直接设置为某个角色的成员,那么该用户就继承这个角色的权限。

10.5.1　服务器角色

固定服务器角色是针对服务器已定义的不同权限,管理人员无法创建服务器角色,而只能选择合适的已固定的服务器角色,固定服务器角色共有 8 个,如表 10-2 所示。

表 10-2 固定服务器角色

服务器角色	允许权限
bulkadmin(大容量插入操作管理者)	可以使用 BULK INSERT 语句,指以用户指定的个数将数据文件加载到数据表或视图中
dbcreator(数据库创建者)	可以创建、更改、删除和还原任何数据库
diskadmin(磁盘管理员)	可以管理数据库在磁盘的文件
processadmin(进程管理员)	可以结束在 SQL Server 执行个体中执行的进程
securityadmin(安全管理员)	可以管理登录及其属性
serveradmin(服务管理员)	可以更改整个服务器的配置选项与关闭服务器
setupadmin(安装管理员)	可以新建和删除连接服务器,也可以执行部分系统存储过程
sysadmin(系统管理员)	可以执行服务器中的所有活动

1. 使用 SSMS 将登录名指派为固定服务器角色的成员

【例 10-22】 将登录名 SQL_User 加为服务器角色 sysadmin 的成员。

操作步骤如下。

(1) 以 sa 用户或超级用户身份连上数据库实例,启动 SSMS。

(2) 在"对象资源管理器"窗格中,展开"安全性"|"登录名"节点。右击登录名 SQL_User,在弹出的快捷菜单中选择"属性"命令。

(3) 出现"登录属性 - SQL_User"窗口,在窗口左侧的"选择页"区域中,选择"服务器角色"选项,在右侧的"服务器角色"选项组中,勾选 sysadmin 复选框,如图 10-37 所示。单击"确定"按钮,完成设置。

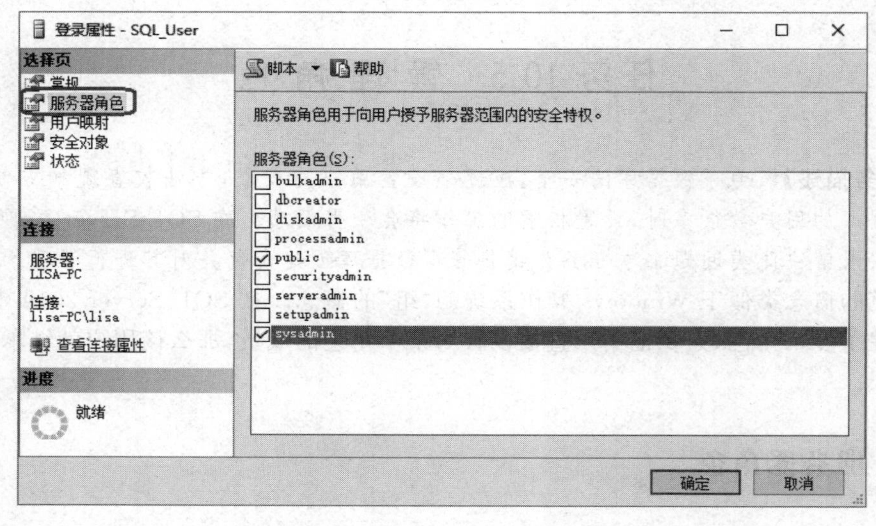

图 10-37 设置为服务器角色成员

2. 使用系统存储过程 sp_addsrvrolemember 添加登录名到服务器角色

使用系统存储过程 sp_addsrvrolemember 增加登录名到服务器角色，语法格式如下。

```
sp_addsrvrolemember [@loginame=] 'login',[@rolename=] 'role'
```

【例 10-23】 将 Windows 登录名 winuser 添加到 sysadmin 服务器角色中。

```
EXEC sp_addsrvrolemember 'winuse', 'sysadmin'
```

3. 使用系统存储过程 sp_dropsrvrolemember 删除服务器角色中的登录名

使用系统存储过程 sp_dropsrvrolemember 删除登录到服务器的角色，语法格式如下。

```
sp_dropsrvrolemember [@loginame=] 'login',[@rolename=] 'role'
```

【例 10-24】 从 sysadmin 服务器角色中删除登录名 winuser。

```
EXEC sp_dropsrvrolemember 'winuser','sysadmin'
```

10.5.2 数据库角色

数据库角色是具有相同访问权限的数据库用户或组的集合。数据库角色应用于单个数库。通过数据库用户和角色来控制数据库的访问和管理。在 SQL Server 2019 中，数据库角色可分为三种。

(1) 固定数据库角色。

(2) 标准数据库角色。由数据库成员所组成的组，此成员可以是用户或其他的数据库角色。

(3) 应用程序角色。用来控制应用程序存取数据库中的数据，本身并不包含任何成员。

创建数据库之后，便会自动创建 10 个内置固定数据库角色，这 10 个角色的名称及权限如表 10-3 所示。

表 10-3 固定数据库角色

固定数据库角色	允许权限
db_accessadmin	可以新建或删除 Windows 登录、Windows 组及 SQL Server 登录的访问权
db_backupoperator	可以备份数据库
db_datareader	可以读取所有用户数据表的所有数据
db_datawriter	可以添加、删除或修改所有用户数据表中的数据
db_ddladmin	可在数据库中执行任何数据定义语言(DDL)的语句
db_denydatareader	不能读取数据库中任何用户数据表的数据

续表

固定数据库角色	允许权限
db_denydatawriter	不能添加、修改或删除数据库中任何用户数据表的数据
db_owner	可以在数据库上执行所有的配置和维护活动、删除数据库
db_securityadmin	可以修改角色成员资格与管理权限
public	拥有数据库中用户的所有默认权限

1. 添加登录名到固定数据库角色

【例 10-25】 将登录名 SQL_User 添加到 CompanySales 数据库中,成为固定数据库角色 db_owner 的成员。

操作步骤如下。

(1) 以 sa 用户或超级用户身份连上数据库实例,启动 SSMS。

(2) 在"对象资源管理器"窗格中,展开"安全性"|"登录名"节点。右击登录名 SQL_User,在弹出的快捷菜单中选择"属性"命令。

(3) 在"登录属性 - SQL_User"窗口中,选择"选择页"区域中的"用户映射"选项;在右侧的"映射到此登录名的用户"列表中,选择 CompanySales 选项;在"数据库角色成员身份:CompanySales"选项组中,勾选 db_owner 复选框,如图 10-38 所示。

(4) 单击"确定"按钮。

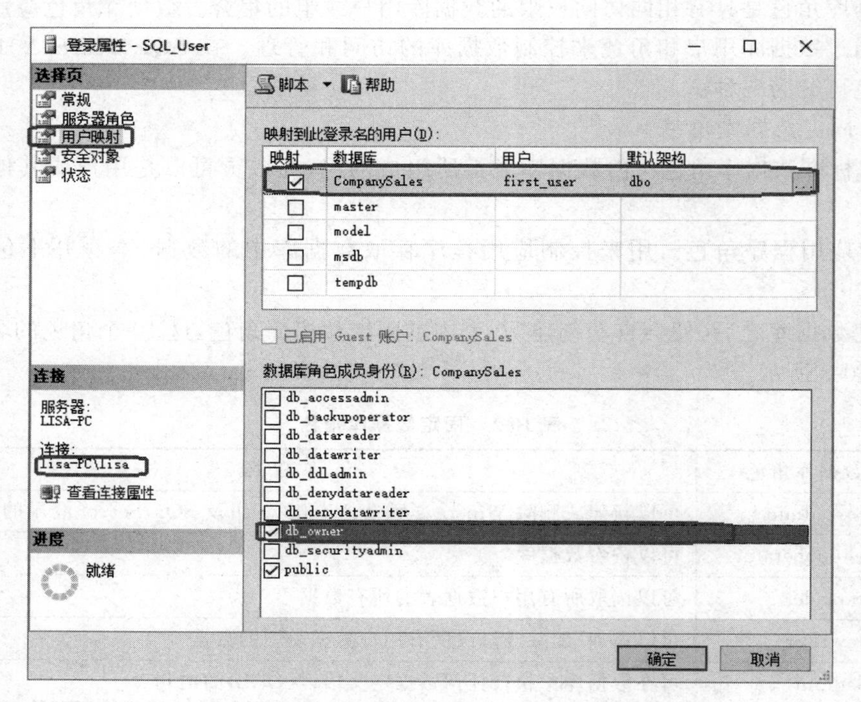

图 10-38 添加登录名为数据库角色成员

2. 标准数据库角色

由于固定的数据库角色不能更改权限,因此,有时可能不能满足需要。这时,可以对为特定数据库创建的角色来设置权限。

【例 10-26】 在销售管理数据库系统中,有 3 类用户:第一类用户为只能查看数据的普通用户,第二类用户为能够修改和删除数据的管理员,第三类用户为只能修改和删除存储过程的开发员。为了便于管理,创建 3 种角色以处理用户的需求,而不需要管理许多不同的用户账户。

分析:在创建数据库角色时,先给该角色指派权限,然后将用户添加到该角色,这样用户将继承给这个角色指派的任何权限。第一类用户可以利用固定数据库角色 db_datareader 来实现,只能查看数据的权限;第二类用户可以利用固定数据库角色 db_datawriter,实现添加、删除或修改所有用户数据表中的数据;第三类用户利用创建标准数据库角色来实现。

具体的步骤如下。

(1) 启动 SSMS。

(2) 在"对象资源管理器"窗格中,展开"数据库"|CompanySales|"安全性"|"角色"|"数据库角色"节点。

(3) 利用将用户添加到固定数据库角色 db_datareader 的方法,实现管理第一类"查看数据的普通用户"的角色。展开"数据库角色"节点,选择 db_datareader 固定数据库角色,右击,弹出的快捷菜单中选择"属性"命令,打开"数据库角色属性 - db_datareader"窗口,如图 10-39 所示,在"此角色的成员"列表中,添加 first_user 成员(此处以 first_user 为例)。

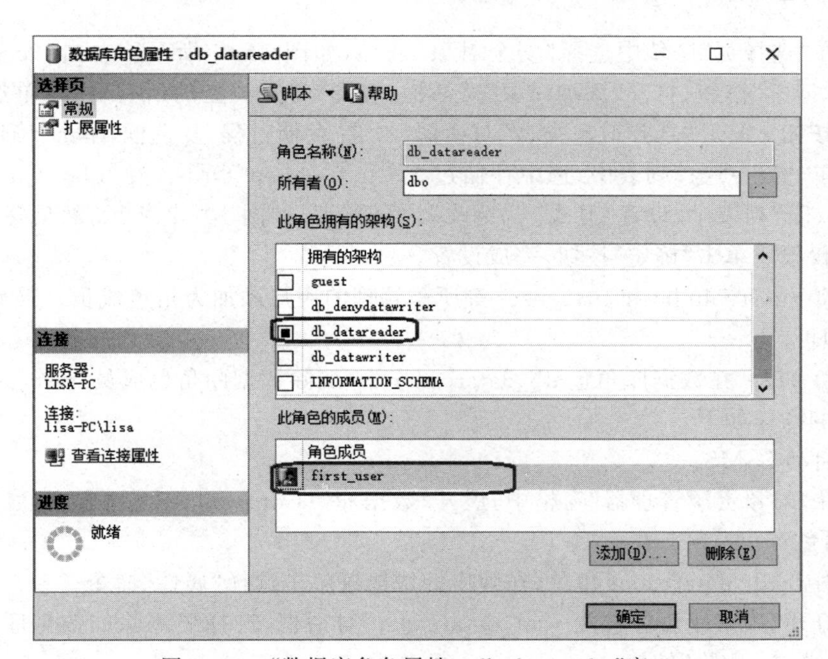

图 10-39 "数据库角色属性 - db_datareader"窗口

(4) 利用将用户添加到固定数据库角色 db_datawriter 的方法，实现管理第二类“能够修改和删除数据的管理员”的角色。方法同步骤(3)，不再叙述。

(5) 创建标准数据库角色，实现管理第三类用户“只能修改和删除存储过程的开发员”的角色。右击“数据库角色”选项，在弹出的快捷菜单中选择“新建数据库角色”命令，如图 10-40 所示。在“角色名称”文本框中输入 user_procedure。

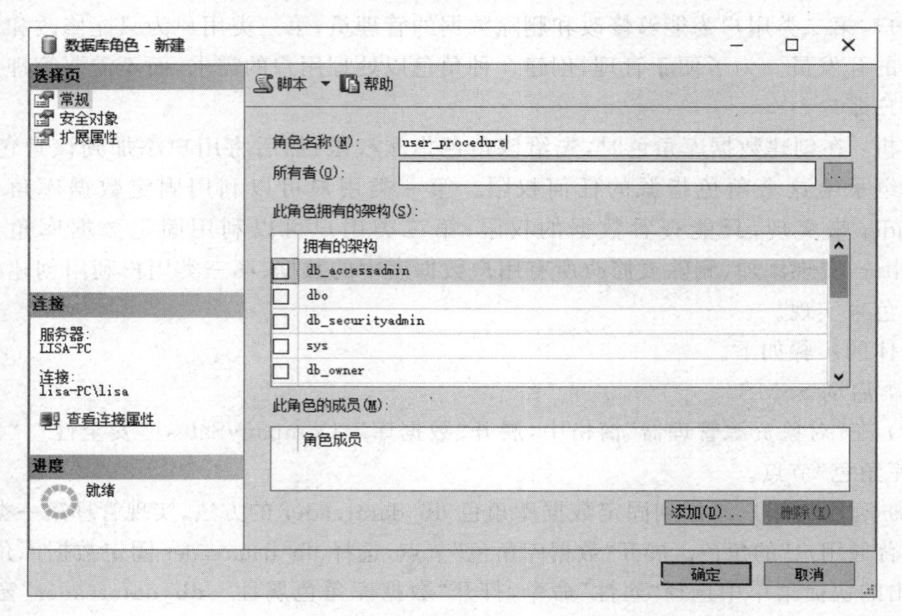

图 10-40 “数据库角色-新建”窗口

(6) 在“选择页”区域中选择“安全对象”选项，如图 10-41 所示。单击“安全对象”列表右边的“搜索”按钮，打开“添加对象”对话框，选择“特定类型的所有对象”单选按钮，单击“确定”按钮。打开“选择对象类型”对话框，勾选“存储过程”复选框，单击“确定”按钮。

(7) 在“安全对象”列表中，选中存储过程 Cu_tonghen_Order，在“dbo. Cu_tonghen_Order 的权限”列表中，设置“显式”|“更改”为“授予”，如图 10-42 所示，然后逐个设置存储过程的权限。单击“确定”按钮，完成设置。

(8) 将 guest、public 和 first_user 等所需管理的用户添加为角色成员。最后单击“确定”按钮即可。

【例 10-27】 在数据库角色 db_datareader 中，删除数据库角色成员 first_user。

具体的操作如下。

(1) 启动 SSMS。

(2) 在“对象资源管理器”窗格中，展开“数据库”|CompanySales|“安全性”|“角色”|“数据库角色”节点。

(3) 右击 db_datareader 角色，在弹出的快捷菜单中选择“属性”命令。

(4) 打开“数据库角色属性 - ad_datareader”对话框，选择要删除的数据库角色成员 first_user，单击“删除”按钮。

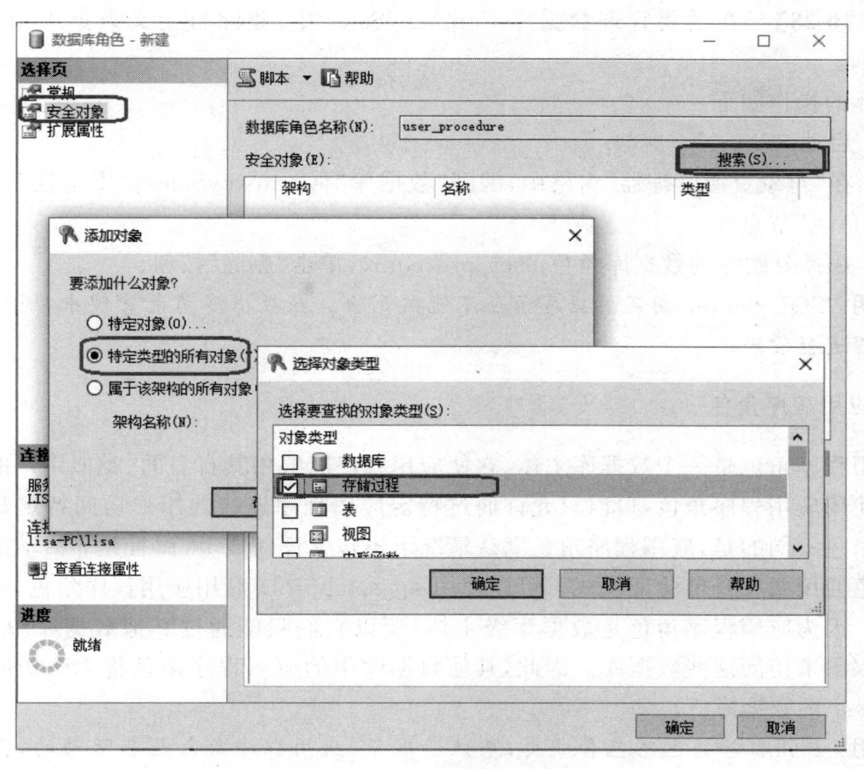

图 10-41　设置安全对象

数据库角色 - 新建

选择页：常规　安全对象　扩展属性

脚本　帮助

数据库角色名称(N):　user_procedure

安全对象(E):　搜索(S)...

架构	名称	类型
dbo	Cu_tonghen_Order	存储过程
dbo	customer_order	存储过程
dbo	delete_product	存储过程
dbo	insert_product	存储过程

dbo.Cu_tonghen_Order 的权限(P):　列权限(C)...

显式

权限	授权者	授予	具有授予...	拒绝
查看定义		☐	☐	☐
更改		☑	☐	☐
接管所有权		☐	☐	☐
控制		☐	☐	☐
执行		☐	☐	☐

连接　服务器: LISA-PC　连接: lisa-PC\lisa　查看连接属性

进度　就绪

确定　取消

图 10-42　设置权限

【例 10-28】 在销售管理数据库 CompanySales 中，删除自定义数据库角色 user_procedure。

具体的操作如下。

(1) 启动 SSMS。

(2) 在“对象资源管理器”窗格中，展开“数据库”|CompanySales|“安全性”|“角色”|“数据库角色”节点。

(3) 选择要删除的数据库角色 user_procedure，单击“删除”按钮。

说明：SQL Server 固定数据库角色不能被删除。在数据库角色管理中，还可以应用存储过程进行管理。

3. 应用程序角色

应用程序角色是一个数据库主体，它使应用程序能够用其自身的、类似用户的权限来运行。使用应用程序角色，可以只允许通过特定应用程序连接的用户访问特定数据。与数据库角色不同的是，应用程序角色默认情况下不包含任何成员，而且是非活动的。应用程序角色使用两种身份验证模式。可以使用 sp_setapprole 启用应用程序角色，该过程需要密码。因为应用程序角色是数据库级主体，所以它们只能通过其他数据库中为 guest 授予的权限来访问这些数据库。因此，其他数据库中的应用程序角色将无法访问任何已禁用 guest 的数据库。

说明：应用程序角色不包含成员；默认情况下，应用程序角色是非活动的，需要用密码激活；应用程序角色不使用标准权限。

应用程序角色切换安全上下文的过程包括下列步骤：用户执行客户端应用程序，客户端应用程序作为用户连接到 SQL Server，然后应用程序用一个只有它才知道的密码执行 sp_setapprole 存储过程。如果应用程序角色名称和密码都有效，则启用应用程序角色。此时，连接将失去用户权限，而获得应用程序角色权限。通过应用程序角色获得的权限在连接期间始终有效。

一旦激活了应用程序角色，SQL Server 2014 就不再将用户作为他们本身来看待，而是将用户作为应用程序来看待，并给他们指派应用程序角色权限。

【例 10-29】 在销售管理数据库 CompanySales 中，创建一个应用程序角色。

分析：创建应用程序角色的方法与创建标准的数据库角色类似。

具体步骤如下。

(1) 启动 SSMS。

(2) 在“对象资源管理器”窗格中，展开“数据库”|CompanySales|“安全性”|“角色”节点。

(3) 右击“应用程序角色”节点，选择“新建应用程序角色”命令，打开“应用程序角色 - 新建”窗口。在“角色名称”文本框中输入 com_role；设置“默认架构”为 dbo，设置“密码”为 123456，如图 10-43 所示。

(4) 在“选择页”区域中选择“安全对象”选项，单击“搜索”按钮，添加“特定对象”，选择 Customer 和 Sell_Order 表，然后授予插入、删除、更新和选择的权限，如图 10-44 所示。

（5）单击“确定”按钮，完成设置。

应用程序角色 - 新建
选择页
常规
安全对象
扩展属性
脚本　帮助
角色名称(N)：com_role
默认架构(F)：dbo
密码(P)：******
确认密码(C)：******
此角色拥有的架构(S)：

图 10-43　“应用程序角色 - 新建”窗口(1)

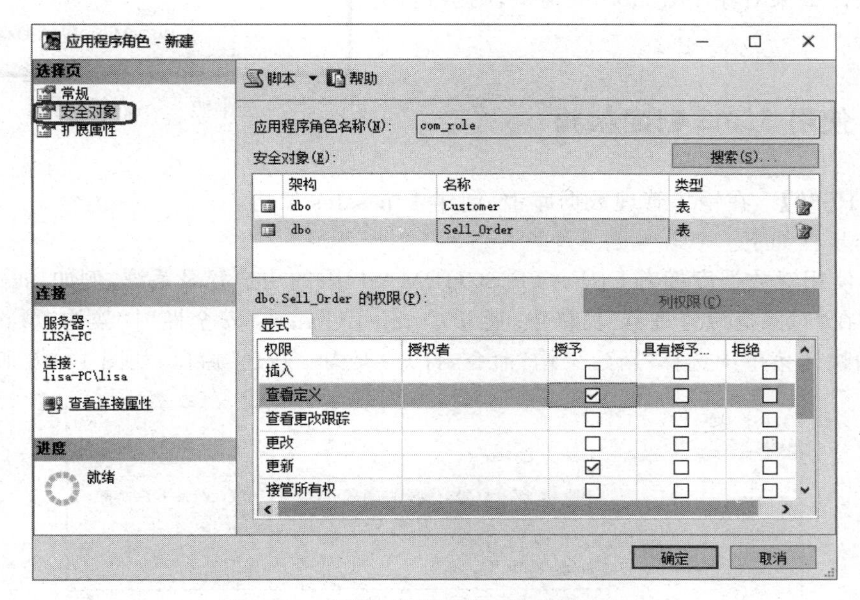

图 10-44　“应用程序角色 - 新建”窗口(2)

任务 10.6　应用架构

【任务描述】 架构是指包含表、视图、存储过程等数据库对象的容器。架构位于数据库内部，而数据库位于服务器内部。服务器实例是最外部的容器，架构是最里面的容器。架构是独立于数据库用户的非重复的命名空间，在默认情况下，系统的默认架构为 dbo。本任务为销售管理数据库创建架构并对其进行管理。

10.6.1　内置架构

SQL Server 随附了 12 个预定义的架构，它们与内置数据库用户和角色具有相同的

名称。这些架构主要用于向后兼容性，如图 10-45 所示。dbo 是新建的数据库的默认架构。dbo 架构由 dbo 用户拥有。默认情况下，使用 CREATE USER Transact-SQL 命令创建的用户的默认架构为 dbo。分配了 dbo 架构的用户不继承 dbo 用户的权限。用户不从架构继承权限；架构权限由架构中包含的数据库对象继承。当使用部分名称来引用数据库对象时，SQL Server 首先在用户的默认架构中查找。如果在此处未找到该对象，则 SQL Server 将在 dbo 架构中查找。如果对象不在 dbo 架构中，则会返回一个错误。

图 10-45　内置架构

10.6.2　使用 SSMS 创建架构

【例 10-30】　在销售管理数据库中，创建一个 sales 架构。

操作步骤如下。

(1) 使用对数据库拥有 CREATE SCHEMA 权限的用户登录系统，例如，sa。

(2) 在“对象资源管理器”窗格中，展开 CompanySales|“安全性”|“架构”节点，右击，在弹出的快捷菜单中选择“新建架构”命令，打开“架构 - 新建”窗口，如图 10-46 所示。

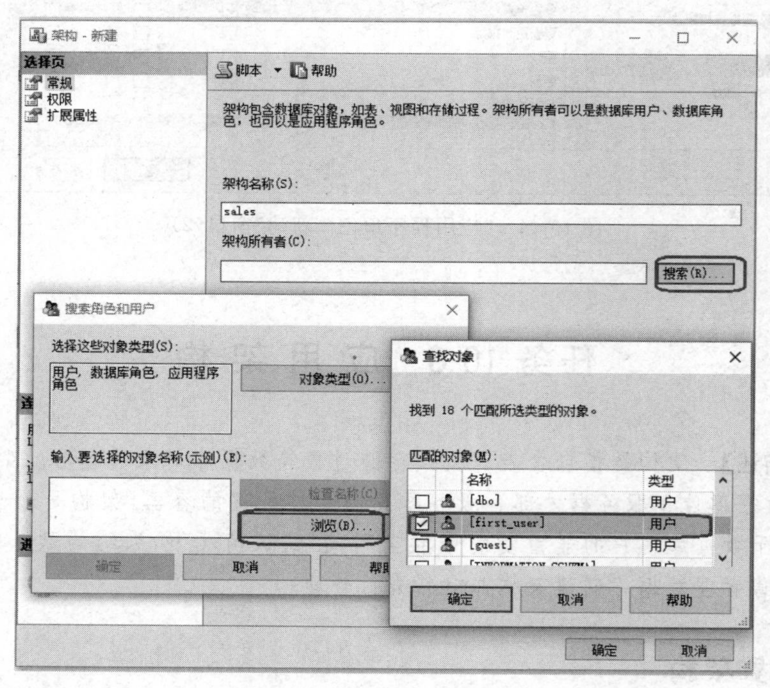

图 10-46　“架构 - 新建”窗口

(3) 在“架构名称”文本框中,输入架构名 sales。

(4) 单击“架构所有者”文本框右侧的“搜索”按钮,打开“搜索角色和用户”对话框,单击右侧的“浏览”按钮,出现“查找对象”对话框,然后勾选 first_user 用户,将 first_user 用户作为架构的所有者,单击“确定”按钮,完成设置。

说明:在创建架构后,在创建数据库用户时,可以为用户指定新创建的架构为默认架构,或者为用户拥有的架构。

10.6.3 使用 CREATE SCHEMA 创建架构

使用 CREATE SCHEMA 语句创建架构,语法格式如下。

```
CREATE SCHEMA <架构名子句>[<架构元素>[,...n]]
<架构名子句>::={
    架构名
    |AUTHORIZATION 所有者名
    |架构名 AUTHORIZATION 所有者名
}
<架构元素>::={表定义| 视图定义| GRANT 语句 | REVOKE 语句 |DENY 语句}
```

各参数说明如下。

(1) 架构名:架构名称必须唯一。

(2) AUTHORIZATION 所有者名:指定将拥有架构的数据库级主体(如用户、角色等)的名称。

(3) 表定义| 视图定义:指定架构内创建表(CREATE TABLE 语句)或者创建视图(CREATE VIEW 语句),执行此语句的主体必须具有此权限。

(4) GRANT 语句 | REVOKE 语句 |DENY 语句:指定可对除新架构外的任何的安全对象授予、撤销或者拒绝的权限。

【例 10-31】 创建 sale2 架构,其所有者为 first_user。

以 sa 登录名登录 SQL Server,在查询编辑器中执行如下的 Transact-SQL 语句。

```
USE CompanySales
GO
CREATE SCHEMA sales2
  AUTHORIZATION  first_user
```

10.6.4 删除架构

当不需要架构时,可以利用 SSMS 方式和 DROP SCHEMA 语句删除架构。内置架构中,除了 dbo、guest、sys、INFORMATION_SCHEMA 外,其他的都可以删除。如果从模型数据库中删除这些架构,它们将不会显示在新数据库中。sys 和 INFORMATION_SCHEMA 架构是为系统对象而保留的,不能在这些架构中创建对象,而且不能删除它们。删除架构时,必须保证架构中没有对象,否则无法删除。

DROP SCHEMA语句用于删除架构，其语法格式如下。

```
DROP SCHEMA 架构名
```

习　题

一、单选题

1. 混合身份验证模式的优点有(　　)。
   A. 创建了Windows NT/2000之上的另外一个安全层次
   B. 支持更大范围的用户，如非Windows用户等
   C. 一个应用程序可以使用多个SQL Server登录名和密码
   D. 一个应用程序只能使用单个SQL Server登录名和密码
2. Windows身份验证模式的优点有(　　)。
   A. 数据库管理员的工作可以集中在管理数据库上面，而不是管理用户账户。对用户账户的管理可以交给Windows去完成
   B. Windows有更强大的用户账户管理工具，可以设置账户锁定、密码期限等。如果不是通过定制来扩展SQL Server，SQL Server不具备这些功能
   C. Windows的组策略支持多个用户同时被授权访问SQL Server
   D. 数据库管理员的工作可以集中在管理用户账户上面，而不是集中在管理数据库上面
3. 操作数据库对象需要(　　)。
   A. 登录到SQL Server实例　　B. 登录数据库
   C. 对指定对象具有操作权限　　D. A、B和C
4. 如果要为所有的登录名提供有限的数据访问，最好的方法是(　　)。
   A. 在数据库中增加guest用户，并为它授予适当的权限
   B. 为每个登录名增加一个用户，并为它设置权限
   C. 为每个登录名增加权限
   D. 为每个登录名增加一个用户，然后将用户增加到一个组中，为这个组授予权限
5. 关于权限的说法，不正确的是(　　)。
   A. 可通过界面方式分配权限　　B. 可通过命令方式删除权限
   C. 对象的权限包含执行何种操作　　D. 只要能够进入数据库即可授权

二、思考题

1. 简述SQL Server 2019的登录模式。
2. 什么是角色？有何作用？
3. 数据库中架构的作用是什么？

实 训

一、实训目的

1. 掌握 SQL Server 身份验证的模式。
2. 掌握创建和管理登录名。
3. 掌握创建和管理数据库用户。
4. 掌握权限的创建和管理的方法。

二、实训内容

1. 设置 SQL Server 2019 身份验证模式为混合验证模式。

2. 创建一个 SQL Server 登录名 aa 和 cc,默认数据库为 master,赋予其系统管理员(systen administrator)角色。

3. 在操作系统中创建用户 bb,然后在 SQL Server 中创建其对应登录名 bb。

4. 删除登录名 cc。

5. 了解特殊的登录名 sa 的作用。

6. 创建登录名 aa 对应的在 CompanySales 数据库下的数据库用户 user_aa。登录名 bb 对应的用户 user_bb。

7. 在销售管理数据库中创建用户角色 tangdb,并添加用户 user_aa。

8. 授予销售管理数据库用户 user_aa 对 Employee 表有 SELECT、DELETE 和 UPDATE 的权限。

项目11

销售管理数据库的日常维护

技能目标

能够根据系统的需求合理设置销售管理数据库的数据导入、导出、备份和恢复策略。

知识目标

数据库的常见故障类型；SQL Server 2019数据库的各种备份和恢复方法；数据库各种格式文件的导入和导出。

思政目标

树立数据库管理的安全意识；引导学生检查代码和性能是否符合技术标准和规范，培养学生规范化、标准化的职业素养和工匠精神。

任务11.1　认识数据库备份

【任务描述】　虽然SQL Server 2019提供了各种安全措施保证数据库的安全性和可靠性，但由于各种因素，如存储故障、人为失误、硬件损毁和站点事故等，会对数据库造成严重破坏，轻则影响数据的正确性，重则引起灾难性的后果。数据库的备份和还原是数据库文件管理中最常见的操作。

例如，在如图11-1所示的数据库运行中，数据库管理员进行了一些数据库备份，在备份t5之后的一段时间，数据库中出现数据损失，此时数据库管理员可以利用t5备份来还

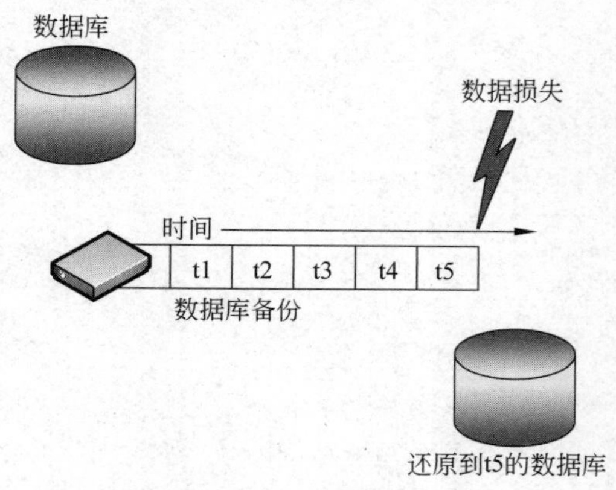

图11-1　数据库的完整备份还原数据

原数据库,将数据库还原到 t5 时的状态,但是 t5 之后对数据库进行的更改都将丢失。

任务 11.2 备份销售管理数据库

【任务描述】 本任务完成销售管理数据库的完整备份、差异备份、事务日志备份和文件组备份。

11.2.1 备份设备

SQL Server 并不关心数据备份到哪个物理硬盘。在数据库备份时,预定义的目标位置叫作备份设备。执行备份的第一步是创建备份设备,可以使用 SSMS 或者 Transact-SQL 来创建备份设备。

1. 使用 SSMS 创建备份设备

【例 11-1】 为销售管理数据库创建备份设备。

操作步骤如下。

(1) 在"对象资源管理器"窗格中,展开"服务器对象"节点。

(2) 右击"备份设备"节点,在弹出的快捷菜单中选择"新建备份设备"命令。

(3) 出现如图 11-2 所示的"备份设备 - Company SalesBak"窗口。在"设备名称"文本框中输入设备名称 CompanySalesBak;在"目标"选项组中的"文件"单选按钮右侧的文本框中输入 D:\data\CompanySales.bak,单击"确定"按钮,执行创建备份设备。

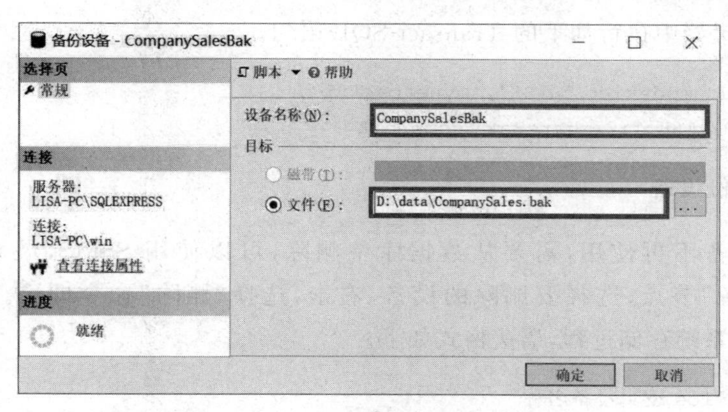

图 11-2 创建备份设备

其中,文件或者称为物理备份设备名称,主要用来供操作系统对备份设备进行引用和管理,如 D:\data\CompanySales.bak。设备名称或者称为逻辑备份设备,是物理备份设备的别名,通常比物理备份设备更能简单、有效地描述备份设备的特征。逻辑备份设备名称被永久保存在 SQL Server 2019 的系统表中。

说明：

(1) 指定存放备份设备的物理路径必须真实存在，否则将会提示“系统找不到指定的路径”，因为 SQL Server 2019 不会自动为用户创建文件夹。

(2) 备份设备创建之后，在相应的文件夹中并没有实际生成该文件。只有在执行了备份操作，备份设备上存储了备份内容之后，该文件才会出现在指定的位置中。

(3) 不要把数据库和备份放在同一磁盘上，如果磁盘设备发生故障，可能无法恢复数据库。

2. 使用存储过程 sp_addumpdevice 创建备份设备

使用系统存储过程 sp_addumpdevice 创建备份设备，其语法格式如下。

```
sp_addumpdevice <备份设备类型>, <逻辑设备名称>, <物理设备名称>
```

其中，备份设备类型为下列类型之一。

(1) DISK：本地或网络磁盘驱动器。

(2) TAPE：操作系统支持的任何磁带设备。

【例 11-2】 在本地磁盘中创建一个备份设备。

分析：要创建的为本地磁盘，故备份设备类型为 DISK。

在查询编辑器中执行如下的 Transact-SQL 语句。

```
EXEC sp_addumpdevice 'DISK','comb','D:\data\comb.bak'
```

【例 11-3】 添加网络共享硬盘为备份设备。

分析：要创建的为网络硬盘，故备份设备类型为 DISK。

在查询编辑器中执行如下的 Transact-SQL 语句。

```
EXEC sp_addumpdevice 'DISK','mynetbackup',
     '\\192.168.1.2\shareBak\ comb.bak'
```

3. 删除备份设备

若备份设备不再使用，需要从数据库中删除，可以使用 SSMS，展开“服务器对象”|“备份设备”节点，选择要删除的设备，右击，选择“删除”命令即可。也可以使用 sp_dropdevice 系统存储过程，语法格式如下。

```
sp_dropdevice 逻辑设备名称
```

【例 11-4】 删除例 11-3 创建的 mynetbackup 备份设备。

在查询编辑器中执行如下的 Transact-SQL 语句。

```
EXEC sp_dropdevice 'mynetbackup'
```

11.2.2 使用 SSMS 创建数据库备份

1. 完整备份

完整数据库备份是指备份数据库中的所有数据和结构。数据库的第一次备份应该是完整数据库备份，这种备份内容为其他备份方法提供了一个基准，其他备份如差异备份只有在执行了完整备份之后才能被执行。

【例 11-5】 创建销售管理数据库 CompanySales 的完整备份。

操作步骤如下。

(1) 在“对象资源管理器”窗格中，展开“数据库”节点，右击 CompanySales 数据库，在弹出的快捷菜单中选择“任务”|“备份”命令，出现如图 11-3 所示的“备份数据库 - CompanySales”窗口。

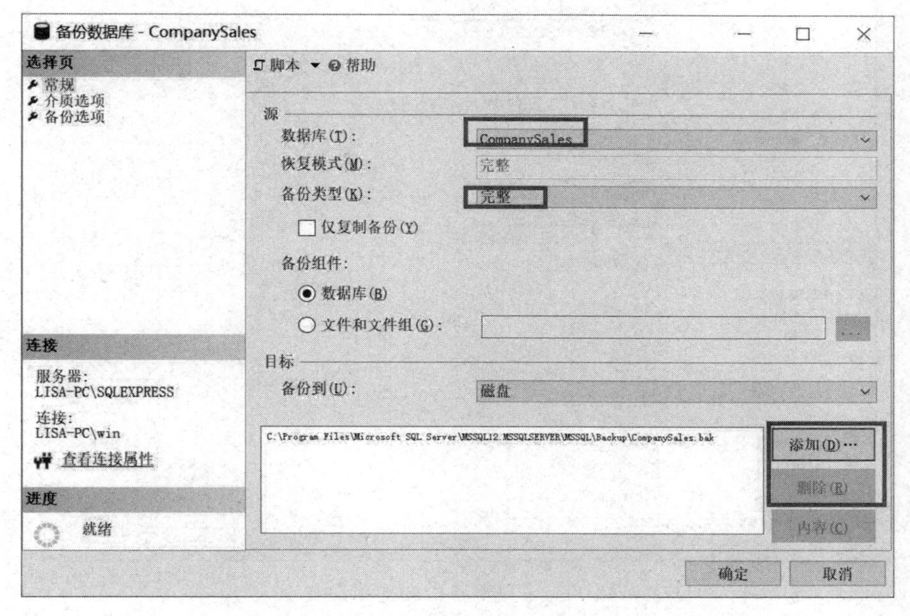

图 11-3 “备份数据库 - CompanySales”窗口

(2) 打开“常规”选项卡，在“数据库”下拉列表中选择 CompanySales 选项。在“备份类型”下拉列表中选择“完整”选项。在“备份组件”选项组中选择“数据库”单选按钮。在“目标”区域，首先单击“删除”按钮，删除现有的目的文件，然后单击“添加”按钮，打开“选择备份目标”对话框，如图 11-4 所示。设置“备份设备”为 CompanySalesbak，单击“确定”按钮，返回“备份数据库 - CompanySales”窗口。

(3) 在“备份数据库 - CompanySales”窗口中，切换到“介质选项”选项卡，选择“覆盖所有现有备份集”单选按钮，这样系统创建备份时将初始化备份设备并覆盖原有备份内容，如图 11-5 所示。

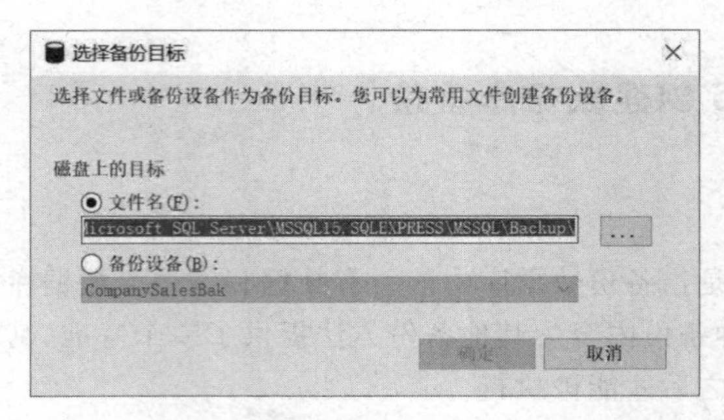

图 11-4 “选择备份目标”对话框

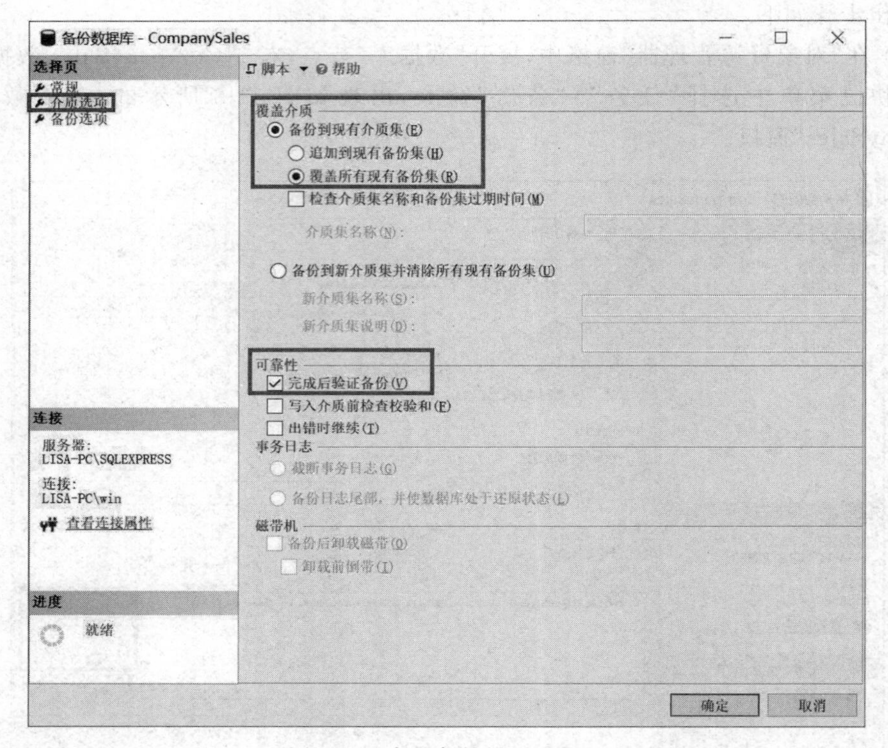

图 11-5 完整备份的选项设置

(4) 在“可靠性”区域，勾选“完成后验证备份”复选框，以避免在备份的过程中数据库遭到破坏。

(5) 单击“确定”按钮，完成数据库的备份操作。

2. 差异备份

差异备份仅对自上次完整备份后更改过的数据进行备份。差异数据备份需要一个参照基准。差异数据库备份的工作原理如图 11-6 所示，每个方块表示一个区，假定数据库由 12 个区组成，阴影区表示自上次完整备份后发生变化的区。差异备份就是对 4 个变化的区执行备份操作。差异备份比完整备份更小、更快，可以简化频繁的备份操作，减少数据丢失的风险。在执行差异备份时要注意备份的时间间隔。在执行几次差异备份后，应执行一次完整数据库备份。

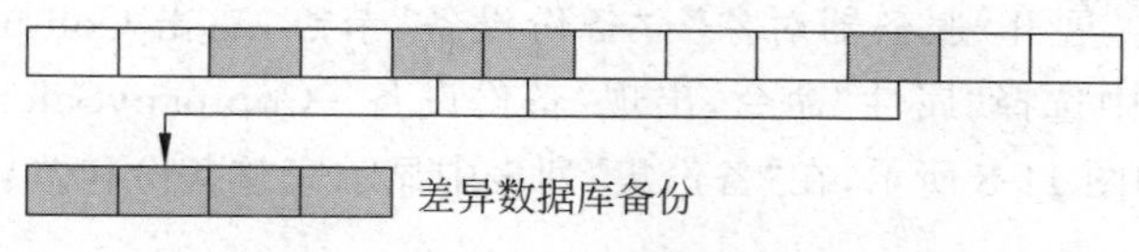

图 11-6　差异数据库备份的工作原理

【例 11-6】　创建销售管理数据库 CompanySales 的差异备份。

分析：差异备份只记录自上次完整数据备份后更改的数据。差异备份比完整备份小而且备份速度快，便于经常备份，以降低丢失数据的风险。在例 11-5 中已经为销售管理数据库 CompanySales 创建了完整备份，为了记录体现差异备份，在员工表 Employee 中，增加一个员工，代码如下。

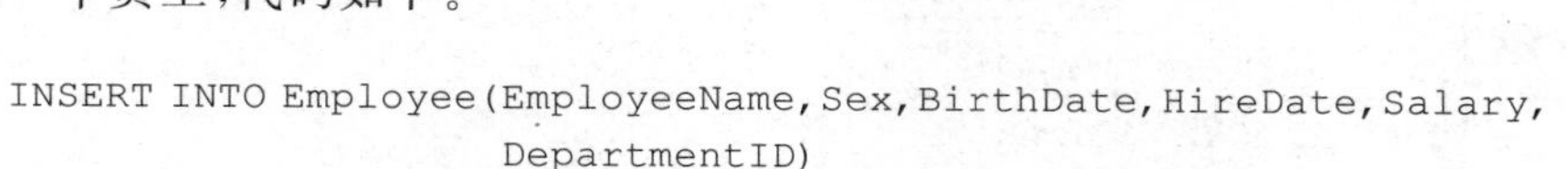

```
INSERT INTO Employee(EmployeeName,Sex,BirthDate,HireDate,Salary,
                     DepartmentID)
VALUES('郑宝宜','女','1980-2-1','2019-3-2',3500,1)
```

创建差异备份的操作步骤如下。

(1) 在“对象资源管理器”窗格中，展开“数据库”节点，右击 CompanySales 节点，从弹出的快捷菜单中选择“任务”|“备份”命令，打开“备份数据库 - CompanySales”窗口。

(2) 在“备份数据库 - CompanySales”窗口中，在“数据库”下拉列表中选择 CompanySales 选项，在“备份类型”下拉列表中选择“差异”选项，在“备份组件”选项组中选择“数据库”单选按钮，在备份的“目标”区域，指定备份到 CompanySalesBak，如图 11-7 所示。单击“确定”按钮，执行备份数据库。

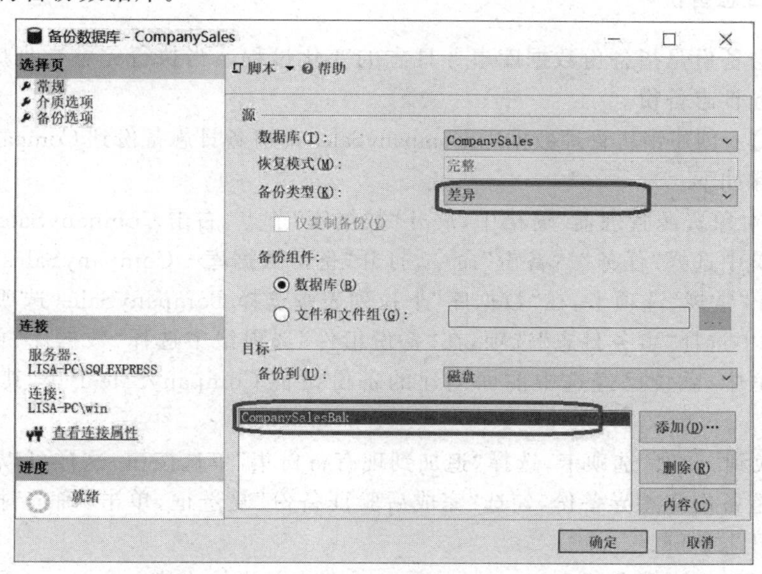

图 11-7　“备份数据库 - CompanySales”窗口

说明：由于本机中没有磁带设备，因此“磁带”备份设备不可选。备份设备创建后，在进行备份时可被选择使用。

（3）验证备份。展开“服务器对象”|“备份设备”节点，右击 CompanySalesBak 节点，在弹出的快捷菜单中选择“属性”命令，出现“备份设备 - CompanySalesBak”窗口，选择“媒体内容”选项卡。如图 11-8 所示，在“备份集”列表中显示完整备份和差异备份的信息。

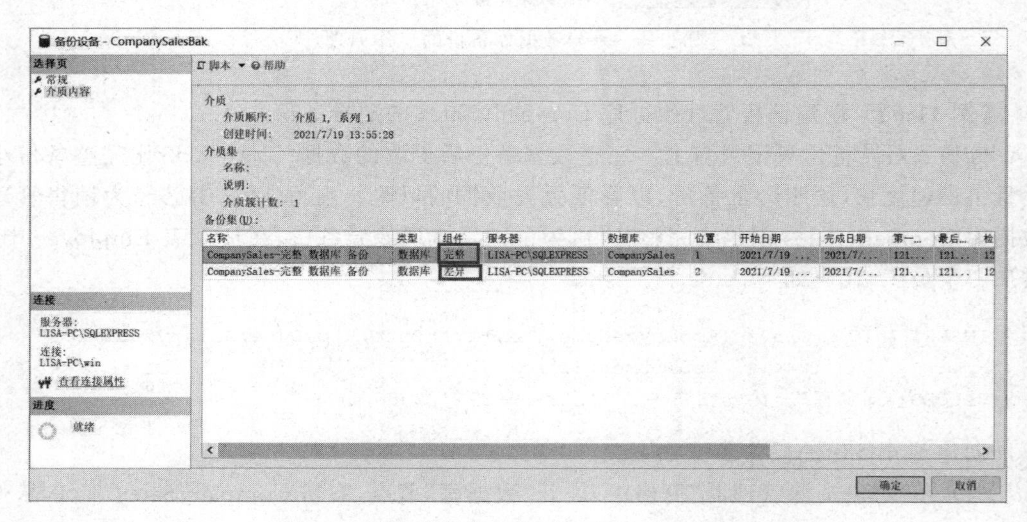

图 11-8 “备份设备 - CompanySalesBak”窗口

说明：差异备份文件比完整备份文件小，因为它仅备份自上次完整备份后更改过的数据。

3. 事务日志备份

事务日志备份是指备份数据库事务日志的变化过程。当执行完整数据库备份之后，可以执行事务日志备份。

【例 11-7】 创建销售管理数据库 CompanySales 的事务日志备份到 CompanySalesBak。

操作步骤如下。

（1）在“对象资源管理器”窗格中，展开“数据库”节点，右击 CompanySales 节点，从弹出的快捷菜单中选择“任务”|“备份”命令，打开“备份数据库 - CompanySales”窗口。

（2）打开“常规”选项卡，在“数据库”下拉列表中选择 CompanySales 选项，在“备份类型”下拉列表中选择“事务日志”选项，在“备份组件”选项组中选择“数据库”单选按钮，在“目标”列表框中，系统已经选中前面创建的备份设备 CompanySalesBak，其他参数保持不变。

（3）切换到“选项”选项卡，选择“追加到现有备份集”单选按钮，这样可以避免覆盖前面创建的完整备份和差异备份，勾选“完成后验证备份”复选框，单击“确定”按钮，系统开始进行事务日志备份。

【例 11-8】 查看备份设备 CompanySalesBak 中的媒体内容。

操作步骤如下。

(1) 在“对象资源管理器”窗格中,展开“服务器对象”|“备份设备”节点。

(2) 选择 CompanySalesBak 节点,右击,从弹出的快捷菜单中,选择“属性”选项,打开“备份设备 - CompanySalesBak”窗口。

(3) 在“选择页”区域中,选择“介质内容”选项,显示备份设备 CompanySalesBak 的媒体内容,如图 11-9 所示。

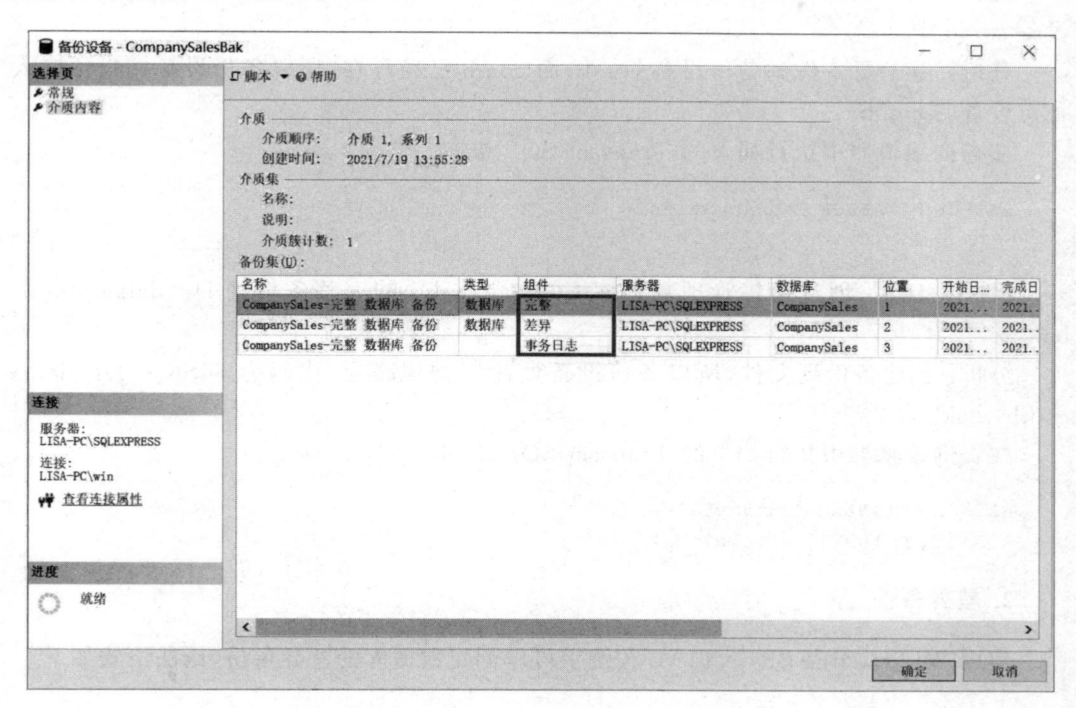

图 11-9 “备份设备 - CompanySalesBak”窗口

11.2.3 使用 BACKUP 语句创建数据库备份

BACKUP 语句可以用来对指定数据库进行完整备份、差异备份、事务日志备份或文件和文件组备份。使用 BACKUP 语句需要指定备份的数据库、备份的目标设备和备份的类型及一些备份选项。

1. 完整数据库备份

利用 BACKUP 语句创建整个数据库备份的语法格式如下。

```
BACKUP DATABASE <数据库名>
  TO <备份设备>[,...n]
```

备份设备为指定备份操作时要使用的逻辑或物理备份设备,最多可指定 64 个备份设备。<备份设备>的语法格式如下。

```
{<逻辑名>}
```

或

```
{DISK|TAPE}='<物理路径>'
```

【例 11-9】 创建销售管理数据库 CompanySales 的完整备份到例 11-2 中创建的备份设备 comb 中。

分析：由于要备份到备份设备 comb，而 comb 已经存在，所以备份设备处只须输入备份设备名 comb。

在查询编辑器中执行如下的 Transact-SQL 语句。

```
BACKUP DATABASE CompanySales
  TO comb
```

【例 11-10】 创建销售管理数据库 CompanySales 的完整备份到 D:\data\comb1.bak 中。

分析：创建备份到文件，所以备份设备处使用物理路径，代码为 DISK='D:\data\comb1.bak'。

在查询编辑器中执行如下的 Transact-SQL 语句。

```
BACKUP DATABASE CompanySales
  TO DISK='D:\data\comb1.bak'
```

2. 差异备份

使用 WITH DIFFERENTIAL 关键字可以创建数据库的差异备份，语法格式如下。

```
BACKUP DATABASE<数据库名>
  TO <备份设备>[,...n]
  WITH DIFFERENTIAL
```

【例 11-11】 创建销售管理数据库 CompanySales 的差异备份到 D:\data\comb1.bak 中。

在查询编辑器中执行如下的 Transact-SQL 语句。

```
BACKUP DATABASE CompanySales
  TO DISK='D:\data\comb1.bak'
  WITH DIFFERENTIAL
```

3. 文件组或文件备份

当数据库非常大时，可以进行数据库的文件组或文件的备份。其语法格式如下。

```
BACKUP DATABASE<数据库名>
  {FILE=<文件名>|FILEGROUP=<文件组名>}[,...n]
  TO <备份设备>[,...n]
```

说明：必须先将事务日志进行单独备份，才能使用文件组和文件备份来恢复数据库。

【例 11-12】 备份销售管理数据库 CompanySales 的主文件组(PRIMARY)中的数据。

在查询编辑器中执行如下的 Transact-SQL 语句。

```
BACKUP DATABASE CompanySales
  FILEGROUP='PRIMARY'
  TO DISK='D:\data\comb1.bak'
```

4. 事务日志备份

事务日志备份的语法格式如下。

```
BACKUP LOG <数据库名>
  TO <备份设备>[,...n]
```

【例 11-13】 创建销售管理数据库 CompanySales 的事务日志备份到 D:\data\comb2.bak 中。

在查询编辑器中执行如下的 Transact-SQL 语句。

```
BACKUP LOG CompanySales
  TO DISK='D:\data\comb2.bak'
```

在实践中,针对不同的数据库,多种备份方式往往相互结合使用,表 11-1 给出常用备份策略。

表 11-1　备份策略

策　　略	说　　明
完整数据库备份和还原	用于小型数据库;数据库很少改变或只读;如果使用完全模式,事务日志需要周期性清除
完整数据库备份+差异备份和还原	数据库更改频繁;想要最少的备份时间
完整数据库备份+事务日志备份与还原完整数据库备份+差异备份+事务日志备份与还原	数据库和事务日志备份相结合;数据库经常更改;完整备份时间长

说明: 备份是一种十分耗费时间和资源的操作,不能频繁操作。应该根据数据库使用情况确定一个适当的备份周期。

任务 11.3　还原销售管理数据库

【任务描述】 数据库还原是指当数据库出现故障时,从数据库备份中复制数据,并根据事务日志对数据执行前滚操作,将数据库恢复到指定时间点的过程。系统在还原数据库的过程中,自动执行安全性检查,重建数据库结构以及填写数据库内容。本任务将销售管理数据库使用 SMSS 和 RESTORE 语句还原到指定时间。

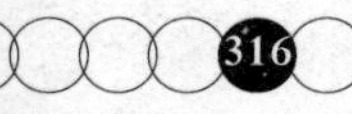

11.3.1 使用 SSMS 还原数据库

【例 11-14】 利用备份设备 CompanySalesBak 还原销售管理数据库 CompanySales 到 2021 年 7 月 19 日 13:58:11。

分析：由于数据库的还原操作是静态的，所以在还原数据库时，必须限制用户对该数据库进行的其他操作。

操作步骤如下。

(1) 设置数据库的限制访问。展开“对象资源管理器”窗格中的“数据库”节点，右击 CompanySales 数据库，在弹出的快捷菜单中选择“属性”命令，打开“数据库属性 - CompanySales”窗口，选择“选择页”区域的“选项”选项，设置“状态”区域的“限制访问”选项为 SINGLE_USER(单用户)，如图 11-10 所示。单击“确定”按钮，打开“打开的连接”窗口，提示“关闭此数据库的所有其他连接”，单击“确定”按钮。

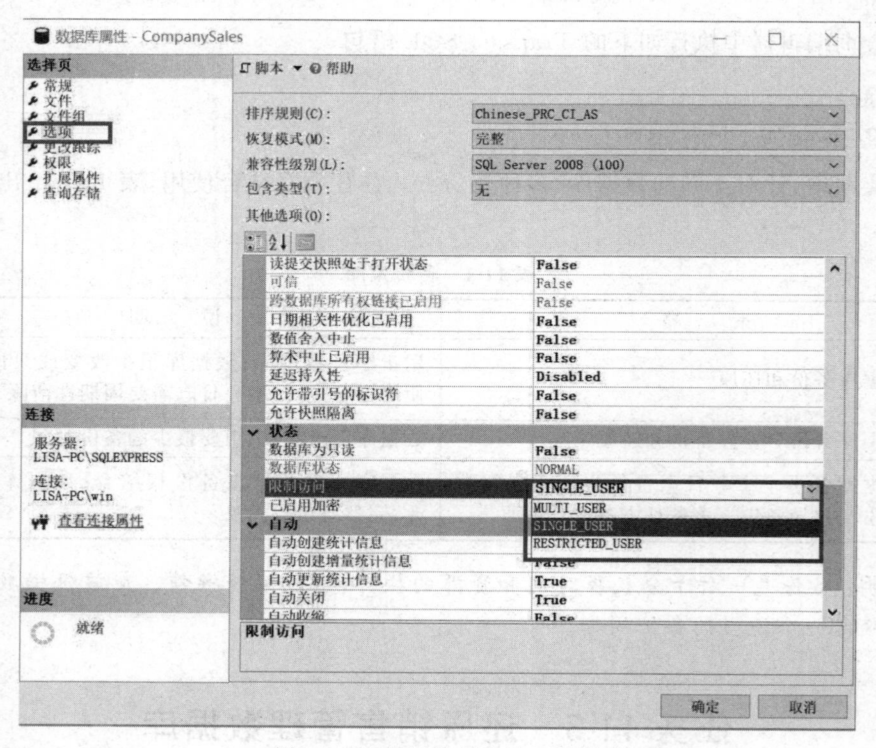

图 11-10　设置数据库访问属性

(2) 展开“对象资源管理器”|“数据库”节点，右击“CompanySales(单个用户)”数据库，在弹出的快捷菜单中选择“任务”|“还原”|“数据库”命令，打开“还原数据库 - CompanySales”窗口，如图 11-11 所示。

(3) 选择“设备”单选按钮，单击右侧的 ... 按钮，打开“选择备份设备”窗口，如图 11-12 所示。设置“备份介质类型”为“备份设备”。单击右侧的“添加”按钮，选择 CompanySalesBak

备份设备。单击“确定”按钮，返回到上层窗口。

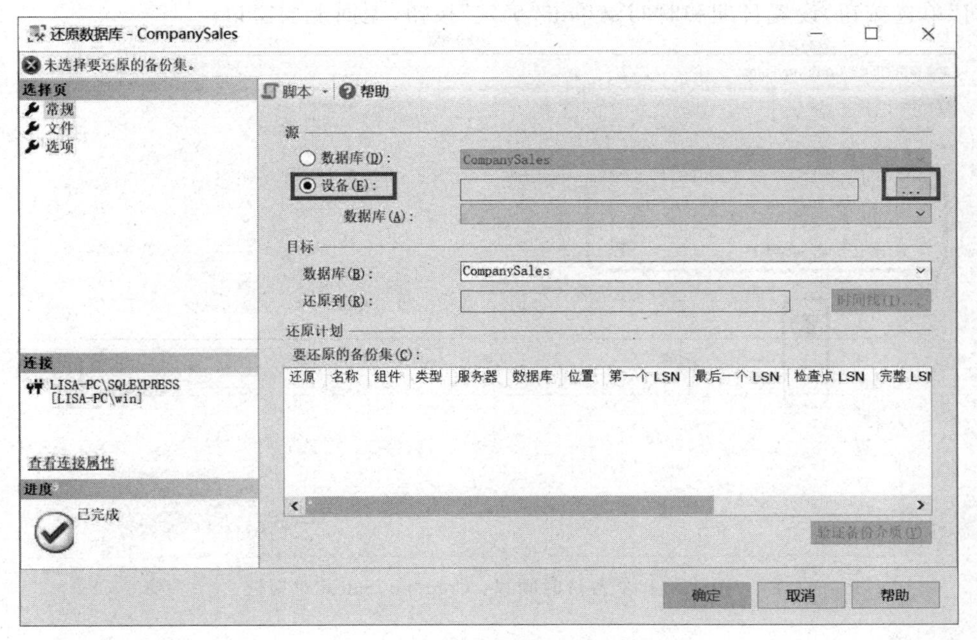

图 11-11 “还原数据库 - CompanySales”窗口

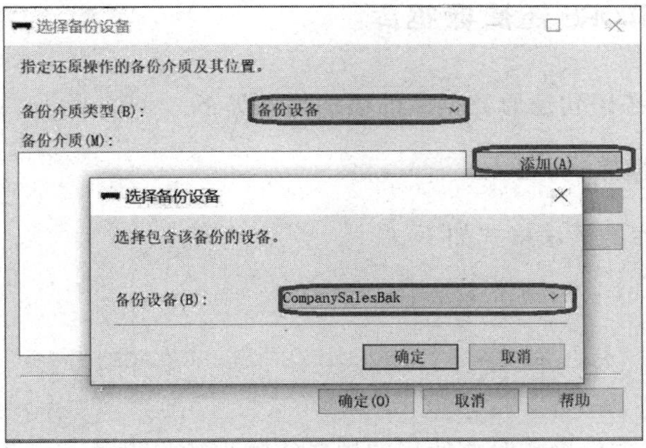

图 11-12 “选择备份设备”窗口

(4) 在“还原数据库 - CompanySales”窗口的“目标”区域，如图 11-13 所示，单击“还原到”文本框右侧的“时间线”按钮。

图 11-13 设置还原目标

(5) 打开"备份时间线：CompanySales"对话框。如图 11-14 所示，选择"特定日期和时间"单选按钮，设置日期和时间。单击"确定"按钮，返回上层窗口。

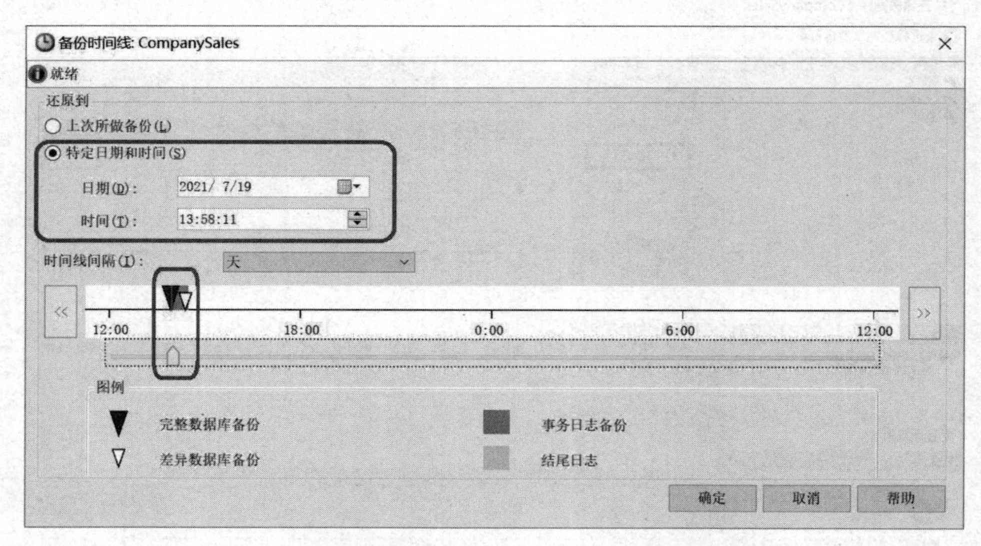

图 11-14 "备份时间线：CompanySales"对话框

(6) 单击"确定"按钮，进行恢复操作。

11.3.2 使用 RESTORE 还原数据库

使用 RESTORE 语句还原数据库的语法格式如下。

1. 还原完整数据库

还原完整数据库的语法格式如下。

```
RESTORE DATABASE <要还原的数据库名>
FROM <备份设备>[,...n]
    [WITH [FILE=n] [, RECOVERY | NORECOVERY][,REPLACE]]
```

各参数说明如下。

(1) 备份设备：备份操作时要使用的逻辑或物理备份设备。<备份设备>的语法格式如下。

```
{<逻辑名>}或者{DISK|TAPE}='<物理路径>'
```

(2) FILE=n：自设备上的第 n 个备份中恢复。

(3) RECOVERY：还原操作回滚任何未提交的事务。在恢复进程后即可随时使用数据库，默认为 RECOVERY。

(4) REPLACE：即使存在另一个具有相同名称的数据库，SQL Server 也应该创建指定的数据库及其相关文件。

【例 11-15】 从 D:\data\comb1.bak 数据库备份中还原销售管理数据库 CompanySales。

分析：从文件中还原，所以<备份设备>处使用物理路径，代码为 DISK='D:\ data\ comb1.bak'。

在查询编辑器中执行如下的 Transact-SQL 语句。

```
RESTORE DATABASE CompanySales
FROM DISK='D:\data\comb1.bak'
```

2. 还原数据库日志

RESTORE LOG 语句非常复杂，常用还原数据库日志的语法格式如下。

```
RESTORE LOG <要还原的数据库名>
FROM <备份设备>[,...n]
```

任务 11.4　导出和导入销售管理数据库中的数据

【任务描述】　数据转换服务是一个功能非常强大的组件，导出和导入向导提供了把数据从一个数据源转换到另一个数据目的地的方法，该工具可以在异构数据环境中复制数据、复制整个表或者查询结果，并且可以交互式地定义数据转换方式。本任务将导出和导入销售管理数据库中的数据。

11.4.1　数据导出

【例 11-16】　将销售管理数据库 CompanySales 的所有表导出为 Excel 格式的文件。

分析：由于要求只将数据库中的表导出，所以在选择源表和视图时，仅选择表。

操作步骤如下。

(1) 展开"对象资源管理器"窗格的"数据库"节点，右击 CompanySales 节点，在弹出的快捷菜单中，选择"任务"|"导出数据"命令。

(2) 出现"SQL Server 导入和导出向导"窗口，如图 11-15 所示。

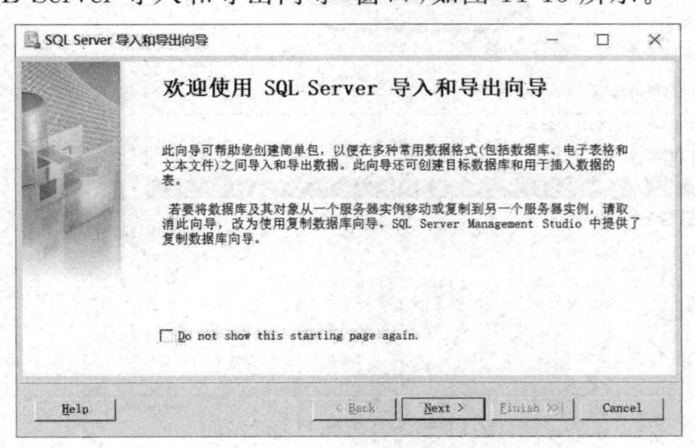

图 11-15　"SQL Server 导入和导出向导"窗口

(3) 单击 Next 按钮,出现选择导出数据的“选择数据源”界面。在“数据源”下拉列表框中选择 SQL Server Native Client 11.0 选项,然后选择“身份验证”选项组中的“使用 Windows 身份验证”单选按钮,在“数据库”文本框中输入 CompanySales,如图 11-16 所示。

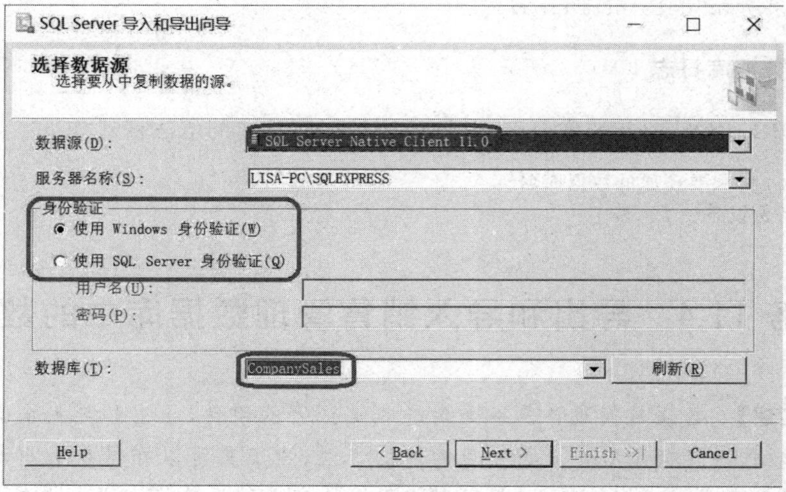

图 11-16 “选择数据源”界面

说明:从“数据源”下拉列表框中可选择多种数据源,不同的数据源类型有不同的对话框内容。根据不同的数据源,需要设置身份验证模式、服务器名称、数据库名称和文件的格式。

(4) 单击 Next 按钮,出现“选择目标”界面,在“目标”下拉列表框中选择 Microsoft Excel 选项,并设置 Excel 文件路径和 Excel 版本,如图 11-17 所示。

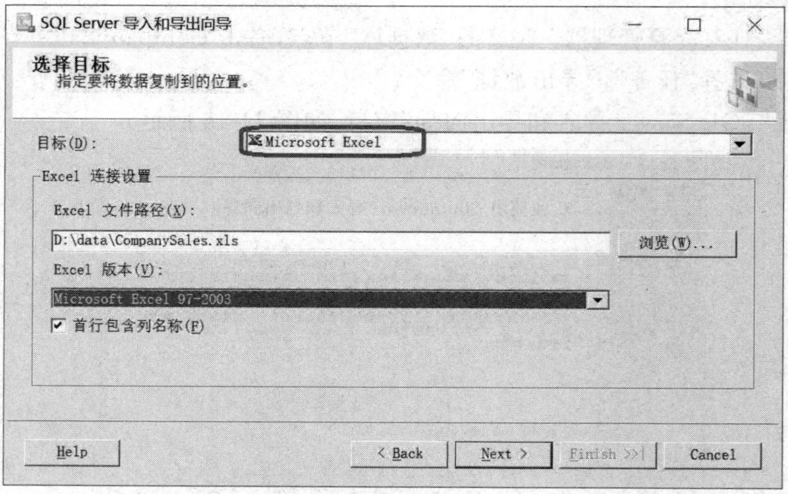

图 11-17 “选择目标”界面

(5) 单击 Next 按钮,出现"指定表复制或查询"界面,如图 11-18 所示,选择"复制一个或多个表或视图数据"单选按钮。

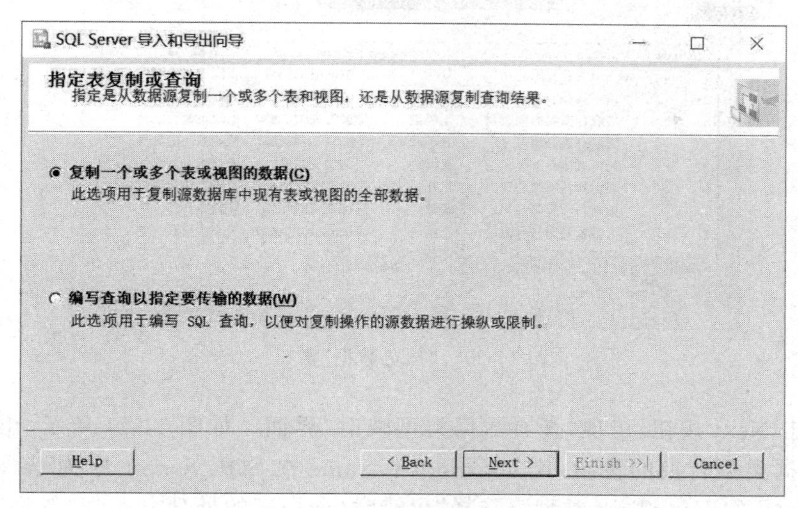

图 11-18　"指定表复制或查询"界面

(6) 单击 Next 按钮,出现"选择源表和源视图"界面,如图 11-19 所示。勾选表格名称左边的复选框,选择要复制的源表。将光标定位到[dbo].[Customer]表,单击"预览"按钮,预览数据,将会出现如图 11-20 所示的数据。

图 11-19　"选择源表和源视图"界面

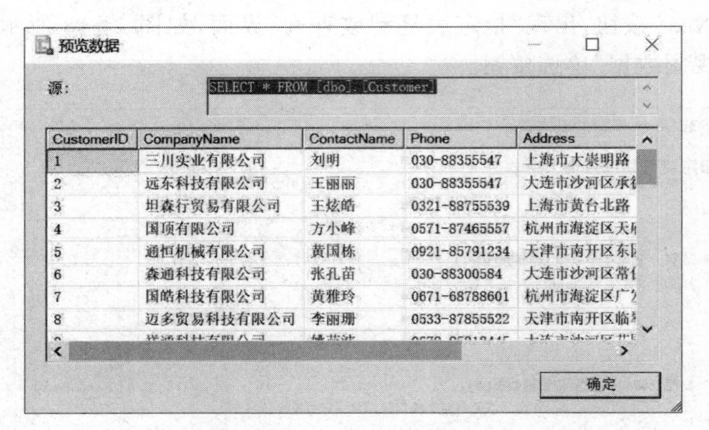

图 11-20 “预览数据”窗口

(7) 单击 Next 按钮,出现“查看数据类型映射”界面。如图 11-21 所示,出现不同的数据库的数据类型转换的警示,比如 CompanyName 在 SQL Server 中为 varchar 类型,要转换为 Excel 的 LongText 类型。选择“出错时(全局)”的处理方式为“忽略”,“截断时(全局)”的处理方式为“忽略”。单击“下一步”按钮。

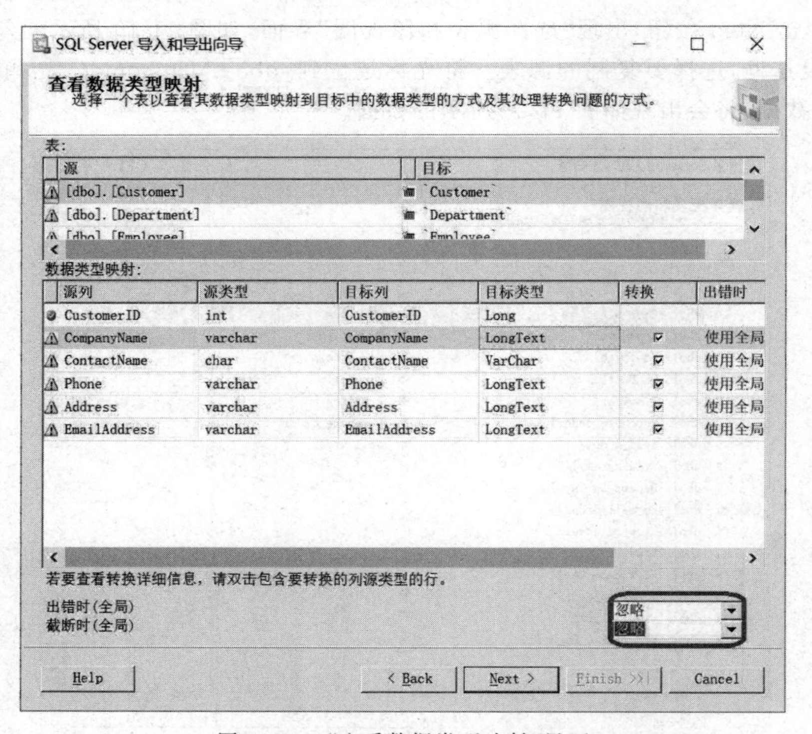

图 11-21 “查看数据类型映射”界面

(8) 出现“保存并运行包”界面,如图 11-22 所示,单击“完成”按钮,完成数据库导出设置。

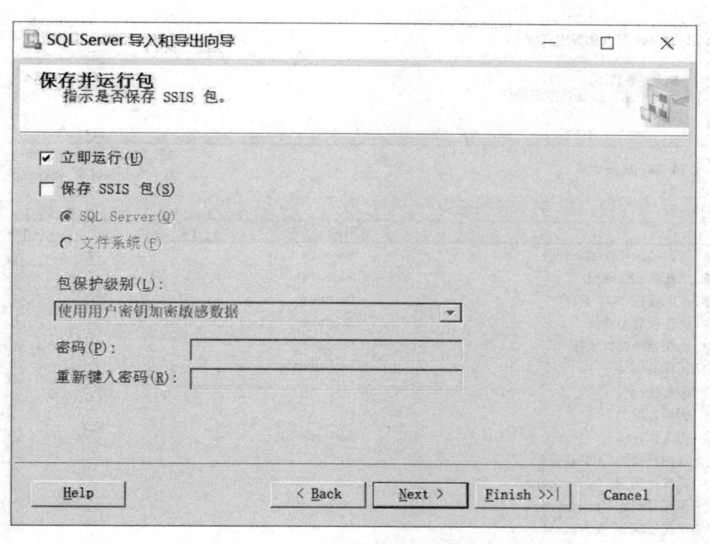

图 11-22 "保存并运行包"界面

(9) 出现 Complete the Wizard(完成该向导)界面,如图 11-23 所示,确认导出数据。

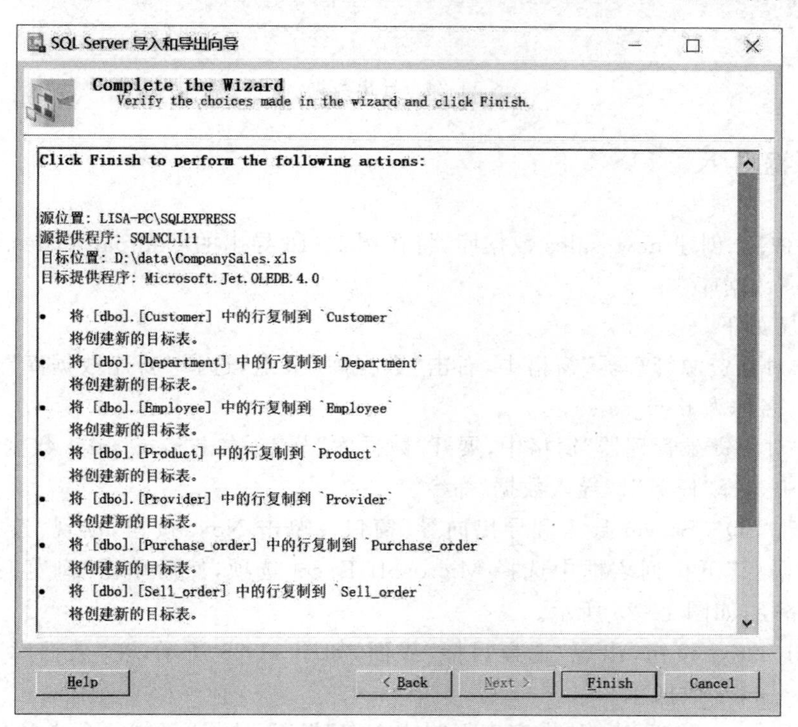

图 11-23 Complete the Wizard(完成该向导)界面

(10) 单击 Finish 按钮,执行数据库导出操作,如图 11-24 所示。

(11) 执行完成后,打开导出的 Excel 文件,验证数据导出的正确性。

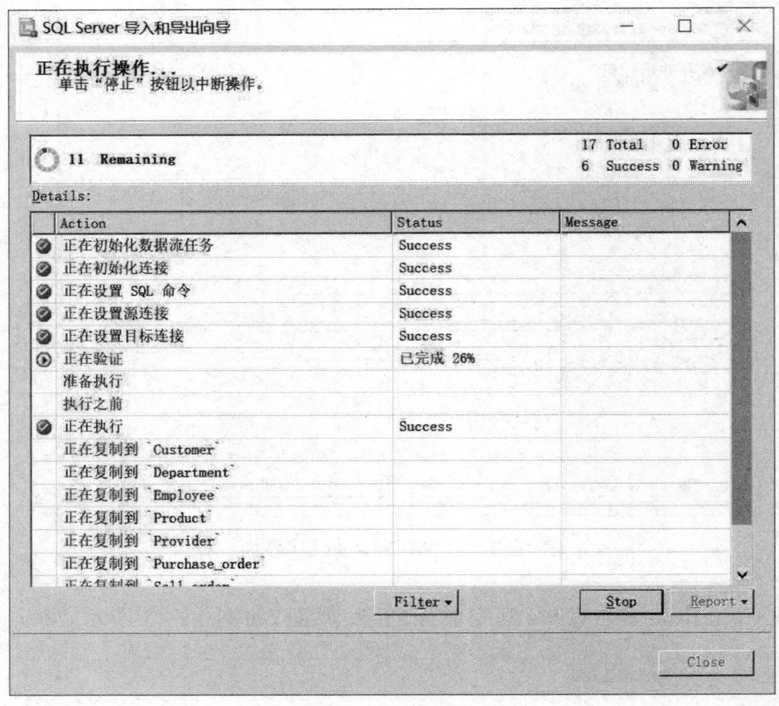

图 11-24　导出数据

11.4.2　数据导入

【例 11-17】　创建 new_sales 数据库，将在例 11-16 导出的 CompanySales.xls 文件导入 new_sales 数据库。

操作步骤如下。

(1) 在"对象资源管理器"窗格中，右击"数据库"节点，选择"新建数据库"命令，创建一个数据库，名称为 new_sales。

(2) 在"对象资源管理器"窗格中，展开"数据库"节点，右击 new_sales 数据库，在弹出的快捷菜单中选择"任务"|"导入数据"命令。

(3) 出现"SQL Server 导入和导出向导"窗口。单击 Next 按钮，出现"选择数据源"界面，在"数据源"下拉列表框中选择 Microsoft Excel 选项，然后单击"浏览"按钮，选择 Excel 文件路径，如图 11-25 所示。

(4) 单击 Next 按钮，出现"选择目标"界面，如图 11-26 所示，在"数据库"下拉列表中，选择 new_sales 数据库。

(5) 单击 Next 按钮，出现"指定表复制或查询"界面，选择"复制一个或多个表或视图的数据"单选按钮，如图 11-27 所示。

(6) 单击 Next 按钮，出现"选择源表和源视图"界面，如图 11-28 所示，选择数据表，单击"预览"按钮，观察数据表是否正确，如果正确，则单击"确定"按钮。

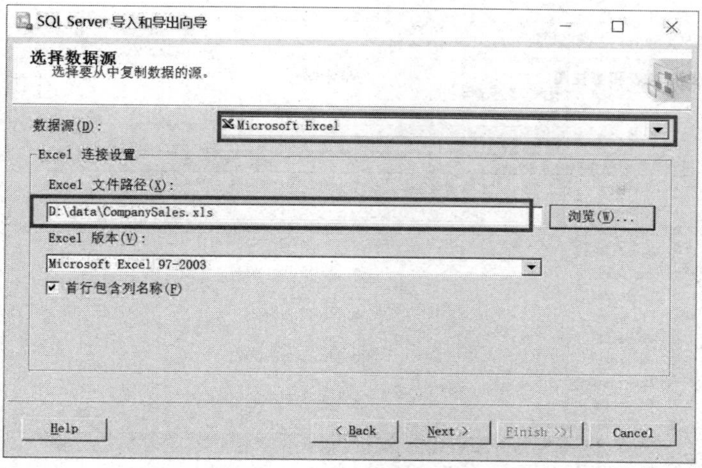

SQL Server 导入和导出向导

选择数据源

选择要从中复制数据的源。

数据源(D)：Microsoft Excel

Excel 连接设置

Excel 文件路径(X)：

D:\data\CompanySales.xls 浏览(W)...

Excel 版本(V)：

Microsoft Excel 97-2003

☑ 首行包含列名称(F)

Help | < Back | Next > | Finish >>| | Cancel

图 11-25 “选择数据源”界面

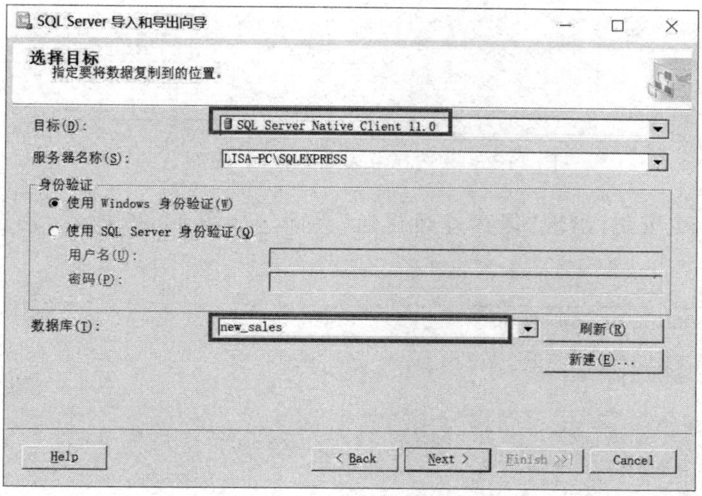

SQL Server 导入和导出向导

选择目标

指定要将数据复制到的位置。

目标(D)：SQL Server Native Client 11.0

服务器名称(S)：LISA-PC\SQLEXPRESS

身份验证

◉ 使用 Windows 身份验证(W)

○ 使用 SQL Server 身份验证(Q)

用户名(U)：

密码(P)：

数据库(T)：new_sales 刷新(R)

新建(E)...

Help | < Back | Next > | Finish >>| | Cancel

图 11-26 “选择目标”界面

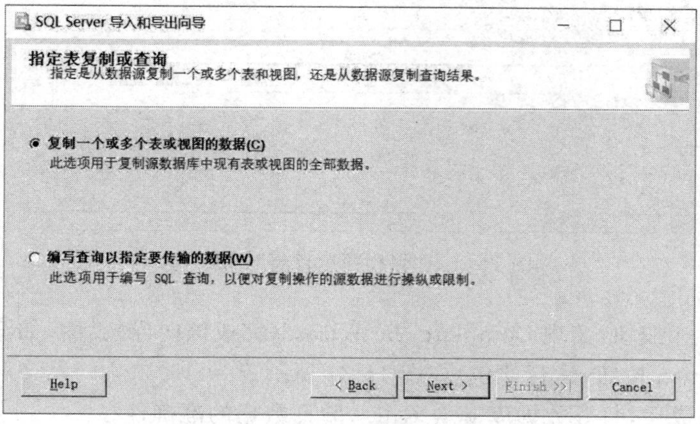

SQL Server 导入和导出向导

指定表复制或查询

指定是从数据源复制一个或多个表和视图，还是从数据源复制查询结果。

◉ **复制一个或多个表或视图的数据(C)**

此选项用于复制源数据库中现有表或视图的全部数据。

○ **编写查询以指定要传输的数据(W)**

此选项用于编写 SQL 查询，以便对复制操作的源数据进行操纵或限制。

Help | < Back | Next > | Finish >>| | Cancel

图 11-27 “指定表复制或查询”界面

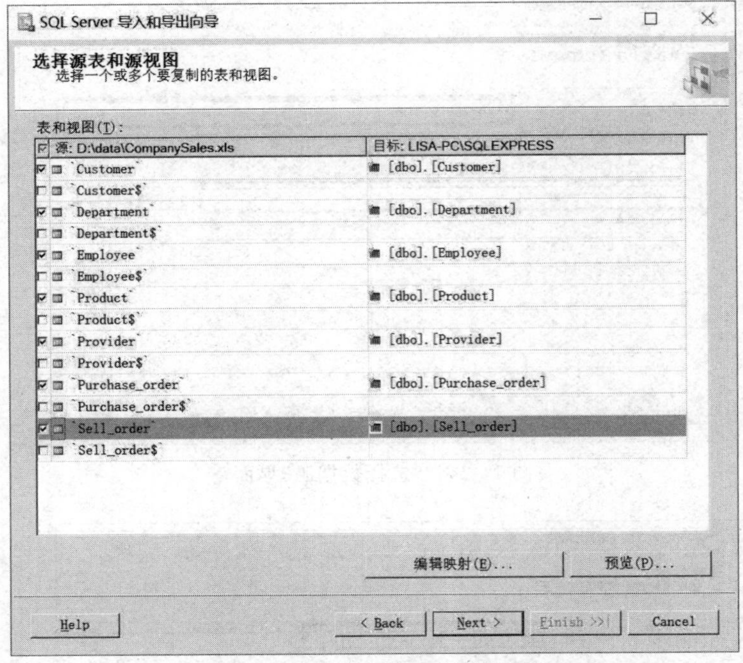

图 11-28 “选择源表和源视图”界面

(7) 单击 Next 按钮，出现“保存并运行包”界面。如图 11-29 所示，勾选“立即执行”复选框。

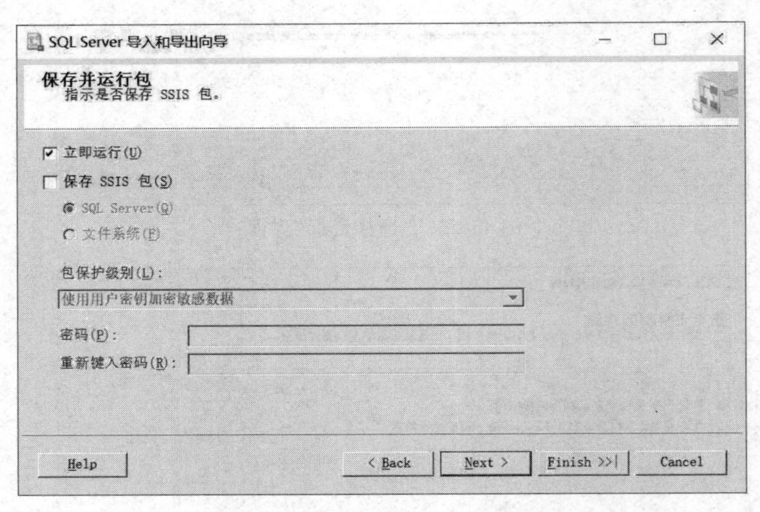

图 11-29 “保存并运行包”界面

(8) 单击 Next 按钮，出现 Complete the Wizard(完成该向导)界面，如图 11-30 所示。

(9) 单击 Finish 按钮，运行此包，如图 11-31 所示。

(10) 执行完成后，打开数据库 new_sales，验证数据的准确性。

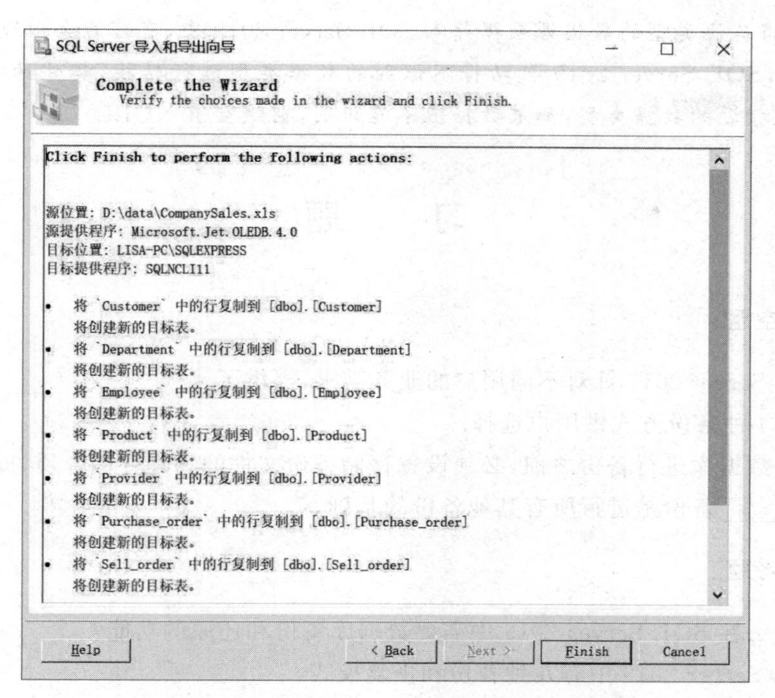

图 11-30　Complete the Wizard(完成该向导)界面

图 11-31　导入数据

说明：将其他类型的数据源数据导入 SQL Server 2019 中，有可能会出现数据类型不兼容的情况，SQL Server 2019 自动将不识别的数据类型进行转换，转化为 SQL Server 2019 中比较相近的数据类型，如果数据值不能识别，则赋空值 NULL。

习　　题

一、填空题

1. SQL Server 2019 针对不同用户的业务需求，提供了________、________、________和________4 种备份方式供用户选择。

2. 在对数据库进行备份之前，必须设置存储备份文件的物理存储介质，即________。

3. ________备份是进行所有其他备份的基础。

二、思考题

1. 为什么在 SQL Server 2019 中需要数据库备份和还原的功能？

2. SQL Server 2019 中有几种备份和恢复模式？

3. 如何进行数据库的导入和导出操作？

4. 什么是备份设备？备份设备的作用是什么？

实　　训

一、实训目的

1. 了解数据库备份的作用。

2. 掌握数据库还原操作方法。

3. 掌握设计备份的原则。

二、实训内容

1. 创建一个名为 myDISK 的备份设备。

2. 创建 CompanySales 数据库的完整备份到 myDISK 备份设备。

3. 将一条记录添加到部门表中，然后创建 CompanySales 数据库的差异备份到 myDISK 备份设备。

4. 删除 CompanySales 数据库。

5. 利用 myDISK 备份设备，还原 CompanySales 数据库，观察数据库变化。

6. 将销售管理数据库 CompanySales 导出成 Access 数据库文件 CompanySales.mdb。由于数据导出后，数据类型和主键等会发生变化，利用 Access 参看 Access 数据库文件

CompanySales.mdb 中各表的结构，是否与 SQL Server 2019 中表的结构相同。

7. 创建 New_CompaySales 数据库，将 Access 数据库文件 CompanySales.mdb 导入到已经建好的 New_CompaySales 数据库中，查看 New_CompaySales 数据库中相关表的结构信息是否与销售管理数据库 CompanySales 表结构相同，为什么？

8. 分离 New_CompanySales 数据库。

项目12 销售管理数据库的分析与设计

技能目标

能够按照用户的需求设计和实施销售管理数据库。

知识目标

数据库设计的基本步骤；数据库的需求分析、概念结构设计、逻辑结构设计和物理结构设计方法；利用 E-R 图描述数据库的概念模型；将 E-R 图转化为关系模型；数据库规范化理论；设计和实施数据库。

思政目标

引导学生努力提升自身技术水平，增强团队意识和协作能力。

任务 12.1　数据库设计的步骤

【任务描述】　设计数据库的目的就是确定一个合适的数据模型，该模型应当满足以下 3 个要求。

(1) 符合用户的需求，既能包含用户所需要处理的所有数据，又支持用户提出的所有处理功能的实现。

(2) 能被现有的某个数据库管理系统所接受，如 SQL Server、Oracle 和 DB2 等。

(3) 具有较高的质量，如易于理解、便于维护、结构合理、使用方便、效率较高等。

设计数据库可以分为需求分析、概念结构设计、逻辑结构设计、物理结构设计、数据库实施和数据库运行、维护 6 个阶段，如图 12-1 所示。

在进行数据库设计之前，首先要选择参加设计的人员，主要由系统分析人员、数据库设计人员和程序员、用户和数据库管理员等组成。系统分析人员和数据库设计人员是数据库设计的核心人员，将自始至终参加数据库的设计，决定数据库系统的质量。用户和数据库管理员在数据库设计中也是举足轻重的人物，主要参加需求分析和数据库的运行维护，他们的积极参与不但能加快数据库的设计，而且是决定数据库设计质量的重要因素。程序员则在系统实施阶段参与进来，负责编写程序和配置软硬件环境。

在数据库设计过程中，在需求分析和概念结构设计阶段是面向用户的应用需求，逻辑结构设计和物理结构设计阶段主要面向数据库管理系统，最后两个阶段是面向具体的实

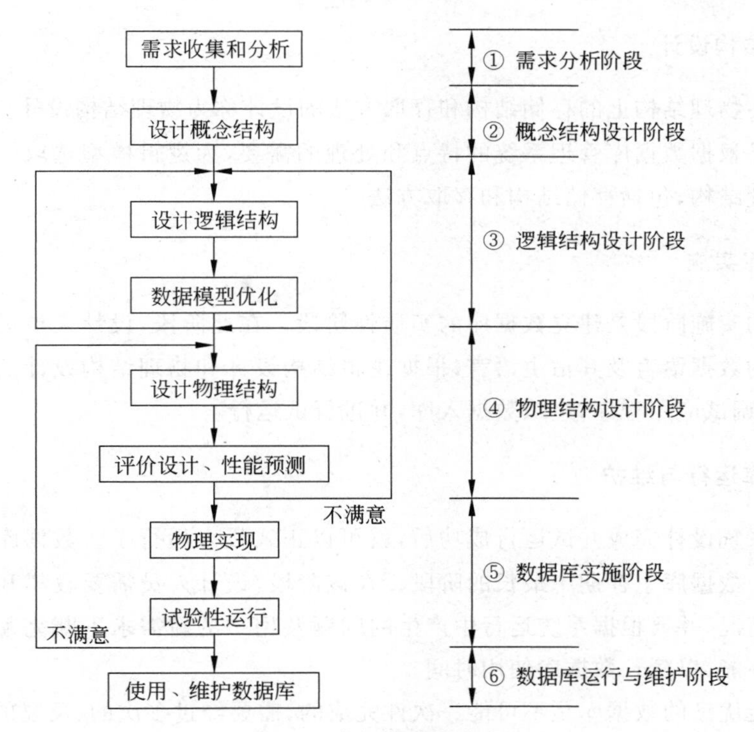

图 12-1 数据库设计的步骤

现方法。

1. 需求分析

在此阶段，数据库设计人员调查用户的各种需求，包括数据库应用部分，比如，公司详细运作情况；然后对各种数据和信息进行分析，与用户进行深入沟通，确定用户的需求；并把需求转化成用户和数据库设计人员都可接受的文档；最终与用户沟通对系统的信息需求和处理需求达成一致的意见。

2. 概念结构设计

概念结构设计阶段是在需求分析的基础上，依照需求分析中确定的信息需求，对用户信息加以分类、聚集和概括，建立一个与具体计算机和数据库管理系统独立的概念模型。通常的方法为 E-R 方法(即采用 E-R 图来描述概念模型)。

3. 逻辑结构设计

逻辑结构设计阶段的任务就是在概念结构设计结果 E-R 图的基础上，导出某个数据库管理系统所支持的数据模型。从概念模型到逻辑结构的转化就是将 E-R 图转换为关系模型；然后从功能和性能上，对关系模式进行评价，如果达不到用户要求，还要反复修正或重新设计。

4. 物理结构设计

数据库在物理结构上的存储结构和存取方法的设计称为物理结构设计。物理结构设计的内容就是根据数据库管理系统的特点和处理的需要,为逻辑模型选取一个最适合应用环境的物理结构,包括存储结构和存取方法。

5. 数据库实施

数据库的实施阶段是建立数据库的实质性阶段。在此阶段,设计人员运用数据库管理系统提供的数据语言及其宿主语言,根据逻辑结构设计和物理结构设计的结果建立数据库,编制与调试应用程序,组织数据入库,并进行试运行。

6. 数据库运行与维护

数据库系统设计完成并试运行成功后,就可以正式投入运行了。数据库的运行与维护阶段是整个数据库生存期中最长的阶段。在该阶段,设计人员需要收集和记录数据库运行的相关情况,并要根据系统运行中产生的问题及用户的新需求不断完善系统功能和提高系统的性能,以延长数据库使用时间。

一个性能优良的数据库是不可能一次性完成的,需要经过多次的、反复的设计。在进行数据库设计时,每完成一个阶段,都要进行设计分析,评价一些重要的设计指标,产生文档组织评审,与用户进行交流。如果设计的数据库不符合要求,则要进行修改,重复多次,以实现最后设计出的数据库能够较精确地模拟现实世界,满足用户的需求。

任务 12.2 销售管理数据库的需求分析

【任务描述】 需求分析结果的准确性将直接影响到后期各个阶段设计。需求分析是整个数据库设计过程的起点和基础,也是最困难、最耗费时间的阶段。

12.2.1 需求分析的任务

需求分析的任务就是对现实世界要处理的对象(组织、部门、企业等)详细调查和分析;收集支持系统目标的基础数据和处理方法;明确用户对数据库的具体要求。在此基础上确定数据库系统的功能。

具体的步骤如下。

1. 调查组织机构情况

了解该组织的部门组成情况、各部门的职责等,为分析信息流程做准备。

2. 调查各部门的业务活动情况

其包括各部门要输入和使用什么数据;如何加工处理这些数据;输出什么信息;输出到什么部门;输出结果的格式等。这一步骤是调查的重点。

3. 明确对新系统的要求

在熟悉业务活动的基础上,协助用户明确对新系统的各种要求。包括信息要求、处理要求、完全性要求与完整性要求。

4. 初步分析调查的结果

对前面调查的结果进行初步分析。包括确定新系统的边界;确定哪些功能由计算机完成或将来准备让计算机完成;确定哪些活动由人工完成。

5. 建立相关的文档

用户单位的组织机构图、业务关系图、数据流图、数据字典。

12.2.2 常用的需求调查方法

在调查过程中,根据不同的问题和条件,可采用不同的调查方法,常用的调查方法有以下几种。

(1) 跟班作业。是指数据库设计人员亲自参加业务工作,深入了解业务活动情况,比较准确地理解用户的需求。

(2) 开调查会。通过与用户座谈的方式来了解业务活动情况及用户需求。

(3) 请专人介绍。可请业务熟练的专家或用户介绍业务专业知识和业务活动情况。

(4) 询问。对某些调查中的问题,可以找专人询问。

(5) 设计调查表请用户填写。如果调查表设计得合理,则有效,也易于为用户接受。

(6) 查阅记录。查阅与原系统相关的数据记录,包括账本、档案或文献等。

12.2.3 编写需求分析说明书

需求分析说明书是在需求分析活动后建立的文档资料,通常又称为需求规范说明书,它是对开发项目需求分析的全面的描述,是对需求分析阶段的一个总结。需求分析说明书应包括以下内容。

(1) 系统概况、系统的目标、范围、背景、历史和现状。

(2) 系统的原理和技术,对原系统的改善。

(3) 系统总体结构与子系统结构说明。

(4) 系统功能说明。

(5) 数据处理概要、工程体制和操作上的可行性。

（6）系统方案及技术、经济、功能和操作上的可行性。

通常需求分析说明书还应包括下列附件：分析过程中得到的数据流图、数据字典、功能模块图及系统的硬件、软件支持环境的选择和规格要求。

12.2.4 需求分析的实施

【例 12-1】 为某公司设计一个商品销售管理信息系统的需求分析。该公司主要从事商品零售贸易业务，即从供应商手中采购商品，并把这些商品销售到需要的客户手里，以商品服务费赚取利润，即销售商品。

商品销售管理信息系统是一个用来管理商品销售信息的数据库系统。本系统将利用现代化的计算机技术结合传统的销售管理工作，按照公司方提供的业务流程设计完成。销售管理信息系统的需求分析的主要内容如下。

1. 公司的业务流图

各供应商为该公司提供商品；客户根据该公司提供的商品表订购商品。公司向供应商采购商品。主要业务流程如图 12-2 所示，其中实线表示物流，虚线表示信息流。

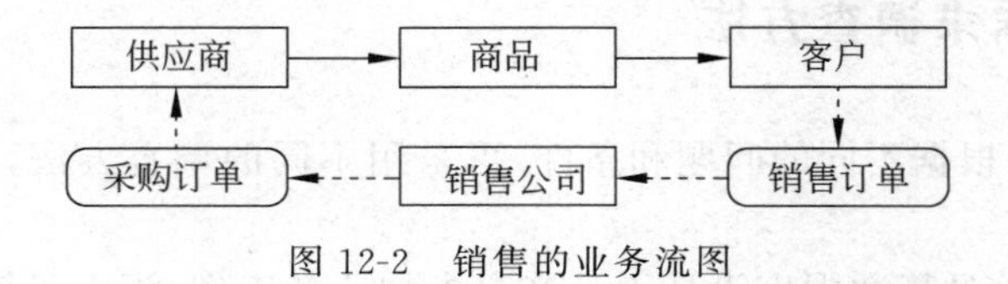

图 12-2 销售的业务流图

2. 用户对该系统的功能需求

（1）员工管理。添加聘任员工信息，查询员工，维护员工信息。员工信息包括姓名、性别、出生年月、聘任日期、所在部门、部门主管和其接收订单的情况。

（2）商品管理。为商品创建类别，商品信息录入和维护。实现商品信息的录入、查询、修改、删除等功能。对给定代号或名称的商品基本情况进行查询，包括商品的名称、价格、库存量和已销售量，并形成统计表。

（3）客户管理。对客户信息录入和维护，包括对给定代号或名称的客户基本情况进行查询，包括客户名称、地址、联系人姓名、联系电话、E-mail。

（4）供应商管理。供应商信息的录入和维护，包括对给定代号或名称的供应商的基本情况进行查询，包括供应商名称、地址、联系人姓名、联系电话、E-mail；对提供的商品信息进行查询，包括商品名称、商品的价格、订购数量，并形成统计表。

（5）销售订单管理。当客户下订单时，将客户信息和订购产品的信息组成订单。系统可以实现销售订单的录入和维护功能。

（6）采购订单管理。管理采购商品订单，包括查询、浏览、增加、删除、修改采购订单。

（7）系统管理。

3. 数据需求

本系统需要处理的主要信息如下。

(1) 销售订单＝商品信息＋客户信息＋订购时间＋订购数量。

(2) 采购订单＝商品信息＋供应商信息＋订购时间＋订购数量。

(3) 供应商信息＝公司名称＋地址＋联系人姓名＋联系电话＋E-mail。

(4) 商品信息＝名称＋单价＋库存量＋已销售量。

(5) 客户信息＝客户名称＋联系人姓名＋联系电话＋公司地址＋E-mail。

(6) 员工信息＝姓名＋性别＋出生年月＋聘任时间＋工资＋奖金＋工作部门。

任务 12.3 设计销售管理数据库的概念结构

【任务描述】 在完成上一个任务的基础上,进行销售管理数据库的概念结构设计。

12.3.1 概念结构设计的任务

概念结构设计的任务就是在需求分析的结果上,抽象化后成为概念模型。概念模型通常利用 E-R 图来表示。

12.3.2 实体与联系

1. 实体

现实世界中的客观存在的并可区分识别的事物称为实体。实体可以指人和物,如员工、商品、仓库等。它可以指能触及的客观对象,可以指抽象的事件,还可以指事物与事物之间的联系,如客户订货、商品采购等。在销售管理系统中,每种商品都是一个实体。每种商品实体的取值就是具体的实体值,同型实体的集合称为实体集。

2. 属性

每个实体具有一定的特征,才能来区分一个个实体。例如,员工的个人特征:姓名、性别、出生年月等。实体的特征称为属性。一个实体可以由若干个属性来描述。每个属性都有特定的取值范围,即值域,值域的类型可以是整数型、实数型、字符型等。例如性别属性的值域为(男,女),部门名称的值域为(销售部,采购部,人事部)等。由此可见,属性是变量。属性值是变量所取的值,而值域是变量的变化范围。

【例 12-2】 使用哪些属性来描述公司的员工特征?

公司员工使用员工号、姓名、性别、出生年月、聘任日期和工资等属性来描述。

3. 实体间的联系

现实世界的各事物之间是有联系的，这些联系在信息世界中反映为实体内部的联系和实体之间的联系。实体内部的联系主要表现在组成实体的属性之间的联系。比如，一个公司有多个部门，一个部门有多位员工；一个公司可以销售多种商品。实体之间的联系主要表现在不同实体集之间的联系，实体间的联系是指一个实体集中可能出现的每一个实体与另一实体集中多少个实体存在联系。

两个实体之间的联系有三种，分别是一对一联系、一对多联系、多对多联系。

(1) 一对一联系(1∶1)

如果对于实体集 A 中的每一个实体，在实体集 B 中至多有一个实体与之联系，反之亦然，则称实体集 A 与实体集 B 具有一对一联系，记为 1∶1。例如，一个部门只有一个主管，一个主管也只能任职于一个部门，则部门与主管之间的联系为一对一联系。

(2) 一对多联系(1∶m)

如果对于实体集 A 中的每一个实体，实体集 B 中有 m 个实体($m>0$)与之联系；反过来，对于实体集 B 中的每一个实体，实体集 A 中却至多有一个实体与之联系，则称实体集 A 与实体集 B 具有一对多联系，记为 1∶m。例如，一个部门可以有多名员工，但一名员工只能属于一个部门，所以部门与员工之间是一对多的联系。

(3) 多对多联系(m∶n)

对于实体集 A 中的每一个实体，实体集 B 中有 n 个实体($n>0$)与之联系；反过来，对于实体集 B 中的每一个实体，实体集 A 中也有 m 个实体($m>0$)与之联系，则称实体集 A 与实体集 B 具有多对多联系，记为 m∶n。例如，客户在订购商品时，一个客户可以选购多种商品，一种商品也可以被多位客户订购，则客户和商品之间具有多对多联系。

12.3.3 概念模型的表示方法

概念模型通常利用实体—联系法来描述，描述出的概念模型称为实体—联系模型(entity-relationship Model)，简称为 E-R 模型。E-R 模型中提供了表示实体、实体属性和实体间的联系的方法。

(1) 矩形：表示实体，矩形内标注实体的名字，如图 12-3 所示的员工。

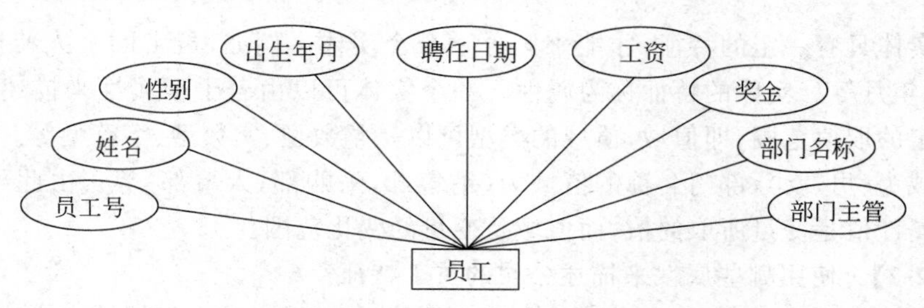

图 12-3 员工实体 E-R 图

(2) 椭圆：表示实体或联系所具有的属性，椭圆内标注属性名称，并用无向边把实体与其属性连接起来，如图 12-3 所示的员工属性。

(3) 菱形：表示实体间的联系，菱形内标注联系名，并用无向边把菱形分别与有关实体相连接，在无向边旁标上联系的类型。需要注意的是，如果联系具有属性，则该属性仍用椭圆框表示，并且仍需要用无向边将属性与其联系连接起来，如图 12-4 所示的总经理与公司之间的联系。

【例 12-3】 利用 E-R 图表示经理与公司之间的联系。

一个公司只能有一位总经理，一位总经理只能服务于一家公司，公司与总经理之间的联系为 1∶1，联系名为"领导"。公司有名称、注册地、电话、类型等属性；总经理有姓名、民族、电话、出生年月和住址等属性，用 E-R 图表示如图 12-4 所示。

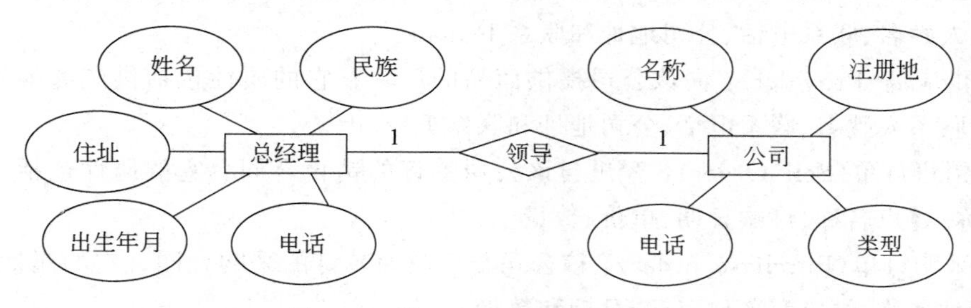

图 12-4　总经理与公司之间的联系

12.3.4 概念结构设计的步骤

概念结构设计的步骤分为两步。首先设计局部概念模型，然后将局部概念模型合成全局概念模型。

1. 设计局部概念模型

设计局部概念模型就是选择需求分析阶段产生的局部数据流图或数据字典，设计局部 E-R 图。具体步骤如下。

(1) 确定数据库所需的实体。

(2) 确定各实体的属性以及实体的联系，画出局部的 E-R 图。

属性必须是不可分割的数据项，不能包含其他属性。属性不能与其他实体具有联系，即 E-R 图中所表示的联系是实体之间的联系，而不能有属性与实体之间发生联系。

2. 合并 E-R 图

首先将两个重要的局部 E-R 图合并，然后依次将一个新局部 E-R 图合并进去，最终合并成一个全局 E-R 图。每次合并局部 E-R 图的步骤如下。

(1) 合并，先解决局部 E-R 图之间的冲突，将局部 E-R 图合并生成初步的 E-R 图。

(2) 优化，对初步 E-R 图进行修改，消除不必要的冗余，生成基本的 E-R 图。

12.3.5 销售管理数据库的概念结构设计

【例 12-4】 在例 12-1 的基础上，对销售管理数据库进行概念结构分析。

(1) 在需求分析的基础上，确定销售管理数据库的实体及其属性。

① 员工(Employee)：该公司中负责采购和销售订单的员工。它的属性有员工号、姓名、性别、出生年月、聘任日期、工资、奖金、所在部门名称和部门主管。

② 商品(Product)：该公司销售的商品。它的属性包括商品号、商品名称、单价、库存量和已销售量。

③ 客户(Customer)：向该公司订购商品的商家。它的属性包括客户编号、客户名称、联系人姓名、联系电话、公司地址和联系 E-mail。

④ 供应商(Provider)：向该公司提供商品的厂家。它的属性包括供应商编号、供应商名称、联系人姓名、联系电话、公司地址和联系 E-mail。

⑤ 销售订单(Sell_Order)：客户与该公司签订的销售合同。它的属性包括订单号、商品名称、客户名称、订购日期、单价、数量。

⑥ 采购订单(Purchase_order)：该公司与供应商签订的采购合同。它的属性包括订单号、商品名称、供应商名称、订购日期和数量。

(2) 画出实体间的关系图，如图 12-5 所示。

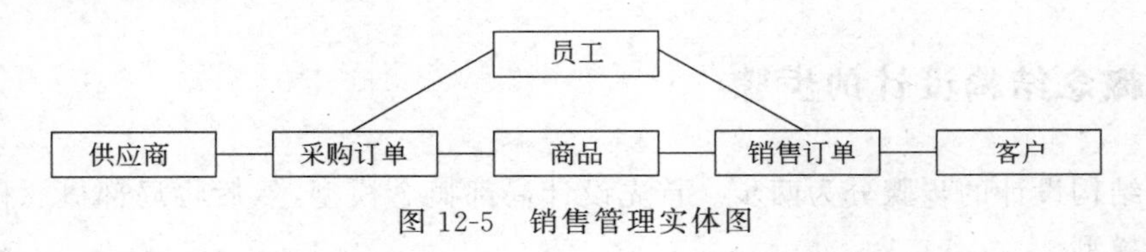

图 12-5 销售管理实体图

(3) 画出局部 E-R 图。一个员工负责接收多张订单，但是一张销售订单只能由一位员工负责处理，因而员工与销售订单之间为 1∶n 的联系，根据各自的属性，画出员工和销售订单联系 E-R 图，如图 12-6 所示。

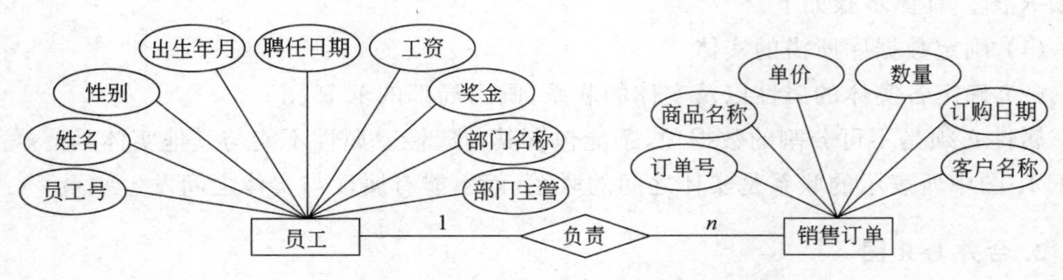

图 12-6 员工与销售订单之间的联系 E-R 图

一个员工可以根据需求向供应商下多张采购订单，但是一张采购订单由一位员工负责处理，因而员工与采购订单之间为 1∶n 的联系，根据各自的属性，画出员工和采购订单联系 E-R 图，如图 12-7 所示。

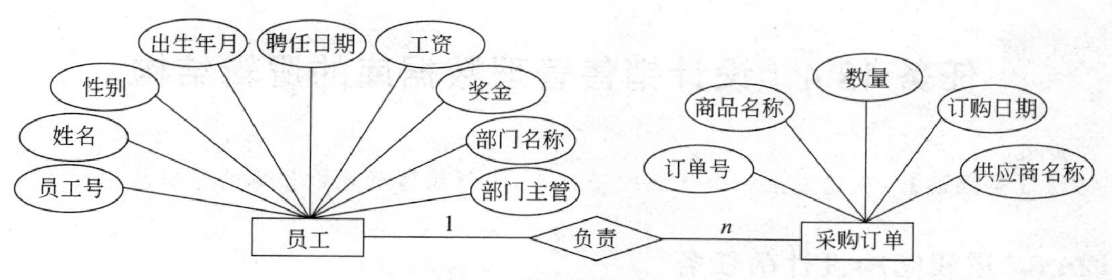

图 12-7 员工与采购订单之间的联系 E-R 图

一张销售订单包含了多种商品，一种商品可以被多家客户订购，所以商品与采购订单的联系是 $m:n$ 联系，商品与销售订单之间的联系 E-R 图如图 12-8 所示。

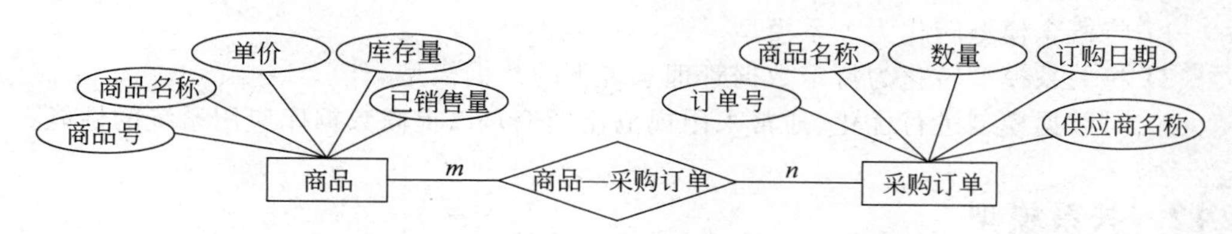

图 12-8 商品与销售订单之间的联系 E-R 图

销售管理数据库系统中包含的实体较多，由于篇幅的原因，不再介绍其他的局部 E-R 图。

(4) 合并 E-R 图。由于幅面的原因，用一种变形的 E-R 图来描述合成的 E-R 图。在变形 E -R 图中，实体及其属性用一个矩形框描述，实体名称标注在矩形框的顶部，实体关键字用“*”标出，实体属性依次标注。实体间的联系省略菱形框，只用连线，并在连线的两端标注联系类型。销售管理数据库合成的变形 E-R 图如图 12-9 所示。

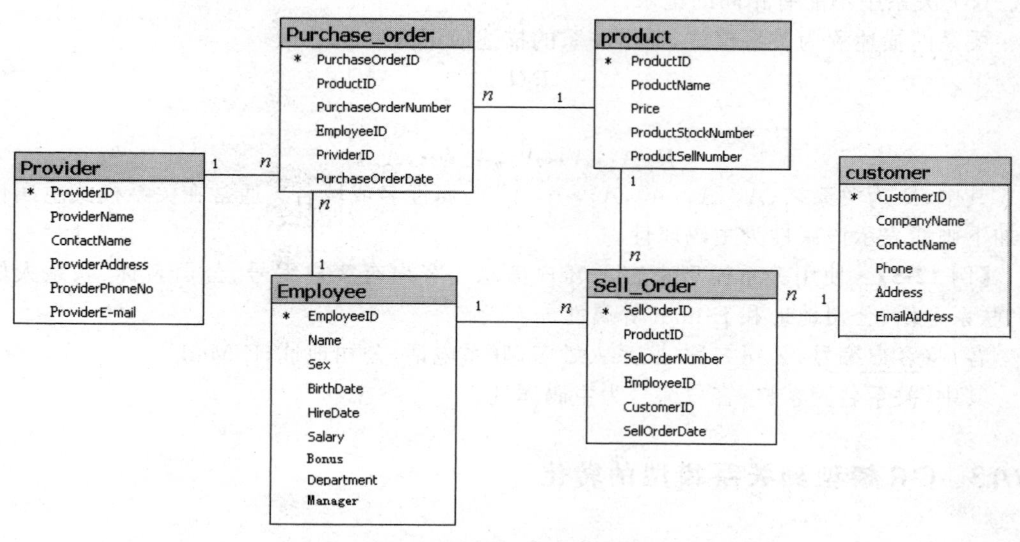

图 12-9 销售管理数据库合成 E-R 图

任务 12.4　设计销售管理数据库的逻辑结构

【任务描述】 在完成上一个任务的基础上，进行销售管理数据库的逻辑结构设计。

12.4.1　逻辑结构设计的任务

逻辑结构设计的任务就是将概念结构设计的结构（概念模型）转化为数据模型。由于概念结构设计的结果的概念模型与数据模型无关，为了能实现用户的需求，因而需将概念模型转化成某种数据库管理系统支持的数据模型。通常的步骤如下。

(1) 将概念模型转化为关系模型。

(2) 将关系模型转化为特定数据管理系统下的数据模型。

(3) 对数据模型进行优化（通常采用规范化理论），以提高数据库应用系统的性能。

12.4.2　关系模型

关系模型用关系表示实体及其联系。直观地看，关系就是由行和列组成的二维表，一个关系就是一张二维表。关系中的行称为元组（或记录）；将关系中的列称为属性（或字段）。

并不是所有的二维表都是关系，关系具有如下的特点。

(1) 关系中的每一属性都是原子属性，即属性不可再分。

(2) 关系中的每一属性取值都是表示同类信息。

(3) 关系中的属性没有先后顺序。

(4) 关系中的记录没有先后顺序。

(5) 关系中不能有相同的记录。

关系的描述称为关系模式，通常关系的描述简记为

$$R(U)$$

或

$$R(A_1, A_2, A_3, A_4, \cdots, A_n)$$

其中，R 为关系名，$A_1, A_2, A_3, A_4, \cdots, A_n$ 为属性名或域名。通常在关系模式主属性上加下画线表示该属性为主码属性。

【例 12-5】 使用关系模型来表示客户信息。客户有客户编号、公司名称、联系人姓名、联系电话、公司地址和 E-mail 等属性。

客户(<u>客户编号</u>，公司名称，联系人姓名，联系电话，公司地址，E-Mail)

其中，关系名为客户；客户编号为主码属性。

12.4.3　E-R 模型到关系模型的转化

E-R 模型的转换为关系模型，包括独立实体转化和实体间的联系的转化。其中，实体

间的联系就是将实体和实体间的联系转化为二维表。下面介绍各种实体转化的方法。

1. 独立实体转化

一个独立实体转化为关系，其属性转化为关系模型的属性。

【例 12-6】 将如图 12-10 所示的员工 E-R 图转化为关系模式。

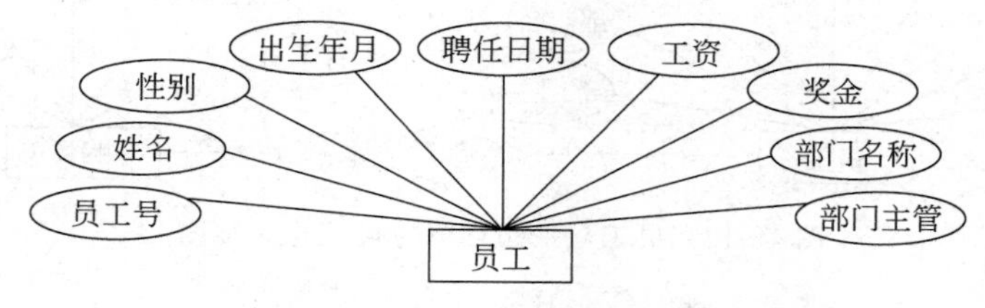

图 12-10 员工实体 E-R 图

员工的实体 E-R 图转化为关系模式如下。

员工(员工号,姓名,性别,出生年月,聘任日期,工资,奖金,部门名称,部门主管)

其中,员工号为主码属性。

2. 1∶1 联系转化

在 1∶1 联系的关系模型中,只要将两个实体的关系各自增加一个外部关键字即可。

【例 12-7】 将如图 12-11 所示的总经理与公司的联系的 E-R 图转化为关系模式即可。

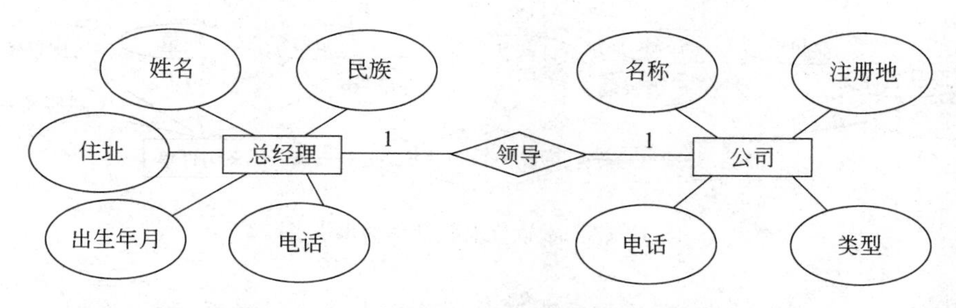

图 12-11 总经理与公司的联系的 E-R 图

由于总经理与公司的联系为 1∶1,总经理与公司的联系转化为 E-R 图时,只需增加一个外部关键字,其余属性直接转化。在“总经理”关系中,增加一个“公司”关系中的关键字“名称”,表示总经理为某公司的总经理;同理,在“公司”关系中,增加一个“姓名”外关键字。然后转化的关系模式如下。

总经理(姓名,民族,电话,出生年月,住址,名称)

公司(名称,电话,类型,注册地,姓名)

3. 1∶n 联系转化为关系模型

在 1∶n 联系的转化中,只需将 n 方的关系增加一个外部关键字属性,即对方的关

键字。

【例 12-8】 将员工与采购订单联系的 E-R 图转化为关系模式，如图 12-12 所示。

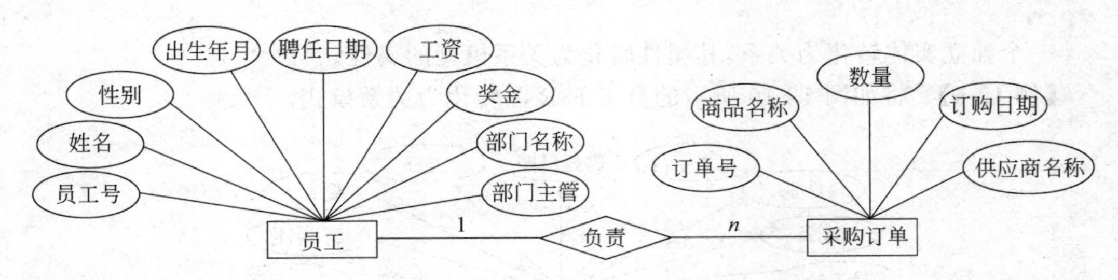

图 12-12 员工与采购订单的联系的 E-R 图

在 n 方的采购订单的关系增加一个员工的主码属性“员工号”，表示此采购订单由该员工负责。转化后的关系如下。

员工(<u>员工号</u>，姓名，性别，出生年月，聘任日期，工资，奖金，部门名称，部门主管)

采购订单(<u>订单号</u>，商品名称，数量，订购日期，供应商名称，员工号)

4. $m:n$ 联系转化为关系模型

在 $m:n$ 联系的转化中，必须成立一个新的关系模式，关系的主码属性由双方的主码关键字构成。

【例 12-9】 将如图 12-13 所示的商品与采购订单的 E-R 图转化为关系模式。

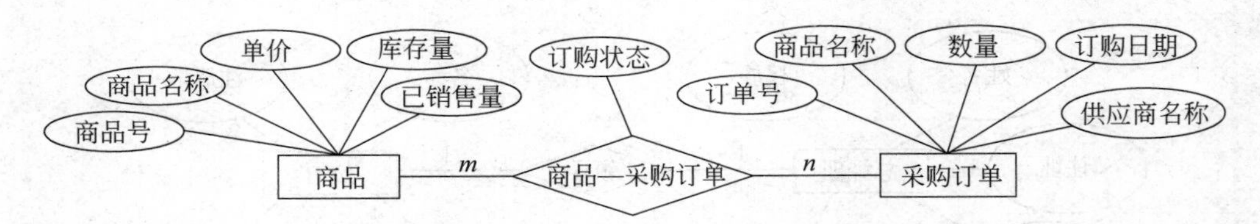

图 12-13 商品与采购订单的 E-R 图

从图 12-13 中可以看出，商品与采购订单的联系为 $m:n$ 联系，因而增加一个商品—采购订单关系。转化后关系如下。

商品(<u>商品号</u>，商品名称，单价，库存量，已销售量)

采购订单(<u>订单号</u>，商品名称，数量，订购日期，供应商名称)

商品—采购订单(<u>商品号，订单号</u>，订购状态)

12.4.4 数据模型优化

数据模型的优化就是对数据库进行适当的修改、调整数据模型的结构，进一步提高数据库的性能。关系数据库模型的优化通常以规范化理论为指导。具体的优化过程：关系模式的分解；实施规范化处理。

1. 关系模式的分解

关系模式的分解有利于减少连接运算和减少关系的大小和数据量；节省存储空间的措施有：减少每个属性所占的空间，采用假属性减少重复数据所占存储空间。

【例 12-10】 对如表 12-1 所示的员工表进行优化。

表 12-1 员工表(1)

员工号	姓名	性别	出生年月	聘任日期	工资	奖金	部门名称	部门主管
1	章宏	男	1969-10-28	2015-4-30	3100	620	采购部	李嘉明
2	李立三	女	1980-5-13	2013-1-20	3460	692	采购部	李嘉明
3	王孔若	女	1974-12-17	2010-8-11	3800	760	销售部	王丽丽
4	余杰	男	1973-7-11	2012-9-23	3315	663	采购部	李嘉明
5	蔡慧敏	男	1957-8-12	2011-7-22	3453	690	人事部	蒋柯南
6	孔高铁	男	1974-11-17	2015-9-10	3600	720	销售部	王丽丽

在员工表中的“部门名称”属性中，有三位员工的部门名称为“采购部”，出现重复值。当修改了一位员工的部门信息，而其余的员工的部门信息却没有修改，将出现修改异常。所以，需要优化员工表。将员工表分解为员工表和部门表，如表 12-2 和表 12-3 所示，解决了数据的冗余问题，也不会产生修改异常。

表 12-2 员工表(2)

员工号	姓名	性别	出生年月	聘任日期	工资	奖金	部门编号	部门主管
1	章宏	男	1969-10-28	2015-4-30	3100	620	2	李嘉明
2	李立三	女	1980-5-13	2013-1-20	3460	692	2	李嘉明
3	王孔若	女	1974-12-17	2010-8-11	3800	760	1	王丽丽
4	余杰	男	1973-7-11	2012-9-23	3315	663	2	李嘉明
5	蔡慧敏	男	1957-8-12	2011-7-22	3453	690	3	蒋柯南
6	孔高铁	男	1974-11-17	2015-9-10	3600	720	1	王丽丽

表 12-3 部门表

部门编号	部门名称	备注
1	销售部	主管销售
2	采购部	主管公司的商品采购
3	人事部	主管公司的人事关系

2. 规范化处理

在数据库设计过程中数据库结构必须要满足一定的规范化要求，才能确保数据的准确性和可靠性。这些规范化要求被称为规范化形式，即范式。范式按照规范化的级别分为 5 种：第一范式(1NF)、第二范式(2NF)、第三范式(3NF)、第四范式(4NF)和第五范式

(5NF)。其中,第一、第二和第三范式最初由 Dr.E.F.Codd 定义的。后来,Boyce 和 Codd 引入了另一范式。

在实际的数据库设计过程中,通常需要用到的是前三类范式。5 种级别的范式的关系如图 12-14 所示。

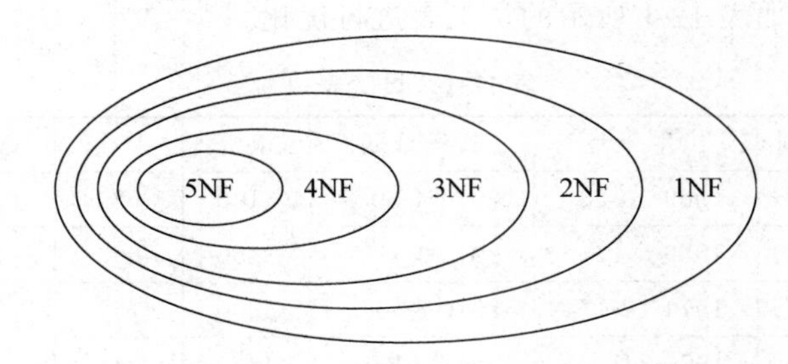

图 12-14 范式之间的关系

(1) 第一范式(1NF)

关系模式中每个属性是不可再分的数据项,则该关系属于 1NF。

【例 12-11】 分析表 12-2 中的员工表,是否已满足 1NF。

在表中的每个属性为不再可分,也不存在数据的冗余,因此满足 1NF。

(2) 第二范式(2NF)

如果关系模式已经满足 1NF 的前提下,关系中的每个非主键属性的数值都依赖于该数据表的主键字段,那么该数据表满足第二范式(2NF)。

【例 12-12】 分析表 12-2 和表 12-3 所示的员工表和部门表是否已满足 2NF。

首先,员工的每个属性已经为不可再分,符合 1NF。员工号能唯一标示出每个员工,所以员工号为主关键字。对于员工号 1,就会有一个并且只有一个"章宏"的员工与之对应,所以"姓名"属性依赖于员工号。同样可以看出性别、出生年月、聘任日期、工资和部门编号等属性依赖于员工号。但是部门编号与部门主管之间也存在依赖关系,所以员工表不符合 2NF。修改员工表使其满足 2NF,如表 12-4 和表 12-5 所示,去掉部门主管,而在部门表中增加一个部门主管属性,保证满足 2NF。

表 12-4 满足 2NF 的员工表

员工号	姓名	性别	出生年月	聘任日期	工资	奖金	部门编号
1	章宏	男	1969-10-28	2015-4-30	3100	620	2
2	李立三	女	1980-5-13	2013-1-20	3460	692	2
3	王孔若	女	1974-12-17	2010-8-11	3800	760	1
4	余杰	男	1973-7-11	2012-9-23	3315	663	2
5	蔡慧敏	男	1957-8-12	2011-7-22	3453	690	3
6	孔高铁	男	1974-11-17	2015-9-10	3600	720	1

表 12-5 修改后的部门表

部门编号	部门名称	部门主管	备注
1	销售部	王丽丽	主管销售
2	采购部	李嘉明	主管公司的商品采购
3	人事部	蒋柯南	主管公司的人事关系

(3) 第三范式(3NF)

如果关系已经满足 2NF,且关系中的任何一个非主属性都不函数传递依赖于主关键字,则此关系满足 3NF。

【例 12-13】 在表 12-4 中,"奖金"属性的数值是"工资"属性数值 20%计算得到。分析员工是否已满足 3NF。

由于"工资"属性和"奖金"属性之间存在着函数依赖关系,所以员工表不满足 3NF。由于奖金值可以通过计算得到,所以将"奖金"属性去掉,以满足第三范式,如表 12-6 所示。

表 12-6 满足 3NF 的员工表

员工号	姓名	性别	出生年月	聘任日期	工资	部门编号
1	章宏	男	1969-10-28	2015-4-30	3100	2
2	李立三	女	1980-5-13	2013-1-20	3460	2
3	王孔若	女	1974-12-17	2010-8-11	3800	1
4	余杰	男	1973-7-11	2012-9-23	3315	2
5	蔡慧敏	男	1957-8-12	2011-7-22	3453	3
6	孔高铁	男	1974-11-17	2015-9-10	3600	1

3. 建立数据完整性约束,以保证数据的完整性和一致性

数据的完整性是指存储在数据库中的数据的正确性和可靠性,它是衡量数据库中数据质量的一种标准。数据完整性要确保数据库中数据一致、准确,同时符合企业规则。数据完整性包括实体完整性、域完整性、参照完整性和用户定义完整性。满足数据完整性要求的数据应具有以下特点。

(1) 数据类型准确无误。

(2) 数据的值满足范围设置。

(3) 同一表格数据之间不存在冲突。

(4) 多个表格数据之间不存在冲突。

具体介绍如下。

(1) 实体完整性。实体完整性的目的是确保数据库中所有实体的唯一性,也就是不使用完全相同的数据记录。具体实现过程中,用户为表定义一个主关键字,且主关键字值不为空,就可以阻止相同的记录存入系统中。例如,表 12-6 中的员工号。

(2) 域完整性。域完整性就是对表中列的规范,要求表中的列的数据类型、格式和取值范围位于某一个特定的允许范围内。例如,表 12-6 中的性别列的取值只能为“男”或“女”。

(3) 参照完整性。用来维护相关数据表之间数据一致性的手段,通过实现参照完整性,可以避免因一个数据表的记录改变而造成另一个数据表内的数据变成无效的值。也就是说当一个数据表中有外部关键字时,外部关键字列的所有值都必须出现对应的表。例如,在表 12-4 中,“部门编号”是一个外部关键字,它是表 12-5 的部门表的主关键字,所以在表 12-4 中输入或修改每一个部门编号都必须保证是在表 12-5 中已经存在的部门编号,否则不被接受。

(4) 用户定义完整性。一般数据库管理系统还提供了由用户自己按照实际的需要定义的约束关系。例如,在员工表中输入每个员工的“工资”都应大于 1000,否则不接受输入的数据。

12.4.5 销售管理数据库的逻辑结构设计

【例 12-14】 在例 12-4 的基础上,对销售管理数据库进行逻辑结构分析,即将 E-R 图转化为关系模型。

(1) 员工 E-R 图。图 12-10 中的员工 E-R 图可以转化为关系模型。“员工”实体有 9 个属性,员工号是主关键属性,经过数据优化(具体分析过程参考例 12-11～例 12-13),再将表转化为员工关系模式。

员工(<u>员工号</u>,姓名,性别,出生年月,聘任日期,工资,部门编号)

部门(<u>部门编号</u>,部门名称,部门主管,备注)

其中,部门编号来自于“部门”关系的外部关键字,描述该员工所在的部门。“性别”字段的取值范围为“男”或“女”。

(2) 商品 E-R 图。商品实体包含 5 个属性,ProductID(商品编号)是主关键字,商品实体与销售订单实体和采购订单实体间有 1∶n 的联系。转化后的商品关系模式如下。

商品(<u>商品编号</u>,商品名称,单价,库存量,已销售量)

(3) 客户 E-R 图。客户实体包含 6 个属性,CustomerID(客户编号)是主关键字,客户实体与销售订单实体有 1∶n 的联系。转化后的客户关系模式如下。

客户(<u>客户编号</u>,公司名称,联系人姓名,电话,地址,E-mail)

(4) 供应商 E-R 图。供应商实体包含 6 个属性,ProviderID(供应商编号)是主关键字,供应商实体与采购订单实体有 1∶n 的联系。转化后的供应商关系模式如下。

供应商(<u>供应商编号</u>,供应商名称,联系人姓名,电话,地址,E-mail)

(5) 销售订单 E-R 图。销售订单实体包含 SellOrderID(销售订单编号)等 6 个属性。SellOrderID(销售订单编号)为主关键字。由于销售订单与客户实体、商品实体和员工实体 3 个实体具有 n∶1 的联系,为描述这种联系,需要增加 3 个外部关键字(实体中已列出了这 3 个外部关键字);增加商品编号,来自"商品"关系的外部关键字,描述该订单订购的商品;增加员工号,来自于"员工"关系的外部关键字,描述该订单由哪位员工签订;增加客户号,来自"客户"关系的外部关键字,描述该订单与哪位客户签订。转化后的销售订单关系如下。

销售订单(<u>销售订单号</u>,商品编号,员工号,客户号,订货数量,订单日期)

(6) 采购订单 E-R 图。采购订单实体包含 PurchaseOrderID(采购订单编号)等 6 个属性。PurchaseOrderID(采购订单编号)为主关键字。由于采购订单与供应商实体、商品实体和员工实体 3 个实体具有 $n:1$ 的联系,为描述这种联系,需要增加 3 个外部关键字(实体中已列出了这 3 个外部关键字)。增加商品编号,来自于"商品"关系的外部关键字,描述该订单采购哪些商品;增加员工号,来自于"员工"关系的外部关键字,描述该订单由哪位员工签订;增加供应商号,来自于"供应商"关系的外部关键字,描述该订单与哪位供应商签订。转化后的采购订单关系模式如下。

采购订单(<u>采购订单号</u>,商品编号,员工号,供应商号,采购数量,订单日期)

任务 12.5 设计销售管理数据库的物理结构

【任务描述】 在完成上一个任务的基础上,进行销售管理数据库的物理结构设计。

12.5.1 物理结构设计的任务

数据库在物理设备上的存储结构与存取方式称为物理结构分析。物理结构设计要结合特定的数据库管理系统,不同的数据库管理系统对于文件物理存储方式也是不同的。确定数据的物理结构,要考虑存取时间、存储空间利用率和维护代价对系统的影响,但这三者常常相互矛盾,因此,必须权衡,选择折中的方案。物理结构设计具体的步骤如下。

(1) 确定数据库的物理结构(存储结构、存储位置)。

(2) 确定数据库的存取方法。

(3) 对物理结构进行评价,评价的重点为时间和空间效率。

如果评价结果满足设计要求者,则可以进入实施阶段,否则,就需要重新设计或修改物理结构,有时甚至要返回到逻辑结构设计阶段修改数据模型。

12.5.2 确定数据的物理结构

确定数据的物理结构主要是确定数据的存储结构和存取方法。包括确定关系、索引、聚集、日志和备份等存储结构,确定系统存储参数配置。用户在设计表的结构时,应着重注意以下几点。

1. 每一个表对应一个关系模式，确定数据表字段及其数据类

将逻辑结构设计的关系模式转化为特定的存储单位——表。一个关系模式转化为一个表，关系名为表名，关系中的属性转化为表中的列，结合具体的数据库管理系统，确定列的数据类型和精度。

2. 确定哪些字段允许空值

NULL表示空值，即数值未知，而不是“空白”或0，这点要切记。比较两个空值是没有任何意义的，因为每个空值都表示未知。例如存储客户“地址”和“联系电话”的字段，在不知道的情况下可以先不输入，这时就需要在设计字段时，将它们的数据类型设置为NULL，以便以后输入，这样可以保证数据的完整性。

3. 确定主键

主键可唯一确定一行记录，主键可以是单独的字段，也可以是多个字段的组合，但一个数据表中只能有一个主键。

4. 确定是否使用约束、默认值、规则等

约束、默认值和规则等用于保证数据的完整性。例如，在进行数据查询时，只有在满足定义的约束和规则下才能成功。在设计表结构时，应明确是否使用约束、默认值等，以及在何处使用它们。

5. 确定是否使用外键

建立数据表间的关系，需要借助主键—外键关系来实现。因此，是否为数据表设置外键也是设计数据表时必须考虑的问题。

6. 是否使用索引

使用索引可以加快数据检索的速度，提高数据库的使用效率，确定在哪些字段上使用索引，以及使用什么样的索引，是用户必须考虑的问题。

创建索引的基本规则如下。

(1) 在主键和外键上一般都建有索引，这有利于主键码唯一性检查和完整性约束检查。

(2) 对经常出现在连接操作条件中的公共属性建立索引，可显著提高连接查询的效率。

(3) 对于经常作为查询条件的属性，可以考虑在有关字段上建立索引。

(4) 对于经常作为被排序条件的属性，可以考虑在有关字段上建立索引，可以加快排序查询。

【例 12-15】 将如下的总经理关系转化为SQL Server 2019中表的结构。

由于表在不同的操作系统中的通用性，因此数据库名、表名和列名等数据库对象名尽

量使用英文名称。总经理关系模式如下，总经理表如表 12-7 所示。

总经理（编号，姓名，性别，民族，出生年月，电话，住址）

表 12-7　Manager（总经理）表

列　名	数据类型	宽度	为空性	说　明
ManagerID	int	默认	×	编号，主关键字
ManagerName	varchar	8	×	姓名
Sex	char	2	×	性别
Folk	varchar	50	√	民族
BirthDate	date	默认	√	出生年月
Phone	varchar	20	√	电话
Address	varchar	50	√	家庭地址

12.5.3　销售管理数据库的物理结构设计

【例 12-16】　在 SQL Server 2019 中，利用例 12-14 的逻辑结构设计结果，对销售管理数据库（CompanySales）进行物理结构分析。

（1）选用数据库管理系统。选用 SQL Server 2019 数据库管理系统。

（2）确定数据库和数据表。确定数据库名为 CompanySales；数据库中有员工表、部门表、商品表、客户表、供应商表、采购订单表和销售订单表等。

（3）确定各个数据表的字段、数据类型和长度等。根据 SQL Server 2019 数据库管理系统，确定数据表的组成，如表 12-8～表 12-14 所示。

表 12-8　Employee（员工）表

列　名	数据类型	宽度	为空性	说　明
EmployeeID	int	默认	×	员工号，关键字，标识列
EmployeeName	varchar	50	×	姓名
Sex	char	2	×	性别，取值为“男”或“女”，默认值为“男”
BirthDate	date	默认	√	出生年月
HireDate	date	默认	√	聘任日期
Salary	money	默认	√	工资
DepartmentID	int	默认	×	部门编号，来自于“部门”关系的外部关键字

表 12-9　Department（部门）表

列　名	数据类型	宽度	为空性	说　明
DepartmentID	int	默认	×	部门编号，主键，标识列
DepartmentName	varchar	30	×	部门名称
Manager	char	8	√	部门主管
Depart_Desdription	varchar	50	√	备注，有关部门的说明

表 12-10 Sell_Order(销售订单)表

列　　名	数据类型	宽度	为空性	说　　明
SellOrderID	int	默认	×	销售订单号,主键,标识列
ProductID	int	默认	×	商品编号,来自“商品”表的外键
EmployeeID	int	默认	×	员工号,来自“员工”表的外键
CustomerID	int	默认	×	客户号,来自“客户”表的外键
SellOrderNumber	int	默认	√	订货数量
SellOrderDate	date	默认	√	订单签订的日期

表 12-11 Purchase_order(采购订单)表

列　　名	数据类型	宽度	为空性	说　　明
PurchaseOrderID	int	默认	×	采购订单号,主键,标识列
ProductID	int	默认	×	商品编号,来自“商品”表的外键
EmployeeID	int	默认	×	员工号,来自“员工”表的外键
PrividerID	int	默认	×	供应商号,来自“供应商”表的外键
PurchaseOrderNumber	int	默认	√	采购数量
PurchaseOrderDate	date	默认	√	订单签订的日期

表 12-12 Product(商品)表

列　　名	数据类型	宽度	为空性	说　　明
ProductID	int	默认	×	商品编号,主键,标识列
ProductName	varchar	50	×	商品名称
Price	decimal(18,2)	默认	√	单价＞0
ProductStockNumber	int	默认	√	现有库存量,默认值为0,值为非负数
ProductSellNumber	int	默认	√	已经销售的商品量,默认值为0,值为非负数

表 12-13 Customer(客户)表

列　　名	数据类型	宽度	为空性	说　　明
CustomerID	int	默认	×	客户编号,主键,标识列
CompanyName	varchar	50	×	公司名称
ContactName	char	8	×	联系人的姓名
Phone	varchar	20	√	联系电话
Address	varchar	100	√	客户的地址
EmailAddress	varchar	50	√	客户的 E-mail 地址

表 12-14 **Provider**(供应商)表

列　　名	数据类型	宽度	为空性	说　　明
ProviderID	int	默认	×	供应商编号,主键,标识列
ProviderName	varchar	50	×	供应商名称
ContactName	char	8	×	联系人的姓名
ProviderPhone	varchar	15	√	供应商联系电话
Provideraddress	varchar	100	√	供应商的地址
ProviderEmail	varchar	20	√	供应商的 E-mail 地址

(4) 确定索引。销售管理数据库(CompanySales)数据表中索引设置按照"主键和外键考虑创建索引;经常作为查找条件的属性,考虑创建索引"的原则,创建如下索引,其中每张表中带下画线的列为创建索引列。

Employee(EmployeeID, EmployeeName, Sex, BirthDate, HireDate, Salary, DepartmentID)

Department(DepartmentID,DepartmentName,Manager,Depart_Desdription)

Sell_Order(SellOrderID, ProductID, EmployeeID, CustomerID, SellOrderNumber, SellOrderDate)

Purchase_order(PurchaseOrderID, ProductID, EmployeeID, PrividerID, PurchaseOrderNumber, PurchaseOrderDate)

Product(ProductID, ProductName, Price, ProductStockNumber, ProductSellNumber)

Customer(CustomerID, CompanyName, ContactName, Phone, Address,EmailAddress)

Provider(ProviderID, ProviderName, ContactName, ProviderPhone, ProviderAddress, ProviderEmail)

(5) 确定视图。

① 客户订单视图:为每个客户订单信息视图,包括客户名称、订购的商品、单价和订购日期,便于查询有关客户的订单情况。

② 员工接收的订单详细视图:包括员工姓名、订购商品名称、订购数量、单价和订购日期等信息,便于查询员工订单详细信息。

③ 员工接收的订单统计信息视图:统计订单信息视图,包括员工编号、订单数目和订单总金额,便于查询员工订单统计信息。

④ 商品销售信息统计视图:包括商品名称、订购总数量。

(6) 创建存储过程。

① 获取所有商品订购信息的存储过程,包括商品名称、单价、订购的数量、订购公司名称和订购日期等信息。

② 一个指定产品的接收订单的总金额的存储过程。

(7) 创建触发器。

① 更新销售量的触发器,实现在销售订单表上添加一条记录时,对应的商品在商品表的已销售量数据同时更新。

② 防止订单量修改过大的触发器,防止用户修改商品的订单数量过大,如果订单数量的变化超过 100 则给出错误提示,并取消修改操作。

任务 12.6　实施销售管理数据库

【任务描述】　在完成上一个任务的基础上,进行销售管理数据库的实施。

在数据库确定逻辑结构和物理结构后,在计算机上建立实际的数据库结构,并装入数据,进行试运行和评价。此阶段称为数据库实施。

销售管理数据库在经过需求分析(例 12-1)、概念结构设计(例 12-4)、逻辑结构分析(例 12-14)和物理结构设计(例 12-16)后,完成数据库的设计阶段,然后在 SQL Server 2019 数据库管理系统中,利用数据定义语言,创建数据库、建立数据表、定义数据表的约束、装入数据,然后试运行,然后对数据库设计进行评价、调整、修改等维护工作,这阶段就是销售数据库的实施阶段,此阶段也是一个重要的阶段。

由于销售管理数据库实施的相关代码已经分解到各个章节,此处不再介绍。比如创建数据库的代码,参见例 2-2;创建基本表,参见例 3-2、例 3-3 等。

任务 12.7　运行和维护销售管理数据库

【任务描述】　在销售管理数据库系统设计完成并试运行成功后,就投入正式运行。数据库一旦投入运行就标志着数据库维护工作也开始了。

数据库维护工作主要由数据库管理员(DBA)完成。维护工作主要对数据库进行监测、分析和性能改善;数据库转存和故障恢复;数据库的安全性、完整性控制;数据库的重组和重构造。

习　　题

一、单选题

1. 数据库是在计算机系统中按照一定的数据模型组织、存储和应用的(　　)。

　A. 命令的集合　　　　B. 数据的集合

　C. 程序的集合　　　　D. 文件的集合

2. 支持数据库的各种操作的软件系统是(　　)。

A. 数据库系统　　B. 文件系统

C. 操作库系统　　D. 数据库管理系统

3.(　　)由计算机硬件、操作系统、数据库、数据库管理系统以及开发工具和各种人员(如数据库管理员、用户等)构成。

A. 数据库管理系统　　B. 文件系统

C. 数据系统　　D. 软件系统

4. 在现实世界中客观存在并能相互区别的事物称为(　　)。

A. 实体　　B. 实体集　　C. 字段　　D. 记录

5. 在数据库设计的(　　)阶段中,用E-R图来描述信息结构。

A. 需求分析　　B. 概念结构设计

C. 逻辑结构设计　　D. 物理结构设计

二、思考题

1. 简述数据库系统的设计流程。
2. 什么是E-R图?E-R图由哪些要素构成?
3. 逻辑结构设计有哪些步骤?
4. 物理结构设计阶段有哪些步骤?
5. 数据库的维护包括哪些工作?

实　训

一、实训目的

1. 掌握数据库规划的步骤。
2. 掌握数据库需求分析、概念结构设计、逻辑结构设计和物理结构设计等重要步骤。

二、实训内容

为某学校设计一个图书管理数据库。在图书馆中对每位读者保存的信息有读者编号、姓名、性别、年级、系别、电话、已借数目;保存了每本图书的书名、作者、价格、图书的类型、库存量、出版社等信息。其中,读者分为教师和学生两类,教师可以借20本书,学生可以借10本书。一本图书可以被多位读者借阅,每本借出的图书都保存了读者编号、借阅日期和应还日期。

项目13

销售管理数据库系统初步开发(C#)

技能目标

能够使用Visual Studio开发Windows应用程序;能够使用C#对销售管理数据库系统进行初步开发。

知识目标

ADO.NET的结构;ADO.NET开发数据库管理系统的步骤;使用ADO.NET对象连接SQL Server数据库;数据库信息系统的初步开发技术。

思政目标

努力提升自身技术水平,增强团队意识和协作能力;引导学生检查代码和性能是否符合技术标准和规范,培养学生规范化、标准化的职业素养和工匠精神。

任务13.1 认识ADO.NET

【任务描述】 本任务使用Visual Studio作为工具,使用C#语言和ADO.NET API开发销售管理数据库的Windows应用系统。

13.1.1 ADO.NET概述

ADO.NET是统一数据容器类编程接口,无论编写何种应用程序(Windows应用、Web应用、Web服务)都可以通过同一组类来处理数据。无论后台的数据源是SQL Server数据库、Oracle数据库、其他数据库、XML文件,还是一个文本文件,都使用一样的方式来处理它们,支持在线和离线的数据访问方式。ADO.NET包含了两大核心控件:.NET Framework数据提供程序和DataSet。

13.1.2 ADO.NET组件

ADO.NET就是在.NET中结合数据库的规范。可以使用ADO.NET的两个组件来访问和处理数据:.NET Framework数据提供程序和DataSet,结构如图13-1所示。

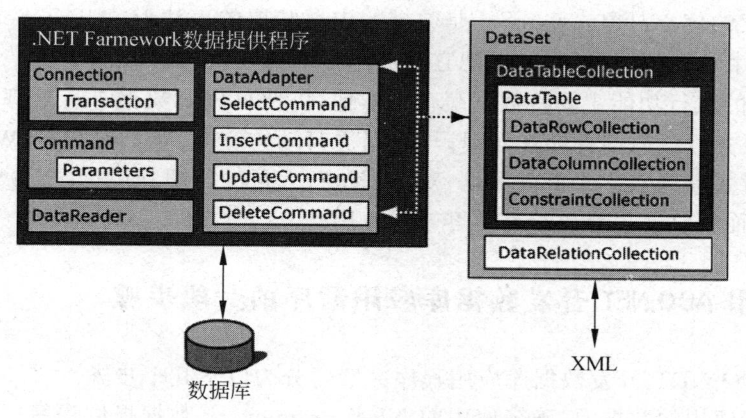

图 13-1 ADO.NET 组件

1. .NET Framework 数据提供程序

.NET Framework 数据提供程序是专门为数据处理以及快速地访问数据而设计的组件。专门用来与数据库连接、执行命令与获取结果的。ADO.NET 数据提供程序有如下多种。

(1) SQL Server .NET Framework 数据提供程序,主要提供对 Microsoft SQL Server 7.0 版或更高版本的数据访问,使用 System.Data.SqlClient 命名空间。

(2) OLE DB.NET Framework 数据提供程序,适合使用 OLE DB 公开的数据源,使用 System.Data.OleDb 命名空间。

(3) ODBC .NET Framework 数据提供程序,适合使用 ODBC 公开的数据源,使用 System.Data.Odbc 命名空间。

(4) Oracle .NET Framework 数据提供程序,适用于 Oracle 客户端软件 8.1.7 版和更高版本,使用 System.Data.OracleClient 命名空间。

2. .NET Framework 数据提供程序的 4 个核心对象

.NET Framework 数据提供程序有 4 个核心对象,如表 13-1 所示。

表 13-1 .NET Framework 数据提供程序核心对象

对 象	描 述
Connection	提供与数据源的连接
Command	用于返回数据、修改数据、运行存储过程以及发送或检索参数信息的数据库命令
DataReader	从数据源中读取仅为只进、只读的数据集
DataAdapter	提供连接 DataSet 对象和数据源的桥梁

3. DataSet 组件

DataSet 组件是一个功能丰富、较复杂的数据集,它是支持 ADO.NET 的断开式、分布式数据方案的核心对象。DataSet 是数据的内存驻留的表达形式；DataSet 组件表示包括相关表、约束和表间关系等，可以把它看成内存中的数据源。

DataSet 的执行功能主要将数据缓存在本地，以便可以对数据进行处理；在层间或从 XML Web 服务对数据进行远程处理；与数据进行动态交互，例如绑定到 Windows 窗口控件或组合并关联来自多个源的数据；对数据执行大量的处理，而不需要与数据源保持打开的连接，从而将该连接释放给其他客户端使用。

13.1.3 使用 ADO.NET 开发数据库应用程序的一般步骤

使用 ADO.NET 开发数据库应用程序一般可分为以下几个步骤。

(1) 根据使用的数据源，确定使用的.NET Framework 数据提供程序。

(2) 建立与数据源的连接，需使用 Connection 对象。

(3) 执行对数据源的操作命令，通常是 SQL 命令，需使用 Command 对象。

(4) 使用数据集对获得的数据进行操作，需使用 DataReader、DataSet 等对象。

(5) 向用户显示数据，需使用数据控件。

13.1.4 ADO.NET 的对象

要访问数据库，首先应该建立到数据库的物理连接。ADO.NET 使用 Connection 对象来显性地创建连接对象。根据连接数据源的不同，连接对象也有 4 种，分别为 SqlConnection、OleDbConnection、OdbcConnection 和 OracleConnection。连接对象最重要的属性是 ConnectionString。

1. Connection 类

Connection 类表示数据库的一个打开的连接。其中 SqlConnection 使用 System. Data. SqlClient 命名空间。SqlConnection 类常用的成员如表 13-2 所示。

表 13-2 SqlConnection 类常用的成员

名称	说明
ConnectionString	获取或设置用于打开数据库的字符串
Database	获取当前数据库或连接打开后要使用的数据库的名称
DataSource	获取要连接的数据库的名称
State	获取连接的当前状态
Close()	关闭与数据库的连接
Open()	使用 ConnectionString 所指定的属性设置打开数据库连接
CreateCommand()	创建并返回一个与 Connection 关联的 Command 对象

SqlConnection 类中 ConnectionString 成员的关键字值有效名称如表 13-3 所示。

表 13-3 SqlConnection 类 ConnectionString 的关键字值有效名称

关键字	默认值	说明
DataSource(Server)	N/A	要连接的 SQL Server 实例的名称或网络地址
Initial Catalog(Database)	N/A	数据库的名称
Integrated Security (Trusted_Connection)	'false'	为 false 时,将在连接中指定用户 ID 和密码。当为 TRUE 时,将使用当前的 Windows 账户凭据进行身份验证。可识别的值为 TRUE、false、yes、no 以及与 TRUE 等效的 sspi(强烈推荐)
Password(Pwd)	N/A	SQL Server 账户登录的密码
User ID	N/A	SQL Server 登录账户建议不要使用
Workstation ID		本地计算机名称,连接到 SQL Server 的工作站的名称

【例 13-1】 实例环境:SQL Server 服务器的名称为 LISA;登录模式为 Windows 身份验证模式;连接的数据库为 CompanySales。

配置 SqlConnection 对象的 ConnectionString 属性的字符串如下。

```
"SERVER=LISA-PC;
Initial Catalog=CompanySales;
Integrated Security=SSPI;";
```

【例 13-2】 实例环境如下:SQL Server 服务器的 IP 地址为 192.168.4.1;登录模式为 SQL Server 身份验证模式;连接的数据库为 CompanySales;登录的账户名称为 sa;登录密码为 123456。

配置 SqlConnection 对象的 ConnectionString 属性的字符串如下。

```
"SERVER=192.168.4.1 ;
Initial Catalog=CompanySales;
Integrated Security=No;
User ID=sa; Password=123456";
```

2. Command 对象

使用 Connection 对象与数据库建立连接后,可使用 Command 对象对数据源执行查询、插入、删除和修改等各种操作。根据.NET Framework 数据提供程序的不同,Command 对象也可分为四类:SqlCommand、OleDbCommand、OdbcCommand 和 OracleCommand。

其中,SqlCommand 对象常用的属性和方法如下。

(1) 常用的属性

① Connection 属性:设置或获取命令对象所使用的连接。

② CommandText 属性:设置获取命令对象的命令字符串。

(2) 常用的方法

① CreateCommand()方法:建立 SqlCommand 对象。

② ExecuteReader()方法:将 CommandText 发送到 Connection 并生成一个 SqlDataReader。

③ ExecuteScalar()方法:执行查询,并返回查询所返回的结果集中第一行的第一列。忽略其他列或行。

④ ExecuteNonQuery()方法：对连接执行 SQL 语句并返回受影响的行。

3. DataReader 对象

DataReader 对象主要用于数据源中检索只读、正向数据集，通常用于检索大量数据。由于 DataReader 本身就是管理提供者，它可以通过 Command 的 ExecuteReader()方法获取数据。其中，SqlDataReader 常用的属性和方法如下。

（1）常用的属性

① HasRows 属性：指示 SqlDataReader 是否包含一行或多行。

② FieldCount 属性：当前行中的列数。

③ Item 属性：DataReader 中列的值。

（2）常用的方法

① Read()方法：使 SqlDataReader 前进到下一条记录。SqlDataReader 的默认位置在第一条记录前面。

② Close()方法：关闭 SqlDataReader 对象。

③ GetName()方法：获取指定列的名称。

④ GetValue()方法：获取指定序号处的列的值。

4. DataAdapter 对象

DataAdapter 对象是 DataSet 对象和数据源之间的桥接器，用于检索数据、填充 DataSet 对象中的表，把用户对 DataSet 对象更改写入数据源。其中，SqlDataAdapter 对象常用的属性和方法如下。

（1）常用的属性

在数据适配器中包含 4 个数据命令属性，分别对应 4 种 Transact-SQL 语句或存储过程，用于不同的目的。

① SelectCommand 属性：对应于 Select 语句，用于在数据源中选择记录。

② DeleteCommand 属性：对应于 Delete 语句，用于从数据集中删除记录。

③ InsertCommand 属性：对应于 Insert 语句，用于在数据源中插入新记录。

④ UpdateCommand 属性：对应于 Update 语句，用于更新数据源中的记录。

（2）常用的方法

① Fill()方法：在 DataSet 中添加或刷新行以匹配使用 DataSet 名称的数据源中的行，并创建一个 DataTable。

② Update()方法：为指定 DataSet 中每个已插入、已更新或已删除的行调用相应的 INSERT、UPDATE 或 DELETE 语句。

5. DataSet 对象

DataSet 对象是支持 ADO.NET 的断开式、分布式数据方案的核心对象。DataSet 是数据的内存驻留表示形式，无论数据源是什么，它都会提供一致的关系编程模型。它可以用于多种不同的数据源，用于 XML 数据，或用于管理应用程序本地的数据。DataSet 表示包括相关表、约束和表间关系在内的整个数据集。DataSet 对象常用的属性如表 13-4 所示。

表 13-4 DataSet 对象常用的属性

名　称	说　　明
DataSetName	获取或设置当前 DataSet 的名称
Namespace	获取或设置 DataSet 的命名空间
Relations	获取用于将表链接起来并允许从父表浏览到子表的关系的集合
Tables	获取包含在 DataSet 中的表的集合

任务 13.2　使用 ADO.NET 连接数据库

【任务描述】 本任务使用 ADO,NET 连接销售管理数据库。

13.2.1　自动配置数据源

【例 13-3】 配置销售管理数据库系统数据源,并显示部门表 Department 的数据。

操作步骤如下。

(1) 选择“开始”|“所有程序”|Microsoft Visual Studio 2012|Visual Studio 2012 命令,打开 Visual Studio 2012 应用程序。

(2) 选择“文件”|“新建”|“项目”命令,出现“新建项目”对话框。在对话框左侧的“项目类型”列表中,选择 Visual C# 目录下的 Windows 选项;在对话框中间,选择“Windows 窗口应用程序”模板。在“名称”文本框处,输入解决方案名 Ex01,在“位置”文本框处,选择保存文件的位置,设置效果如图 13-2 所示。单击“确定”按钮。

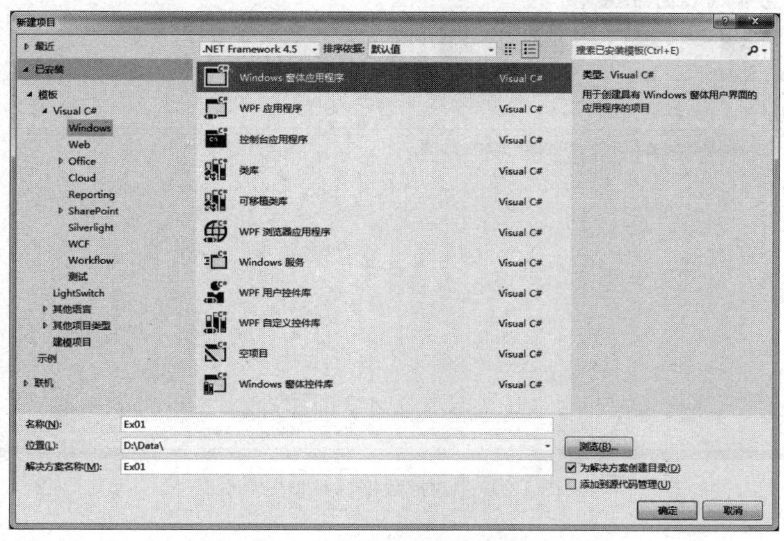

图 13-2　“新建项目”对话框

(3) 选择“视图”|“其他窗口”|“数据源”命令,出现“数据源”窗格,如图 13-3 所示。

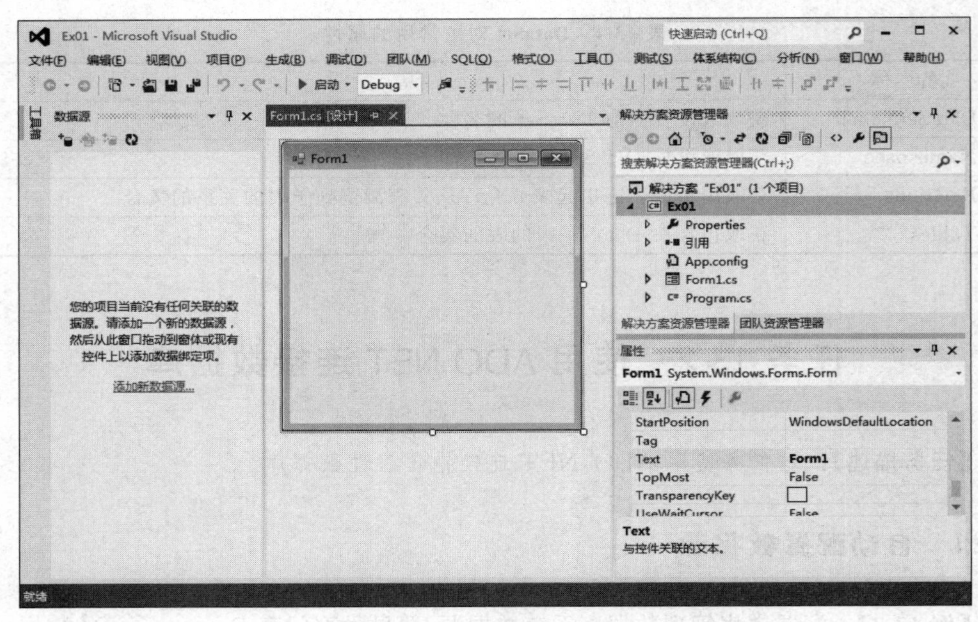

图 13-3 “数据源”窗格

(4) 在“数据源”窗格中,单击“添加新数据源”链接。出现如图 13-4 所示的“选择数据源类型”界面,进行添加数据源。选择“数据库”选项,单击“下一步”按钮。

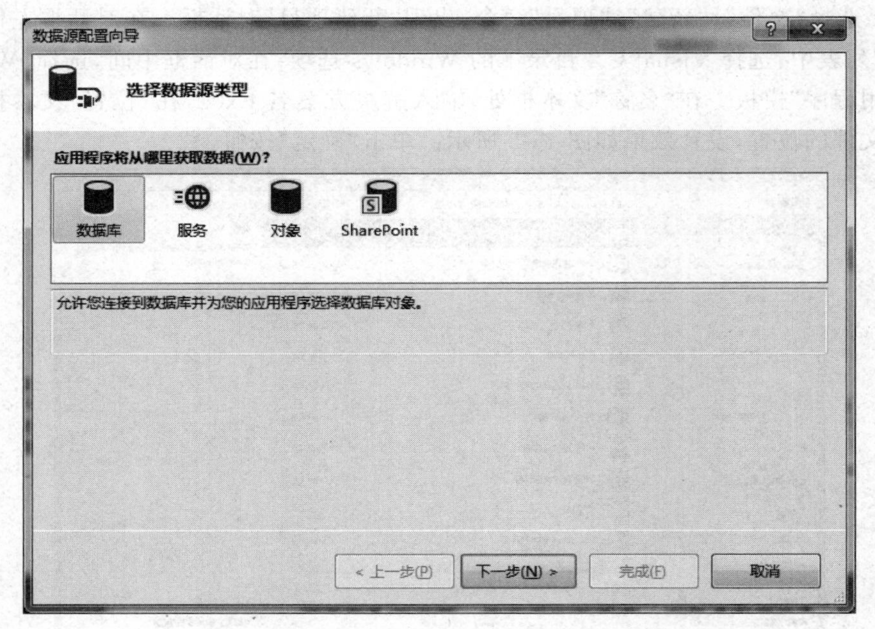

图 13-4 “选择数据源类型”界面

(5) 出现“选择数据库模型”界面,选择“数据集”选项,单击“下一步”按钮,如图 13-5 所示。出现“选择您的数据连接”界面,如图 13-6 所示。

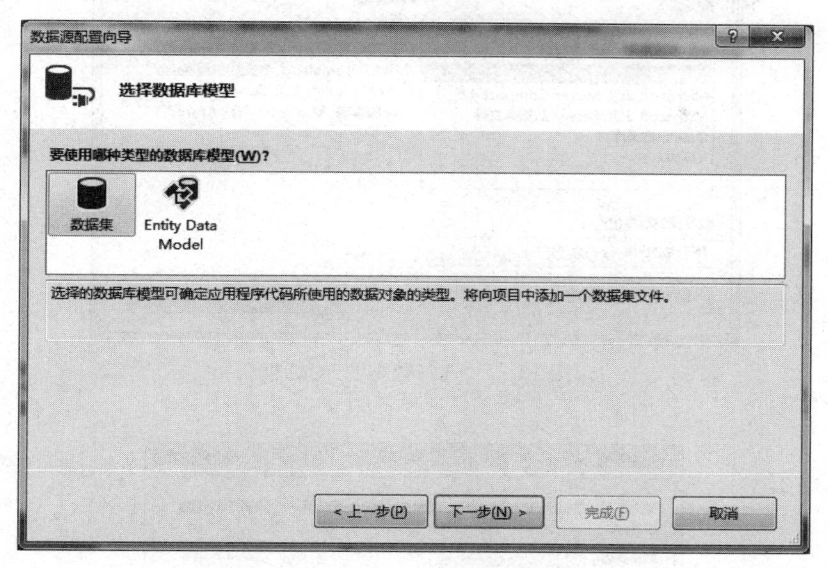

图 13-5 “选择数据库模型”界面

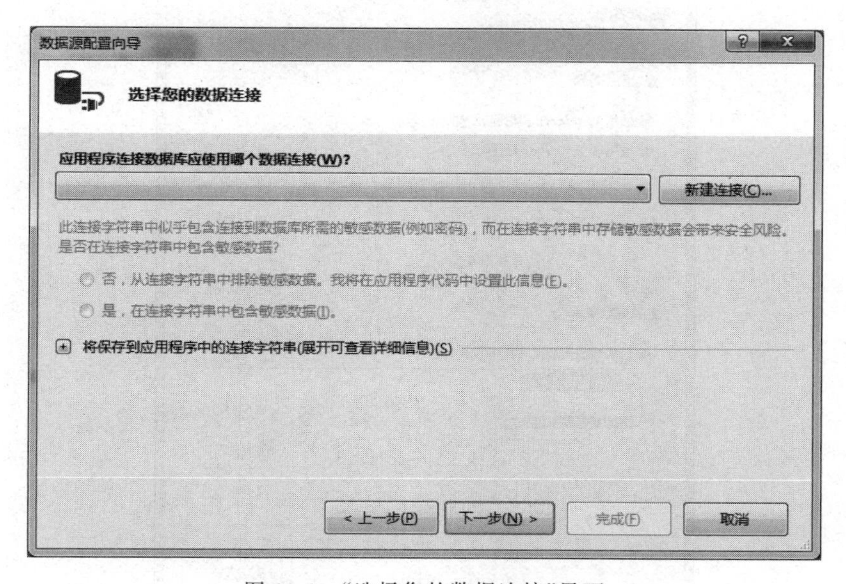

图 13-6 “选择您的数据连接”界面

(6) 单击“新建连接”按钮。出现如图 13-7 所示的“选择数据源”对话框。在“数据源”列表中,选择 Microsoft SQL Server 数据源,单击“确定”按钮。

(7) 出现如图 13-8 所示的“添加连接”对话框。在“服务器名”下拉列表处选择服务器名“.”服务器(.代表本地服务器,可选择相应服务器);选择“使用 Windows 身份验证”单选按钮;数据库选择 CompanySales。

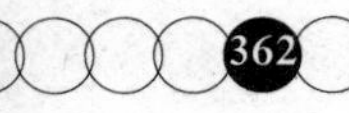

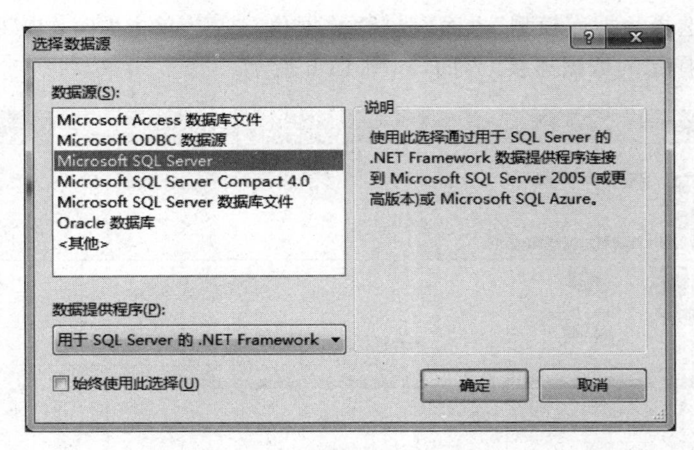

图 13-7 "选择数据源"对话框

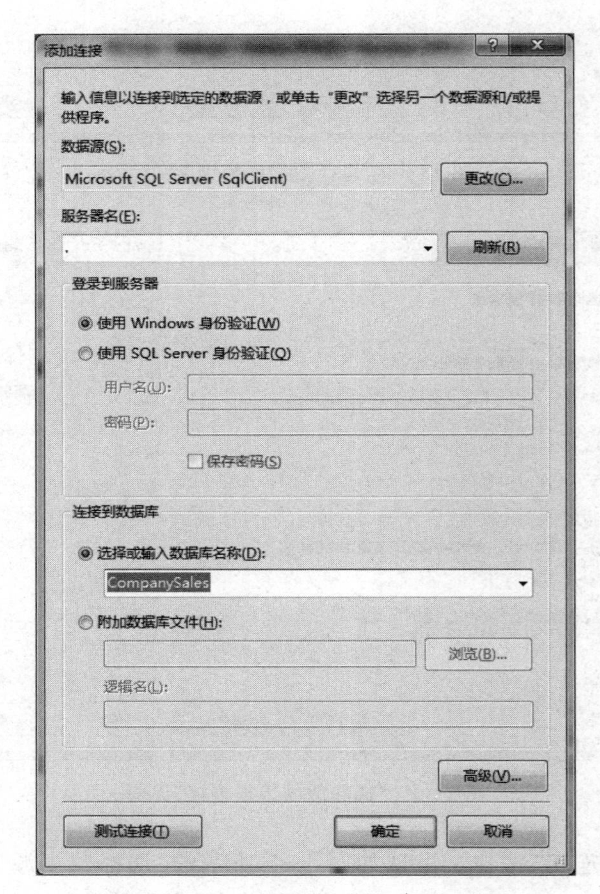

图 13-8 "添加连接"对话框

(8) 单击"确定"按钮，返回"数据源配置向导"对话框，如图 13-9 所示。展开"将保存到应用程序中的连接字符串"选项，可以看到自动设置的字符串。

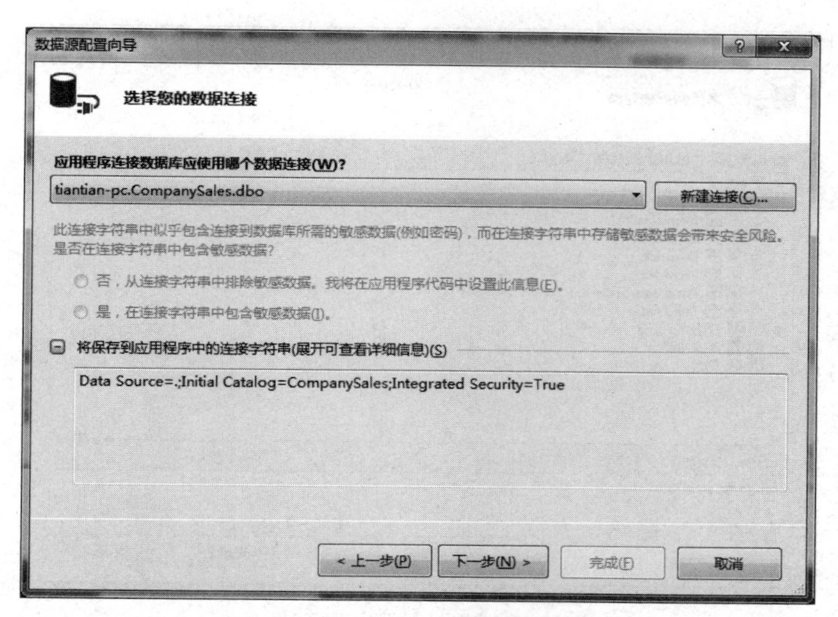

图 13-9　配置后的数据连接字符串

(9) 单击“下一步”按钮，出现如图 13-10 所示的“将连接字符串保存到应用程序配置文件中”界面。

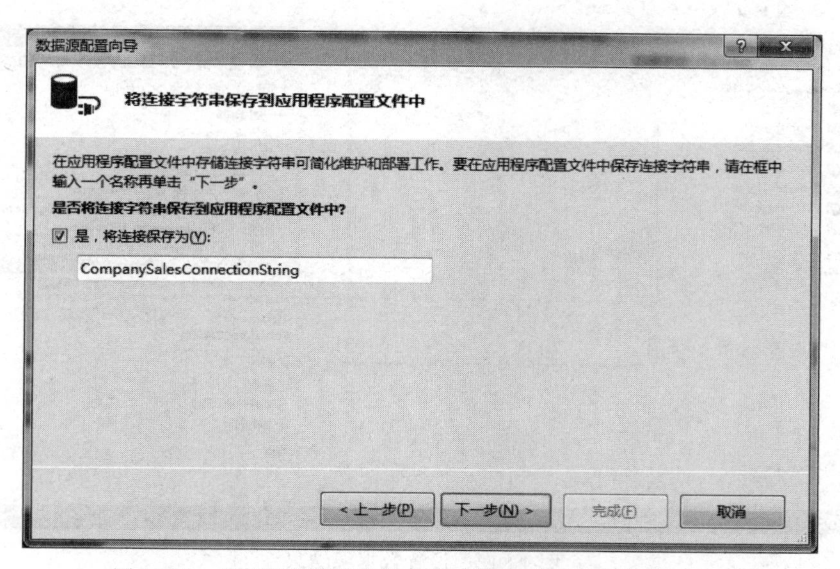

图 13-10　“将连接字符串保存到应用程序配置文件中”界面

(10) 单击“下一步”按钮，出现如图 13-11 所示的“选择数据库对象”界面。单击“表”选项即选中 CompanySales 数据库中所有的表对象。然后单击“完成”按钮，完成数据源的配置，得到数据集的名称为 CompanySalesDataSet。

(11) 结果如图 13-12 所示，在“数据源”窗口中，出现设置结果。

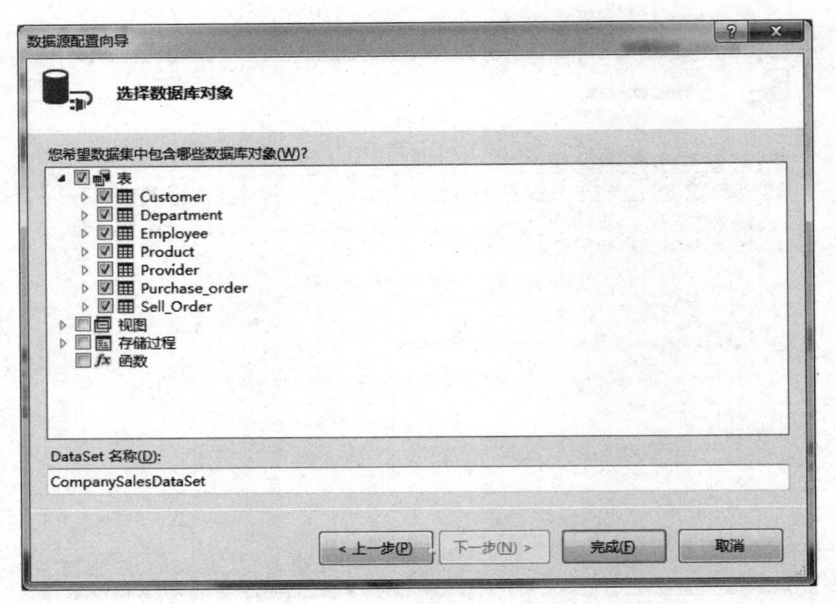

图 13-11 “选择数据库对象”界面

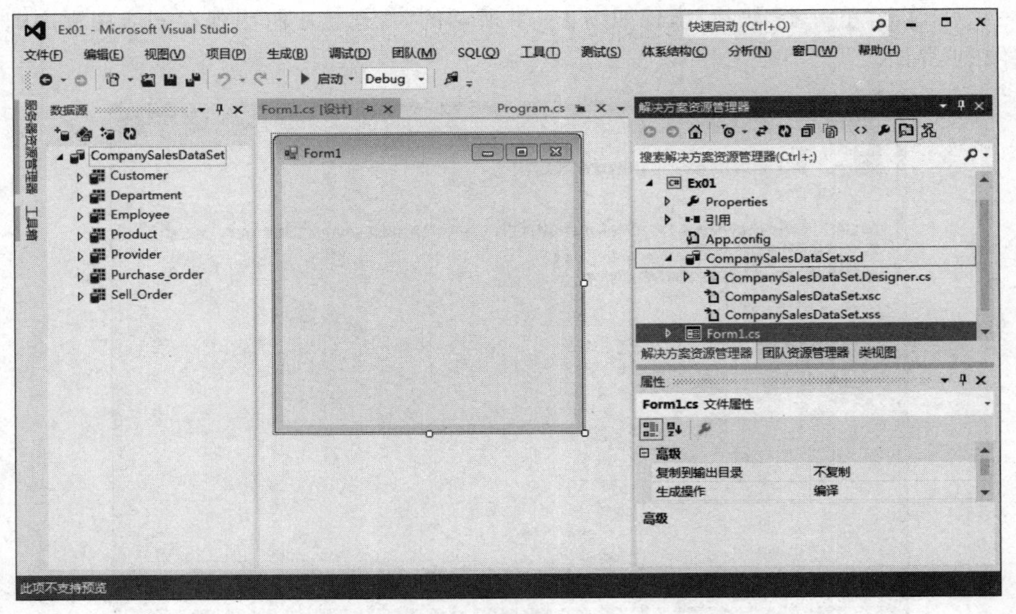

图 13-12 设置数据源结果

(12) 在“数据源”窗口中，选中 Department 表，将 Department 表拖到 Form1 窗口，如图 13-13 所示。

(13) 单击“运行”按钮，即可得到 Department 表的数据，如图 13-14 所示。

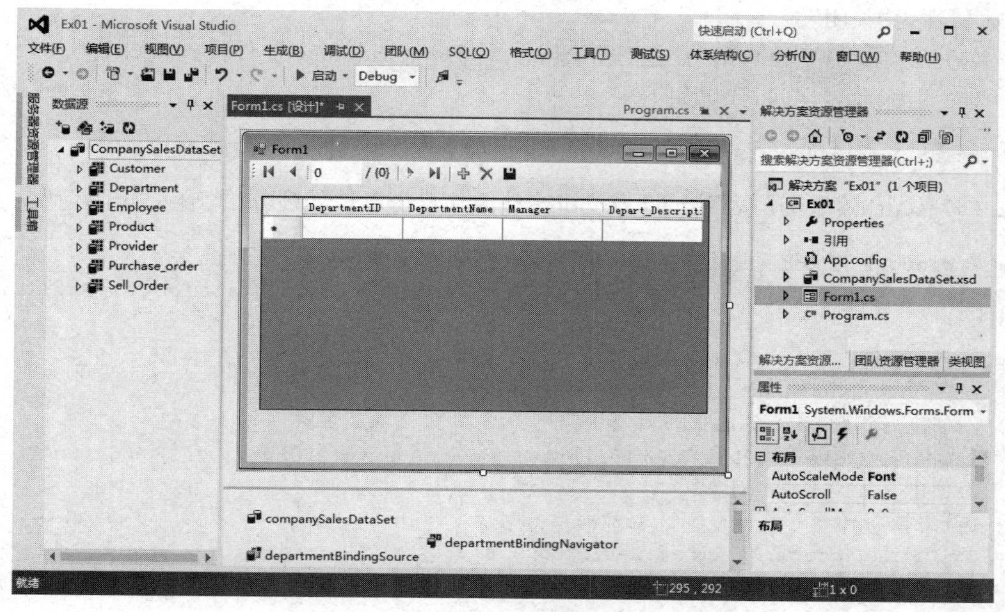

图 13-13　数据库程序设计窗口

DepartmentID	DepartmentName	Manager	Depart_Description
1	销售部	王丽丽	主管销售
2	采购部	李嘉明	主管公司的产品采购
3	人事部	蒋柯南	主管公司的人事关系
4	后勤部	张绵荷	主管公司的后勤工作
5	安保部	金杰	主管公司的安保工作
6	会务部	李尚彪	主管公司的会务和接待

图 13-14　运行结果

13.2.2　编程配置数据源

【例 13-4】　连接销售管理数据库 CompanySales,显示部门表的信息。

具体操作步骤如下。

(1) 新建一个 Windows 应用程序。

(2) 从“工具箱”窗口的“公共控件”选项卡中,将 Button 控件拖到窗口上,设置其 Text 属性为“读取部门表”。

(3) 从“工具箱”窗口的“公共控件”选项卡中,将 Button 控件拖到窗口上,设置其

Text 属性为“关闭”。

(4) 从“工具箱”窗口的“数据”选项卡中，将 DataGridView 控件拖到窗口上。

(5) 引入命名空间，代码如下。

```
using System.Data.SqlClient;                //手工添加,引入命名空间
```

(6) 双击“读取部门表”按钮，为按钮控件添加双击事件处理方法，输入如下代码。

```
//Windows 安全登录机制
String ConnString =" Data  Source = ( local); Initial  Catalog = CompanySales;
                    Integrated Security=True";
//SQL 语句
String SQLString="SELECT * FROM Department";
//创建一个 SqlDataAdapter 对象
SqlDataAdapter SqlDataAdapter1=new SqlDataAdapter(SQLString, ConnString);
//创建一个 DataSet 对象
DataSet DataSet1=new DataSet();
SqlDataAdapter1.Fill(DataSet1,"Department");
dataGridView1.DataSource=DataSet1.Tables["Department"];
```

(7) 双击“关闭”按钮，为按钮控件添加双击事件处理方法，输入如下代码。

```
Application.Exit();
```

(8) 运行程序。单击“读取部门表”按钮，如图 13-15 所示。

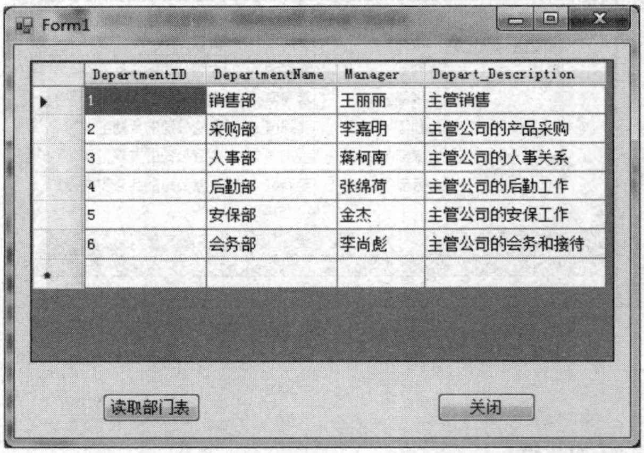

Form1

DepartmentID	DepartmentName	Manager	Depart_Description
1	销售部	王丽丽	主管销售
2	采购部	李嘉明	主管公司的产品采购
3	人事部	蒋柯南	主管公司的人事关系
4	后勤部	张绵荷	主管公司的后勤工作
5	安保部	金杰	主管公司的安保工作
6	会务部	李尚彪	主管公司的会务和接待

读取部门表　　关闭

图 13-15　显示部门表的信息

任务 13.3　开发销售管理数据库系统

【任务描述】 开发销售管理数据库系统包括登录模块、员工信息浏览模块和员工信息管理模块。

13.3.1 数据库应用系统软件开发过程概述

开发数据库应用系统软件包括可行性与业务调查、系统需求分析、系统设计、系统实施和系统维护等过程。本节将给出初步开发销售管理数据库系统的主要步骤,更详尽的软件开发方法请参考相关的软件工程参考书籍。

1. 需求调查与分析

需求调查与分析是系统分析中的一个主要步骤,其主要内容包括详细调查、系统范围与目标分析、组织机构与功能分析、业务流程调查分析和数据流程调查分析,然后根据这些调查分析确定出系统边界、数据需求、事务需求和系统性能需求等。相关内容见第 12 章。

2. 系统设计

系统设计阶段的任务是精化方案并开发一个明确描述方案的可视化模型,保障设计模型最终能平滑地过渡到程序代码。系统设计主要包括总体设计(也称概要设计)和详细设计。系统设计的内容为功能模块设计、用户界面设计、外部接口设计、安全性设计、数据库设计和类体系结构设计。数据库设计相关内容见第 12 章。

(1) 总体设计。系统总体设计的主要内容为设计系统的总体结构和系统分模块设计。

(2) 详细设计。详细设计包括代码设计、输入输出设计、处理过程设计、界面设计和编码实现的内容。

3. 测试与调试

软件分析、设计过程中难免有各种各样的错误,需要通过测试查找错误,以保证软件的质量。软件测试是由人工或计算机来执行或评价软件的过程,验证软件是否满足规定的需求或识别期望的结果和实际结果之间有无差别。测试主要分 4 步进行:单元测试、组装测试、确认测试和系统测试。

13.3.2 开发登录模块

【例 13-5】 在使用通常的程序过程中,一般要保证软件使用的安全性,如使用软件前要求输入用户名和密码,密码正确则能够正常登录,否则错误达到一定次数将退出程序。如图 13-16 所示,是程序运行时的效果,在“密码”文本框中输入密码时,将用“*”显示,单击“登录”按钮后,用户名和密码都正确时,将弹出一个信息框,信息框显示的内容是“欢迎使用!”,信息框标题是“提示框”,如果用户名和密码有错,则输入出错次数达到 3 次就会出现图 13-16(b)所示的提示框,否则出现图 13-16(c)所示的提示框,此时单击“确定”按钮后,将退出程序。

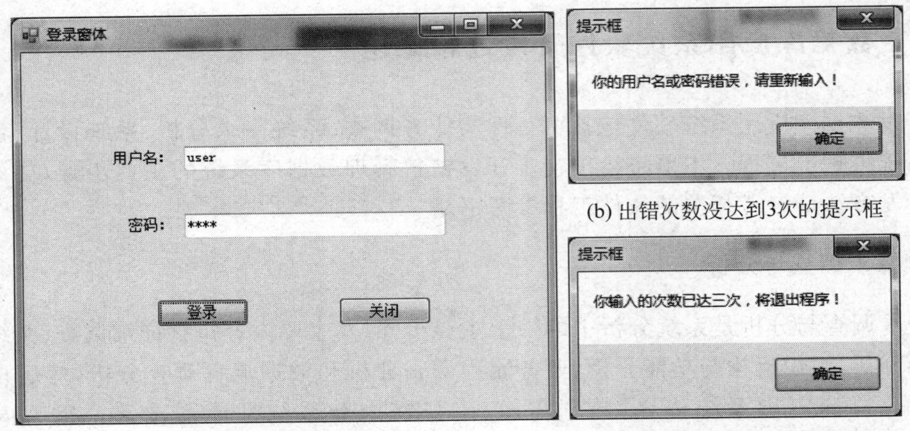

(a) “登录窗体”窗口　(b) 出错次数没达到3次的提示框　(c) 出错次数达到3次的提示框

图 13-16　登录窗口

在概要设计时，为了管理用户，需增加一个用户表，用户表结构如图 13-17 所示。本例利用登录模块介绍数据的查询操作。

LISA-PC.CompanyS...- dbo.UserTable

列名	数据类型	允许 Null 值
UseID	int	☐
UserName	varchar(20)	☑
PassWord	varchar(10)	☑
QuanXin	varchar(50)	☑
Photo	image	☑
Beizhu	varchar(100)	☑
		☐

图 13-17　用户表 UserTable 结构

操作步骤如下。

(1) 新建一个 Windows 应用程序。

(2) 在窗口上添加 2 个标签、2 个按钮和 2 个文本框。如图 13-16 所示，将标签按从上往下的顺序放置 label1、label2，依照表 13-5 设置各控件对象的属性。

表 13-5　各控件对象的属性设置

控件类型	属　性	属性设置值
Form(窗口)	Name	Form1
	Text	登录窗口
Label(标签)	Name	label1
	Text	用户名：
Label(标签)	Name	label2
	Text	密码：

续表

控件类型	属性	属性设置值
TextBox(文本框)	Name	textBox1
	Text	
TextBox(文本框)	Name	textBox2
	Text	
	PasswordChar	*
Button(按钮)	Name	button1
	Text	登录
Button(按钮)	Name	Button2
	Text	关闭

(3) 为窗口添加字段。

```
private int i=0;
```

代码添加 i 是为控制登录次数。

(4) 为"登录"按钮添加单击事件。

```
i=i+1;          //单击次数计数
string Username=textBox1.Text.Trim();
string PassWord=textBox2.Text.Trim();
//设置连接字符串
string Connectstring="Data source=(local);"+
    "Initial Catalog=CompanySales;"+
    "Integrated Security=SSPI;";
SqlConnection Myconnection=new SqlConnection(Connectstring);
SqlCommand mycommand=Myconnection.CreateCommand();
string commandstring="select * from userTable "+
    "where userName="+"'"+Username+"'"+
    "and PassWord="+"'"+PassWord+"'";
mycommand.CommandText=commandstring;
SqlDataAdapter MySqlDataAdapter=new SqlDataAdapter();
MySqlDataAdapter.SelectCommand=mycommand;
DataSet myDataSet=new DataSet();
int n=MySqlDataAdapter.Fill(myDataSet,"users");
if(n!=0)
  {
   MessageBox.Show("欢迎使用!");
   this.Close();
  }
else
  if(i<3)         //判断错误次数是否已经超过3次
```

```
    {
        MessageBox.Show("你的用户名或密码错误,请重新输入!","提示框");
        textBox1.Text="";
        textBox2.Text="";
        textBox1.Focus();
    }
else
{
        MessageBox.Show("你输入的次数已达三次,将退出程序!", "提示框");
        this.Close();
}
```

(5) 单击“关闭”按钮处理事件。

```
this.Close();
```

13.3.3 员工信息浏览模块

【例 13-6】 在日常的管理过程中,经常要按照一定的条件浏览员工的相关信息。查询所有采购部员工的相关信息,并逐条浏览数据。

操作步骤如下。

(1) 启动 Visual Studio 2012 开发工具。创建一个新的 C# Windows 应用程序。

(2) 设计窗口界面如图 13-18 所示,窗口上共添加 4 个按钮(Button)、1 个数据网格控件(DataGridView)和 1 个数据源绑定控件(BindingSource)。

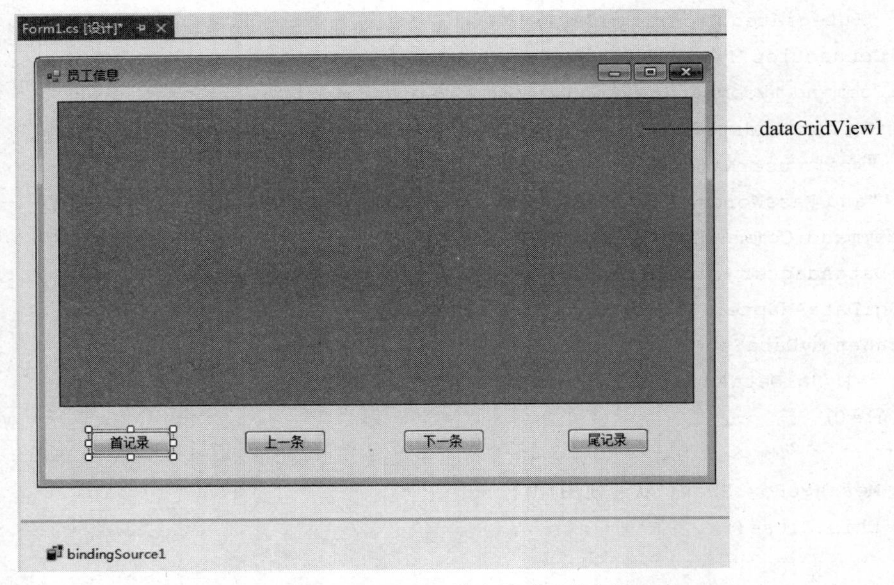

图 13-18　员工信息浏览设计图

(3) 添加控件和设置控件属性。

依据表 13-6 格式设置各控件的属性,控件属性取默认值的说明在表中不再说明。

表 13-6 各控件对象的属性设置

控件类型	属　性	属性设置值
Form(窗口)	Text	员工信息
Button(按钮)	Name	FirstBtn
	Text	首记录
Button(按钮)	Name	nextBtn
	Text	下一条
Button(按钮)	Name	PreviousBtn
	Text	上一条
Button(按钮)	Name	lastBtn
	Text	尾记录
DataGridView	Name	dataGridView1
BindingScource	Name	bindingScource1

(4) 引入命名空间。

```
using System.Data.SqlClient;        //手工输入引用的命名空间
```

(5) 增加窗口类的属性。

```
public partial class Form1 : Form
{
    private SqlConnection connection=new SqlConnection();     //定义数据连接对象
    private SqlDataAdapter MySqlDataAdapter;              //定义一个数据适配器对象
    private DataSet MyDataSet=new DataSet();              //定义一个数据集对象
    private string MyTable="Employee";                    //定义一个数据表的名称
                                                          //定义查询语句
    private string MySql="Select  * From employee where sex='男'";
}
```

(6) 编写窗口加载事件代码。

```
connection.ConnectionString=" Data Source=.; Initial Catalog=CompanySales;
                              Integrated Security=True";
  try
    {
        connection.Open();
        MySqlDataAdapter=new SqlDataAdapter(MySql, connection);
        SqlCommandBuilder scb=new SqlCommandBuilder(MySqlDataAdapter);
```

```
        MySqlDataAdapter.Fill(MyDataSet, MyTable);
        bindingSource1.DataSource=MyDataSet;
        //赋予数据绑定对象的数据成员属性
        bindingSource1.DataMember=MyTable;
        dataGridView1.DataSource=bindingSource1;
    }
    catch(SqlException ex)
    {
        MessageBox.Show(ex.Message,"数据错误对话框");
}
```

(7) 单击“首记录”按钮的执行代码如下。

```
bindingSource1.MoveFirst();
```

(8) 单击“下一条”按钮的执行代码。

```
//判断当前记录是否尾记录,如果是,则移到首记录
if(bindingSource1.Position+1<bindingSource1.Count)
    {
        bindingSource1.MoveNext();
    }
else
    {
        bindingSource1.MoveFirst();
        Invalidate();
    }
```

(9) 单击“上一条”按钮的执行代码如下。

```
//判断当前记录是否为首记录,如果是,则移到尾记录
if(bindingSource1.Position>0)
    {
        bindingSource1.MovePrevious();
    }
else
    {
        bindingSource1.MoveLast();
        Invalidate();
    }
```

(10) 单击“尾一条”按钮的执行代码如下。

```
bindingSource1.MoveLast();
```

运行时出现如图 13-19 所示的结果。单击“首记录”按钮,光标移到首记录;单击“下一条”按钮时,光标移到当前记录的下一条记录,如果当前为最后一条记录,则移到首记录;单击“上一条”按钮,光标移到当前记录的上一条记录,如果当前为首记录,则移到尾记

录；单击"尾记录"按钮时，光标移到尾记录。

员工信息

EmployeeID	EmployeeName	Sex	BirthDate	HireDate	Salary	DepartmentID
1	章宏	男	1969/10/28	1993/10/28	3100.0000	1
4	余杰	男	1973/7/11	2004/7/11	3315.0000	1
5	蔡慧敏	男	1957/8/12	1996/8/12	3453.7000	1
6	孔高铁	男	1974/11/17	2001/11/17	3600.5000	1
8	宋振辉	男	1975/5/16	2010/2/1	3376.6000	2
9	刘丽	男	1960/8/21	1994/8/21	3421.9000	2
11	崔军利	男	1966/7/23	1998/7/23	3392.0000	1
12	金林皎	男	1968/8/22	2004/8/22	3366.0000	1
13	唐军芳	男	1978/6/15	2007/6/15	3304.1000	2
15	刘启芬	男	1970/11/19	1994/11/19	3432.5000	1
16	吴昊	男	1963/9/13	2002/9/13	3361.3000	1
19	宋广科	男	1965/6/29	1991/6/29	3384.5000	1

首记录 上一条 下一条 尾记录

图 13-19 员工信息浏览结果

13.3.4 员工信息管理模块

【例 13-7】 对销售管理数据库中的 Employee 表进行插入、删除和修改等操作。

分析：此操作就是在例 13-6 的基础上增加插入、删除和修改操作的代码。

操作步骤如下。

(1) 打开例 13-6 的应用程序。

(2) 添加 4 个按钮(Button)，设计如图 13-20 所示。

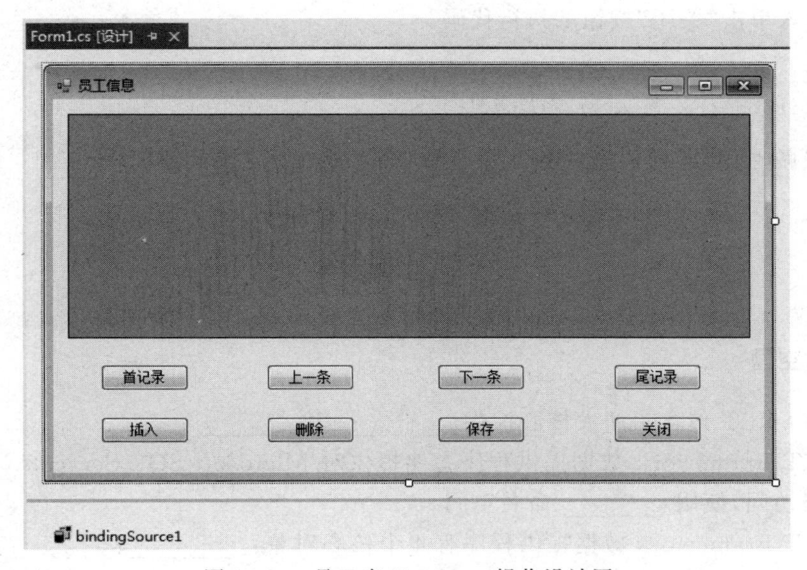

图 13-20 员工表 Employee 操作设计图

(3) 输入单击“插入”按钮的执行代码。

```
this.bindingSource1.AddNew();
```

(4) 输入单击“保存”按钮的执行代码。

```
if(MyDataSet.HasChanges())
    {
        this.Invalidate();
        this.bindingSource1.EndEdit();
        this.MySqlDataAdapter.Update(MyDataSet, MyTable);
    }
```

(5) 输入单击“删除”按钮的执行代码。

```
try
{
    if (MessageBox.Show("确定删除该信息吗?", "系统提示!", MessageBoxButtons.
    OKCancel, MessageBoxIcon.Question)==DialogResult.OK)
    {
        bindingSource1.RemoveCurrent();//删除当前记录
        Invalidate();//将结果更新
        bindingSource1.EndEdit();
        MySqlDataAdapter.Update(MyDataSet, MyTable);
    }
}
catch (SqlException ex)
{
    MessageBox.Show(ex.Message, "提示信息!", MessageBoxButtons.OKCancel,
    MessageBoxIcon.Warning);
}
```

(6) 输入单击“关闭”按钮的执行代码。

```
this.Close();           //关闭窗口
this.Dispose();         //释放资源
```

由于篇幅原因,此处仅完成员工管理模块,读者自行完成其他模块。

习　题

一、填空题

1. ADO.NET 包含了两大核心控件：________和________。

2. .NET Framework 数据提供程序主要提供对 Microsoft SQL Server 7.0 版或更高版本的数据访问,使用________命名空间。

3. .NET Framework 数据提供程序有 4 个核心对象：________、________、________和________。

4. SqlConnection 类在 ConnectionString 成员的关键字 DataSource 表示了________或网络地址。

二、思考题

1. ADO.NET 组件包括哪几个对象?
2. 如何使用 Connection 对象连接数据库?
3. 如何使用 Command 对象执行 SQL 查询?
4. DataReader 对象和 DataSet 对象有何区别?

实 训

一、实训目的

1. 掌握开发数据库应用程序的步骤。
2. 掌握从数据库中读取和更新数据的操作。

二、实训内容

完成销售管理数据库系统的商品管理模块,包括商品的查询、添加、修改和删除操作。
1. 按商品名称进行查询。
2. 按商品的供应商进行查询操作。
3. 可以使用通配符,如要求能查询以"优"开头的所有产品。
4. 完成商品的添加操作。
5. 修改商品的名称、单价和库存量等。
6. 删除商品。

参 考 文 献

[1] 钱冬云. SQL Server 2008 数据库应用技术[M].北京：清华大学出版社，2013.

[2] 秦婧.SQL Server 2012 王者归来——基础、安全、开发及性能优化[M]. 北京：清华大学出版社，2014.

[3] 乔根森. SQL Server 2014 管理最佳实践[M]. 3 版. 宋沄剑，高继伟，等，译.北京：清华大学出版社，2015.

[4] 勒布兰克. SQL Server 2012 从入门到精通（微软技术丛书）[M]. 潘玉琪，译.北京：清华大学出版社，2014.

[5] 约根森，勒布朗，等. SQL Server 2012 宝典 [M]. 4 版.张慧娟，译.北京：清华大学出版社，2014.

[6] 郑阿奇.SQL Server 实用教程（SQL Server 2014）[M]. 4 版.北京：电子工业出版社，2015.

[7] 陈安会. SQL Server 2012 数据库设计与开发实务（配光盘）[M].北京：清华大学出版社，2013.

[8] 李岩，张瑞雪，等. SQL Server 2012 实用教程[M]. 北京：清华大学出版社，2015.

[9] 郑阿奇，刘启芬，顾韵华，等. SQL Server 2012 数据库教程 [M]. 3 版.北京：人民邮电出版社，2015.